초등학교수학을 따라가는

수 학

정상권

教友社

수학교육을 알게 해주신 선생님께

머 리 말

사범대학에서 예비교사의 교육을 담당하면서, 이들이 어떻게 교사교육을 받아야 멋진 수학교사가 될 수 있을까에 대한 고민을 하게 되었다. 내가 학생 시절에 수학을 이해했던 것처럼 똑같은 학교수학의 수업이 진행되지는 않는가 하는 걱정도 되었다. 심지어는 예비교사로부터 예비교사에 대한 수학교육이 수학을 전공하고자 하는 사람들에 대한 수학교육과 무엇이 다른가 하는 도전을 받기도 하였다. 이러한 고민과 도전 속에서 예비교사의 교육은 학교수학과 깊은 연관을 가지고 임해야 한다는 생각 아래 가능하면 학교수학에서부터 시작하여 대학 수학과 수학의 응용을 연결하여 보려고 노력하였다. 그러나 수학은 수학인 것이지 예비교사 수학이 존재하지 않기 때문에, 예비교사 교육을 위한 수학교육에 많은 어려움이 있었다.

이 책은 초등학교 교사로서 알아야 할 수학만을 깊이 있게 집필한 것이 아니고, 교사로서 수학을 어떻게 보고 학교수학과 어떻게 관련지을 것인가에 초점을 두고 쓰여졌다. 따라서 각 장을 학교수학, 학교수학의 교육, 이론적 배경과 역사적 배경을 중심으로 서술하였다.

내가 이해하는 수학의 깊이가 아직은 충분히 깊지 않아 부족한 점이 많을 것이라 생각한다. 더욱이 이러한 종류의 책은 많이 나와 있지도 않아 어떻게 책을 구성하여야하는가를 고민하고 새로운 시도를 하려고 노력하였다. 완벽하지는 않지만 일단은 누군가 이러한 작업을 시작하여야 한다는 일념으로…. 이 책을 시작으로 많은 분들이 학교수학과 예비교사 교육에 관심을 가지고 좋은 책을 써 주기를 바란다.

이 책을 쓸 수 있도록 재정적 지원을 해준 서울대학교 사범대학 발전기금 재단과 출판을 맡아준 교우사에 감사를 드린다. 끝으로 이 책을 쓰는 동안 많은 시간을 함께하지 못한 사랑하는 아내 정희와 아들 재우와 봉진에게 미안한 마음과 함께 늘 격려를 해줌에 고마움을 표시하고 싶다.

이 책을 쓰는데 특히 큰 도움이 된 것은 Haylock과 members.aol.com이었다. 이 책이 예비교사나 현장 교사에게 학교수학의 지도에 조금이나마 도움이 될 수 있다면 큰 기쁨이 될 것이다.

2008년 3월

정 상 권

차 례

제 1 장

논리와 함수

사람은 진리를 추구하며 산다. 참일까 거짓일까를 늘 판단하며 산다. 그러나 판단의 일관성을 유지하기 위해서는 명확한 기준이 필요하다. 이러한 기준을 바탕으로 자신과 상대방을 논리적으로 설득하여야 한다. 논리는 수학의 논리뿐만 아니라 민주시민의 태도를 기르는 한 방편이기도 하다.

한편 연료의 소모량과 자동차의 주행거리, 해발 고도와 기온, 이자율과 이자, 태양의 높이와 그림자의 방향과 길이 등과 같이 우리 주위에는 서로 일정한 관계를 가지고 변하는 수량들이 많이 있다. 이들 변하는 수량 사이의 관계를 통하여 함수의 개념을 이해하고, 이들 사이의 관계를 식으로 나타낼 수 있으면, 모든 경우를 하나하나 조사하지 않고도 우리가 필요한 정보를 얻어낼 수 있다. 이것이 함수의 중요성이다. 더욱이 이들 사이의 관계가 함수식으로 표현될 수 있다면 우리가 원하는 값을 유일하게 결정할 수 있고, 이를 유용하게 응용할 수 있다.

1.1 학교수학

1.1.1 1학년

초등학교 1학년 학생들에게 친숙한 '머리 어깨 무릎 발'과 같은 노래를 불러 보게 함으로써 이 노래에는 어떤 규칙이 있음을 알게 한다. 우리 생활 주변에는 비단 노래뿐만 아니라 여러 가지의 규칙이 있다. 사물을 관찰하고 그 속에서 규칙을 발견하는 것은 학생들로 하여금 논리적 사고력을 기르는 중요한 과정이다. 또한 정해진 규칙에 따라 물건을 배열하거나 행동하는 것은 현대 교육의 목표 중 하나인 민주시민을 기르는 과정이기도 하다.

1부터 100까지의 수를 그림 1.1과 같이 나타내면, 이들 수는 여러 가지 일정한 규칙성을 가지고 나타남을 알 수 있다. 먼저 수

$$41-42-43-44-45-46-47-48-49-50$$

은 일의 자리의 수가 1씩 커지고 있으며,

$$6-16-26-36-46-56-76-86-96$$

은 일의 자리의 수는 변화가 없으나 십의 자리의 수가 1씩 커지는 것을 알 수 있다. 다시 말하면 이웃한 두 수의 차는 1이거나 10이다. 또 1부터 100까지의 수를 살펴보면 일의 자리의 수나 십의 자리의 수는 0, 1, 2, 3, 4, 5, 6, 7, 8, 9

1	2	3	4	5	6	7	8	9	10
11	12	13	14	15	16	17	18	19	20
21	22	23	24	25	26	27	28	29	30
31	32	33	34	35	36	37	38	39	40
41	42	43	44	45	46	47	48	49	50
51	52	53	54	55	56	57	58	59	60
61	62	63	64	65	66	67	68	69	70
71	72	73	74	75	76	77	78	79	80
81	82	83	84	85	86	87	88	89	90
91	92	93	94	95	96	97	98	99	100

〈그림 1.1〉

로 되어 있다. 이것은 우리가 사용하고 있는 수가 십진법의 수이기 때문이다. 앞의 수보다 일정한 정도로 큰 수 또는 작은 수를 알아보는 규칙 찾기

$$f(x)=x+1,\ f(x)=x+10,\ f(x)=x-1,\ f(x)=x-10$$

등을 통하여 수학에서 중요한 함수의 개념과 표현을 맛볼 수 있다.

규칙성은 수에서뿐만 아니라 도형의 나열에서도 찾아볼 수 있다. 늘어놓은 입체도형의 모양을 보고 늘어놓는 규칙을 발견하고, 그 규칙에 따라 다음에 늘어놓을 모양을 알게 한다. 이러한 규칙성을 찾는 과정을 통하여 부수적으로 입체도형의 분류를 확실히 할 수 있도록 한다. 또 규칙성 찾기를 벽지나 포장지 위에 그려진 문양으로 확대하여 규칙적으로 배열된 기하학적 모양의 아름다움을 알게 한다. 이러한 무늬의 아름다움은 일정한 도형이 반복해 있는 아름다움뿐만 아니라 수의 계열을 구성하는 일과도 관계가 있다. 예를 들면 상자모양을 1, 둥근 기둥 모양을 2, 공 모양을 3이라 하면, 아래의 그림 1.2는 각각

1 2 1 2 1 2 1 …와 3 1 1 3 1 1 …

으로 나타내어진다.

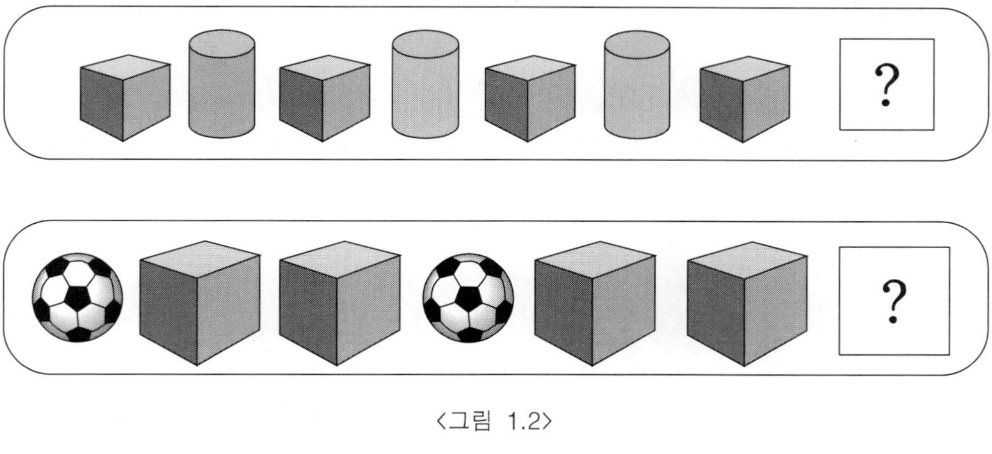

〈그림 1.2〉

규칙을 만드는 것은 집합에서 집합의 원소가 될 조건을 만드는 일과 같아서, 규칙성의 발견은 수학 문장을 만드는 기초 활동이라 할 수 있다. 전체 모양이 규칙적으로 구성되어 있는 입체 모양에서는 가려진 부분만을 보고서도 전체의

모양을 알 수 있다. 이러한 규칙성을 발견하는 활동을 통해서 전체 모양의 부분적인 특징을 발견할 수 있도록 한다.

〈참고 1.1〉 입체도형을 표면의 모양이 어떤 규칙성을 가지고 있느냐에 따라 분류하면 구(sphere), 반구(hemisphere), 기둥(cylinder), 뿔(cone)로 나눌 수 있다. 특히 표면이 모두 평평한 면으로 되어 있는 입체 도형을 다면체(polyhedron)라고 한다. 다면체를 설명하기 위하여 평평한 표면을 면(face), 두 면이 만나서 생기는 모서리(edge), 모서리가 만나서 생기는 꼭지점(vertex)이 필요하다. 여기서 용어 '면'은 다면체의 표면에 대해서만 사용되는 용어이다. 따라서 '한 면으로 이루어진 것과 같은 모양'의 구의 표면에 대해서는 '면'이라고 하지 않는다.

1.1.2 2학년

아직까지는 자연수에 대한 인식이 부족한 상태이므로, 복잡한 수의 나열의 규칙성을 찾는 것보다는 네모 칸을 규칙적으로 색칠하기, 간단한 배열의 규칙성을 찾는 활동을 통해서 규칙을 발견하는 재미와 수에 대한 감각을 익히도록 한다. 예를 들면 아래와 같이 삼각형의 배열을 보고, 다음에는 어떤 모양의 배열이 나타날 것인가를 추측하게 한다. 또 그렇게 생각하는 이유를 설명하게 함으로 논리적 사고 훈련을 하도록 한다. 더욱이 삼각형의 개수의 배열

$$1,\ 3,\ 6,\ \cdots$$

으로부터, 수열의 규칙성을 발견하고 귀납법적 사고를 할 수 있도록 한다.

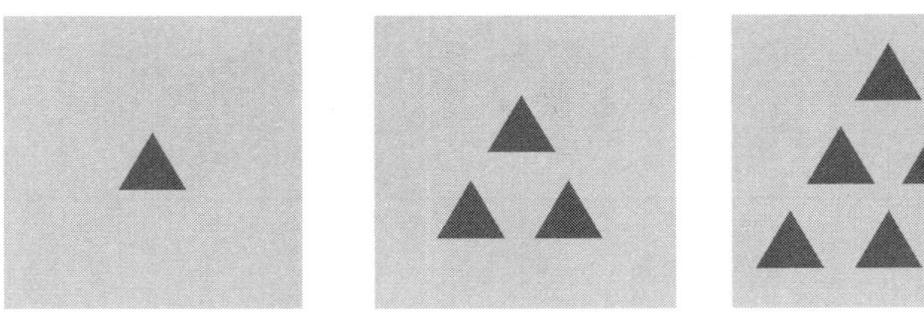

〈그림 1.3〉

1학년에서는 수열(수의 나열)의 규칙성을 발견하는 활동으로 규칙적인 수를 더하여 얻어지는 수열에 대하여 다루었다. 2학년에서는 곱셈을 익히기 위하여, 어떤 수에 일정한 배수를 하여 얻어지는 수열의 규칙성을 발견하도록 한다. 이 것은 나중에 다룰 비례 함수와도 깊은 연관을 가진다.

×	2	3	4	5	6	7	8	9
2	4	6	8	10	12	14	16	18
3	6	9	12	15	18	21	24	27
4	8	12	16	20	24	28	32	36
5	10	15	20	25	30	35	40	45
6	12	18	24	30	36	42	48	54
7	14	21	28	35	42	49	56	63
8	16	24	32	40	48	56	64	72
9	18	27	36	45	54	63	72	81

〈그림 1.4〉

1.1.3 3학년

앞에서는 수열과 관련된 규칙적인 상황을 도형이나 수를 적당히 배열한 표를 이용하여 알아보았다. 사실 규칙성은 수학 전반에 나타나는 중요한 개념으로, 수학을 수학적 대상인 모든 것을 패턴에 따라 분류하는 학문으로 본다면 규칙성이야말로 패턴을 분류하는 기준이다. 규칙성은 기하학적 문양에도 잘 이용되고 있는데, 타일이나 벽지, 포장지 등에는 규칙적인 도형이나 문양의 배열이 숨어있다.

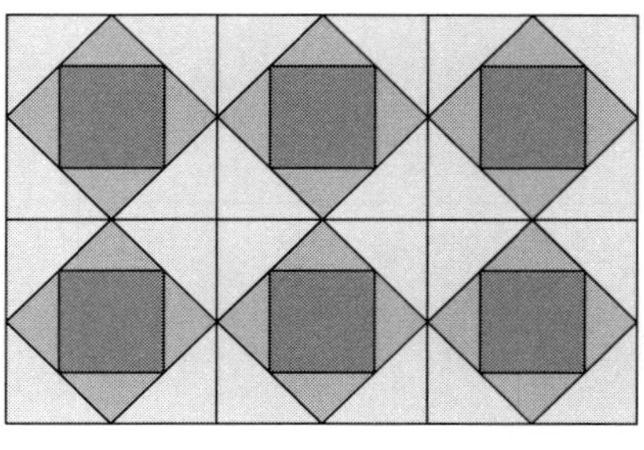

〈그림 1.5〉

1.1.4 5학년

3학년에서 다룬 규칙적으로 반복되는 도형으로부터, 규칙성을 발견하는 훈련을 할 수 있다. 더욱이 반복되는 기하학적 문양을 살펴보면, 거기에는 기본적인 도형의 돌리기, 평행이동, 때로는 뒤집기를 하여 만들어진 것을 알 수 있다. 도형의 이동 중 어떤 것을 규칙적으로 사용하여 아름다운 문양이 만들어졌는지를 살피는 것도 규칙성을 발견하는 중요한 활동이 될 것이다.

1.1.5 6학년

수열의 규칙성이나 평면 도형의 규칙성을 발견하는 것을 넘어, 쌓기 나무를 이용하여 공간도형에서의 규칙성을 알아본다. 이러한 규칙성을 발견하는 과정을 통해서 공간감각을 신장하고, 필요한 쌓기 나무의 수를 가지고 수열의 규칙성을 발견하도록 한다.

〈그림 1.6〉

도형에서의 규칙성을 발견하는 것을 넘어 세발자전거의 대수를 동그라미, 바퀴 수를 네모라고 할 때, 동그라미와 네모의 수의 관계를 표로 나타내면 다음과 같다.

동그라미	1	2	3	4	5	⋯
네모	3	6	9	12	15	⋯

따라서 동그라미와 네모의 수의 관계를 식으로 나타내면

$$(\text{네모의 수}) = 3 \times (\text{동그라미의 수})$$

와 같다. 이와 같이 두 수의 대응관계를 식으로 나타내면 대응표를 만들지 않고도 동그라미의 수에 대응하는 네모의 수를 알 수 있다.

1.2 규칙과 대응의 교육

함수란 용어가 학교수학에 처음으로 등장하는 것은 중학교 1학년 과정에서이다. 그러나 실제로 함수의 개념이 나타나는 곳은 초등학교 1학년 과정의 규칙적인 배열 찾기부터이다. 규칙 찾기를 통하여 다음에 나타날 것을 추측할 수 있게 하며, 함수를 좀더 시각적으로 나타내기 위하여 초등학교에서는 여러 가지의 그래프를 이용한다.

사람들은 주변에 있는 사물과 사건간의 관계를 밝혀내기 위하여 함수적 사고를 시작하게 되었다. 이러한 함수의 개념은 현대수학의 중심에 자리 잡고 있다. 비유클리드 기하학, 기하와 군론의 관계와 함수론에 대한 업적으로 유명한 독일의 수학자 Klein(1849 - 1925)도 학교수학에서의 함수적 사고의 중요성을 강조하였다. 함수적 사고 과정에는 진리를 발견하는 귀납법과 그것을 해석하는 연역적 방법이 섞여있기 때문이다. 즉 함수적 사고를 통하여 일반적인 법칙을 발견할 수 있으며, 이의 검증 과정에는 연역적 추론 과정이 깊이 스며들어있기 때문이다. 따라서 학교수학에서는 단순한 수학적 방법으로써가 아니라 수학적 사고 전체의 기본 바탕에 깔려있는 함수적 사고는 학생들에게 생생한 자산이 되도록 지도하여야 한다.

우리나라에서도 1960년대 3차 교육과정 이후 '새 수학(New Math)'의 물결과 아울러 함수는 학교수학의 중요한 영역으로 자리매김을 하였다. 이는 집합 사이의 일가성을 갖는 임의의 대응 관계를 통하여 함수를 정의한 Dirichlet - Bourbaki 식의 현대적 함수개념이 학교 수학에 자리 잡는 계기가 되었다. 그러나 '새 수학'에 대한 반성과 아울러 인위적이고 추상적인 집합 사이의 대응 관계로써의 함수 개념의 도입을 벗어나, 종속적인 관련성을 갖는 학습자의 경험으로부터 함수 개념을 도입함으로 점진적으로 함수적 사고를 할 수 있도록 하여야 한다는 반성이 일어났다.

예를 들면, 연료의 소모량과 자동차의 주행거리, 해발 고도와 기온, 이자율과 이자, 태양의 높이와 그림자의 방향과 길이 등과 같이 우리 주위에는 서로 일정한 관계를 가지고 변하는 수량들이 많이 있다. 이들 변하는 수량 사이의 관계를 통하여 함수의 개념을 이해하고, 이들 사이의 관계를 식으로 나타낼 수 있으면, 모든 경우를 하나하나 조사하지 않고도 우리가 필요한 정보를 얻어낼 수 있게 함으로써 함수의 중요성을 깨닫게 한다는 것이다. 더욱이 이들 사이의 관계가 특히 함수식으로 표현될 수 있다면 우리가 원하는 값을 유일하게 결정할 수 있고, 이를 유용하게 응용할 수 있기 때문이다.

오늘날의 함수는 변하는 것과 변하지 않는 것의 관계를 모두 포함하지만, 역사적으로 볼 때 함수는 변하는 것에 초점을 맞추어 먼저 발달하게 되었다. 이러한 맥락에서 7차 교육과정 중 중학교에서의 함수 개념의 도입은 6차 교육과정에서와는 달리 함수를 정비례나 반비례를 이용하여 도입함으로, 학생들로 하여금 경험을 통한 함수 개념을 역사 발생적으로 이해하도록 하고 있다. 고등학교 1학년(공통수학) 과정에 가서야 대응을 통한 함수의 정의를 도입하도록 하고 있다. 이것은 정확한 함수의 개념의 이해와 함수적 사고 훈련이 낮은 단계의 학교수학에서는 쉽지 않다는 생각에 기인한 것이다.

함수적 사고를 기르는 방법으로 함수가 역사 발생적인 변수 개념으로 지도되어야 하는지 또는 구조주의에 입각한 집합의 대응관계로부터 시작하여야 할지는 수학교육을 연구하는 사람들에게 있어 계속적인 물음이 되겠지만, 여기서는 이러한 논점에서 벗어나 함수 그 자체에 대한 성질과 유용성에 대하여 알아본다.

식 $3x+2$와 같은 표현은 x의 값이 정해지지 않으면 구체적인 값이 정해지지 않는다. 이 때 x의 값에 대한 이 표현의 값을 **함수**(function) 값이라 하고

$$f(x)=3x+2$$

로 나타낸다. 우리는 학교수학에서 위와 같이 일정한 규칙성을 가지고 그 관계

를 구체적으로 나타낼 수 있는 것에 대해서만 함수라고 생각하는 편향된 시각을 가지고 있다.

그러나 삼각형의 세 변의 길이에 따른 삼각형의 넓이, 원에서 중심각의 크기에 따른 현의 길이 등과 같이 변의 길이나 중심각의 크기가 결정되면 그에 대응하는 넓이나 현의 길이를 알 수 있는 것이 있다. 또 n보다 작은 소수의 개수 등과 같이 n의 값이 주어질 때 그것보다 작은 소수의 개수가 몇 개인지 구체적으로 알 수는 없어도 유일한 값으로 존재하는 것도 있다. 이와 같은 것들은 구체적인 식으로 나타내기는 어렵지만 역시 함수관계를 가진다.

앞에서 잠깐 언급되었지만 대체적으로 물리적인 관계에서는 함수의 개념이 나타나는데, 시간과 자유 낙하한 거리, 공기의 부피와 압력, 대기의 온도와 고도, 자동차의 속도와 제동거리, 대공포가 지면과 이루는 각도와 포탄이 날아간 거리, 계절과 별자리의 위치 등은 변수 사이에 함수 관계를 이룬다.

이와 같이 함수의 개념은 실제 생활과 밀접한 관계를 가지고 있어 고대로부터 그 개념이 사용되어 왔으며, 여러 가지 방법으로 나타내어졌다. 예를 들면 고대 바빌로니아 사람들의 천문학 연구에서 사용된 수표 등은 천체의 위치가 주기적으로 나타난다는 사실의 발견으로 이어졌으며 이들은 오늘날의 삼각함수로 나타난다. 이와 같이 암암리에 사용되고 있는 함수의 개념은 물체의 운동 곡선을 연구하는 가운데 시간과 거리와 같은 변량 사이의 관계로 개념화 되었다.

역사적으로 함수란 용어를 처음으로 사용한 사람은 Leibniz로 알려져 있으며, 함수적 관계에 대한 생각은 점점 더 관계의 성질을 나타내는 간단한 수학적 표현으로 인식되게 되었다.

1.3 논리와 함수

1.3.1 논리

수학적 사고는 기호나 그림을 통하여 더 분명하게 나타난다. 예를 들면 임의

의 수 m, n에 대하여

$$2n+2n=2(m+n)$$

이라든지, 아래 그림은

$$(x+y)^2=x^2+2xy+y^2$$

을 설명하는 데 사용된다.

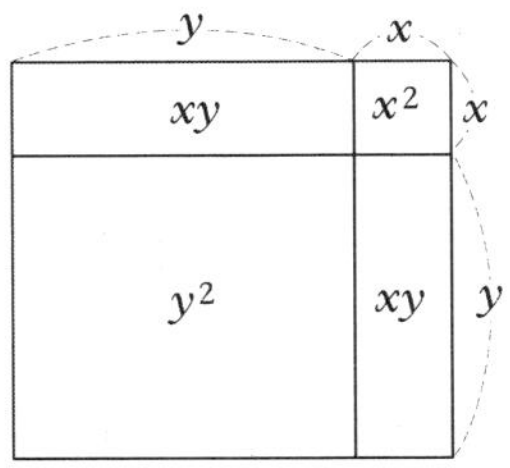

〈그림 1.7〉

이와 같이 기호나 그림도 논리를 분명히 하는데 유용하게 사용된다. 그런데 수학에서의 문장은 논리를 쌓는데 필요한 벽돌과 같은 역할을 한다. 이때 **문장**(statement)이란 참과 거짓 중 하나만을 분명히 말할 수 있는 수학적 문장(sentence)을 말한다. 예를 들면

(1) 태극기는 대한민국의 국기이다. (참)

(2) $2+7=9$. (참)

(3) $5<0$. (거짓)

은 문장이다. 그러나

(4) 날씨가 좋으냐?

는 참과 거짓을 판별할 수 있는 글이 아니므로 문장이 아니다.

새로운 문장은 여러 개의 문장을 가지고 만들어질 수 있다. 예를 들면 '햇빛이 비친다.'라는 문장을 p라 할 때, 이의 **부정**(negation)은 '햇빛이 비치지 않는다.'이고 이것을 $\sim p$로 나타낸다. 따라서 어떤 문장이 참이면 그의 부정은 거짓

이고, 주어진 문장이 거짓이면 그의 부정은 참이다. 이런 관계를 다음과 같은 진리표(truth table)로 나타낼 수 있다.

p	$\sim p$
T	F
F	T

또 두 개 이상의 문장을 결합하여 만든 문장을 **복합문장** 또는 **합성문장**(compound statement)이라고 한다. 문장을 합성하는 대표적인 연결어는 '그리고', '또는', '만약… 이면, 그러면…', '필요충분' 등이 있다. 이제 이들의 진리표에 대하여 알아보자.

(1) 그리고(and)

문장 p를 '햇빛이 비친다.'라 하고, 문장 q를 '비가 온다.'라고 하면, p와 q의 곱(conjunction)은 '비가 오고 햇빛이 비친다.'이다. 이것을 기호로

$$p \wedge q$$

로 나타낸다. 두 문장의 곱은 p와 q가 모두 참일 때 아래와 같이 참인 문장이 된다. 이것을 진리표로 나타내면 다음과 같다.

p	q	$p \wedge q$
T	T	T
T	F	F
F	T	F
F	F	F

따라서 p와 q의 곱은 p와 q가 모두 참일 때만 참이 된다.

(2) 또는(or)

두 문장 p와 q의 합(disjunction)은 'p 또는 q'이며 기호로는

$$p \vee q$$

로 나타낸다. 예를 들면 '비가 오거나 햇빛이 비칠 것이다.'라는 문장은

(1) 비가 온다.

(2) 햇빛이 비친다.

(3) 비가 오거나 햇빛이 비친다.

의 경우 모두 참이 된다. 이것을 진리표로 나타내면 다음과 같다.

p	q	$p \vee q$
T	T	T
T	F	T
F	T	T
F	F	F

따라서 p나 q 중 어느 하나가 참이면 p와 q의 합은 참이 된다.

(3) 만약 … 이면, 그러면(if-then)

복합 문장에서 가장 중요한 것은 함의이다. 이것은 'p이면, q' 즉 '만약 … 이면, 그러면…'의 형태를 가지며, 이것을 기호로

$$p \rightarrow q$$

와 같이 나타낸다. 이와 같은 문장을 **함의**(implication) 또는 **조건문**(conditional statement)이라고 하며, p를 **가정**(hypothesis), q를 **결론**(conclusion)이라고 한다. 예를 들어, '평균 90점 이상을 받으면, 수를 받을 수 있을 것이다.'라는 조건문에서 가정 p는 '평균 90점 이상을 받는다.'이고 결론 q는 '수를 받을 것이다.'이다. 이 때 다음의 네 가지 경우가 생긴다.

평균 90점 이상	평가 수	약속 이행
Y	Y	Y
Y	N	N
N	Y	Y
N	N	Y

위의 예를 통해서 다음과 같은 진리표를 얻을 수 있다.

p	q	$p \to q$
T	T	T
T	F	F
F	T	T
F	F	T

주어진 조건문 $p \to q$에 대하여

(1) $q \to p$를 $p \to q$의 역(converse)
(2) $(\sim p) \to (\sim q)$를 $p \to q$의 이(inverse)
(3) $(\sim q) \to (\sim p)$를 $p \to q$의 대우(contraposition)

라고 한다. 이때 이들의 진리표를 살펴보면 다음과 같다.

p	q	$\sim p$	$\sim q$	$p \to q$	$\sim q \to \sim p$	$q \to p$	$\sim p \to \sim q$
T	T	F	F	T	T	T	T
T	F	F	T	F	F	T	T
F	T	T	F	T	T	F	F
F	F	T	T	T	T	T	T

위의 진리표를 보면 조건문 $p \to q$와 그의 대우 $\sim q \to \sim p$의 진리표는 같다. 이와 같이 진리값이 같은 두 문장을 **논리적으로 동치**(logically equivalent)인 문장이라고 한다. 예를 들면 $p \to q$의 진리표와 $\sim p \vee q$의 진리표를 그리면 다음과 같으므로, 이 두 명제는 동치명제이다.

p	q	$p \to q$	$\sim p \vee q$
T	T	T	T
T	F	F	F
F	T	T	T
F	F	T	F

그러나 $p \to q$와 $q \to p$의 진리표가 항상 같지는 않으므로 이들 명제는 동치가

아니다.

두 명제 p, q가 동치일 때, 이것을

$$p \equiv q$$

로 나타내면, 다음이 성립함을 진리표를 그려 증명할 수 있다.

[정리 1.1]

명제 p, q, r에 대하여, 다음이 성립한다.

(1) $p \equiv q$

(2) $p \equiv q$이면 $q \equiv p$

(3) $p \equiv q$이고 $q \equiv r$이면 $p \equiv r$

[정리 1.2]

항상 참인 명제를 t, 항상 거짓인 명제를 f로 나타내기로 하자. 그러면 명제 p, q, r에 대하여, 다음이 성립한다.

(1) $p \wedge p \equiv p$, $\quad p \vee p \equiv p$

(2) $p \wedge q \equiv q \wedge p$, $\quad p \vee q \equiv q \vee p$

(3) $p \wedge (p \wedge p) \equiv p$, $\quad p \vee (p \vee p) \equiv p$

(4) $p \wedge (q \wedge r) \equiv (p \wedge q) \wedge r$, $\quad p \vee (q \vee r) \equiv (p \vee q) \vee r$

(5) $p \wedge (q \vee r) \equiv (p \wedge q) \vee (p \wedge r)$, $\quad p \vee (q \wedge r) \equiv (p \vee q) \wedge (p \vee r)$

(6) $\sim(\sim p) \equiv p$

(7) $\sim(p \wedge q) \equiv \sim p \vee \sim q$, $\quad \sim(p \vee q) \equiv \sim p \wedge \sim q$

(8) $p \wedge \sim p \equiv f$, $\quad p \vee \sim p \equiv t$

(9) $p \wedge f \equiv f$, $\quad p \vee t \equiv t$

(4) 필요충분(if and only if)

'p일 필요충분조건은 q(p if and only if q)'인 문장을 이중조건문(biconditional)이라고 하며

$$p \leftrightarrow q$$

로 나타낸다. 이중조건문은 조건문 $p \to q$와 그의 역 $q \to p$의 논리곱이다. 따라서

$$p \leftrightarrow q \equiv (p \to q) \wedge (q \to p)$$

으로, 논리적으로 동치이다. 실제로 진리표를 살펴보면 다음과 같다.

p	q	$p \to q$	$q \to p$	$(p \to q) \wedge (q \to p)$	$p \leftrightarrow q$
T	T	T	T	T	T
T	F	F	T	F	F
F	T	T	F	F	F
F	F	T	T	T	T

이중조건문 $p \leftrightarrow q$은 p와 q가 동시에 참이거나 동시에 거짓일 때만 참이다.

한편, 수학에서는 조건문이나 이중조건문을 나타내기 위하여 필요(necessary) 또는 충분(sufficient)이란 말이 자주 쓰인다. 예를 들면 '이웃하는 두 변의 길이가 같은 직사각형은 정사각형을 이루기에 충분하다'라는 문장을 '직사각형의 이웃하는 두 변의 길이가 같으면, 그것은 정사각형이다.'라는 문장 대신 사용하는 경우가 있다. 이때 $p \to q$가 참일 때

(1) $p \to q$는 q는 p가 되기 위한 **필요조건**

(2) $p \to q$는 p는 q가 되기 위한 **충분조건**

(3) $p \leftrightarrow q$는 p는 q가 되기 위한 **필요충분조건**

이라고 한다.

1.3.2 관계와 함수

(1) 관계

관계란 두 수나 두 대상 사이의 상호관계를 나타내는 수학적 용어이다. 예를 들면 '2는 5보다 작다.'라든지 'ΔABC는 ΔDEF와 합동이다.'는 두 수 사이의 크기와 두 삼각형 사이의 모양과 크기를 비교하는 말이다.

관계를 나타낼 때 화살표 그림이 자주 쓰인다. 예를 들면 집합 {2, 4, 6, 8}

의 약수의 관계를 한 집합에서와 두 집합을 이용한 화살표 그림으로 나타내면 다음과 같다.

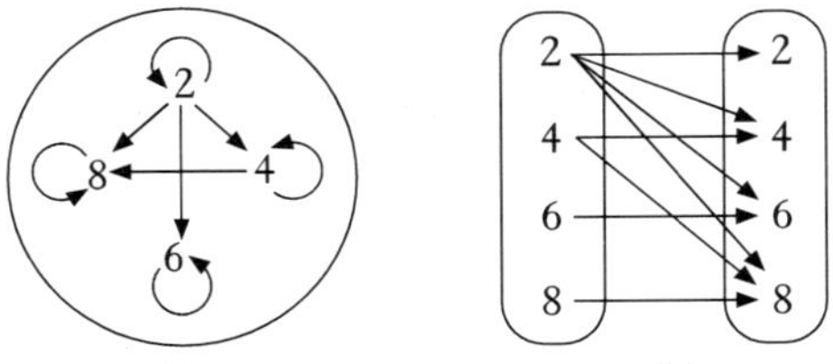

〈그림 1.8〉

일반적으로 집합 A와 B의 **관계**(relation) R는 그저 곱집합 $A \times B$의 부분집합을 말한다. 예를 들면 집합 $\{2, 4, 6, 8\}$에서 약수의 관계는 순서쌍의 집합

$$\{(2, 2), (2, 4), (2, 6), (2, 8), (4, 4), (4, 8), (6, 6), (8, 8)\}$$

이다.

> [정의 1.1] 집합 A 위의 관계 R에 대하여
>
> $$\text{임의의 } a \in A\text{에 대하여 } (a, a) \in R$$
>
> 일 때, 관계 R는 반사 성질(reflexive property)을 가진다고 말한다.

예를 들어 집합 $\{2, 4, 6, 8\}$ 위에서의 관계 $R=\{(2, 2), (2, 4), (2, 6), (2, 8), (4, 4), (4, 8), (6, 6), (8, 8)\}$에 대하여

$$(2, 2), (4, 4), (6, 6), (8, 8)$$

은 모두 R의 원소이므로, R은 반사 성질을 가진다.

[정의 1.2] 집합 A 위의 관계 R에 대하여

$$\text{임의의 } (a, b) \in R\text{에 대하여 } (b, a) \in R$$

일 때, 관계 R는 대칭 성질(symmetric property)을 가진다고 말한다.

예를 들어 집합 $\{2, 4, 6, 8\}$ 위에서의 관계 $R=\{(2, 2), (2, 4), (2, 6), (2, 8), (4, 4), (4, 8), (6, 6), (8, 8)\}$에 대하여

$$(2, 4) \in R\text{이지만 } (4, 2) \notin R$$

이므로 R은 대칭 성질을 가지지 않는다.

[정의 1.3] 집합 A 위의 관계 R에 대하여

$$\text{임의의 } (a, b), (b, c) \in R\text{에 대하여 } (a, c) \in R$$

일 때, 관계 R는 전이 성질(transitive property)을 가진다고 말한다.

예를 들어 집합 $\{2, 4, 6, 8\}$ 위에서의 관계 $R=\{(2, 2), (2, 4), (2, 6), (2, 8), (4, 4), (4, 8), (6, 6), (8, 8)\}$에 대하여

$$(2, 4), (4, 8) \in R\text{에 대하여 } (2, 8) \in R$$

이다. 이와 같이 관계 R는 전이 성질을 가진다.

[정의 1.4] 관계 R이 반사, 대칭, 전이 성질을 모두 가질 때, 관계 R을 동치관계(equivalence relation)라고 한다.

[정의 1.5] 집합 A에 순서관계 R이 주어져 있을 때, (A, R)을 부분순서집합(partially ordered set)이라고 한다. 일반적으로 A의 원소 x, y에 대하여

$$x \le y \text{일 때 } (x, y) \in R$$

라고 한다. 이때, 'x는 y보다 작거나 같다.'라고 말한다. 또 A의 임의의 두 원소에 대하여 순서를 비교할 수 있을 때, A를 **전순서집합**(totally ordered set)이라고 한다.

(2) 함수

수학에서 수식은 매우 중요한 역할을 한다. 예를 들어, 반지름의 길이가 r인 원의 넓이를 재는 공식

$$A = \pi r^2$$

은, 간단히 r의 값만을 대입함으로 여러 크기의 원의 넓이를 쉽게 구할 수 있게 해준다. 더욱이 넓이는 반지름의 길이 r에 의하여 유일하게 결정된다는 관계를 의미한다. 이와 같은 관계를 함수라고 한다. 좀더 엄밀히 말하면, 집합 A와 B 사이의 관계 R 중에서

임의의 $a \in A$에 대하여 $(a, b) \in R$인 $b \in B$가 유일하게 존재

할 때, 관계 R을 A에서 B로의 **함수**(function)라고 하고

$$f : A \to B$$

로 나타낸다. 예를 들어 다음 화살표 그림은 함수를 나타낸다.

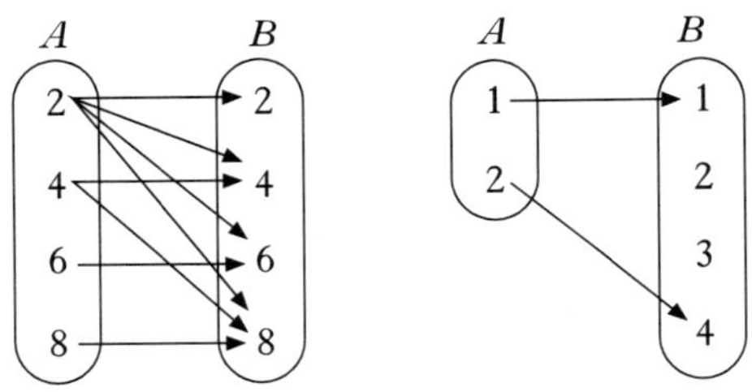

〈그림 1.9〉

집합 A에서 B로의 함수 f가 주어질 때, A를 함수 f의 **정의역**(domain), B를 **공역**(codomain), $f(A) = \{b \in B | (f(a) = b, a \in A\}$을 함수 f의 **치역**(range)이라고

한다. 예를 들어, 앞쪽 그림의 오른쪽 함수에서

$$\text{정의역 } A=\{1,\ 2\}$$
$$\text{공역 } B=\{1,\ 2,\ 3,\ 4\}$$
$$\text{치역 } f(A)=\{1,\ 4\}$$

이다.

(3) 함수의 표현

집합 $A=\{1,\ 2,\ 3\}$, $B=\{1,\ 4,\ 9\}$일 때 A에서 B로 제곱수를 대응시키는 함수 f를 다음과 같이 표로 나타낼 수 있다.

A	B
1	1
2	4
3	9

또 함수를 역동적으로 나타내기 위하여, 암흑상자(black box)처럼 그리고, 입력과 출력을 표시해 함수를 나타낼 수 있다.

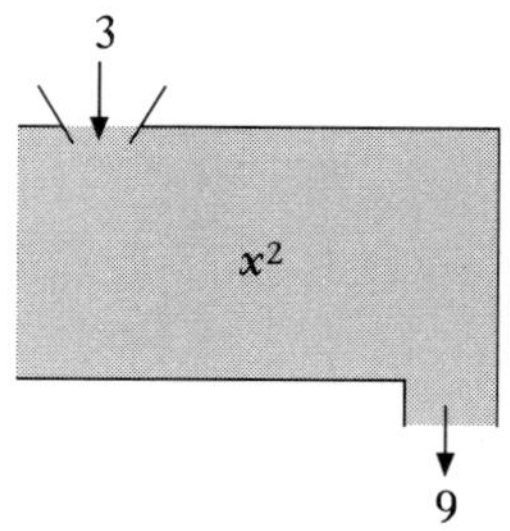

<그림 1.10>

한편, 함수 f를 순서쌍을 이용하여, 예를 들어 위의 제곱함수를

$$\{(1,\ 1)\ (2,\ 4),\ (3,\ 9)\}$$

와 같이 순서쌍의 집합으로 나타낼 수 있다. 이와 같은 것을 좌표평면 위의 그래프로 다음과 같이 나타낼 수도 있다.

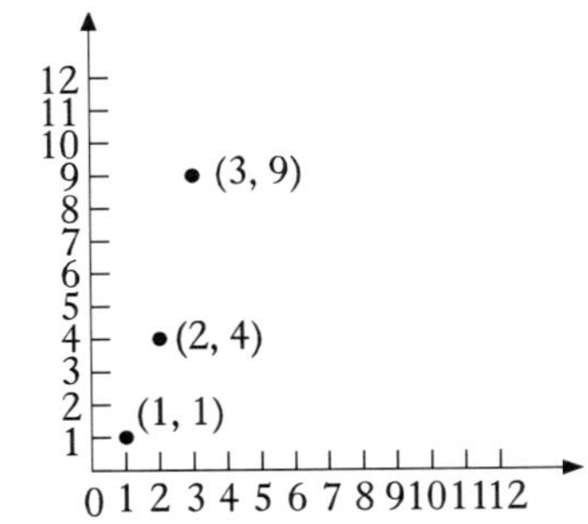

〈그림 1.11〉

더욱이 기하에서는 함수를 이용하여 기하학적 성질을 연구하기도 한다. 예를 들어 평면 위에서 주어진 도형을 평행이동시키거나, 회전하거나, 반사시키는 것은 모두 함수이다.

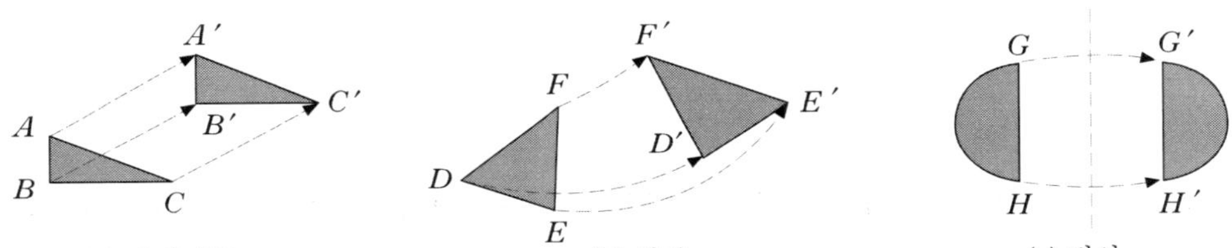

(a) 평행이동 (b) 회전 (c) 반사

〈그림 1.12〉

(4) 함수의 분류

다음의 정의는 함수를 더 깊이 공부하기에 아주 중요한 것들이다.

> [정의 1.6] 함수 $f : A \to B$에 대하여
>
> $$f(x_1) = f(x_2) \text{이면 } x_1 = x_2$$
>
> 가 성립할 때, 함수 f를 일대일 또는 단사(one-to-one, injective)라고 한다.

함수 $f : A \to B$가 일대일이라는 것은 임의의 원소 $y \in B$에 대하여, y의 값을 갖는 A의 원소는 하나밖에 없다는 것을 의미한다. 다시 말하면

$$x_1 \neq x_2 \text{ 이면 } f(x_1) \neq f(x_2)$$

이다.

> [정의 1.7] 함수 $f : A \to B$에 대하여
>
> 임의의 $y \in B$에 대하여 $y = f(x)$인 $x \in A$가 항상 존재
>
> 할 때, 함수 f를 전사(onto, surjective)라고 한다.

함수 $f : A \to B$가 전사라는 것은 임의의 원소 $y \in B$에 대하여, $y = f(x)$를 만족하는 원소 $x \in A$가 적어도 하나 존재한다는 것을 의미한다.

> [정의 1.8] 함수 $f : A \to B$가 단사이고 전사일 때, f를 **전단사** 또는 **일대일 대응**(bijective, one-to-one correspondence)이라고 한다.

예를 들어 $I_A : A \to A$, $I_A(x) = x$인 **항등함수**(identity function)는 전단사이다. 함수 $f : A \to B$가 전단사라는 것은 A의 원소에 대하여 꼭 하나의 B의 원소가 대응하고, 임의의 원소 $y \in B$에 대하여 $y = f(x)$를 만족하는 원소 $x \in A$가 단 하나만 존재한다는 것을 의미한다. 따라서 함수 $f : A \to B$가 전단사이면 A의 원소의 개수와 B의 원소의 개수는 같다.

아래 그림은 각각 단사, 전사, 전단사를 나타내는 그림이다.

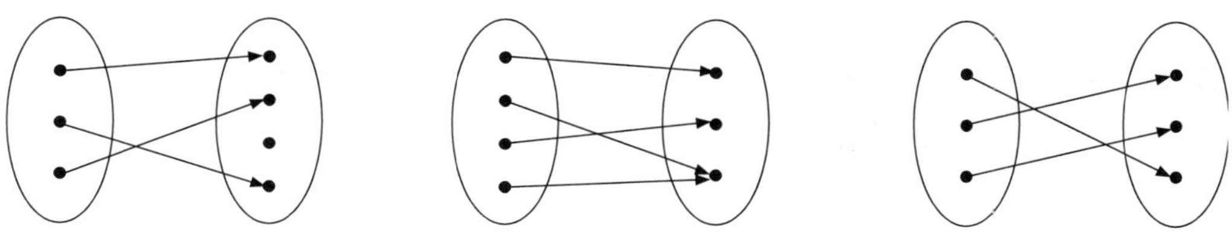

(a) 단사 (b) 전사 (c) 전단사

〈그림 1.13〉

함수의 합성에 대하여 다음 성질이 성립한다.

[정리 1.3]

$f : A \to B$와 $g : B \to C$이 함수이면, 합성함수 $g \circ f : A \to C$도 함수이다. 이때,

$$g \circ f(x) = g(f(x))$$

이다.

함수 $f : A \to B$에 대하여 $y = f(x)$일 때, $x = f^{-1}(y)$라 하자.

[정의 1.9] 함수 $f : A \to B$에 대하여 $f^{-1} : B \to A$가 함수가 될 때, f는 역함수(inverse function) f^{-1}를 가진다.

다음의 정리는 역함수에 대한 필요충분조건을 말해준다.

[정리 1.4]

함수 $f : A \to B$이 전단사이면, 역함수 $f^{-1} : B \to A$도 전단사이다.

[정리 1.5]

함수 $f : A \to B$이 역함수를 가지면, 함수 $f : A \to B$는 전단사이다.

[정리 1.6]

함수 $f : A \to B$이 역함수를 가지면

$$f^{-1} \circ f = I_A \text{ 이고 } f \circ f^{-1} = I_B$$

이다.

1.4 논리와 함수의 역사

1.4.1 논리의 역사

1642년, 처음으로 계산기를 발명한 사람은 Blaise Pascal(1623 - 1662)이다. 그러나 그의 계산기는 지금의 계산기와는 달리 덧셈과 뺄셈만 가능한 것이었다. 이것을 개량하여 1694년에 덧셈과 뺄셈뿐만 아니라 곱셈과 나눗셈까지도 가능한 계산기 Stepped Reckoner를 발명한 사람은 Gottfried Wilhelm Leibniz(1646 - 1716)이다. Pascal의 계산기와는 달리 Stepped Reckoner의 계산 체계는 모든 수를 0과 1로 나타내는 이진법의 체계를 사용하고 있다. 실제로 Leibniz는 논리계산을 염두에 두고 모든 자연과학에 적용할 수 있는 사고체계를 세우려고 노력하였다.

수학체계에서 논리를 기호로 다룬 사람은 Augustus De Morgan(1806 - 1871)과 George Boole(1815 - 1864)이다. De Morgan은 한쪽 눈이 먼 사람이었지만, Trinity College를 우등으로 졸업하고 22살에 London University의 교수가 되었으며, London Mathematical Society의 공동설립자이자 초대 회장이 되었다. 그는 논리, 대수, 수학사에 관한 교재와 논문을 저술하였다. 그는 19세기에 만연했던 논리와 수학의 인위적 분리에 반대하여 수학의 개념을 논리의 바탕위에 세웠으며 논리를 수학적으로 다루었다.

영국 무역업자의 아들이었던 Boole은 모든 특권을 버리고 그리스어와 라틴어를 독학하여 초등학교 교사자격증을 얻었다. 20세나 되어서야 수학을 본격적으로 공부하기 시작하였지만, 11년 후인 1847년에 논리적 추론을 수치적, 대수적으로 취급하는 기초가 되는 책 〈The mathematical analysis of logic〉을 출간하고, 1849년에는 더블린의 Queens College의 수학교수가 되었다. 1854년에 간행된 Boole의 두 번째 책 〈An investigation of the laws of thought〉에서 언급된 논리의 기호연산인 부울 대수(Boolean algebra)는 컴퓨터의 논리체계의 기초가 된다. Boole의 진리표를 0, 1로 바꾸면 논리회로가 되며, 이것은 20세기를 컴퓨터 시대로 인도하는 것이었다. 이러한 발전은 Boole, De Morgan, Turing 등에 힘입은 바가 크다.

모든 수학이 논리적 추론에 의하여 전개되어야 한다는 Boole의 생각이 가능성이 있다는 것을 구현한 것은 Whitehead와 Russell(1910)의 〈Principia mathematica〉이다. 〈Principia mathematica〉는 수학을 모호함으로부터 벗어나기 위하여 형식적 언어로 표현하고자 집합론의 공리와 몇 개의 추론의 법칙을 사용하고 있다. 그러나 Whitehead와 Russell은 그들의 논리체계의 엄밀성이 사실 완전성과 양립할 수 없다는 것을 인식하지는 못하였다. 1931년 Gödel은 〈Principia mathematica〉의 언어로 표현되지만 그 공리체계로부터 나오지 않는 문장 '이 문장은 증명할 수 없다'를 만들어내게 된다. 즉 이 문장이 사실이면 이것은 증명할 수 없는 것이 되고, 그렇지 않으면 증명할 수 있게 되므로 〈Principia mathematica〉의 입장으로는 거짓인 문장이 된다. 이렇게 함으로 Gödel의 불완전성 정리(incompleteness theorem)가 탄생하게 된다.

1.4.2 함수의 역사

함수는 function의 의미를 따서 붙인 이름이 아니라 소리를 따서 번역한 음역으로 중국의 '대미적습급(代微積拾級, 1895)'에 나온다. 그러나 function이 기능, 작용의 뜻을 가지고 있는 것과 마찬가지로 함수는 입력(input)된 것이 블랙박스(black box)를 통과하여 나온 출력(output)을 나타내는 의미를 가지고 있으므로 단순한 음역 이상의 의미를 지닌다.

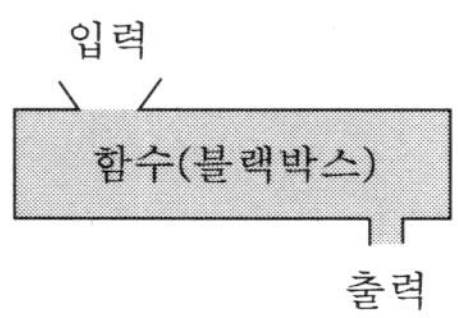

〈그림 1.14〉

함수의 기호로 자주 쓰이는 f는 Wilhelm Leibniz(1646 - 1716)에 의하여, $f(x)$는 1734년 Leonhard Euler(1707 - 1783)에 의하여 처음으로 사용되었으며, 절대값 기호 $|\cdot|$는 Karl Weierstrass(1815 - 1897)가 처음으로 사용하였다. 또 집합 X에서 Y로의 함수를

$$f : X \to Y$$

와 같이 나타내는데, 이것은 1940년 경 W. Hurewicz의 논문에 처음으로 나타나는 것으로 알려져 있다.

미지수를 문자로 나타내는 것은 그리스 시대로 거슬러 올라간다. 예를 들어 Diophantos는 미지수를 그리스 문자로 나타내었으며, 이러한 전통은 중세기까지 이어져 온다. 그러나 로마의 알파벳 소문자가 미지수로 〈Liber Abbaci〉(1202)에 나타난다. 1544년 Micahel Stiefel은 q를 미지수로, A, B, C, D, F를 기지수로 사용하고 있으며, Girolamo Cardano(1501－1576)는 a, b를 기지수로 사용하고 있다. 그러나 이들은 모두 식에 나타나는 것은 아니고 수를 대체하여 나타내는 것이었다.

수식에 있는 미지수를 문자로 나타낸 것은 1549년 Francois Vieta(1540－1603)로, 모음을 미지수로 나타내고 주어진 수를 대문자 자음으로 나타내었다. 이런 표현 습관은 Thomas Harriot(1560－1621)에게 이어졌는데, 그는 소문자 모음을 미지수로, 소문자 자음을 기지수로 사용하였다. 이러던 것을 Rene Descartes는 a, b, c,… 와 같이 로마 알파벳의 앞부분을 기지수로, z, y, x…와 같이 뒷부분을 미지수로 나타내었다. 이러한 표현 과정을 살펴볼 때 현재 우리가 미지수로 자주 사용하고 있는 x, y, z는 Descartes의 영향이라고 보아야 할 것이다.

18세기까지 함수는 변수의 합, 차, 곱, 몫과 같은 대수적인 식으로 나타나거나 지수함수, 로그함수, 삼각함수와의 결합으로 주어졌다. 다시 말하면 다항함수, 유리함수, 지수함수, 로그함수, 삼각함수와 이들의 결합만이 함수로 취급되었다. 이들 함수는 모두 연속이며 고립점(isolated points)을 제외한 곳에서는 무한 번 미분 가능한 수학적으로 좋은 성질을 가지고 있는 함수이다. 그러나 지금의 함수는 이보다 더 폭넓은 개념을 포함하고 있다.

제 2 장

자연수

현대의 수학은 많은 분야로 나누어져 있다. 그러나 학교수학을 본다면 크게 대수학, 기하학, 해석학, 위상수학, 통계학으로 나누어져 있다. 학교수학을 이해하려면 이들 분야를 잘 알아야 한다. 초등학교 1학년 수학의 첫 장을 열면 세어보기이다. 하나, 둘, 셋 하고 세는 것을 1, 2, 3으로 나타내는 것에 대하여 공부하고, 그 다음 거꾸로 줄여나가는 것을 통하여 아무것도 없는 것을 0으로 나타내는 약속을 한다. 학년이 올라갈수록 이들 수의 덧셈, 뺄셈, 곱셈, 나눗셈에 대하여 다루며 수를 확장해 간다. 이러한 현상은 중학교와 고등학교에서도 같은 맥락을 유지함을 알 수 있다. 물론 도형의 합동이나 닮음, 논리와 증명 등과 같이 수와 무관한 것 같은 내용도 다루어지지만, 학교수학에서 이들의 대부분은 다시 수와 관련지어 다루어진다. 이러한 의미에서 학교수학의 기본요소는 수라고 말할 수 있다.

2.1 학교수학

2.1.1 1학년

초등학교 1학년 수학에서 처음으로 접하는 내용은 일상생활에서 친숙하게 사용한 하나, 둘, 셋, 넷, 다섯하고 세는 물건의 개수를 숫자(기호) 1, 2, 3, 4, 5로 나타내는 방법과 이들 수가 가지는 의미를 이해하는 것이다. 처음에는 점(●) 또는 바둑돌의 개수를 통하여

●을 1
●●을 2
●●●을 3
●●●●을 4
●●●●●을 5

로 나타낸다. 이러한 숫자의 의미는 자연수가 세는 수(counting number)로서의 의미를 가진다는 것을 말한다. 한편

참새 한 마리를 1
다람쥐 두 마리를 2
장미꽃 세 송이를 3
컴퓨터 네 대를 4
자전거 다섯 대를 5

로 나타내는 학습을 하게 된다. 이러한 활동으로부터 1, 2, 3, 4, 5는 물건의 종류와 관계없이 물건의 개수에 따라 결정된다는 것이다. 즉 1, 2, 3, 4, 5는 특정한 물건의 개수를 나타내는 의미를 넘어서 집합의 원소의 개수를 나타내는 기수(cardinal number)적 의미를 갖는다는 것이다. 이 개념은 후에 자연수의 도입을 집합적으로 도입하는 밑거름이 된다.

〈참고 2.1〉 초등학교 1학년에서 자연수의 도입을 1, 2, 3, 4, 5까지 먼저 하는 이유는 우리의 한 손의 손가락이 5개임을 이용하여 자연스레 전개할 수 있기 때문이다. 여기

서는 '1, 2, 3, 4, 5'의 기호(숫자)의 도입뿐만 아니라 이들을 읽는 법 '일, 이, 삼, 사, 오'와 세는 수로서의 의미를 강하게 갖는 '하나, 둘, 셋, 넷, 다섯'에 대한 쓰기도 가르친다.

고리던지기 활동을 통하여

> 고리 한 개는 1
> 고리 한 개에 하나를 더하면 고리의 수는 2
> 고리 두 개에 하나를 더하면 고리의 수는 3
> 고리 세 개에 하나를 더하면 고리의 수는 4
> 고리 네 개에 하나를 더하면 고리의 수는 5

가 된다는 것을 알게 한다. 즉 2는 1 다음에 오는 수, 3은 2 다음에 오는 수, 4는 3 다음에 오는 수, 5는 4 다음에 오는 수임을 알게 한다. 이것은 자연수가 1로부터 하나씩 다음에 오는 수에 의하여 만들어진다. 이것은 자연수가 **계열성**(sequential property)을 가진다는 것을 의미한다. 이러한 것이 반복되면 무한한 자연수가 만들어진다는 것을 직관적으로 알 수 있다. 특히 자연수의 계열성은 어떤 사실이 모든 경우에 대하여 성립하는지 아닌지를 밝혀주는 수학적 귀납법(mathematical induction)의 원리가 되기도 한다.

한편, 고리던지기에서 거꾸로 셈을 하면

> 다섯 개의 고리는 5
> 다섯 개의 고리에서 한 개를 가져갈 때 남은 고리의 수는 4
> 네 개의 고리에서 한 개를 가져갈 때 남은 고리의 수는 3
> 세 개의 고리에서 한 개를 가져갈 때 남은 고리의 수는 2
> 두 개의 고리에서 한 개를 가져갈 때 남은 고리의 수는 1

임을 알게 한다. 즉 5의 앞에 있는 수는 4, 4의 앞에 있는 수는 3, 3의 앞에 있는 수는 2, 2의 앞에 있는 수는 1이다. 그렇다면 1의 앞에 있는 수는 무엇일까? 한 개 남은 고리에서 하나를 가져가면(없애면, 덜어 가면) 아무 것도 남지 않는다. 다시 말하면 1의 앞에 있는 수는 아무 것도 없는 것이다. 그렇다면 하나도 없는 것(아무 것도 없는 것)을 어떻게 나타낼까? 이러한 질문으로부터 0의 도입의 필요성을 느끼도록 하고, 아무 것도 없다는 것을 영(zero)이라 하고 0으로 나타내기로 약속을 한다.

〈참고 2.2〉 1, 2, 3, 4, 5를 도입한 다음, 바로 0을 도입하는 것은 좀 이른 감이 있다. 1, 2, ⋯, 9까지 수를 도입한 다음에 0의 도입을 하는 것도 하나의 방법이지만, 학교수학에서는 다섯 손가락으로 셀 수 있는 것으로부터 거꾸로 세기를 통하여 아무 것도 없는 것에 대한 표현 방법을 먼저 익히도록 하고 있다.

앞에서 1, 2, 3, 4, 5는 어떤 특정한 물건의 개수를 세거나, 물건의 종류와는 관계없이 물건의 개수에 따라 개수를 나타내는 수로 사용되었다. 우리의 일상생활 속에서는 물건의 개수가 다섯 개보다 많은 경우가 흔히 있다. 이러한 경우에도 이들의 개수를 간단한 기호로 나타내기 위하여, 1, 2, 3, 4, 5의 도입과 마찬가지로,

물건이 여섯 개이면 6
물건이 일곱 개이면 7
물건이 여덟 개이면 8
물건이 아홉 개이면 9

와 같이 나타내기로 약속을 한다. 따라서 초등학교 1학년의 단계에서는 우선 물건의 개수를 나타내는 수의 표현 방법과 읽기와 쓰기에 익숙해지도록 하여야 한다.

자연수 1, 2, 3, 4, 5는 집합의 원소가 각각 하나, 둘, 셋, 넷, 다섯인 것을 표기하는 수의 의미를 가지고 있음을 알아보았다. 우리의 일상생활 속에서는 물건의 개수를 세는 것 외에도 차례를 기다리는 줄서기나 한 줄로 늘어서는 순서를 '첫째, 둘째, 셋째, 넷째, 다섯째'의 순서로 말한다. 또는 달리기를 할 때 '일등, 이등, 삼등, 사등, 오등'과 같은 순서를 매긴다. 이때 첫째, 둘째, 셋째, 넷째, 다섯째나 일등, 이등, 삼등, 사등, 오등도 각각 1, 2, 3, 4, 5로 나타내기로 약속을 한다. 이와 같이 하면 자연수 1, 2, 3, 4, 5는 하나, 둘, 셋, 넷, 다섯의 세기를 나타내는 의미 외에도 첫째, 둘째, 셋째, 넷째, 다섯째의 순서를 나타내는 뜻도 내포하고 있다. 이것은 자연수가 순서수(ordinary number)의 성질을 가짐을 알게 하는 첫걸음이다.

더욱이 컵 다섯 개와 접시 네 개를 하나씩 짝을 지어 비교하면 컵의 개수가 접시의 개수보다 한 개 더 많다는 사실을 알 수 있다. 따라서 컵 다섯 개를 나타내는 5는 접시 네 개를 나타내는 4보다 크다 또는 많다고 말할 수 있다. 이러한 개념을 추상화하면 5는 4보다 크다 또는 4는 5보다 작다고 말한다. 여기

에는 집합의 원소의 개수를 비교하는 과정이 담겨져 있으며, 비교하는 과정 속에는 원소를 하나씩 대응시키는 일대일 대응의 의미도 담겨있다. 따라서 1, 2, 3, 4, 5는 집합의 원소의 개수를 나타내므로 집합의 원소의 개수를 비교하는 과정에서 1, 2, 3, 4, 5의 크기를 비교할 수 있다.

〈참고 2.3〉 우리의 생활 용어 속에서 5는 4보다 (하나) 더 많고 4는 3보다 (하나) 더 많으므로 5는 3보다 많다는 것을 하나하나 세어 비교하여 알 수 있다. 이것으로부터 자연수 사이의 부등식의 전이(transitivity)가 성립함을 알 수 있다.

0부터 9까지의 수가 바로 앞의 것보다 1이 더 많은 수의 계열성을 갖는 것과 같이 자연수 전체도 계열성을 갖는다. 따라서 자연수의 계열성을 이용하여, 두 수의 크기를 비교할 수 있다. 비교하는 행동은 두 자연수의 관계를 알아보는 것이며 **측정**(measurement)의 중심 개념이다. 예를 들면 길이에서 어느 것이 '더 길다, 짧다, 높다, 낮다, 폭이 넓다, 좁다, 가깝다, 멀다'를 사용하고, 무게가 '가볍다, 무겁다', 들이(부피)가 '크다, 작다', 걸리는 시간이 '길다, 짧다', 시간이 '좀더 일찍, 늦게', '젊다, 늙다', 온도가 '더 뜨겁다, 차다', 속도가 '더 빠르다, 느리다', 물건 값이 '싸다, 비싸다' 등으로 우리의 언어생활에는 비교하는 양이 많이 사용된다.

0, 1, 2, 3, 4, 5, 6, 7, 8, 9만 가지고서는 우리의 손가락의 열 개도 나타낼 수 없으므로, 9보다 큰 수를 나타내는 방법을 고안해 낼 필요가 있다. 이러한 이유로 9 다음의 수를 10(열), 19 다음의 수를 20(스물), 29 다음의 수를 30(서른), 39 다음의 수를 40(마흔), 49 다음의 수를 50(쉰)으로 나타내고, 59 다음의 수를 60(예순), 69 다음의 수를 70(일흔), 79 다음의 수를 80(여든), 89 다음의 수를 90(아흔), 99 다음의 수를 100(백)이라 한다. 이렇게 함으로 1학년에서는 0부터 100까지의 수를 세어서 쓰고 읽을 수 있도록 한다. 한편 많은 개수를 셀 때 하나하나 세는 것보다는 열 개의 묶음을 세고 나머지 낱개의 수를 세는 것이 편리함을 알게 하기 위하여 수 모형을 도입한다. 예를 들면 73은 열개의 묶음 7개와 낱개의 모형 3개의 개수를 나타낸다.

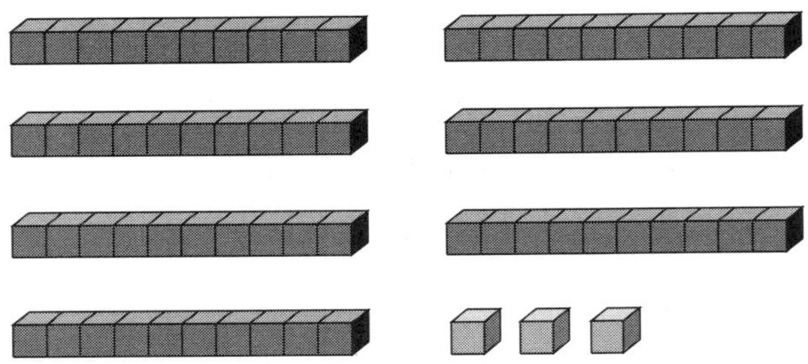

〈그림 2.1〉

수의 계열을 이용하면 76은 69보다 크다는 것을 알 수 있다. 그러나 두 수를 비교할 때, 하나하나 세어서 비교하기보다는 먼저 10의 자리의 수를 비교한 다음 1의 자리의 수를 비교하여 그 크기를 결정한다. 즉 두 수 76과 69를 비교할 때 먼저 십의 자리를 비교하면 7과 6이므로 일의 자리의 수가 무엇이든 간에 십의 자리가 7인 76이 69보다 크다. 또 '76은 69보다 크다'를

$$76 > 69$$

또 '85는 88보다 작다'를

$$85 < 88$$

와 같이 기호 > 또는 < 을 사용하여 간단히 나타내기로 한다. 또 세 수를 비교하여 가장 큰 수를 찾을 때는 먼저 두 수를 비교한 다음 큰 수와 나머지 수의 크기를 비교하여 찾는다. 예를 들면 54, 58, 18에서

$$54 < 58 \text{ 이고 } 18 < 58$$

이므로, 주어진 세 수 중 58이 가장 크다는 것을 알 수 있다.

2.1.2 2학년

1학년에서는 0부터 100까지의 수에 대하여 알아보았으나, 2학년에서는 100보다 큰 세 자리 수에 대하여 알아본다. 1학년에서와 마찬가지로 열 개의 묶음(십 모형) 10개의 개수를 100이라 하고, 십 모형을 가지고 200, 300, ...을 도입하였다. 그러나 이제는 십 모형만으로는 큰 수를 세기가 불편하므로 백 모형을

도입할 필요성을 학생 스스로 느끼게 하고, 백 모형, 십 모형, 일 모형을 가지고 세 자리 수를 알고 이를 수로 표현할 수 있도록 한다.

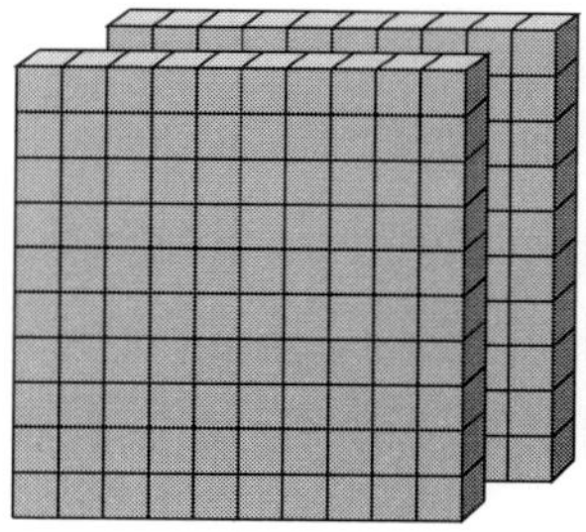

〈그림 2.2〉

한편 학생들에게 친숙한 돈 세기를 통하여 세 자리 수의 크기를 비교할 수 있도록 한다. 먼저 돈의 많고 적음은 백 단위의 수에 의하여 결정되고 다음으로 십 단위, 일 단위의 수를 비교하여 결정한다. 이와 마찬가지로 세 자리 수의 비교도 백, 십, 일 단위의 수를 차례로 비교하여 두 수의 크기를 비교할 수 있도록 한다. 더욱이 부등호 > 또는 <을 사용하여 두 수의 크고 작음을 수학적 기호를 사용한 간단한 문장으로 나타낼 수 있도록 한다.

2.1.3 3학년

3학년에서는 네 자리 수인 1000(천)을 도입한다. 앞에서와 같이 100이 10개인 1000을 수 모형을 이용해 도입하고, 네 자리 수의 계열성을 확인한다. 1000은 실제 우리 생활에서 자주 쓰이는 화폐 단위이므로, 이를 이용하여 수를 지도하는 것도 바람직하다. 세 자리 수의 계열성과 같이 3학년에서는 4자리, 4학년에서는 10000 이상의 수의 크기를 비교할 수 있도록 한다.

2.1.4 4학년

우리의 생활 속에서는 천 단위의 수보다 큰 수를 다루게 된다. 예를 들면 화폐 단위에서 학생들은 만원을 생활 속에서 자주 사용하며, 어떤 단체의 예산이 억 원, 정부의 예산이 조 단위의 돈을 신문이나 방송 매체를 통해서 접하게 된다. 따라서 4학년에서는 10000 이상의 수들이 얼마나 큰 수인지를 이해하고, 일상생활의 의사소통에 문제가 없도록 한다.

먼저

천이 10이면 일만, 즉 10000
만이 10이면 십만, 즉 100000
십만이 10이면 백만, 즉 1000000
백만이 10이면 천만, 즉 10000000
천만이 10이면 일억, 즉 100000000
천억이 10이면 일조, 즉 1000000000000

라고 한다. 이러한 큰 수가 쓰이는 예로 2000년 우리나라의 예산은 94919900000000 원이었다. 즉 이것은 94조 9199억이다.

〈참고 2.4〉 우리는 자연수의 여러 가지 성질에 대하여 알아보았다. 우리나라의 수 체계에서는 일, 십, 백, 천, 만, 억, 조 등으로 큰 수에서는 만을 기준으로 사용한다. 그러나 서양에서 일(one), 백(hundred), 천(thousand), 백만(million), 십억(billion) 등으로 천을 기준으로 큰 수의 이름을 붙이는 것을 알 수 있다.

2.2 자연수 개념의 교육

고대 이집트나 바빌로니아 시대에도 수에 대한 인식은 있었으나 당시는 산술적인 활동이 주를 이루었다. 이후 그리스 시대에 들어 '수란 무엇인가?'에 대한 관심을 가지게 되었다. 그리스 사람들은 우주의 근원이 무엇인가에 대한 물음으로부터 시작하여 Pythagoras는 '만물은 수이다.'라고 인식하였다. 즉 Pythagoras는 수를 구체적인 물질과 같은 의미로 인식하였다.

한편 Aristotle은 개념이 물질적인 세계로부터 기원하며 감각작용을 통하여 얻어진다고 보았으므로, 수와 크기의 개념도 감각적인 대상으로부터 추상화하여 얻어진다고 보았다. Aristotle은 물질을 유한개로 나누어지는 것과 무한히 나누어지는 것으로 구분하면서 수를 이산적인 것으로 한정하고 있다. 특히 그는 셀 수 있는 양은 단위의 배수로, 측정할 수 있는 양은 크기로 인식하였다.

Aristotle의 영향을 많이 받은 Euclid는 양을 이산적인 것과 연속적인 것으로 구분하고, '단위란 존재하는 사물 각각을 하나라고 부르는 것이다.'와 '수는 단위로 이루어진 다수이다.'라고 수를 정의하였다. 즉 Euclid는 수는 단위의 모임이며, 단위는 불가분인 사물의 단순성과 관련되므로 수를 이산적인 것에만 적용하였다. 그러나 일(단위)은 수로 간주하지 않았다.

그러나 중세에 이르러 Stevin은 '단위는 말하고자 하는 양이 하나라고 말할 수 있게 하는 수'로 단위를 1로 인식하였다. 이러한 관점은 측정을 일반화하여 유도된 것으로 수에 연속성을 부여하였다. 한편, Newton은 수를 '어떤 양에 대하여 같은 종류의 다른 양에 의해 추상화된 비(ratio)'라고 정의하였다. 이렇게 함으로 Newton은 수를 측정되는 양이 단위의 정확한 배수이면 자연수, 측정되는 양이 단위의 약수 부분이면 분수, 단위와 측정되는 양 사이의 공통 단위가 존재하지 않으면 무리수(non-commensurable number)로 나누었다.

이와 같이 자연수에 대한 개념은 시대에 따라 변하며 확대되어 왔다. 현대에 들어와서 Freudenthal은 자연수를

(1) 자연수의 수열로서 집합론에서 순서수로 형식화되는 순서수

(2) 집합론에서 기수로 형식화되는 개수(셈수)

(3) 단위에 대한 배수 개념으로의 측정수

(4) 수의 알고리즘적인 측면으로 대수적 공리체계에 의해 조작되는 계산수

로 인식하고 있다.

또 Confrey는 자연수를 다음과 같이 인식하였다.

(1) 집합으로서의 수로 '몇 개인가?'하는 물음의 대답으로서의 수 개념으로, 두 집합 사이의 대응과 관계가 있다. 이것은 현재 우리나라에서 자연수를 도입하고 있는 방식이다. 이러한 자연수의 도입은 학생들의 일상생활에서 경험하는 것으로부터 추상화되므로 학생들이 이해하기가 쉽다.

(2) 자연수는 첫째, 둘째, 셋째, … 등으로부터 얻어지는 개념의 순서수이다. 이것은 0의 후임자에 의하여 만들어지는 자연수의 계열성과 관계가 있다.

(3) 두 양 사이의 비를 나타내는 것으로서의 자연수이다.

(4) 산술 법칙에 의해 결정되는 조작적 수 개념으로의 자연수이다.

한편 Thorndike는 자연수는

(1) 하나 더 많다는 수의 계열의 의미
(2) 개수를 세기 위해 사용되는 어떤 이산적인 집합으로서의 의미
(3) 배수 개념을 가진 비의 의미
(4) '7은 5와 2의 합이고 9보다는 2가 작고'와 같이 어떤 수에 관한 수치적 관계의 의미

를 갖는다고 하였다.

이와 같은 수의 개념을 동시에 교육하는 것은 쉬운 일은 아니지만, 초등학교 수학에서 자연수의 교육은 이들의 개념이 충분히 인식되어지도록 행해져야 한다. 실제로 우리나라의 교육과정에서 자연수를

●을 1
●●을 2
●●●을 3
●●●●을 4
●●●●●을 5

등으로 정의한 것으로부터, 자연수의 셈수로서의 성질을 엿볼 수 있다. 또, 고리던지기를 통하여

고리 한 개는 1
고리 한 개에 하나를 더하면 고리의 수는 2
고리 두 개에 하나를 더하면 고리의 수는 3
고리 세 개에 하나를 더하면 고리의 수는 4
고리 네 개에 하나를 더하면 고리의 수는 5

라고 정의한 것으로부터, 자연수의 계열성을 교육한다. 한편

참새 한 마리를 1
다람쥐 두 마리를 2
장미꽃 세 송이를 3
컴퓨터 네 대를 4
자전거 다섯 대를 5

로 정의한 것으로부터, 자연수가 집합의 원소의 개수를 나타내는 기수적 의미를 지니고 있음을 안다. 더욱이 수의 계열을 이용하면 76은 69보다 크다는 것을 비교하는 것을 통하여 자연수가 두 수 사이의 관계를 나타내는 의미도 포함하고 있다는 것을 알 수 있다.

차례를 기다리는 줄서기나 한 줄로 늘어서는 순서를 '첫째, 둘째, 셋째, 넷째, 다섯째'의 순서로 말하고, 달리기를 할 때 '일등, 이등, 삼등, 사등, 오등'과 같은 순서를 매긴다. 이때 첫째, 둘째, 셋째, 넷째, 다섯째나 일등, 이등, 삼등, 사등, 오등을 각각 1, 2, 3, 4, 5로 나타내기로 약속을 함으로, 자연수가 순서를 나타내는 뜻도 내포하고 있다는 것을 알 수 있다.

한편 2학년에서는 교실의 폭을 발걸음으로 재거나, 양 팔을 벌려서, 뼘으로 재어 보는 활동을 한다. 이와 같이 같은 대상을 다른 단위의 길이로 잴 때, 단위에 따라 상대적으로 결정되는 자연수의 비를 생각할 수 있다. 그러나 학교수학에서는 측정의 단위를 가지고 전체를 결정하며, 단위를 환산함으로 자연수의 비의 의미를 알 수 있도록 지도하여야 한다. 이것이 분수와 소수의 도입과 연결되도록 자연수의 비 개념이 지도되어야 한다.

2.3 현대수학에서의 자연수

학생들은 처음에는 손가락이나 유리구슬 등과 같은 구체적인 사물을 통하여 자연수를 인식하지만, 나중에는 자연수 5를 단지 손가락 다섯 개만을 의미하지 않고 다섯 개의 물건을 포함하고 있는 모든 것들을 나타내는 추상적인 표현으로 받아들인다. 다시 말하면 5를 어느 특정한 물건 5개를 의미하는 것이 아니라 집합론적인 의미로 받아들이고 있다. 그런데 초등학교 학교수학에서는 자연수에 대해 현대수학에서 접근하는 집합론적인 정의를 분명히 하고 있지는 않다. 그렇지만 교사로서는 이러한 모호한 자연수에 대한 직관적 개념을 탈피하여 분명한 개념으로 정립할 필요가 있다. 그래야 자연수의 본질적인 모습을 들여다 볼 수 있으며, 자연수에 대한 학생의 흥미유발로 이어질 것이다. 물론, 자연수에 대한 정의는 직관적 개념을 충분히 반영할 수 있는 것이어야 한다.

해석학 분야에 공을 세운 Weierstrass(1815 - 1897)나 실수의 구조와 대수 분야에 공헌한 Dedekind(1831 - 1916)와 같은 학자들의 수학은, '수학은 모두 자연수의 산술로부터 유도될 수 있다.'는 제안이 나온 19세기에 이루어졌다. 즉 실수는 유리수의 수열의 극한으로 얻어지고, 유리수는 정수로부터, 정수는 자연수로부터 설명되어지므로, 궁극적으로 실수에 대한 수학은 자연수에 기초한다는 것이다. 이런 의미에서 Kronecker(1823 - 1891)가 "신은 자연수를 만들었고 나머지는 사람들의 작품이다."라고 말한 것에서 자연수가 수학의 기본 바탕인 수임을 알 수 있다.

그렇다면 자연수를 어떻게 정의할 수 있을까? 자연수를 정의하는데 있어 두 가지 중요한 요건이 있다. 하나는 지금까지 사용해왔던 의미를 갖는 자연수를 정의하고 싶다는 것이고, 또 다른 하나는 각 자연수가 서로 다르도록 정의하는 것이다. 이렇게 하려면 n개의 원소를 갖는 집합 중에서 꼭 하나의 집합을 택하는 방법을 고안해내야 한다.

먼저 수 0, 1, 2, 3, …을 지금까지 사용해온 의미를 갖는 길이를 재는 단위와 같이 세는 방법으로 정의하려고 한다. 어떤 길이가 대나무 자로 잰 것이든 스테인리스 자로 잰 것이든 0, 1, 2, 3, …은 단순히 길이를 나타내는 하나의 표현방법에 불과한 것이 되어야 한다. 이와 같이, 우리가 정의하려고 하는 자연수는 집합이 어떤 집합이든지 개수가 n개이면 모두 n으로 나타내려고 한다. 이러한 의미를 갖도록 Cantor(1883)와 Dedekind(1888)는 집합론의 기본원리에 의하여 자연수를 다음과 같이

0을 공집합 $\varnothing$,

1을 $\{\varnothing\}$,

2를 $\{0,\ 1\}$,

3을 $\{0,\ 1,\ 2\}$,

……………

n을 $\{0,\ 1,\ 2,\ \cdots,\ n-1\}$

등으로 정의하였다.

〈참고 2.5〉 여기서는 자연수를 0, 1, 2, 3, …으로 정의하기로 한다. 0을 포함하는 자연수의 집합을 범자연수(whole number)의 집합이라고도 한다.

위의 자연수의 정의를 좀더 자세히 설명하여 보자. 집합 A에 대하여, 집합 A^+를 집합 A의 **후임자**(successor)라 하고

$$A^+ = A \cup \{A\}$$

로 정의하자. 그러면 A의 후임자 A^+는 집합 A에 꼭 한 개의 새로운 원소 A를 첨가함으로 얻어지는 집합이다. 이제, 자연수 $\{0,\ 1,\ 2,\ \cdots,\ n\}$을

$$0 = \varnothing$$

$$1 = 0^+$$

$$2 = 1^+$$

$$3 = 2^+$$

………

$$n = (n-1)^+$$

로 정의하면, 이 정의는 앞의 집합에 대한 Dedekind의 정의와 일치하게 된다.

이와 같이 자연수를 0, 1, 2, …, n으로 정의하면 지금 우리가 사용하고 있는 자연수 전체의 집합 $\{0,\ 1,\ 2,\ \cdots,\ n,\ \cdots\}$이 존재하게 되는가? 즉, 공집합 $\varnothing$를 포함하고 X가 포함되면 항상 X의 후임자 X^+를 포함하는 집합은 항상 존재하

는가하는 물음에 부딪힌다. 그런데 앞에서는 단지 유한한 자연수 0, 1, 2, 3, …, n까지의 수를 만드는 방법만을 이야기했으므로, 지금으로서는 자연수 전체의 집합을 만들 수는 없다. 그러나

$$(1)\ \varnothing \in A$$

$$(2)\ X \in A \Rightarrow X^{+} \in A$$

을 만족하는 집합 A를 **후임자 집합**이라 하고, 후임자 집합이 존재한다는 것을 증명할 수는 없지만 사실로 인정하는 공리로 받아들이면 자연수 전체의 집합을 만들 수 있다. 실제로, 모든 후임자 집합은 모두 자연수를 포함하므로 자연수 전체의 집합은 모든 후임자 집합들의 공통집합이다.

이와 같이 자연수의 집합 W를 정의하면 다음과 같은 성질이 성립한다.

[정리 2.1]

모든 $n \in W$, $n^{+} \neq 0$이다.

증명 $n^{+} = n \cup \{n\}$이므로, $n \in n^{+}$이다. 그러나 $0 = \varnothing$이므로 $n^{+} \neq 0$이다.

[정리 2.2 (수학적 귀납법)]

W의 부분집합 X에 대하여

(1) $0 \in X$

(2) $n \in X$ 이면 $n^{+} \in X$

이면, $X = W$이다.

증명 조건 (1), (2)는 집합 X가 후임자 집합임을 말해주고, W는 모든 후임자 집합의 부분집합이므로

$$W \subset X$$

이다. 그러므로 $X = W$이다. ■

[보조정리 2.1]

m, n이 자연수이고 $m \in n^+$이면, $m \in n$이거나 $m = n$이다.

증명 $n^+ = n \cup \{n\}$이고 $m \in n^+$이므로, $m \in n$이거나 $m \in \{n\}$이다. 그런데 $\{n\}$은 원소가 하나인 집합이므로 $m = n$이다. ■

자연수 3의 원소는 0, 1, 2이다. 즉 3의 원소는 $\varnothing$, $\{\varnothing\}$, $\{\varnothing, \{\varnothing\}\}$이다. 그러므로 3의 모든 원소는 3의 부분집합임을 알 수 있다. 이와 같이

$$\text{임의의 } x \in A\text{에 대하여 } x \subset A$$

인 집합 A를 전이집합이라고 한다.

이제 X를 전이집합인 W의 모든 원소의 집합이라 하면, 수학적 귀납법에 의하여 $X = W$임을 보일 수 있다. 즉

[보조정리 2.2]

모든 자연수는 전이집합이다.

증명 X를 전이집합인 W의 모든 원소의 집합이라 하자. 그러면

(1) 0이 전이집합이 아니라고 가정하면, 0의 부분집합이 아닌 $y \in 0$이 존재한다. 그러나 이것은 $0 = \varnothing$에 모순이다. 그러므로 $0 \in X$이다.

(2) 이제 $n \in X$이면 $n^+ \in X$임을 보이자. 즉 n이 전이집합이면 n^+도 전이집합임을 보이자.

$m \in n^+$라 하자. 그러면 보조정리에 의하여 $m \in n$이거나 $m = n$이다.

(i) $m \in n$이면 n이 전이집합이므로 $m \subset n$이다. 그런데 $n \subset n^+$이므로 $m \subset n^+$이다.

(ii) $m = n$이면, $n \subset n^+$이므로 $m \subset n^+$이다.

위의 두 경우 모두 $m \subset n^+$이므로 $n^+ \in X$를 얻는다. 따라서 수학적 귀납법에 의하여 $X = W$이다. ■

[정리 2.3]

자연수 m, n에 대하여 $m^+ = n^+$이면 $m = n$이다.

증명 $m^+ = n^+$이라 가정하자. $n \in n^+$이므로 $n \in m^+$이다. 따라서 보조정리 2.1에 의하면 $n \in m$ 또는 $n = m$이다. 마찬가지로 $m \in n$ 또는 $m = n$이 성립한다.

(i) $n = m$이면 정리는 증명된다.

(ii) $n \neq m$이라 가정하면 $n \in m$이고 $m \in n$이다. 그러면 전이집합의 성질에 의하여

$$n \subset m \text{이고 } m \subset n$$

이다. 즉 $n = m$이다. ■

위의 정리는 다음과 같은 Peano의 공리체계(Peano's axiom)로 형식화 된다.

[정의 2.1 (Peano의 공리체계)] 아래 성질을 만족하는 집합 N을 자연수의 집합이라고 한다.

(P1) $0 \in N$

(P2) $n \in N$이면 $n^+ \in N$

(P3) 임의의 $n \in N$에 대하여 $n^+ \neq 0$

(P4) 부분집합 $X \subset N$가

① $0 \in X$

② $n \in X$이면 $n^+ \in X$인 집합이면, $X = N$

(P5) n, $m \in N$에 대하여 $n^+ = m^+$이면 $n = m$

특히 Peano의 공리체계 (P4)를 **수학적 귀납법**(mathematical induction)이라 하며, 자연수의 모든 성질은 이들 정의와 기본적인 집합론으로부터 얻을 수 있다. 집합론은 19세기 말 이후 대부분의 수학자 집단에게 없어서는 안 될 도구가 되었을 뿐만 아니라, 논리학을 포함하여 수리과학 중에서 가장 기본적인 위치를 차지하는 분야가 되었다. 실제로 이러한 자연수의 개념은 최근까지 학교수학에

서의 자연수 개념의 지도의 근간을 이루고 있다.

자연수의 수열 1, 2, 3, …에는 끝이 없다. 이때 우리는 자연수의 개수가 무한히 많다고 말한다. 실제로 우리가 수학에서 다루는 집합에는 수직선 위의 점의 집합, 평면 위의 삼각형의 집합 등 무한히 많은 원소를 갖는 집합이 많이 있다. 이러한 것 중 가장 간단한 예가 자연수의 수열이다. 자연수의 수열은 후임자를 통하여 만들어지며, 이것은 가장 전형적인 수학적 사고 패턴인 수학적 귀납법을 만들어낸다. 수학적 귀납법은 우리가 하나하나 대입하여 확인할 수 없는 무한히 많은 경우일지라도 수학적 사고를 통하면 참임을 증명해 주는 중요한 법칙이다. 다시 말해 수학적 귀납법은

> 명제 $P(1)$이 성립하고,
> 모든 k에 대하여 $P(k)$가 성립한다고 가정하면 $P(k+1)$이 성립할 때,
> 모든 자연수 n에 대하여 $P(n)$이 성립한다.

로 환원할 수 있다. 이는 마치 도미노가 다음과 같이 일렬로 무한히 서 있을 때, k번째 도미노가 넘어지면 $k+1$번째 도미노가 넘어진다는 것만 보이면 첫 번째 도미노를 넘어뜨리면 모든 도미노가 넘어진다는 것을 알 수 있는 것과 같은 원리이다.

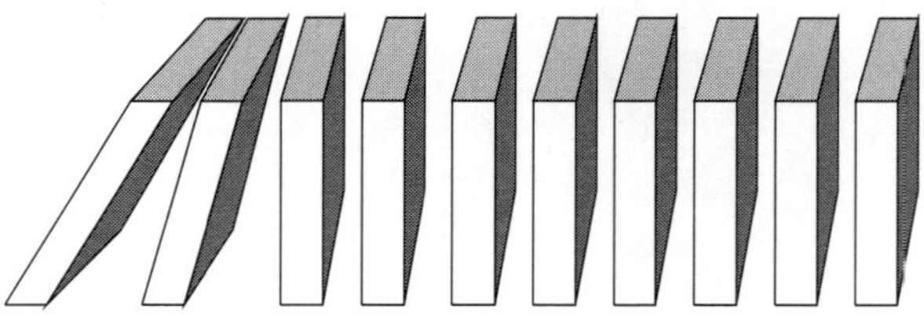

〈그림 2.3〉

수학적 귀납법은 학교수학에서 자주 나타나는 증명방법이다. 학교수학에서 수학적 귀납법을 이용하여 증명할 수 있는 중요한 예는 다음과 같다.

(1) 산술급수의 합

$$1+2+\cdots+n=\frac{n(n+1)}{2},\ a+(a+d)+\cdots+(a+nd)=\frac{(n+1)(2a+nd)}{2}$$

(2) 기하급수의 합

$$a+ar+\cdots+ar=\frac{a(1-r^n)}{1-r}\ \ (r\neq 1)$$

(3) 거듭제곱의 합

$$1^2+2^2+\cdots+n^2=\frac{n(n+1)(2n+1)}{6},\ 1^3+2^3+\cdots+n^3=\left[\frac{n(n+1)}{2}\right]^2$$

(4) 부등식

$$a>-1\text{일 때},\ (1+a)^n\geq 1+np$$

(5) 이항정리

$$(a+b)^n=a^n+{}_nC_1a^{n-1}b+\cdots+{}_nC_{n-1}ab^{n-1}+b^n$$

에서 Pascal의 삼각형에서 얻어지는 계수 사이의 관계

$${}_nC_r={}_{n-1}C_{r-1}+{}_{n-1}C_r$$

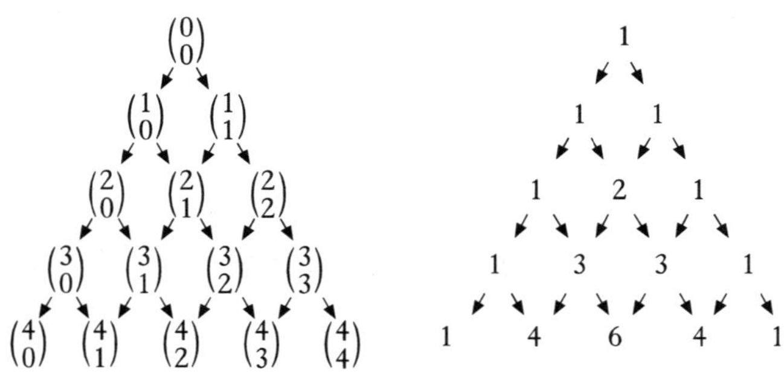

〈그림 2.4〉

〈참고 2.6〉 수학적 귀납법이라는 용어는 De Morgan(1838)에 의해 처음 사용되어졌다. 또 '공집합이 아닌 모든 자연수의 집합은 최소의 원소를 갖는다.'는 **정렬법칙**(well-ordering principle)은 수학적 귀납법과 동치이다. 정렬성은 Euclid가 '모든 정수는 소인수를 갖는다.'는 것을 보이는데 사용했으며, Fermat(1637)도 $x^4+y^4=z^4$의 정수해가 없다는 것을 보이는데 정렬성을 사용하였다.

자연수의 중요한 성질 중의 또 하나는 자연수 사이에 순서를 줄 수 있다는 것이다. 즉, 두 자연수의 크기를 비교할 수 있다는 것이다. 그렇다면 자연수의 크기를 어떻게 자연스럽게 줄 수 있겠는가? 자연수 n의 정의에서 n은 n보다 앞에 있는 것들의 집합

$$n=\{0,\ 1,\ 2,\ 3,\ \cdots,\ n-1\}$$

임을 상기하면, 자연수의 집합 N에서의 순서관계를 다음과 같이 두 자연수의 덧셈을 통하여 **부등식**(inequality)을 정의할 수 있다.

> [정의 2.2] 집합 W에서의 관계 $\leq$을 다음과 같이 정의한다.
>
> $m\leq n$일 필요충분조건은 $m\in n$ 또는 $m=n$

위와 같이 집합 W에서의 관계를 정의하면 $\leq$은 집합 W에서의 순서관계(order relation)가 된다.

[정리 2.4]

$m\leq n$을 $m\in n$ 또는 $m=n$으로 정의하면, 관계 $\leq$은 집합 W에서의 순서관계이다.

증명 (1) 임의의 $m\in W$에 대하여 $m=m$이므로 $m\leq m$이 성립한다. 즉 반사가 성립한다.

(2) $m\leq n$이고 $n\leq m$이라 가정하자. 그러면 $m=n$이거나, $m\in n$이고 $n\in m$이다. 그런데 뒤의 경우는 $m\subset n$이고 $n\subset m$이므로 $m=n$이다. 즉 반대칭이 성립한다.

(3) $m \leq n$이고 $n \leq p$라 가정하자. 그러면 다음의 4가지 경우가 생긴다.

(i) $m \in n$이고 $n \in p$인 경우: $m \in n$이고 $n \subset p$이므로 $m \in p$

(ii) $m \in n$이고 $n = p$인 경우: $m \in p$

(iii) $\mathrm{m} = \mathrm{n}$이고 $n \in p$인 경우: $m \in p$

(iv) $m = n$이고 $n = p$인 경우: $m = p$

위의 네 가지 경우 모두 $m \leq p$이다. 즉 전이가 성립한다. ■

[보조정리 2.3]

임의의 자연수 m에 대하여 $0 \leq m$이다.

증명 $L = \{m \in W | 0 \leq m\}$이라 하자. 그러면

(1) $0 \leq 0$이므로 $0 \in L$

(2) $m \in L$이라 가정하면, $m \in m^+$이므로 $m \leq m^+$이다. 따라서 부등식의 전이에 의하여 $0 \leq m^+$, 즉 $m^+ \in L$이다. 그러므로 $L = W$이다. ■

[보조정리 2.4]

$n < m$이면 $n^+ \leq m$이다.

증명 자연수 n에 대하여

$$L_n = \{m \in W \mid n < m \text{이면 } n^+ \leq m\}$$

이라 하고 $L_n = W$임을 보이자. $m \notin L_n$일 필요충분조건은 $n < m$이고 $n^+ \not\leq m$ 즉 $n \in m$이고 $n^+ \not\leq m$이다.

(1) 특히 $0 \notin L_n$일 필요충분조건은 $n \in 0$이고 $n^+ \not\leq 0$이다. 그러나 $n \in 0$은 불가능하므로 $0 \in L_n$이다.

(2) 이제 $m \in L_n$($n < m$이면 $n^+ \leq m$)이라고 가정할 때, $n^+ \in L_n$($n < m^+$이면 $n^+ \leq m^+$)임을 보이자. 만약 $n < m^+$이면 $n \in m^+$이므로,

$$n \in m \text{ 또는 } n = m.$$

(i) $n = m$이면 $n^+ = m^+$이므로 증명은 끝이 난다.

(ii) $n \in m$이면 $n < m$이므로 수학적 귀납법에 의하여

$$n^+ \leq m < m^+$$

이므로 증명은 끝이 난다. ■

[정리 2.5]

W는 잘 정렬된 집합이다.

증명 W가 잘 정렬된 집합이 아니라고 가정하면, 최소의 원소를 갖지 않는 공집합이 아닌 W의 부분집합 A가 존재한다. 이제

$$L = \{n \in W \mid \text{임의의 } m \in A\text{에 대하여 } n \leq m\}$$

라 하자.

(i) $0 \in L$

(ii) $n \in L$ 이라 가정하자. 적당한 $p \in A$에 대하여 $n = p$이면 p는 A의 최소원소이다. 이것은 가정에 모순이므로 임의의 $m \in A$에 대하여 $n < m$이다. 그러면 임의의 $m \in A$에 대하여 $n^+ \leq m$이다. 따라서 $n^+ \in L$가 된다.

(i), (ii)에 의하여 $L = W$가 된다. 그런데 A는 최소원소를 갖지 않으므로 $L \cap A = \varnothing$이다. 따라서 $A = \varnothing$이다. ■

2.4 수의 체계와 기호

2.4.1 수의 체계

학교수학에서는 먼저 자연수에 대한 수를 표현하는 방법으로 일상생활에서 경험적으로 사용한

하나, 둘, 셋, 넷, 다섯, 여섯, 일곱, 여덟, 아홉, …

의 물건의 개수 세기로부터, 이러한 것을 형상화(기호화)해서 간단히 1, 2, 3,

4, 5, 6, 7, 8, 9··· 등으로 나타내는 방법에 대해서 학습한다. 그러나 우리 생활 속에는 문화에 따라 이와는 달리 수를 여러 가지 방법으로 나타낸다.

(1) 부신 수 체계(tally numeration system)

부신 수 체계는 각 물건에 하나의 줄(stroke)을 대응하여 나타내는 방법으로 아주 간단하다.

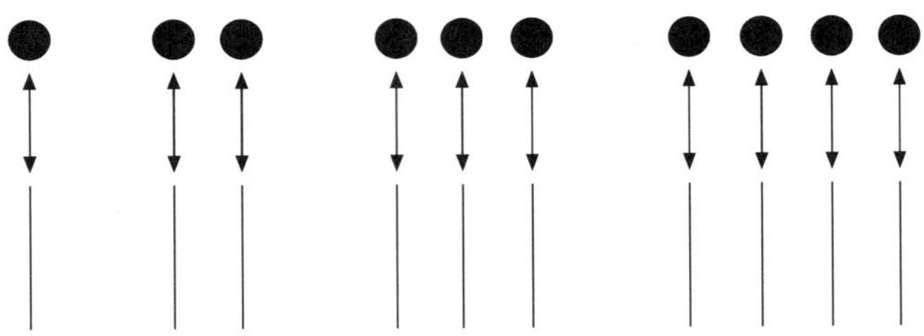

〈그림 2.5〉

그러나 큰 수를 나타내는 데에는 많은 기호가 필요할 뿐만 아니라, 그런 기호가 얼마를 나타내는지를 알기가 어렵다. 이러한 부신 수 표기 방법은 다음과 같이 다섯 개를 하나로 묶는 방법을 통하여 개선할 수 있다. 예를 들어 다음은 37을 나타낸다.

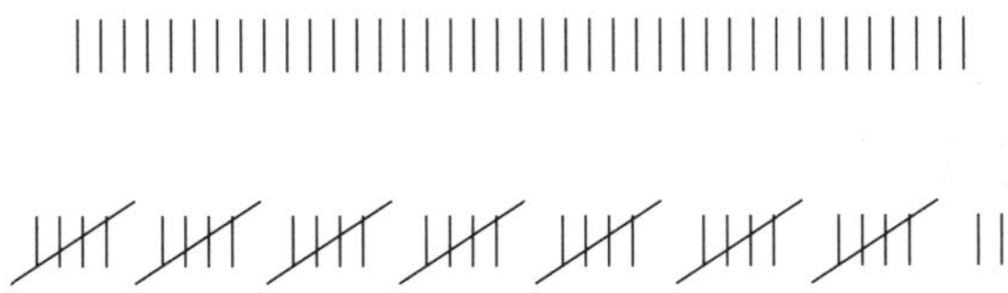

〈그림 2.6〉

(2) 이집트의 수 체계

이집트의 수 체계는 지금 우리가 사용하고 있는 10진법의 수를 사용하고 있으며, 10의 멱에 대하여 새로운 기호를 도입하고 있다.

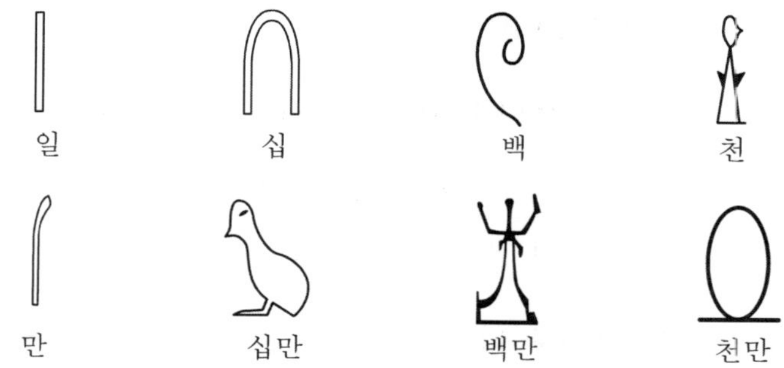

<그림 2.7>

예를 들어 다음은 321과 1034, 1,120,013을 각각 나타내는 덧셈 체계를 가지고 있으며, 부신 수 체계보다 훨씬 적은 수의 기호가 필요하다.

우리는 지금 0, 1, 2, 3, 4, 5, 6, 7, 8, 9의 열 개의 수를 가지고 모든 수를 표기하지만, 이집트의 표기법을 가지고 덧셈을 하기란 매우 복잡하다. 예를 들어 다음의 764 + 598 = 1362를 나타내는데 51개의 기호가 필요하다.

<그림 2.8>

(3) 로마의 수 체계

로마의 수 체계 역시 여러 개의 기호로 이루어져 있으며, 묶음과 덧셈을 기조로 사용하고 있다. 기본적인 로마 수 체계는 다음과 같다.

I	V	X	L	C	D	M
1	5	10	50	100	500	1000

이러한 기본적인 수를 조합하여 수를 표현한다. 예를 들면 281과 1108은 각각

CCLXXXI MCVIII

와 같이 나타난다. 여기서 MCVIII은

$$1000+100+5+1+1+1$$

을 나타내므로, 로마의 수 체계는 덧셈 원리를 기조로 하고 있음을 알 수 있다.

한편, 로마의 수 체계는 뺄셈 체계도 들어 있는 것이 특징이다. 이는

4를 IIII로 나타내는 대신 IV로,
9를 VIIII 대신 IX로
40을 XL
90을 XC
400을 CD
900을 CM

으로 나타낸다. 예를 들면 1944를 나타내기 위하여 뺄셈 원리를 적용하여

MCMXLIV

로 나타내는데, 이것은 M CM XL IV$(1000+900+40+4)$을 의미한다. 따라서 로마 수를 읽을 때는 먼저 왼쪽부터 오른쪽으로 뺄셈 체계가 있는지를 살펴보아야 한다.

또 로마 수 체계는 1000배를 나타내기 위하여 숫자 위에 수평 막대를 그어 나타내는 곱셈 체계도 가지고 있다. 예를 들어 $\overline{\mathrm{V}}$는 $5\times1000=5000$을 $\overline{\mathrm{XI}}$는 $11\times1000=11000$을 나타낸다. 로마의 수 체계는 이집트의 수 체계보다는 편리하나 아직도 많은 기호를 필요로 하고 있다.

(4) 바빌로니아의 수 체계

바빌로니아의 수 체계는 기본적으로 다음과 같은 1과 10의 단위 두 숫자만을 사용하고 있다. 예를 들어 37을 다음과 같이 나타낸다.

〈그림 2.9〉

바빌로니아의 수 체계는 59까지는 덧셈 체계이며, 기호들이 씌어진 위치에 따라 값이 달라지는 자릿값의 개념을 이용하는 위치적 기수법체계이다. 바빌로니아 사람들은 60진법에 따라 수를 계산하였다. 다음은 각각 102, 741, 7894를 나타낸다.

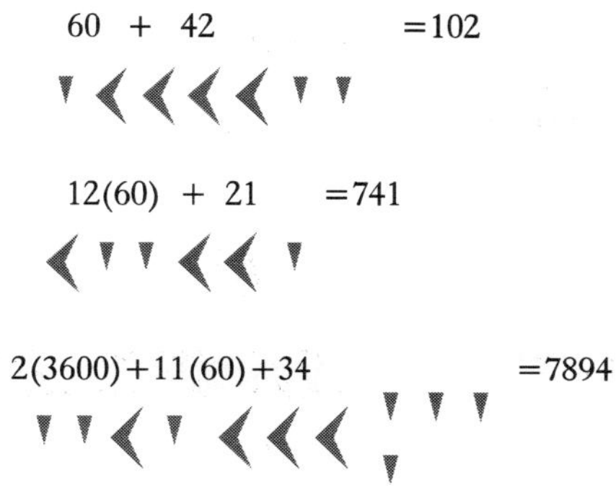

〈그림 2.10〉

위와 같은 수의 표기 방법은 혼란을 가져올 수 있다. 예를 들어 다음의 74와 3614를 나타내는 수는 단지 기호들의 띄어진 정도만 다를 뿐이기 때문에 달리 해석될 수 있기 때문이다. 이러한 혼돈을 막기 위하여 기원전 300년경부터는 띄어쓰기를 분명히 나타내기 위하여 두 개의 조그만 쐐기 모양의 삼각형을 위 아래로 나란히 나타내는 기호를 사용하였다.

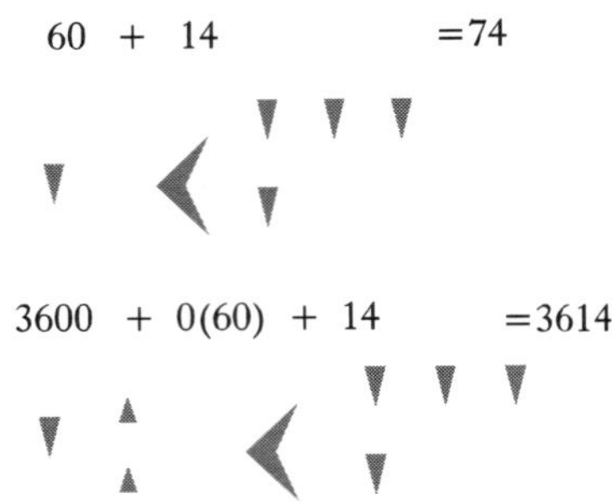

〈그림 2.11〉

(5) 마야의 수 체계

약 2500년 간 지속된 마야(Maya) 문명(1000B.C.－1500A.D.) 시대는 기술, 과학, 수학 분야에서 뛰어난 업적을 이루었다. 특히 수학에서의 중요한 성과는 자릿수와 0의 기호의 표현이었다. 고고학자에 의하면 마야 사람들은 막대(bar)와 점을 가지고 수를 나타내었는데, 이를테면

〈그림 2.12〉

은 각각 3과 7을 나타낸다. 다시 말하면 점(●) 한 개는 1을, 막대(▬) 한 개는 5를 나타낸다. 이런 표현 방법을 이용하면 17과 19를

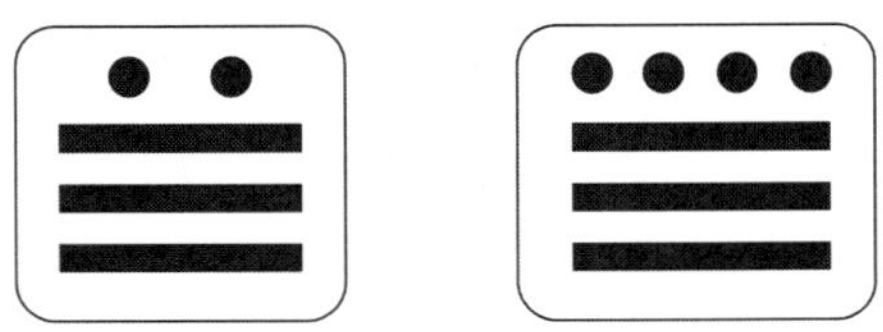

〈그림 2.13〉

와 같이 나타낸다. 한편, 마야 사람들은 자릿수 체계(현재 우리가 사용하고 있는 10진법의 수가 아니라 20진법의 수)를 사용하였는데, 20을 다음 그림과 같

이 4개의 바로 나타내는 대신에 자릿수를 이용하여

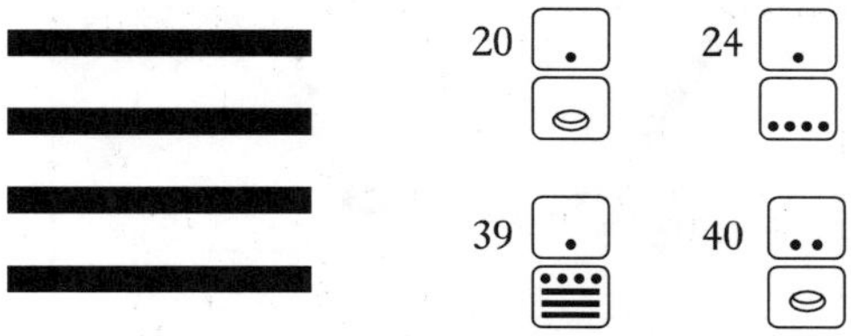

〈그림 2.14〉

와 같이 나타내었다. 이러한 표기법으로 21, 23, 25, 40, 200, 399는 각각 다음과 같이 나타난다.

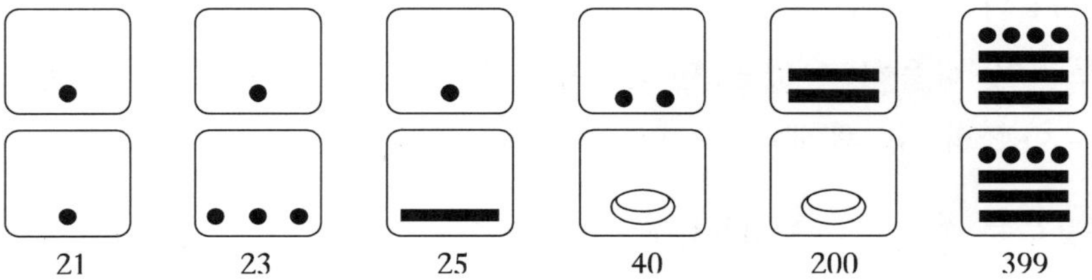

〈그림 2.15〉

다시 다음 자릿수는 400을 나타내게 되므로 888은 아래 그림과 같이 나타낸다.

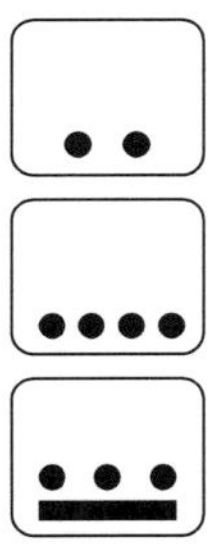

〈그림 2.16〉

〈참고 2.7〉 마야 문명(오늘날의 멕시코 일부, 과테말라, 온두라스 서부, 엘살바도르 지역)에서 수를 20진법으로 나타내게 된 이유는 손가락과 발가락의 수가 모두 합하여

20인 것에 연유하며, 인도–아랍에서는 손가락의 수에 맞추어 10진법의 수를 사용한다.

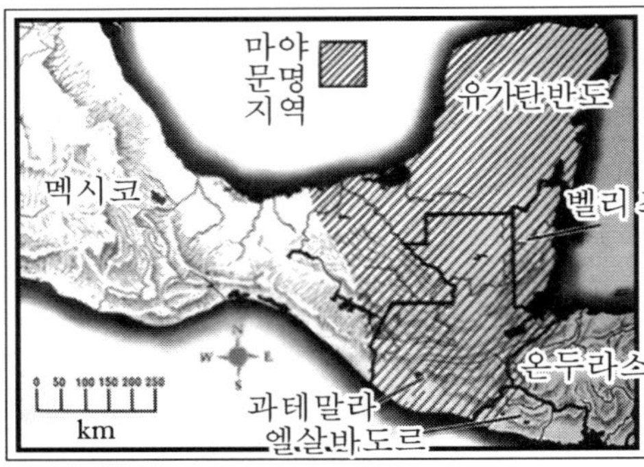

<그림 2.17>

(6) 인도-아랍의 수 체계

지금 우리가 사용하고 있는 인도–아랍의 수 체계는 약 800년경에 완성되었다. 인도–아랍의 수 체계의 특징은 다음과 같다.

(1) 자릿수는 0, 1, 2, 3, 4, 5, 6, 7, 8, 9의 10개의 기본 숫자로 구성되어 있으며, 자릿값을 이용하여 모든 수를 나타낼 수 있다.
(2) 열 개씩 묶는 10진법의 수이다.
(3) 자릿값을 가지고 있다. 예를 들면 6523에서 6은 1000의 자리, 5는 100의 자리, 2는 10의 자리, 3은 1의 자릿값을 나타낸다.
(4) 덧셈과 곱셈의 원리를 가지고 있다. 예를 들면 6523은

$$6\times1000+5\times100+2\times10+3\times1$$

을 나타낸다.

2.4.2 수 체계의 비교

앞에서 알아본 것과 같이 수 체계는 문화에 따라 달리 사용되어 왔다. 우리나라와 한자 문화권에서는

우리나라 　일, 이, 삼, 사, 오, 육, 칠, 팔, 구

한자 一, 二, 三, 四, 五, 六, 七, 八, 九

와 같은 수를 사용하여 왔다. 이것은 현재 우리가 자주 사용하고 있는 인도-아랍의 숫자

1, 2, 3, 4, 5, …, 9

의 기호 체계와 같다.

각 숫자 표기 방법의 편리성을 비교하기 위하여 이집트 상형 숫자, 로마숫자, 인도-아랍숫자, 중국식 숫자를 비교하여보자. 이들 숫자에 의한 표기는

이집트	로마	한자	한글	인도-아랍
|	I	一	일	1
|||||	V	五	오	5
∩	X	十	십	10
∩∩∩∩∩	L	五十	오십	50
𓍢	C	百	백	100
𓍢𓍢𓍢𓍢𓍢	D	五百	오백	500

이다. 따라서 366을 나타내면

이집트	𓍢𓍢𓍢∩∩∩∩∩∩||||||
로마	CCCLXVI
한자	三百六十六
한글	삼백육십육
인도-아랍	366

으로 나타난다.

위의 예에서 알 수 있듯이 이집트, 로마의 표기 방법에서는 자릿수의 개수를 그려 나타내고, 한자와 한글에서는 자릿수의 개수를 써서 나타낸다. 그러나 인도-아랍 숫자 표기법에서는 자리에 있는 숫자가 자릿수의 개수를 나타내므로 다른 숫자 표현에 의한 표기법보다 간단할 것이라는 것을 알 수 있다. 인도-아랍 숫자의 표기 방법이 간단하고 편리하기 때문에 전 세계적으로 널리 통용되는 이유이다.

앞에서 언급하였듯이 마야 문명시대에는 0, 1, 2, ⋯, 19를 기본으로 하는 20진 기수를 사용하였다. 그러나 현재 우리가 사용하는 수는 10개의 수(0, 1, 2, 3, 4, 5, 6, 7, 8, 9)을 사용하여 수를 나타내는 10진 기수이다. 예를 들면, 돈의 단위로 1원, 10원, 100원, 1000원, 10000원을 사용하고, 길이의 단위로 1mm, 1cm, 1m, 1km를, 무게의 단위로 1mg, 1g, 1kg을, 들이의 단위로 1dL, lL 등을 사용한다.

특히 십진 기수법을 가지고 모든 자연수를 쉽게 나타낼 수 있다. 예를 들면 10을 바탕으로 하여 1234를 10의 거듭제곱을 이용하여

$$1234 = 1 \times 10^3 + 2 \times 10^2 + 3 \times 10 + 4$$

와 같이 나타낼 수 있다. 따라서 0부터 9까지의 수를 알아야 십진 기수법의 기본수를 완전히 이해할 수 있다. 이것은 두 자리 이상의 수를 학습하는 기본 바탕이 된다.

그러나 우리 생활 주변에는 10진법의 수 외에도 다른 수를 기준으로 하는 경우도 많이 있다. 예를 들면 연필 한 다스는 12자루, 1년은 12개월, 오전은 12시간, 해를 나타내는 띠(자, 축, 인, 묘, 진, 사, 오, 미, 신, 유, 술, 해)는 모두 12를 기준으로 한다. 또 시간을 나타내는 1시간은 60분, 1분은 60초 등의 60을 기본으로 하는 경우도 있다.

또 컴퓨터에서는 모든 수를 0과 1만을 사용하여 나타내는 이진법의 수를 사용한다. 예를 들어 십진법의 수 12는 이진법의 수로는 1100을 나타난다. 이 때 이진법의 수 1100을

$$1100_{(2)}$$

로 나타내며, 이는

$$1100_{(2)} = 2^3 \times 1 + 2^2 \times 1 + 2^1 \times 0 + 2^0 \times 0 = 12$$

을 뜻한다.

2.4.3 기호의 역사

(1) 영(0)

〈그림 2.18〉

0의 발견은 인도-아랍의 공이 크지만, 바빌로니아에서는 60진법의 수를 사용하여 천체를 관측한 결과를 표로 나타내었다. 따라서 0을 의미하는 표기 방법의 필요성이 제기되었고 아무것도 없다는 것을 의미하는 그림을 사용하였다. 그러나 이것은 대수 계산에 사용되지는 않았다. 그 후 130년 경 알렉산드리아의 Ptolemy는 60진법의 수에서 아무 것도 없는 것(blank)를 omicron 0를 사용하여 나타내었다. 물론 이것도 현재 우리가 사용하고 있는 의미의 0은 아니다. 또 150년경에는 60진법으로 수를 나타내는 과정에서 아무 것도 없음(no parts)을 나타내는 기호로

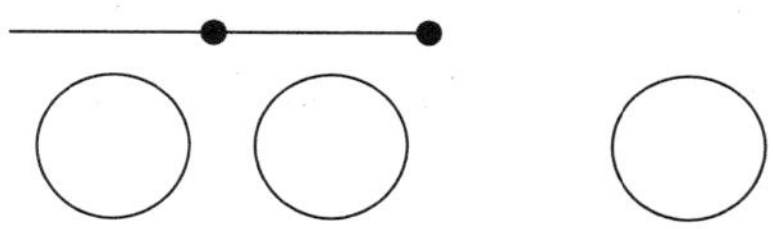

을 사용하였다.

앞에서 언급한 것과 같이 자릿수를 처음으로 사용한 사람들은 중남미 지방의 마야 문명 사람들이었다. 그들은 20진법의 수를 사용하였는데, 자릿값이 아무 것도 없다는 것을

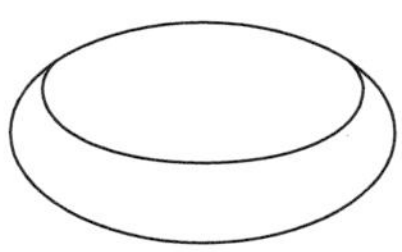

〈그림 2.19〉

으로 나타내었다. 인도 사람들은 아무 것도 없음을 검은 점(•)으로 나타내었을 것으로 추측하고 있으며, 9세기 경 동그라미를 점을 사용하여 영을 나타내었다. 이러한 인도의 0은 '아무 것도 없는(void)' 또는 '공허한(empty)' 뜻의 sunya로 불렸다. 이 말은 아랍에서 '텅 빈(vacant)'의 뜻을 가진 sifr로 바뀌었고, 1200년경 발음이 비슷한 라틴어

zeuero, zepiro, zero, cifra

가 변형을 거듭하여 zero, cipher로 되었다.

앞에서 알아본 것과 같이 0은

(1) 절대적으로 아무 것도 없는 것으로
(2) 온도나 해발과 같은 상대적인 비교의 기준으로

사용된다.

(2) 부등호 기호

영국의 수학자 Thomas Harriot(1560 - 1621)는 '왼쪽이 더 크다.'는 의미를 갖는 기호 >와 '오른쪽보다 더 작다.'는 의미의 기호 <을 고안해 사용하였다. 그러나 이 기호는 널리 통용되지 못하였는데, 그 이유는 수학자 William Oughtred (1574 - 1660)가 제안한

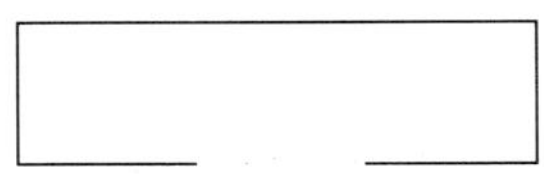

이 수학계에서 널리 사용되었기 때문이다. Newton의 스승이었던 Issac Barrow (1630 - 1677)는 'A가 B보다 많다.'를

A 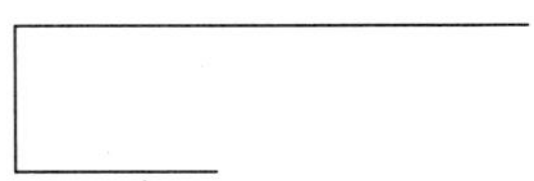 *B*

로, 'A가 B보다 적다.'를

A 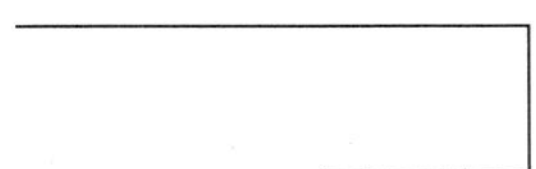 *B*

으로 나타내었다. 한편 Oughtred는 1647년 '왼쪽이 크지 않다.'와 '오른쪽이 작지 않다.'를 각각

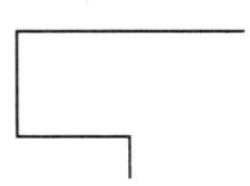 

으로 사용하였다. 이 기호는 변형이 되어 1734년 프랑스의 측지학자 Pierre Bouguer(1698 - 1758)가 현재와 같은 기호

$$\geqq \qquad \leqq$$

로 나타나게 되었다.

〈참고 2.8〉 부등호 < 대신에 ≤을 사용하면 편리한 경우가 많다. 이때 부등호 <대신에 ≤을 사용해도 논리적으로 맞으나, 학생들의 경우에는 논리적 이해가 쉽지 않음도 교사는 알고 있어야 한다.

제 3 장

자연수의 덧셈과 뺄셈

우리는 살아가면서 한 모둠의 물건을 두 모둠으로 가르거나, 두 모둠을 합하여 한 모둠을 만들기도 한다. 두 무더기의 물건의 개수를 직접 세어봄으로 전체 개수를 확인하는 경우, 그 개수가 작은 경우에는 큰 어려움이 없다. 그러나 개수가 많은 두 집단을 모두 세어 전체의 개수를 파악하는 것은 쉽지 않으므로, 각 집단의 수를 세어 모으기를 하는 방법을 학습할 필요가 있다. 자연수의 덧셈은 학생들이 수의 개념을 얻은 후 처음으로 접하는 수학적 대수적 개념이다. 두 자연수의 덧셈을 서로 소인 두 집합의 원소의 개수를 세는 것으로 시작하여, 덧셈에 대한 교환법칙과 결합법칙을 알아본다.

덧셈의 역연산으로서의 뺄셈을 생각할 수도 있으나, 초등학교에서는 음의 정수가 도입되고 있지 않기 때문에 뺄셈의 결과가 자연수인 범위에서만 생각한다. 또 덧셈과 뺄셈은 앞으로 다룰 자연수의 곱셈과 나눗셈에도 기본적인 생각을 가져다주는 산수의 기본임을 인식하도록 한다.

3.1 학교수학

3.1.1 1학년

(1) 덧셈

1학년에서는 먼저 수 0, 1, 2, 3, 4, 5, 6, 7, 8, 9의 수를 여러 가지 방법으로 두 수로 가르거나, 다시 합이 9 이하의 수가 되도록 하는 두 수를 찾아보는 활동을 한다. 예를 들어 사탕 3개를 1개와 2개로 가르거나, 사탕 1개와 사탕 2개를 모아 사탕 3개인 모둠을 만드는 활동을 한다. 이와 같은 것은 1에 2를 더하는 것이고, 이를 더하기를 뜻하는 기호 '+'을 사용하여

$$1+2$$

라 쓰고 '1 더하기 2'라 읽는다. 여기서 1 더하기 2 '1+2'의 결과는 '3'이므로, 이 둘이 같음(equal)을 뜻하는 기호 '='을 사용하여

$$1+2=3$$

과 같이 나타내기로 한다. 이것을 '1 더하기 2는 3과 같다.'라고 읽는다. 이러한 활동을 통하여

$$3=1+2$$
$$1+2=3$$

와 같이 9 이하의 수에 대한 덧셈과 덧셈의 성질 및 뺄셈의 기초를 감각적으로 익히게 한다.

한편, 수의 가르기와 모으기는 수에 대한 감각과 수 상호간의 관계를 살펴볼 수 있게 하는 활동이다. 예를 들면 수 5는 3보다 2가 많은 수(큰 수), 수 5는 2보다 3 많은 수, 수 3은 5보다 2가 적은 수, 수 2는 5보다 3 적은 수라는 관계를 감각적으로 알게 된다.

〈참고 3.1〉 교과서에서는 수 3을 1과 2, 또는 2와 1로 가르고 모아 수 3의 구성을 이

해하도록 하였다. 그러나 어떤 학생은 수 3을 0과 3으로 가르거나 3과 0을 모아 3을 만드는 학생도 있을 수 있다. 이러한 활동에 대해서 교과서에서는 아무런 언급이 없으나, 0을 이용한 가르기와 모으기에 대한 개념이 없이는 1을 두 모둠으로 가를 수가 없음에 유의하여야 한다. 따라서 0을 도입함으로

$$3=0+3=3+0$$

인 관계를 이해하여, 0이 덧셈에 대한 항등원(identity)이 됨을 이해하게 한다.

〈참고 3.2〉 일상생활용어에서 더하는 뜻을 가진 말은 '합한다(aggregate)', '보탠다(augment)' 등이 있다. 더하는 것은 두 이산적인 집단 전체의 개수를 알아보는 문제에서 자주 발생하지만, 두 물건의 값, 길이나 무게, 들이 등의 합에서도 나타난다.

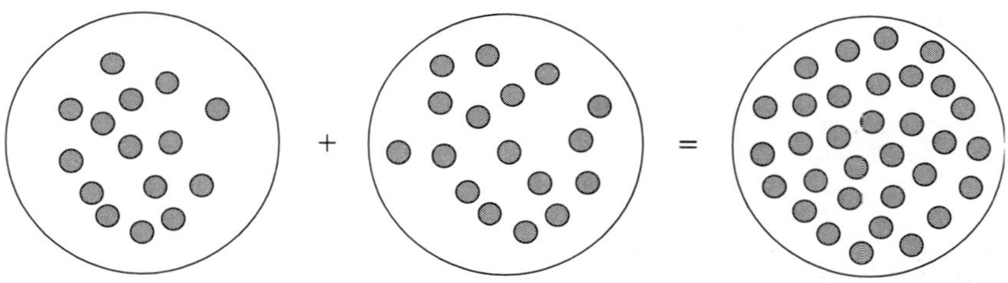

〈그림 3.1〉

두 자리 이상의 수를 더하고 빼는 셈을 하기 위해서는 기본적으로 10을 가르고 모으는 과정이 필요하므로, 10의 가르기와 모으기를 충분히 익히면 덧셈과 뺄셈에서 계산을 쉽게 할 수 있다. 예를 들면

$$8+5=(8+2)+3=10+3=13$$
$$15-7=(10+5)-7=(10-7)+5=3+5=8$$

과 같이 계산할 수 있기 때문이다.

먼저 학생들에게 친숙한 상황을 통하여 10개의 물건을 두 모둠으로 가르기를 하게 한다. 예를 들면 10개의 사탕을 두 무더기로 나누는 여러 가지 방법을 생각해보게 한다. 이러한 활동은 가르기(separation)를 통하여 10이 만들어지는 덧셈을 익히게 된다.

한편, 모으기(augmentation)를 통하여 덧셈의 역연산을 익히게 된다. 예를 들

면 '동화책 3권이 있는데 몇 권을 더 모으면 10권이 되는가?' 하는 문제는 '3에 얼마를 더하여야 10이 되는가?'하는 문제와 같다. 이렇게 구체적인 물건을 가지고 하는 활동을 추상화함으로

$$3+7=10$$

이 됨을 알게 한다. 이와 같은 활동에는

$$3+x=10$$

인 x인 값을 구하는 문제와 같은 뜻이 숨어있다. 이때 x의 값은 $10-3$이라는 뺄셈의 개념이 내포되어 있다. 즉 모으기에는 덧셈의 역연산의 기능도 담겨져 있다. 이것을 뺄셈을 이용하여 나타내면 10개는 3과 7의 두 무더기로 나눌 수 있으므로, 10개에서 3개를 덜어내면 7개가 남는다는 것과 같다.

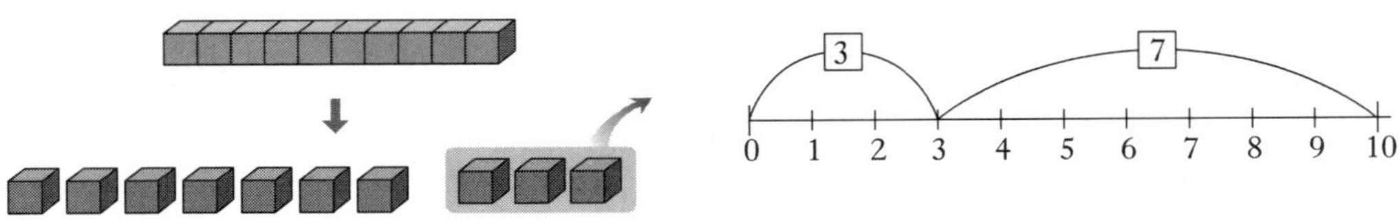

<그림 3.2>

이제 한 자릿수들의 합을 구하는 방법을 이용하여, 두 자릿수와 한 자릿수의 덧셈을 해보자. 먼저 한 자릿수와 10단위의 수의 합 5와 30의 합을 생각하기 위하여 수의 모형을 생각하면, 35는 낱개 5개와 열개의 모둠 3개의 합과 같으므로 이들의 합은 35이다. 이것을

$$5+30=35$$

또는 내려쓰기를 하여

$$\begin{array}{r} 5 \\ +30 \\ \hline 35 \end{array}$$

와 같이 나타낼 수다. 그러나 우리는 큰 것을 먼저 계산하는 습관이 있고, 자

연수의 덧셈에는 교환법칙이 성립한다는 것을 직관적으로 알고 있으므로

$$5+30=30+5=35$$

와 같이 계산한다. 마찬가지로 두 자리의 수와 한 자리의 수의 합이 올림이 없는 경우

$$22+6$$

은 10개의 모둠 2개와 낱개 2인 모둠에 낱개 6개를 더하는 것과 같으므로, 10개의 모둠 2개와 8개의 낱개의 합과 같다. 즉 나누기와 경험으로 알고 있는 덧셈에 대한 결합법칙을 이용하여

$$22+6=(20+2)+6=20+(2+6)=20+8=28$$

을 얻는다. 이것을 내려쓰기로 나타내면 다음과 같다.

$$\begin{array}{r} 22 \\ +\ \ 6 \\ \hline 28 \end{array}$$

이제 두 자릿수와 두 자릿수의 덧셈이 올림이 없는 경우에 대하여 알아보자. 예를 들어 35+42는 집합의 원소의 개수 세기를 통하여

$$35+42=77$$

인 것을 알 수 있다. 그러나 수의 나누기와 덧셈에 대한 교환법칙과 결합법칙을 이용하면

$$\begin{aligned} 35+42 &= (30+5)+(40+2) && \text{나누기} \\ &= 30+5+40+2 && \text{결합법칙} \\ &= 30+40+5+2 && \text{교환법칙} \\ &= 30+40+7 && \text{일의 자리 계산} \\ &= 70\ \ +7 && \text{십의 자리 계산} \\ &= 77 \end{aligned}$$

와 같이, 일의 자리의 수를 먼저 더한 다음 십의 자리의 수를 합하여 그 결과를 얻는다. 이것을 내려쓰기로

$$\begin{array}{r}35\\+42\\\hline\end{array}\;\Rightarrow\;\begin{array}{r}35\\+42\\\hline 7\end{array}\;\Rightarrow\;\begin{array}{r}35\\+42\\\hline 77\end{array}$$

와 같이 나타낸다. 한편 $35+42$는

$$\begin{aligned}35+42&=35+(40+2)\\&=(35+40)+2\\&=75+2\\&=77\end{aligned}$$

과 같이 두 자릿수와 십 단위 수의 합을 먼저 한 다음 일의 자리의 수를 더하는 셈을 할 수 있다. 또는

$$\begin{aligned}35+42&=30+40+5+2\\&=70+5+2\\&=70+7\\&=77\end{aligned}$$

과 같이, 십 자리의 수를 먼저 더한 다음 일의 자리의 수를 더하여 결과를 얻는다. 실제로 우리 생활에서는 일의 자리를 먼저 더하는 것보다는 십의 자리를 먼저 더한 다음 일의 자리를 더하는 덧셈을 자주 한다.

지금까지는 덧셈에서 받아 올림이나 받아 내림이 없는 계산을 하여 왔다. 그러나 받아 올림과 받아 내림이 있는 셈에서는 앞에서 다룬 10의 보수(complement)를 이용하여 계산하면 편리하다. 예를 들면

$$5+3+7=5+10=15$$
$$3+6+7=3+7+6=10+6=16$$

와 같이, 결합법칙과 10의 보수를 이용하면

$$5+3+7=8+7=15$$
$$3+6+7=9+7=16$$

보다 빨리 계산할 수 있다. 한편 10의 보수와 가르기를 이용하면

$$7+5=7+(3+2)=7+3+2=10+2=12$$

와 같이 계산할 수 있다.

(2) 뺄셈

일상생활에서 덧셈(addition)의 연산뿐만 아니라 뺄셈(subtraction)의 연산도 자주 사용된다. 뺄셈의 개념은 나누기, 줄임, 비교, 덧셈의 역연산의 형태로 나타나는데, 하나는 앞에서 보았던 것처럼 **줄임**(reduction)의 의미를 가지고 있다. 예를 들면 '바둑돌 9개 중에서 6개를 가져가면 몇 개가 남는가?'하는 문제이다. 이것은 바둑돌 9개를 6개의 모둠과 3개의 모둠으로 나누는 활동과 같고, 이것을 빼는 기호 '−'을 사용하여

$$9-6$$

으로 나타내고, '9 빼기 6'으로 읽는다. 실제로 이 결과는 바둑돌 3개가 남아 있으므로

$$9-6=3$$

으로 나타낸다. 이것을 '9 빼기 6은 3과 같다'라고 읽는다.

빼기의 또 다른 의미는 **과부족**(missing-addened approach)으로 나누기의 개념이다. 이것은 더함(augmentation)의 반대 개념으로, 예를 들면 '어항 속의 금붕어 3마리에 몇 마리를 넣으면 7마리가 남는가?'하는 문제는 $3+x=7$로 나타난다.

〈그림 3.3〉

빼기 개념 중 비교(comparison)는 서로 다른 물건의 개수를 비교하는 데에서 자주 나타난다. 예를 들면 검은 바둑돌 5개와 흰 바둑돌 3개를 비교하는 과정에서는 검은 바둑돌과 흰 바둑돌을 하나하나 짝지어가면서 남은 바둑돌의 개수를 세게 된다. 이러한 비교의 표현으로는 '차가 얼마인가?' 또는 '어느 것이 얼마나 더 많은가?', '어느 것이 얼마나 더 적은가?'하는 문장으로 나타난다.

덧셈에 대한 역연산(inverse-of-addition)으로서의 빼기는 '어떤 양에 얼마를 더하면 원하는 양을 얻는가?'하는 문제에서 자주 나타난다. 예를 들면 '축구공 2개에 몇 개의 배구공을 더하면 5개의 공이 되는가?'하는 문제는 형식상 덧셈에 관한 문장으로

$$2+x=5$$

와 같이 쓸 수 있다. 이러한 x의 값을 구하는 것은

$$x=5-3=2$$

로 덧셈에 대한 역연산(inverse operation)의 의미를 지닌다. 물론 초등학교 1학년에서는 $2+x=5$와 같이 미지수를 기호로 나타낸 방정식의 문제를 형식적으로 다루지 않지만,

$$2+3=5$$

로부터 덧셈에 대한 역연산으로서의 빼기의 개념을 구체적 상황을 이용하여 직관적으로 다룰 수 있다.

뺄셈도 덧셈에서와 마찬가지로 나누기를 이용하여 간단히 계산할 수 있다. 예를 들면 $17-5$는 17을 10과 7의 모둠으로 생각하여

$$\begin{aligned}17-5&=(10+7)-5 &&\text{나누기}\\&=10+7-5 &&\text{결합법칙}\\&=10+(7-5) &&\text{결합법칙}\\&=10+2 &&\text{일의 자리 계산}\\&=12\end{aligned}$$

와 같이, 일의 자리를 먼저 빼어 계산한 다음 십 자리의 수를 더하여 계산한

다. 이것을 내려쓰기로 나타내면

$$\begin{array}{r}17\\-\ 5\\\hline\end{array}\ \Rightarrow\ \begin{array}{r}17\\-\ 5\\\hline 2\end{array}\ \Rightarrow\ \begin{array}{r}17\\-\ 5\\\hline 12\end{array}$$

와 같다. 내려쓰기에서는 일의 자리끼리 먼저 계산한 다음 십의 자리의 수를 계산하는 것에 유의한다. 또 $28-16$은

$$\begin{aligned}28-16&=(20+8)-(10+6) && \text{나누기}\\&=(20+8)-10-6 && \text{빼기의 뜻}\\&=20+8-10-6 && \text{결합법칙}\\&=20-10+8-6 && \text{교환법칙}\\&=(20-10)+(8-6) && \text{결합법칙}\\&=(20-10)+2 && \text{일의 자리 계산}\\&=10+2 && \text{십의 자리 계산}\\&=12\end{aligned}$$

이다. 이것을 내려쓰기로 나타내면

$$\begin{array}{r}28\\-16\\\hline\end{array}\ \Rightarrow\ \begin{array}{r}28\\-16\\\hline 2\end{array}\ \Rightarrow\ \begin{array}{r}28\\-16\\\hline 12\end{array}$$

와 같이 쓸 수 있다.

이와는 달리 다음과 같이 십의 자리의 수를 먼저 계산하고 일의 자리의 수를 계산하여 같은 결과를 얻을 수 있다. 사실 이러한 순서로 계산하는 것이 우리 실생활에서 더 자주 사용된다.

$$\begin{aligned}28-16&=(20-10)+(8-6)\\&=10+(8-6)\\&=10+2\\&=12\end{aligned}$$

이것을 내려쓰기로 나타내면 다음과 같다.

$$\begin{array}{r} 28 \\ -16 \\ \hline \end{array} \Rightarrow \begin{array}{r} 28 \\ -16 \\ \hline 1 \end{array} \Rightarrow \begin{array}{r} 28 \\ -16 \\ \hline 12 \end{array}$$

운동장에서 놀고 있는 19명의 학생 중에서 4명이 집으로 가면, 운동장에 남아있는 학생의 수는

$$19-4=15$$

가 된다. 이것으로부터 남아있는 학생의 수와 집으로 간 학생의 수를 더하면

$$15+4=19$$

가 된다는 것을 알 수 있다. 이와 같이 덧셈과 뺄셈 사이에는 깊은 관계가 있다.

받아 내림이 있는 덧셈에서와 마찬가지로 뺄셈에서도 10의 보수를 이용하여 빠른 계산을 할 수 있다. 예를 들면 $13-9$를 하나하나 지워가면서 계산하는 것보다는

$$13-9=13-3-6=10-6=4$$

또는

$$13-9=10+3-9=10-9+3=1+3=4$$

와 같이 계산할 수 있다.

〈참고 3.3〉 $13-9$에서

$$\begin{aligned} 13-9&=13-(3+6) \\ &=13-3-6 \end{aligned}$$

의 개념도 숨어 있다. 즉 여기에는

$$\begin{aligned} 13-(3+6)&=13+(-1)\times(3+6) \\ &=13+(-1)\times3+(-1)\times6 \\ &=13-3-6 \end{aligned}$$

의 가르기, 분배법칙, 음수의 개념도 내포되어 있다. 그러나 초등학교 수학에서 $-$는 뺄셈의 기호이지 음수를 나타내는 의미로 사용되지 않는다. 그러므로 $13-9=13-3-6$을 $13-(3+6)=13+(-1)\times(3+6)$와 같은 상위 개념의 수학으로 다루지 않도록 한다. 특히 뺄셈에 대해서는 결합법칙이 성립하지 않으므로

$$\begin{aligned}13-3-6&=(13-3)-6\\&=13-(3-6)\end{aligned}$$

와 같이 계산하지 않도록 한다.

(3) 더하기와 빼기의 혼합 계산

1학년에서는 간단한 세 수를 더하는 방법도 다룬다. 예를 들면 세 수의 합

$$4+1+2$$

는 먼저 $4+1$을 하고 그 결과인 5에 2를 더하거나, 4에 1과 2의 합 3을 더해도 그 결과는 모두 7임을 알 수 있다. 즉 더하는 순서에 관계없이

$$(4+1)+2=4+(1+2)$$

임을 알 수 있다. 즉 세 자연수 a, b, c의 합에서는

$$a+(b+c)=(a+b)+c$$

와 같은 결합법칙이 성립한다. 따라서 우리는 이것을 괄호 ( )를 없애고 간단히

$$a+b+c$$

로 쓸 수 있다.

덧셈과 뺄셈이 섞여있는 문제를 생각해 보자. 예를 들면 9명이 타고 있는 버스에서 6명이 내리고 다시 5명이 타면 버스에는 모두 8명의 사람이 타고 있게 된다. 이것을 수식으로 나타내면

$$9-6+5$$

이다. 이와 같은 계산에서는

$$9-6+5=(9-6)+5=3+5=8$$

이 성립한다. 그러나 이것을 덧셈의 결합법칙이 성립하는 것처럼 오해하여 $9-6+5$를 $9-(6+5)$처럼 계산하면

$$9-(6+5)=9-11=-2$$

가 되어, 실제 상황과 맞지 않게 된다. 이와 같은 뺄셈을

$$9-6+5=9+(-6)+5=(9+(-6))+5=9+((-6)+5)$$

와 같이 정수의 덧셈으로 바꾸면 결합법칙이 성립한다. 마찬가지로 $7-2-3$의 계산도 순서대로

$$7-2-3=(7-2)-3=5-3=2$$

와 같이 계산한다.

세 수의 덧셈과 뺄셈의 원리는 두 수의 덧셈과 뺄셈을 여러 가지 방법으로 할 수 있게 해준다. 예를 들어

$$7+9=7+10-1=17-1=16$$
$$15-9=15-10+1=5+1=6$$

과 같이 10의 여수나 보수를 이용하여 계산을 편리하게 할 수 있다.

〈참고 3.4〉 초등학교 수학에서는 $9-11=-2$와 같이 음의 정수가 나오는 뺄셈(빼는 수가 빼어지는 수보다 큰 경우)은 다루지 않으므로 유의하도록 한다.

3.1.2 2학년

(1) 덧셈

1학년에서는 두 자리의 수의 덧셈을 받아 올림이 없는 경우에 한정하여 계산하였다. 2학년에서는 받아 올림이 있는 두 자릿수의 덧셈에 대하여 알아보자. 예를 들어 $27+8$을 계산하기 위하여 먼저 수의 모형을 가지고 낱개끼리 더하도록 한다. 이때 1학년에서 공부한 10의 보수를 이용하면

$$7+8=10+5$$

므로, 27+8은 십 모형이 3개, 낱개가 5개인 것과 같음을 알게 한다. 즉

$$27+8=35$$

임을 알게 한다. 여기에는

$$27+8=20+7+8=20+15=35$$

의 덧셈에 관한 결합법칙이 녹아 들어있다. 이러한 과정을 한 눈에 알아볼 수 있도록 아래와 같이 내려쓰기를 하도록 한다.

$$\begin{array}{r} 27 \\ +\ 8 \\ \hline \end{array} \Rightarrow \begin{array}{r} 27 \\ +\ 8 \\ \hline 5 \end{array} \Rightarrow \begin{array}{r} 27 \\ +\ 8 \\ \hline 35 \end{array}$$

앞에서는 두 자릿수와 한 자릿수의 덧셈과 뺄셈에 대하여 알아보았다. 이제 두 자릿수와 두 자릿수의 덧셈에 대하여 알아보자. 앞에서와 마찬가지로 두 자릿수의 덧셈은 수의 모형을 이용하여 활동하게 한 후, 이것을 추상화하도록 한다. 예를 들어 39+25를 십 모형과 낱개 모형을 더하는 과정을 통하여, 낱개는 낱개끼리 더하고 십 모형은 십 모형끼리 더한 다음 모두를 합하여 그 값을 구한다. 즉

$$\begin{aligned} 39+25 &= (30+9)+(20+5) \\ &= (30+20)+(9+5) \\ &= (30+20)+14 \\ &= 50+(10+4) \\ &= (50+10)+4 \\ &= 64 \end{aligned}$$

를 얻는다. 이것을 세로쓰기로 나타내면 다음과 같다.

$$\begin{array}{r} 39 \\ +25 \\ \hline \end{array} \Rightarrow \begin{array}{r} 30+9 \\ +20+5 \\ \hline \end{array}$$

이와 같은 방법을 두 자릿수의 덧셈의 결과가 세 자릿수가 되는 경우에도 확대하여 적용할 수 있다. 예를 들면

$$\begin{aligned}67+54&=(60+7)+(50+4)\\&=(60+50)+(7+4)\\&=(60+50)+11\\&=110+11\\&=(100+10)+(10+1)\\&=100+(10+10)+1\\&=121\end{aligned}$$

과 같은 과정을 거쳐 계산한다.

두 자릿수와 두 자릿수의 덧셈과 마찬가지로 세 자릿수의 덧셈도 수의 모형을 이용하여 활동하게 한 후, 이것을 일반화하도록 한다. 예를 들면 386+212에서 386은 400에 가깝고 212는 200에 가까우므로, 386+212의 값은 600에 가까울 것이라고 기대한다. 실제로 386+212에서 낱개 모형, 십 모형, 백 모형끼리 더하여 봄으로 덧셈의 결과를 얻는다. 즉

$$386+212=598$$

을 얻는다. 따라서 이 값은 처음 어림셈으로 계산한 것과 거의 같음을 알 수 있다. 이러한 과정을 세로쓰기로 나타내면 다음과 같다.

$$\begin{array}{r}386\\+212\\\hline\end{array}\ \Rightarrow\ \begin{array}{r}386\\+212\\\hline 8\end{array}\ \Rightarrow\ \begin{array}{r}386\\+212\\\hline 98\end{array}\ \Rightarrow\ \begin{array}{r}386\\+212\\\hline 598\end{array}$$

(2) 뺄셈

2학년에서는 받아 내림이 있는 뺄셈을 하게 된다. 이 경우 뺄셈도 덧셈에서와 같이 10의 보수를 이용한다. 예를 들어 32−8은 일자리의 수 2에서 8을 직접 뺄 수 없으므로,

$$32-8=20+10+2-8=20+2+10-8=20+2+2=24$$

와 같이 받아 내림과 덧셈에 관한 결합법칙을 이용하여 계산한다. 이와 같은 과정을 쉽게 알아볼 수 있도록 세로쓰기를 하면 다음과 같다.

$$\begin{array}{r} 32 \\ -\ 8 \\ \hline 24 \end{array}$$

이때 우리는 습관적으로 '10을 꾸어오면(borrow)' 또는 '10을 빌려오면'이라는 표현을 자주 사용한다. 그러나 같은 수 안에서 '10을 꾸어온다' 또는 '10을 빌려온다'는 것은 일상적인 생활용어에서는 납득하기 어려운 표현이다. 위의 계산 $32-8$에서 받아 내림을 잊고

$$\begin{array}{r} 32 \\ -\ 8 \\ \hline 34 \end{array}$$

와 같이 하지 않도록 유의하여야 한다.

같은 방법을 두 자릿수의 뺄셈에도 적용할 수 있다. 예를 들면 $45-27$은 낱개 5에서 낱개 7을 뺄 수가 없으므로, 십 모형 하나를 낱개로 바꾸어 다음과 같이 계산한다.

$$\begin{aligned} 45-27 &= (40+5)-(20+7) \\ &= (30+15)-(20+7) \\ &= (30-20)+(15-7) \\ &= (30-20)+8 \\ &= 10+8 \\ &= 18 \end{aligned}$$

이것을 세로쓰기로 나타내면 다음과 같다.

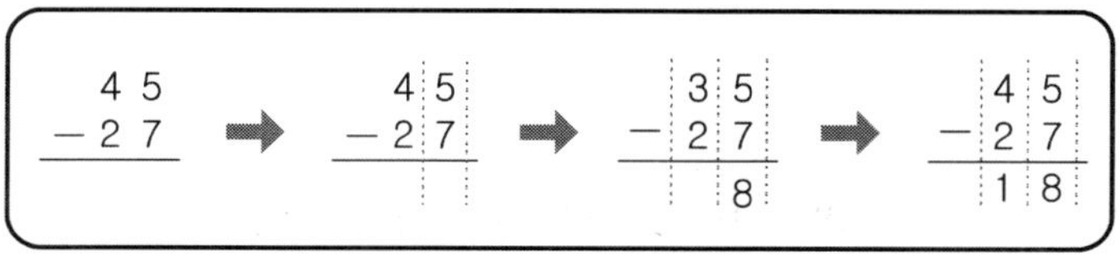

〈그림 3.4〉

받아 내림이 없는 세 자릿수의 뺄셈도 위와 같은 방법으로 계산하도록 한다. 예를 들면 395−213에서 낱개 모형, 십 모형, 백 모형을 빼어 결과를 얻도록 한다. 이러한 과정을 세로쓰기로 나타내면

$$\begin{array}{r} 395 \\ -213 \\ \hline \end{array} \Rightarrow \begin{array}{r} 395 \\ -213 \\ \hline 2 \end{array} \Rightarrow \begin{array}{r} 395 \\ -213 \\ \hline 82 \end{array} \Rightarrow \begin{array}{r} 395 \\ -213 \\ \hline 182 \end{array}$$

(3) 더하기와 빼기의 혼합 계산

2학년에서는 두 자리 또는 세 자릿수 세 개의 덧셈과 뺄셈의 혼합 계산을 다룬다. 이 경우도 1학년에서 다룬 덧셈과 뺄셈이 섞여 있는 계산과 같이 연산이 주어진 순서대로 계산한다. 예를 들면

$$\begin{aligned} 38-19+12 &= (38-19)+12 \\ &= 19+12 \\ &= 31 \end{aligned}$$

과 같이 계산한다. 위의 계산을 순서를 바꾸어 계산하면

$$\begin{aligned} 38-19+12 &= 38-(19+12) \\ &= 38-31 \\ &= 7 \end{aligned}$$

이 된다. 그런데

$$38-19-12=7=38-(19+12)$$

이 된다. 그러므로

$$38-19+12 \neq (38-19)+12$$

이다. 실제로

$$\begin{aligned} 38-19+12 &= 38+(-19)+12 \\ &= 38+(-19+12) \end{aligned}$$

$$
\begin{aligned}
&= 38 + (-7) \\
&= 38 - 7 \\
&= 31
\end{aligned}
$$

와 같이, 빨셈을 음의 정수의 덧셈으로 생각하면 순서를 바꾸어 계산해도 된다. 그러나 아직까지는 정수를 다루지 않기 때문에 위와 같은 정수의 결합법칙을 적용할 수가 없음에 유의하여야 한다.

(4) 자연수의 계산 법칙

앞에서 알아본 것과 같이 세 수의 덧셈과 뺄셈은 덧셈에 관한 결합법칙이 성립함을 전제로 하고 있다. 예를 들면,

$$7 + 13 + 18$$

에서 우리는 세 수를 한꺼번에 더할 수는 없고 두 개씩 짝을 지어 더한다. 이 경우는 사실 $(7+13)+18$을 계산하는 것이 쉽다. 그러나 어쨌든 위의 덧셈은

$$7 + (13 + 18) \text{ 또는 } (7 + 13) + 18$$

을 의미한다. 그런데

$$
\begin{aligned}
7 + (13 + 18) &= 7 + (18 + 13) && \text{교환법칙} \\
&= (7 + 18) + 13 && \text{결합법칙} \\
&= (18 + 7) + 13 && \text{교환법칙} \\
&= 18 + (7 + 13) && \text{결합법칙} \\
&= 18 + (13 + 7) && \text{교환법칙} \\
&= (18 + 13) + 7 && \text{결합법칙} \\
&= (13 + 18) + 7 && \text{교환법칙}
\end{aligned}
$$

이다. 즉 세 수의 덧셈에서 어느 두 개를 먼저 더하고 그 다음으로 나머지 수를 더해도 같다는 것을 의미한다. 이러한 의미에서 괄호를 사용하지 않아도

$$7 + 13 + 18$$

은 늘 같은 값을 나타낸다. 뺄셈에서도 덧셈에서와 마찬가지로 괄호를 사용하지 않고

$$32-8-5$$

와 같이 사용하여 나타낸다. 여기서 뺄셈은 왼쪽에서 오른쪽으로 순서대로

$$32-8-5=(32-8)-5=24-5=19$$

와 같이 수행하여야 한다. 만약 이것을

$$32-8-5=32-(8-5)=32-3=29$$

와 같이 하면 안 된다는 것에 유의한다.

지금 단계에서는 음의 정수의 도입이 되지 않았지만, 정수의 집합을 생각하고 정수 사이의 덧셈에 대한 결합법칙이 성립하도록 하려면

$$\begin{aligned}32-8-5=32+(-8)+(-5)&=\{32+(-8)\}+(-5)\\&=(32-8)+(-5)\\&=24+(-5)\\&=24-5\\&=19\end{aligned}$$

와 같이 계산하여야함을 의미한다. 즉 음의 정수를 도입하면 세 수의 뺄셈도 덧셈에 관한 결합법칙을 이용하여 계산할 수 있다. 이러한 의미에서 $32+(-8)+(-5)=\{32+(-8)\}+(-5)$를 괄호를 생략하여

$$32-8-5$$

와 같이 나타내었음에 유의하여야 한다.

(5) 여러 가지 계산 방법

우리는 학교수학에서 일 단위의 수를 먼저 더하고, 그 다음으로 십의 자리의 수를 더하여 덧셈의 결과를 나타내는 필산에 대하여 주로 다룬다. 그러나 일상생활에서 꼭 그런 과정을 거쳐 계산하지는 않는다. 여기서는 덧셈과 뺄셈을 하

는 여러 가지 방법에 대하여 알아보자.

예를 들면 두 자릿수의 덧셈 $47+24$를

$$\begin{aligned}47+24&=(40+7)+(20+4)\\&=(40+20)+(7+4)\\&=60+(7+4)\\&=60+11\\&=60+(10+1)\\&=(60+10)+1\\&=70+1\\&=71\end{aligned}$$

또는

$$\begin{aligned}47+24&=47+(20+4)\\&=(47+20)+4\\&=67+4\\&=(60+7)+4\\&=60+(7+4)\\&=60+11\\&=71\end{aligned}$$

과 같이 계산한다. 또 뺄셈 $54-36$을

$$\begin{aligned}54-36&=54-(30+6)\\&=(54-30)-6\\&=24-6\\&=10+(14-6)\\&=10+8\\&=18\end{aligned}$$

과 같이 계산한다. 위의 계산 과정을 보면 일의 자리의 수의 덧셈과 뺄셈을 먼저 하는 대신 십의 자리의 수를 먼저 계산하고 다음으로 일의 자리의 수를 계산한다. 이것은 우리 생활 속에서 돈을 셀 때, 큰 단위의 돈을 먼저 계산하고 다음으로 작은 돈의 단위의 돈을 계산하는 습관과 같다.

한편, 덧셈 $15+23=38$을 통하여

$$38-15=23$$
$$38-23=15$$

임을 알 수 있다. 즉 이 과정에서 덧셈과 뺄셈의 관계는 역연산의 관계가 있음을 알아볼 수 있다.

3.1.3 3학년

(1) 덧셈

2학년에서 세 자릿수와 세 자릿수의 덧셈과 뺄셈에서 올림과 내림이 없는 경우에 대하여 알아보았다. 3학년에서는 올림이 있는 경우도 올림이 없는 경우와 마찬가지로, 세 자릿수의 덧셈은 수의 모형을 이용하여 활동하게 한 후 이것을 일반화하도록 한다.

예를 들면 $472+369$에서 472는 500에 가깝고 369는 350에 가까우므로, $472+369$는 850에 가까울 것이라고 기대한다. 실제로 $472+369$에서 낱개 모형, 십 모형, 백 모형끼리 더하여 봄으로 덧셈의 결과를 얻는다. 즉

$$472+369=851$$

을 얻는다. 따라서 이 값은 처음 어림셈으로 계산한 것과 거의 같음을 알 수 있다. 이러한 과정을 세로쓰기로 나타내면 다음과 같다.

$$\begin{array}{r} 472 \\ +369 \\ \hline \end{array} \Rightarrow \begin{array}{r} 472 \\ +369 \\ \hline \end{array} \Rightarrow \begin{array}{r} 472 \\ +369 \\ \hline \end{array} \Rightarrow \begin{array}{r} 472 \\ +369 \\ \hline \end{array}$$

위와 같은 계산은 일 단위의 수를 먼저 더하고, 그 다음으로 십의 자리, 백의 자리의 수를 더하여 덧셈의 결과를 나타내는 필산에서 행해지는 덧셈이다. 그러나 일상생활에서는 이러한 필산보다는 어림셈을 했던 것과 마찬가지로 큰 단위의 수를 먼저 계산하고 그 다음으로 작은 단위의 수를 계산하는 것이 보통이다. 즉

$$\begin{aligned}415+298&=415+(200+98)\\&=615+(90+8)\\&=705+8\\&=713\end{aligned}$$

또는

$$\begin{aligned}415+298&=415+(300-2)\\&=715-2\\&=713\end{aligned}$$

와 같이 다양한 방법으로 계산한다.

세 자릿수와 세 자릿수의 덧셈과 뺄셈에서와 같이 네 자릿수와 네 자릿수의 덧셈과 뺄셈을 같은 방법으로 할 수 있다. 예를 들면 3469+5743을 세로쓰기로 나타내면

$$\begin{array}{r}3469\\+5743\\\hline\end{array}\;\Rightarrow\;\begin{array}{r}3469\\+5743\\\hline\end{array}\;\Rightarrow\;\begin{array}{r}3469\\+5743\\\hline\end{array}\;\Rightarrow\;\begin{array}{r}3469\\+5743\\\hline\end{array}$$

위와 같은 계산은 일 단위의 수를 먼저 더하고, 그 다음으로 십의 자리, 백의 자리, 천의 자리의 수를 더하여 덧셈의 결과를 나타내는 필산에서 행해지는 덧셈이다.

(2) 뺄셈

3학년에서는 받아 내림이 있는 세 자릿수의 뺄셈을 공부한다. 이 경우도 덧셈의 경우와 같이 먼저 수의 모형을 이용하여 계산하도록 한다. 예를 들면 475−286에서 낱개 모형, 십 모형, 백 모형을 빼어 결과를 얻도록 한다. 이러한 과정을 세로쓰기로 나타내면

$$\begin{array}{r}475\\-286\\\hline\end{array}\;\Rightarrow\;\begin{array}{r}475\\-286\\\hline\end{array}\;\Rightarrow\;\begin{array}{r}475\\-286\\\hline\end{array}\;\Rightarrow\;\begin{array}{r}475\\-286\\\hline\end{array}$$

와 같다. 위와 같은 계산도 덧셈에서와 마찬가지로 덧셈에 관한 결합법칙을

이용하여

$$\begin{aligned}475-286&=475-(200+86)\\&=275-(80+6)\\&=195-6\\&=189\end{aligned}$$

또는

$$\begin{aligned}475-286&=475-300+14\\&=175+14\\&=189\end{aligned}$$

와 같이 계산할 수 있다.

네 자릿수의 뺄셈도 위와 같은 방법으로 계산하도록 한다. 예를 들면 1325 −839를 일 모형, 십 모형, 백 모형을 빼어 결과를 얻도록 한다. 이러한 과정을 세로쓰기로 나타내면

$$\begin{array}{r}1325\\-\ \ 839\\\hline\end{array}\ \Rightarrow\ \begin{array}{r}1325\\-\ \ 839\\\hline\end{array}\ \Rightarrow\ \begin{array}{r}1325\\-\ \ 839\\\hline\end{array}\ \Rightarrow\ \begin{array}{r}1325\\-\ \ 839\\\hline\end{array}$$

와 같다.

위의 뺄셈에서는 낮은 자리부터 계산을 하였다. 낮은 자리부터 계산하는 것은 알고리즘 상 높은 자리부터 계산하는 것보다 간편하다. 그러나 낮은 자리부터 계산하는 것은 전체적인 양을 예측할 수 없다는 단점과, 학생들이 계산 방법을 쉽게 이해할 수 없다는 단점을 가지고 있다. 한편 높은 자리부터 계산하는 것이 계산 결과에 대한 전체적인 양을 예측할 수 있고 학생들이 계산 방법을 쉽게 이해한다. 그러나 계산 과정이 조금 길다는 단점도 있다.

또 네 자릿수의 범위에서 세 수의 덧셈과 뺄셈은 주어진 순서대로 계산하도록 한다. 예를 들면

$$\begin{aligned}1865+2589+1983&=(1865+2589)+1983\\&=4454+1983\end{aligned}$$

$$=6437$$

와 같이 계산한다. 또 뺄셈이 섞여있는 경우에도

$$\begin{aligned}2000-475-645&=(2000-475)-645\\&=1525-645\\&=880\end{aligned}$$

과 같이 계산하도록 한다. 그러나

$$\begin{aligned}2000+475-645&=2000+(475-645)\\&=2000+(-170)\\&=2000-170\\&=1830\end{aligned}$$

와 같이 계산하지 않도록 한다. 왜냐하면 아직은 정수 범위에서의 덧셈, 뺄셈을 다루지 않고 자연수 범위에서의 덧셈, 뺄셈을 다루기 때문이다. 즉 자연수 a, b의 뺄셈에서 $a-b$가 범자연수인 경우만 다루고 있기 때문이다. 더욱이 빼는 순서를 바꾸어

$$\begin{aligned}2000-475-645&=2000-(475-645)\\&=2000-(-170)\\&=2000+170\\&=2170\end{aligned}$$

와 같이 계산하지 않도록 한다.

(3) 필산과 암산

학교수학에서는 일 단위의 수를 먼저 더하고, 그 다음으로 십의 자리, 백의 자리의 수를 더하여 덧셈의 결과를 나타내는 필산(written arithmetic)을 가르친다. 그러나 일상생활에서 꼭 그런 과정을 거쳐 계산하지는 않는다. 어림셈을 했던 것과 마찬가지로 생활 속에서는 큰 단위의 수를 먼저 계산하고 그 다음으로 작은 단위의 수를 계산하는 것이 보통이다.

예를 들면 세 자릿수의 덧셈 526+162를

$$\begin{aligned} 526+162 &= (500+100)+(20+60)+(6+2) \\ &= 600+(20+60)+(6+2) \\ &= 600+80+(6+2) \\ &= 600+80+8 \\ &= 688 \end{aligned}$$

와 같이 계산한다. 이것을 세로쓰기로 나타내면

$$\begin{array}{rl} 526 = & 500+20+6 \\ +\ 162 = & 100+60+2 \\ \hline & 600+80+8 \\ \hline & 688 \end{array}$$

이다. 또는

$$\begin{aligned} 526+162 &= 526+(100+62) \\ &= 626+(60+2) \\ &= 686+2 \\ &= 688 \end{aligned}$$

과 같이 계산할 수도 있다.

뺄셈도 같은 방법으로 계산하면 된다. 예를 들면 570−340을

$$\begin{aligned} 570-340 &= (500-300)+(70-40)+(0-0) \\ &= 200+(70-40)+(0-0) \\ &= 200+30+(0-0) \\ &= 200+30+0 \\ &= 230 \end{aligned}$$

와 같이 계산한다. 이것을 세로쓰기로 나타내면

$$\begin{array}{r} 570=500+70+0 \\ -\,340=300+40+0 \\ \hline 200+30+0 \\ \hline 230 \end{array}$$

과 같다. 또는 위의 뺄셈을

$$\begin{aligned} 570-340 &= 570-(300+40) \\ &= 270-40 \\ &= 230 \end{aligned}$$

과 같이 계산할 수도 있다.

위와 같은 계산을 할 수 있는 이유는 물론 덧셈에 대한 교환법칙과 결합법칙이 성립하기 때문이다. 실제로 위의 계산에서는 덧셈에 대한 교환법칙과 결합법칙이 여러 번 적절히 사용되었다. 그러므로 학교수학에서는 덧셈과 뺄셈에서 일의 자릿수부터 십, 백의 자릿수로 계산하는 필산만을 고집할 필요는 없다고 본다. 여러 가지로 창의성 있게 계산하게 하되, 그 연산 속에 숨어있는 연산의 수학적 성질을 이해하도록 하는데 중점을 두도록 한다.

3.2 자연수의 덧셈과 뺄셈 교육

3.2.1 교육과정 되돌아보기

초등학교 수학에서 자연수의 덧셈과 뺄셈은 학생들의 경험으로부터 덧셈과 뺄셈을 인식하도록 수의 모형을 가지고 도입한다. 이 때 학생들의 수학적 사고 확산을 위해 학생들의 수준을 고려한 덧셈과 뺄셈 교육이 필요하다.

실제로 덧셈과 뺄셈에 관한 초등학교 교육과정은

(1) 올림이 없는 한 자릿수의 덧셈과 뺄셈
(2) 10을 가르고 모은 과정을 이용하여 올림이 있는 한 자릿수의 덧셈
(3) 올림이나 받아 내림이 없는 두 자릿수의 덧셈과 뺄셈
(4) 올림이나 받아 내림이 있는 두 자릿수의 덧셈과 뺄셈
(5) 올림이나 받아 내림이 없는 세 자릿수의 덧셈과 뺄셈
(6) 올림이나 받아 내림이 없는 네 자릿수의 덧셈과 뺄셈

으로 확장된다. 이는 작은 수에서 큰 수로, 올림과 받아 내림이 없는 것에서 올림과 받아 내림이 있는 복잡한 수의 덧셈과 뺄셈의 교육으로 사고의 자연스러운 확장을 꾀하고 있다.

이러한 과정을 통하여 자연수의 덧셈이 가지고 있는 교환법칙과 결합법칙을 이해하게 하고, 덧셈과 뺄셈의 혼합 계산에서는 연산이 주어지는 순서대로 계산하도록 한다. 특히 초등학교 과정에서는 정수의 개념이 도입되지 않은 단계이므로, 뺄셈의 결과가 음수가 되지 않도록 유의하여야 한다.

3.2.2 덧셈 교육 모델

자연수의 덧셈에 관한 교육 모델은 여러 가지가 있다. 그 중 다음의 집합모델과 측정모델을 통한 덧셈 교육에 대해 알아보자.

(1) 집합모델

원소가 3개인 집합과 원소가 2개인 집합이 서로 소(disjoint)일 때, 두 집합의 합집합의 원소의 수를 찾는 것은 '3+2'이다. 이것을 일반화하면, 서로 소인 두 집합 A, B의 원소의 수가 각각 a, b 즉 $n(A)=a$, $n(B)=b$일 때,

$$a+b=n(A\cup B)$$

이다.

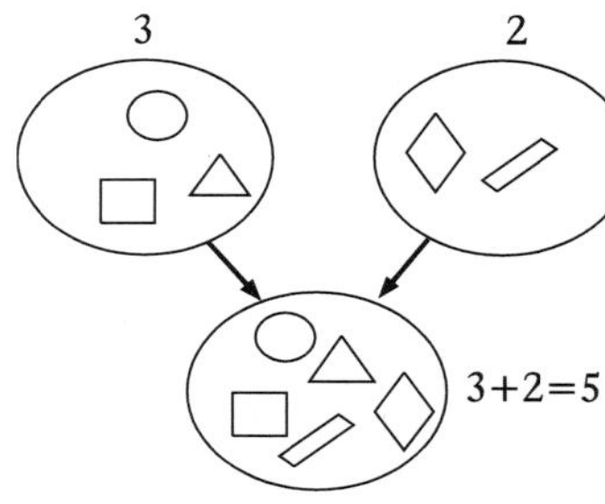

〈그림 3.5〉

〈참고 3.5〉 위의 경우 두 집합 A, B가 서로 소인 점에 유의하여야 한다. 아래 그림과 같이 $n(A)=4$, $n(B)=3$이지만 공통인 원소가 존재하므로

$$4+3 \neq n(A \cup B)$$

이다.

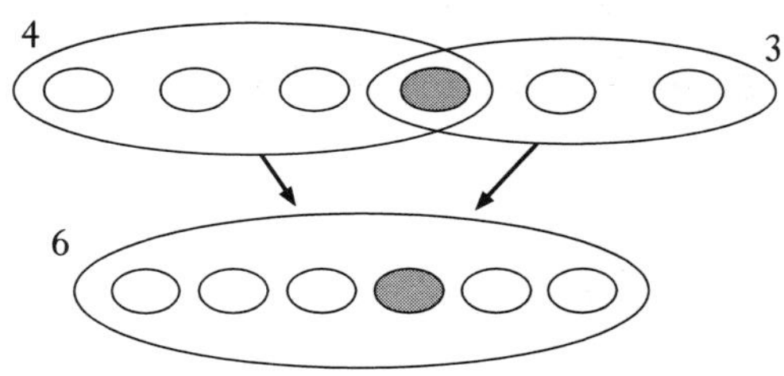

〈그림 3.6〉

덧셈은 두 수를 한 수로 만드는 역할을 하므로 덧셈을 **이항연산(binary operation)**이라고 한다. 교집합과 합집합의 연산과 차, 곱셈은 이항연산의 또 다른 예이다.

(2) 측정모델

0을 시작으로 오른쪽으로 수의 직선을 그린다. 우리는 직선을 그리지만 초등학교에서는 직선에 자연수를 점으로 나타낸다. 덧셈은 수직선 위에 같은 방향으로 가는 것으로 생각하고, 두 수의 합은 끝점을 나타낸다.

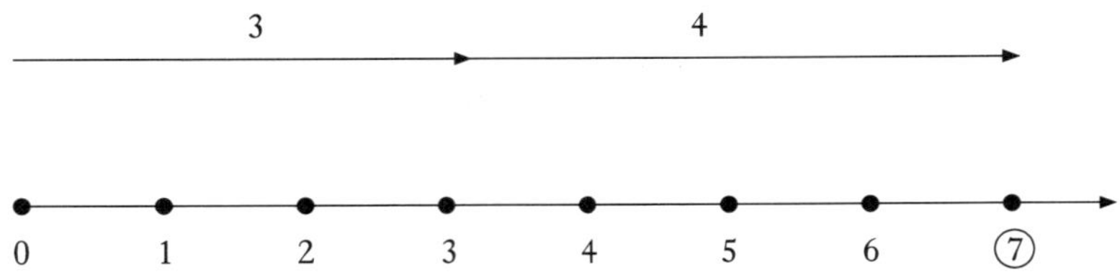

〈그림 3.7〉

3.2.3 뺄셈 교육 모델

3.1절에서 알아본 것과 같이 빼기에는 세 가지 접근 방법이 있다. 하나는 줄임 모델이고 다른 하나는 과부족 모델이며 또 다른 하나는 비교모델이다.

(1) 줄임 모델(reduction, take-away)

뺄셈에 대한 줄임 모델은 '바둑돌 5개 중에서 2개를 가져가면 몇 개가 남는가?'하는 문제이다. 이것은 바둑돌 5개에서 3개의 모둠과 2개의 모둠으로 나누는 활동과 같고, 이것을 빼는 기호 '−'을 사용하여

$$5-2$$

으로 나타낸다. 실제로 이 결과는 바둑돌 3개가 남아 있으므로

$$5-2=3$$

로 나타낸다.

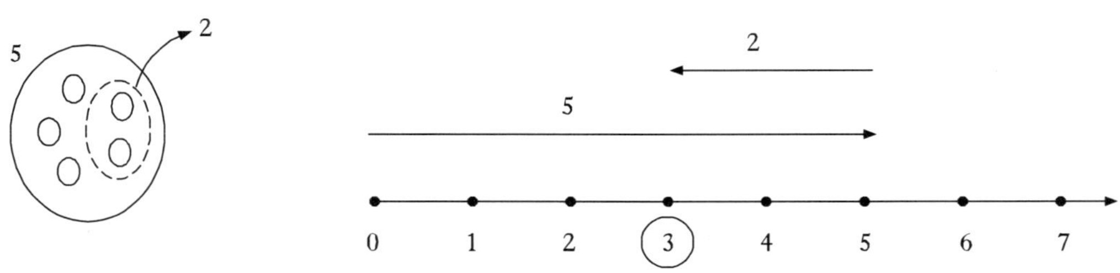

〈그림 3.8〉

(2) 과부족모델(missing-addened approach)

과부족모델은 더함(augmentation)의 반대 개념으로, 얼마를 더하면 원하는 수가 만들어지는가 하는 문제이다. 예를 들면, '어항 속의 금붕어 2마리가 있는데 몇 마리를 더 넣으면 5마리가 되는가?'하는 하는 문제이다.

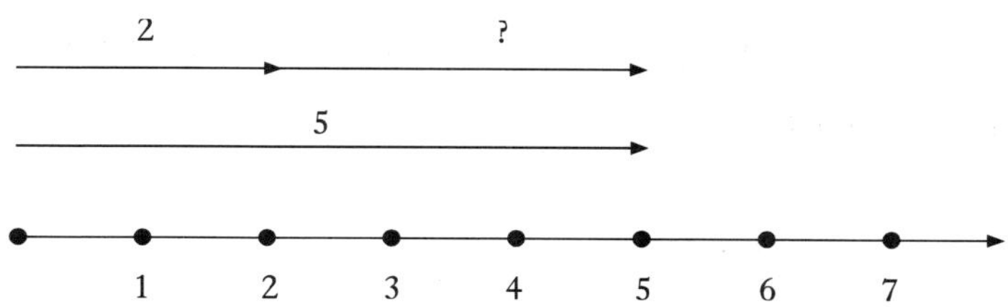

<그림 3.9>

(3) 비교모델(comparison approach)

빼기 개념 중 비교(comparison)는 서로 다른 물건의 개수를 비교하는 데에서 자주 나타난다. 예를 들면 검은 바둑돌 5개와 흰 바둑돌 3개를 비교하는 과정에서는 검은 바둑돌과 흰 바둑돌을 하나하나 짝지어가면서 남은 바둑돌의 개수를 세게 된다. 이러한 비교의 표현으로는 '차가 얼마인가?' 또는 '어느 것이 얼마나 더 많은가?', '어느 것이 얼마나 더 적은가?'하는 문장으로 나타난다.

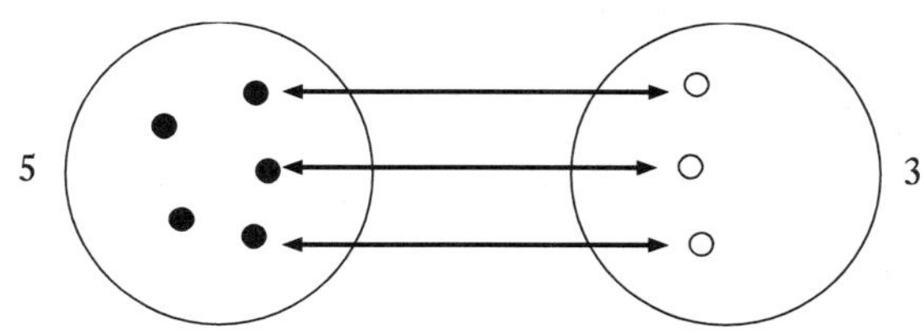

<그림 3.10>

3.2.4 자연수의 성질

(1) 자연수의 덧셈의 성질

자연수의 덧셈에서 우리는 두 자연수의 합은 다시 자연수가 된다는 것을 경험으로 알았다. 이와 같은 성질을 '자연수의 집합은 덧셈에 대하여 닫혀있다(closed).'고 말한다. 또

$$1+9=9+1$$

이다. 이 사실은 두 수를 더할 때 더하는 순서를 바꾸어서 더해도 그 값은 일정하다는 것을 의미한다. 일반적으로 두 자연수 a, b에 대하여

$$a+b=b+a$$

가 성립한다. 이와 같은 성질을 자연수의 덧셈에 대하여 **교환법칙**(commutative law)이 성립한다고 말한다.

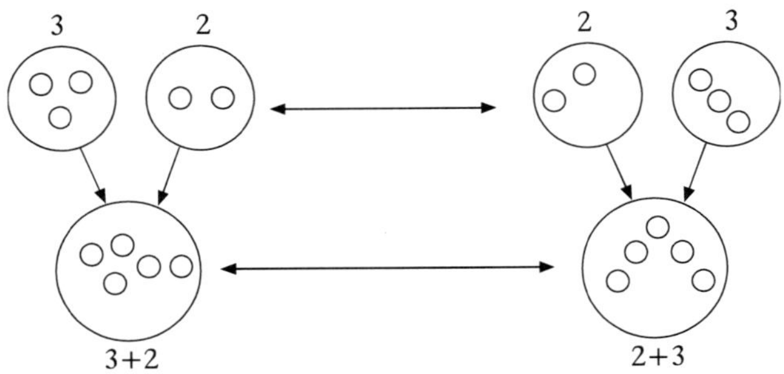

〈그림 3.11〉

간단한 세 자연수의 합을 통하여

$$(4+5)+2=4+(5+2)$$

임을 알고 있다. 즉 4+5를 먼저 계산한 다음 그 결과에 2를 더한 값과 4에 5+2의 결과를 더한 값은 서로 같다는 것이다. 이러한 성질은 임의 세 자연수 a, b, c의 합에 대하여도

$$(a+b)+c=a+(b+c)$$

이 성립한다. 이와 같은 성질을 자연수의 덧셈에 대한 **결합법칙**(associative law)이라고 한다.

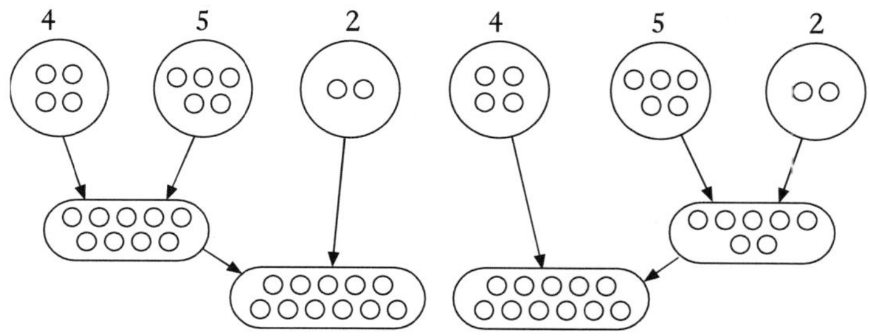

(4+5)+2 4+(5+2)

〈그림 3.12〉

집합 A에 대하여 $A \cup \varnothing = A$이다. 이러한 집합의 연산에 대응하는 수의 연산은 $7+0=7$과 같이 0을 더하는 것이다. 일반적으로 임의의 수에 0을 더하면 항상 그 자신과 같은 값을 가진다. 즉 임의의 자연수 a에 대하여

$$a+0=a$$

이다. 이때 0을 **덧셈에 대한 항등원**(additive identity)이라 한다.

자연수의 덧셈에 대한 성질을 잘 익히는 것이 필요한 이유는 이를 통하여 계산을 쉽게 할 뿐만 아니라, 의심할 여지없이 우리의 혼란스러운 사고를 절약할 수 있기 때문이다. 예를 들면

$$2+(98+23)=(2+98)+23=100+23=123$$

으로 순서를 바꾸어 계산하는 대신 순서대로

$$2+(98+23)=2+121=123$$

으로 계산하여야 한다. 그러나 다행스럽게도 임의의 자연수 사이에는 위와 같은 계산 법칙이 성립한다. 실제로는 모든 유리수, 실수, 복소수의 계산에서도 이 법칙은 성립한다.

(2) 자연수의 순서

앞에서 자연수의 순서는 (1) 셈수, (2) 수직선, (3) 일대일 대응의 개념을 가지고 정하였다. 사실 이들 모두는 같은 개념이다. 우리는 자연수의 덧셈

$3+2=5$, $4+5=9$로부터

$$3<5, \ 4<9$$

임을 알 수 있다.

이것을 일반적으로 나타내면, 임의의 자연수 a, b에 대하여 $a+n=b$인 자연수 n이 존재할 때

$$a<b$$

라고 두 자연수 사이의 순서 또는 크기를 정한다.

이와 같이 부등식을 정의하면 다음과 같은 부등식의 전이가 성립한다. 즉 모든 자연수 a, b, c에 대하여

$$a<b\text{이고 } b<c\text{이면 } a<c$$

이다.

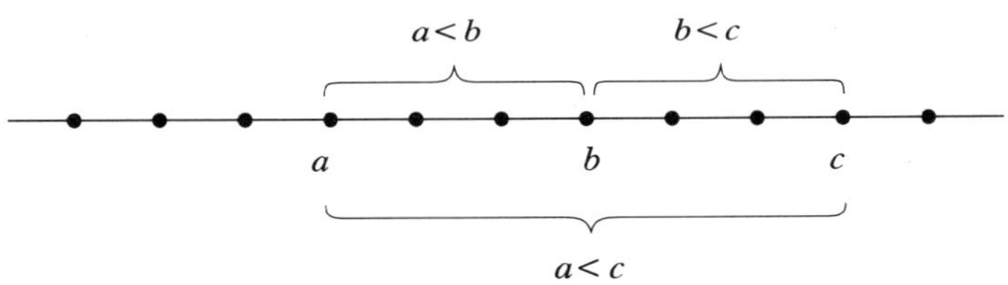

〈그림 3.13〉

이와 같은 자연수의 순서는 자연수를 정의할 때 후임자를 덧셈의 형식을 빌려 정의하면 귀납적으로 증명할 수 있다.

3.3 군

귀납법은 증명을 하는 한 방법이기도 하지만 자연수를 정의하는 하나의 방법이기도 하다. 예를 들면 지수를 귀납적으로

(1) $a^0 = 1$

(2) 모든 자연수 n에 대하여 $a^{n+1} = a^n a$

로 정의한다.

이와 같은 귀납적 정의는 대체로 집합 A에 대하여 함수 $f: A \to A$와 어떤 원소 $c \in A$에 대하여 함수 $\gamma: W \to W$가

(1) $\gamma(0) = c$

(2) 모든 자연수 $n \in W$에 대하여 $\gamma(n^+) = f(\gamma(n))$

을 만족하도록 정의한다.

이와 같이 함수 γ가 정의되면 (1), (2)에 의하여 모든 자연수 n에 대하여 $\gamma(n)$의 값이 정해진다. 그러나 (1), (2)는 함수 γ이 존재할 충분조건은 되지 못한다. 다음은 함수 γ가 유일하게 존재할 충분조건을 말하여 준다.

[정리 3.1 (점화정리 Recursion Theorem)]

집합 A와 $c \in A$, 함수 $f: A \to A$가 주어지면

(1) $\gamma(0) = c$

(2) 모든 자연수 $n \in W$에 대하여 $\gamma(n^+) = f(\gamma(n))$

을 만족하는 함수 $\gamma: W \to W$가 유일하게 존재한다.

점화정리에 의하면 임의의 자연수 m에 대하여

(1) $\gamma_m(0) = m$

(2) 임의의 자연수 $n \in W$에 대하여 $\gamma(n^+) = [\gamma_m(n)]^+$

인 함수 $\gamma_m: W \to W$가 유일하게 존재한다. 이제 자연수의 덧셈을

$$m + n = \gamma_m(n)$$

으로 정의하면, 조건 (1), (2)는

$$m+0=m$$
$$m+n^{+}=(m+n)^{+}$$

와 같이 나타내어진다.

[보조정리 3.1]

임의의 자연수 n에 대하여 $n^{+}=1+n$이다.

증명 수학적 귀납법에 의하여

(1) $n=0$이면

$$0^{+}=1=1+0$$

(2) n일 때 성립한다고 가정하면

$$1+n^{+}=(1+n)^{+}=(n^{+})^{+}$$

이 성립한다. ■

[보조정리 3.2]

$$0+n=n$$

증명 $X=\{n\in W \mid 0+n=n\}$이라 하자. 그러면

(1) $0+0=0$이므로 $0\in X$

(2) $n\in X$라 가정하면

$$0+n^{+}=(0+n)^{+}=n^{+}$$

따라서 $X=W$이다. ■

위의 보조 정리를 이용하면 수학적 귀납법에 의하여, 다음의 덧셈에 관한 결합법칙(associative law)을 증명할 수 있다.

[정리 3.2]

$$(m+n)+k=m+(n+k)$$

증명 임의의 $m, n \in W$에 대하여

$$L_{mn}=\{k \in W \mid (m+n)+k=m+(n+k)\}$$

라 하자. 그러면

(1) $(m+n)+0=m+n=m+(n+0)$이므로 $0 \in L_{mn}$이다.

(2) $k \in L_{mn}$이라고 가정하면

$$\begin{aligned}(m+n)+k^{+} &= ((m+n)+k)^{+}=(m+(n+k))^{+} \\ &= m+(n+k)^{+}=m+(n+k^{+})\end{aligned}$$

이므로, $k^{+} \in L_{mn}$이다.

따라서 (1), (2)에 의하여 $L_{mn}=W$이다. ■

이제 $L_m=\{n \in W \mid m+n=n+m\}$이라 정의하면, 위의 정리를 증명할 때와 같은 방법으로 $L_m=W$임을 보일 수 있다. 즉 다음의 덧셈에 관한 교환법칙(commutative law)이 성립한다.

[정리 3.3]

$$m+n=n+m$$

〈참고 3.6〉 자연수의 덧셈에 대한 교환법칙과 결합법칙은 성립하지만, 뺄셈에 대한 교환법칙과 결합법칙은 성립하지 않는다. 예를 들면

$$3=5-2 \neq 2-5=-3$$
$$5-(6-3)=5-3=2, \quad (5-6)-3=-1-3=-4$$

이다. 자연수의 순서 관계에 의하면, 부등식

$$a<b$$

는 등식

$$b = a + c$$

을 만족하는 자연수 c가 존재함을 의미한다. 이때

$$c = b - a$$

으로 나타내면, 자연수의 집합에서의 뺄셈의 연산이 정의된다. 덧셈과 뺄셈은 서로 **역연산**(inverse operation)의 관계이다. 그러나 여기서 주의할 것은 자연수의 집합에서는 $b-a$가 항상 자연수일 때만 정의된다는 것이다. 따라서 아직 정수가 도입되지 않은 저학년 단계에서는 음수가 나오는 뺄셈을 지도해서는 안 된다.

학교수학에서 다루는 자연수의 영역을 0을 포함한 자연수의 집합으로 확장하면

$$a + 0 = a = 0 + a$$

이 된다. 0과 같은 원소를 덧셈에 대한 **항등원**이라고 한다. 또 임의의 자연수 a에 대하여

$$a + x = 0$$

이 되는 자연수 x가 있을까? 그렇지 않다. 왜냐하면 자연수에 자연수를 더하면 항상 0이 아닌 자연수가 되기 때문이다. 이와 같이 연산이 정의된 어떤 집합을 집합 그 자체로만 볼 것이 아니라 원소들 사이의 관계의 구조를 알면 연산을 쉽게 할 수 있다. 이 중에서도 현대 대수학의 출발점이라 할 수 있는 간단한 구조로 군(group)이 있다.

[정의 3.1] 집합 G 위에 이항연산 $\circ$이 정의되어 있고, 즉

$$\text{임의의 } a, b \in G \text{에 대하여} \quad a \circ b \in G$$

이고 다음이 성립할 때 $(G, \circ)$을 군이라고 한다.

(G1) $(a \circ b) \circ c = a \circ (b \circ c)$

(G2) 원소 $e \in G$가 존재하여, 모든 원소 $a \in G$에 대하여 등식

$$a \circ e = e \circ a = a$$

가 성립한다. 이 때 원소 e를 G의 **항등원**(identity)이라고 한다.

(G3) 각 원소 $a \in G$에 대하여

$$a \circ b = b \circ a = e$$

인 원소 $b \in G$가 존재한다. 이때, 원소 b를 연산 $\circ$에 관한 a의 **역원**(inverse)이라 하고 이를 a^{-1}으로 나타낸다.

특히, 군 $(G, \circ)$가 다음의 교환법칙

임의의 a, $b \in G$에 대하여 $a \circ b = b \circ a$

이 성립할 때, 이 군을 **가환군**(commutative group) 또는 Abel 군(Abelian group)이라고 한다.

자연수의 집합은 덧셈에 관하여 닫혀있고, 교환법칙과 결합법칙이 성립하나 역원이 존재하지 않는다. 따라서 불행하게도 자연수의 집합은 덧셈에 대한 군을 이루지 않는다. 그러나 자연수의 집합을 정수 전체의 집합 즉

$$Z = \{m \mid m \in N\} \cup \{0\} \cup \{-m \mid m \in N\},$$

유리수의 집합

$$Q = \{\frac{p}{q} \mid p,\ q \in Z,\ q \neq 0,\ p,\ q\text{는 서로 소}\},$$

또는 모든 실수의 집합 R로 확장하면, $(Z, +)$, $(Q, +)$, $(R, +)$는 덧셈에 대한 가환군을 이룬다. 또 Q와 R에서 0을 뺀 집합을 각각 Q^*, R^*이라고 하면 $(Q^*, \cdot)$, $(R^*, \cdot)$은 곱셈에 대하여 가환군을 이룬다.

군 $(G, \circ)$에서 연산 $\circ$을 때로는 덧셈 $+$, 때로는 곱셈 $\cdot$으로 생각한다. 연산 $\circ$

을 곱셈 ·으로 생각할 때는 보통 곱셈기호 ·을 생략하여 $a \cdot b$를 간단히 ab로 나타낸다. 또 군 $(G, \circ)$에서는 결합법칙이 성립하므로, 괄호를 생략하여

$$a+(b+c)=(a+b)+c=a+b+c,$$
$$a(bc)=(ab)c=abc$$

로 나타낸다. 더욱이

$a+\ a+\ \cdots+a=na$, $\quad a$의 역원을 $-a$, $\quad (-n)a=n(-a)$

$a \cdot a \cdots\ a=a^n$, $\quad a^{-n}=(a^{-1})^n$, $\quad a^0=e$

로 정의한다.

이와 같이 정의하면 다음 성질이 성립한다.

[정리 3.3]

군 $(G,\ +)$에 대하여 $a,\ b \in G,\ m,\ n \in Z$라 하자. 그러면

(1) $ma+nb=(m+n)a$

(2) $n(ma)=(nm)a$

(3) $n(a+b)=na+nb$

마찬가지로 군 $(G,\ \cdot)$에 대하여도 위와 같은 성질이 성립한다.

[정리 3.4]

군 $(G,\ \cdot)$에 대하여 $a,\ b \in G,\ m,\ n \in Z$ 라 하자. 그러면

(1) $a^m a^n=a^{m+n}$

(2) $(a^m)^n=a^{mn}$

(3) $ab=ba$이면 $(ab)^m=a^m b^m$

> [정의 3.2] 군 $(G, \cdot)$에서 G의 원소의 개수를 **위수**(order)라고 하며, 위수가 유한인 것을 **유한군**(finite group), 무한인 것을 **무한군**(infinite group)이라고 한다.

예를 들어 군 $(Z, +)$, $(Q, +)$, $(R, +)$은 모두 무한군이다. 그런데 자연수 n에 대하여

$$Z_n = \{0,\ 1,\ 2,\ \cdots,\ n-1\}$$

이라 하고, 덧셈 연산 $\oplus$을

$$a, b \in Z_n\text{에 대하여 } a \oplus b = (a+b\text{를 } n\text{으로 나눈 나머지})$$

와 같이 정의하면 $(Z_n, \oplus)$는 유한가환군이다.

또 Z_n에서의 곱셈 $\odot$을

$$a,\ b \in Z_n\text{에 대하여 } a \odot b = (ab\text{를 } n\text{으로 나눈 나머지})$$

로 정의하면

$$Z_n^* = \{x \in Z_n | x,\ n\text{은 서로 소}\}$$

라 할 때, $(Z_n^*, \odot)$은 유한가환군이다.

[정리 3.5]

군 $(G, \circ)$에 대하여 다음과 같은 성질이 성립한다.

(1) 항등원 e는 유일하다.

(2) 각 $a \in G$에 대하여 그 역원은 유일하다.

(3) $a \circ b = a \circ c$이면 $b = c$이고, $b \circ a = c \circ a$이면 $b = c$이다.

(4) $a, b \in G$에 대하여 방정식 $a \circ x = b$, $y \circ a = b$는 유일한 해를 갖는다.

(5) 모든 $a \in G$에 대하여 $(a^{-1})^{-1} = a$이다.

(6) 임의의 $a,\ b \in G$에 대하여 $(a \circ b)^{-1} = b^{-1} \circ a^{-1}$이다.

위의 정리는 군의 정의에 의하여 쉽게 증명할 수 있다. 앞에서 알아보았듯이 $(Z,\ +)$, $(Q,\ +)$, $(R,\ +)$은 모두 덧셈에 대하여 군을 이룬다. 또 집합으로 보아 $Z \subset Q \subset R$와 같은 포함관계를 갖는다. 이와 같이 같은 연산에 대하여 군을 이루면서 집합으로서 부분집합을 이룰 때, $(Z,\ +)$, $(Q,\ +)$은 모두 $(R,\ +)$의 부분군이라고 부른다. 일반적으로 부분군을 다음과 같이 정의한다.

> [정의 3.3] 군 $(G,\ \circ)$에 대하여 부분집합 $H \subset G$가 G의 연산 $\circ$에 대하여 군을 이룰 때, $(H,\ \circ)$을 $(G,\ \circ)$의 **부분군**(subgroup)이라고 한다.

부분군 H에 대하여 다음의 동치관계가 성립한다.

[정리 3.6]

$H(\neq \varnothing)$가 G의 부분군이면 다음은 동치이다.

(1) H는 G의 부분군이다.

(2) $HH \subset H$이고 $H^{-1} \subset H$이다.

(3) $HH^{-1} \subset H$ 이다.

증명 (1) ⇒ (2) H가 G의 부분군이므로, 임의의 $a,\ b \in H$에 대하여

$$ab \in H \text{ 즉 } HH \subset H$$

이다. 또 $a \in H$이면 $a^{-1} \in H$이므로 $H^{-1} \subset H$이다.

(2) ⇒ (3) 임의의 $a,\ b \in H$에 대하여 $b^{-1} \in H^{-1}$이다. 그런데 $H^{-1} \subset H$이므로 $b^{-1} \in H$이다. 따라서

$$ab^{-1} \in HH \subset H.$$

그러므로 $HH^{-1} \subset H$이다.

(3) ⇒ (1) $H \neq \varnothing$이므로 적어도 $a \in H$가 있다. 그런데

$$e = aa^{-1} \in HH^{-1} \subset H$$

이므로, H에 항등원 e가 존재한다. 또

$$H^{-1}=eH^{-1}\subset HH^{-1}\subset H$$

이므로, H의 모든 원소의 역원은 H에 속한다. 한편, 임의의 a, $b\in H$에 대하여 $b^{-1}\in H^{-1}$이므로

$$ab\in HH^{-1}\subset H$$

이다. 즉 H는 G의 연산 $\cdot$에 대하여 닫혀있다.
더욱이 H는 G의 부분집합이므로 H 안에서 결합법칙이 성립하는 것은 당연하다. 그러므로 H는 G의 부분군이다. ■

군 G의 부분군 H에 대하여 G 안에 관계 $\sim$을

$$a\sim b \text{ 를 } ab^{-1}\in H$$

로 정의하자. 그러면

(1) 임의의 $a\in G$에 대하여 $aa^{-1}=e\in H$이므로 $a\sim a$이다. 즉 반사가 성립한다.

(2) $a\sim b$이면 $ab^{-1}\in H$이고 H가 부분군이므로

$$(ab^{-1})^{-1}\in H \text{ 즉 } ba^{-1}\in H$$

이다. 따라서 $b\sim a$이므로 대칭이 성립한다.

(3) $a\sim b$이고 $b\sim c$이면 $ab^{-1}\in H$이고 $bc^{-1}\in H$이다. 따라서

$$ac=(ab^{-1})(bc^{-1})\in H$$

이다. 즉 $a\sim c$이므로 전이가 성립한다.

그러므로 위와 같이 정의된 관계 $\sim$는 G 위의 동치관계이다.

위의 동치 관계에 의하여 잉여류(coset)

$$Ha=\{ha|h\in G\}=\{x\in G|x\sim a\},$$
$$aH=\{ah|h\in G\}=\{x\in G|a\sim x\}$$

를 정의하자. 이와 같이 정의하면

$$Ha \cap Hb = \varnothing \text{ 이거나 } Ha = Hb$$

인 관계가 성립하고, G는 서로 다른 잉여류, 즉 서로 공통 원소를 갖지 않는 잉여류, 전체의 합집합과 같음을 알 수 있다.

[정리 3.7]

$(H, \circ)$가 $(G, \circ)$의 부분군이면 H의 위수는 G의 위수의 약수이다.

일반적으로 $(G, \circ)$의 부분군 $(H, \circ)$에 대하여 $a \in G$일 때

$$Ha = \{ha | h \in G\} \text{ 와 } aH = \{ah | h \in G\}$$

은 같지 않다.

[정의 3.4] $(H, \circ)$이 $(G, \circ)$의 부분군일 때, 모든 $a \in G$에 대하여

$$Ha = aH$$

가 성립할 때, H를 G의 **정규부분군**(normal subgroup)이라고 한다.

그런데 가환군 G는 그 연산에 대하여 교환법칙이 성립하므로, 각 부분군 H에 대하여 $aH = Ha$가 성립한다. 따라서 가환군 G의 모든 부분군은 정규부분군이다. 정규부분군에 대하여는 다음이 성립한다.

[정리 3.8]

군 G의 부분군 N에 대하여 다음은 동치이다.

(1) N은 G의 정규부분군이다.

(2) 모든 $a \in G$에 대하여 $a^{-1}Na \subset N$이다.

(3) 모든 $a \in G$에 대하여 $a^{-1}Na = N$이다.

N이 G의 정규부분군일 때, G에서의 N의 잉여류 전체의 집합

$$G/N = \{Na | a \in G\}$$

위에 연산 $\circ$을

$$Na \circ Nb = Nab$$

와 같이 정의하면 $(G/N, \circ)$이 군이 된다. 이 군을 N 위의 G의 **잉여군**(residue group) 또는 **상군**(quotient group)이라고 한다. 물론 $(G/N, \circ)$이 군이 되는 이유는 다음이 성립하기 때문이다.

(1) $Na \circ Nb = N \circ (aNb) = N \circ (Na)b = NN(ab) = Nab$이므로 이항연산에 대하여 닫혀 있다.

(2) $(Na \circ Nb) \circ Nc = Nab \circ Nc = Nabc$이고 $Na \circ (Nb \circ Nc) = Na \circ (Nbc) = Nabc$ 이를

$$(Na \circ Nb) \circ Nc = Na \circ (Nb \circ Nc).$$

즉 결합법칙이 성립한다.

(3) 임의의 Na에 대하여

$$Ne \circ Na = Nea = Na \text{ 이고 } Na \circ Ne = Nae = Na$$

이므로 $Ne = N$은 G/N의 항등원이다.

(4) $Na \in G/N$에 대하여

$$Na \circ \mathrm{N}a^{-1} = \mathrm{N}aa^{-1} = Ne = N\text{이고 } Na^{-1} \circ Na = Na\,a^{-1} = Ne = N.$$

따라서 $(Na)^{-1} = Na^{-1}$ 이다.

그러므로 G/N은 군이다.

이제 두 군 사이의 구조를 비교해 보자.

[정의 3.5] 두 군 $(G, \circ)$와 $(G', *)$에 대하여 함수 $f : G \to G'$이

$$\text{임의의 } a, b \in G\text{에 대하여 } f(a \circ b) = f(a) * f(b)$$

이 성립할 때, f를 **준동형사상**(homomorphism)이라고 한다. 특히 f가 전단사인 준동형사상이면 f를 **동형사상**(isomorphism)이라 하고, G와 G'은 **동형**(isomorphic)이라고 한다.

예를 들면 두 군 $(Z, +)$와 $(nZ, +)$에 대하여

$$f : Z \to nZ,\ f(a) = na$$

로 정의하자. 그러면

$$\begin{aligned} f(a+b) &= n(a+b) = na + nb \\ &= f(a) + f(b) \end{aligned}$$

이므로, f는 준동형사상이다. 또, $R^+ = \{x \in R | x > 0\}$이라고 정의하면 $(R^+, \cdot)$은 군이다. 이때 두 군 $(R, +)$와 $(R^+, \cdot)$ 사이에

$$f : R \to R^+,\ f(x) = 2^x$$

로 정의하면, f는 동형사상이 된다. 따라서 두 군 $(R, +)$와 $(R^+, \cdot)$은 서로 동형이다.

〈참고 3.7〉 두 군 $(G, \circ)$와 $(G', *)$이 동형이란 말은 두 군이 대수적으로 같은 구조를 갖는다는 뜻이다. 다시 말하면, 두 군 $(G, \circ)$와 $(G', *)$의 원소와 연산이 다를지 모르지만, 두 군의 원소를 적당히 일대일 대응시킬 수 있고, 군 G의 연산 $\circ$에 관한 성질이 그대로 군 G'의 연산 $*$에 관한 성질로 옮겨진다는 뜻이다. 이를테면 G가 가환군이면 G'도 가환군이고, G의 부분군 H가 정규부분군이면 H에 대응하는 G'의 부분군 H'도 G'의 정규부분군이다.

[정리 3.9]

두 군 $(G, \circ)$와 $(G', *)$에 대하여 $f: G \to G'$가 준동형사상이면 다음 성질이 성립한다.

(1) G와 G'의 항등원 e, e'에 대하여 $f(e) = e'$

(2) 임의의 $a \in G$에 대하여 $f(a^{-1}) = (f(a))^{-1}$

(3) $K = \text{Ker } f = f^{-1}(e') = \{x \in G | f(x) = \{e'\}\}$이라 하면 K는 G의 정규부분군이다.

(4) f가 단사이기 위한 필요충분조건은 $\text{Ker } f = \{e\}$이다.

(5) H가 G의 부분군이면 $f(H)$는 G'의 부분군이다.

(6) $K = \text{Ker } f$라 할 때, 임의의 $a, b \in G$에 대하여

　(i) $f(a) = f(b)$일 필요충분조건은 $Ka = Kb$이다.

　(ii) $f(a) = a'$일 때, $f^{-1}(a') = aK$이다.

증명 (1) $f(e) * f(e) = f(e \circ e) = f(e)$이므로 $f(e)$는 G'의 항등원이다. 즉 $f(e) * e'$이다.

(2) $f(a) * f(a^{-1}) = f(a \circ a^{-1}) = f(e) = e'$이고 $f(a^{-1}) * f(a) = f(e) = e'$이므로

$$f(a) * f(a^{-1}) = f(a^{-1}) * f(a).$$

따라서 $f(a^{-1})$는 $f(a)$의 역원이다.

(3) $f(a^{-1}Ka) = f(a^{-1}) f(K) f(a) = f(a^{-1})\{e'\} f(a) = \{f(aa^{-1})\} = \{f(e)\} = \{e'\}$이다. 즉 $a^{-1}Ka \subset K$이므로 정리 3.8에 의하여 K는 G의 정규부분군이다.

(4) 먼저 f가 단사라 하자. 만약 $a \in K$이면 $f(a) = e' = f(e)$이고 f가 단사이므로

$$a = e \text{ 즉 } \text{Ker } f = \{e\}$$

이다.

역으로 $\text{Ker } f = \{e\}$라 하자. 만약 $f(a) = f(b)$이면

$$f(a) f(b)^{-1} = e', \ f(ab^{-1}) = e'$$

이므로,

$$ab^{-1} \in \text{Ker } f = \{e\} \text{ 즉 } ab^{-1} = e.$$

따라서 $a=b$이다. 그러므로 f는 단사이다.

(5) $e' \in f(H)$이므로 $f(H) \neq \varnothing$이다.

그런데 (2)에 의하여 $f(H^{-1})=f(H)^{-1}$이고

$$f(H)f(H)^{-1}=f(H)f(H^{-1})=f(HH^{-1}) \subset f(H)$$

이므로, 정리 3.6에 의하여 $f(H)$는 G'의 부분군이다.

(6) (i) $f(a)f(b) \Leftrightarrow e'=f(a)f(b)^{-1}=f(ab^{-1})$

$\Leftrightarrow ab^{-1} \in K$

$\Leftrightarrow a \in Kb$

$\Leftrightarrow Ka=Kb$

(ii) $x \in f^{-1}(a') \Leftrightarrow f(x)=a'=f(a)$

$\Leftrightarrow Kx=Ka$

$\Leftrightarrow x \in Ka$

이므로

$$f^{-1}(a')=Ka=aK$$

이다. ■

위의 정리에 따르면 $\text{Ker } f=\{e\}$이면, G와 $f(G)=\text{Im } f$는 서로 동형임을 쉽게 보일 수 있다.

> [정의 3.6] N을 G의 정규부분군이라 하면
>
> $$\pi : G \to G/N, \ \pi(a)=Na$$
>
> 는 전사인 준동형사상이다. 이 때 π를 표준동형사상(cannonical homomorphism) 또는 자연동형사상(natural homomorphism)이라고 한다.

일반적으로 다음의 동형정리가 성립한다.

[정리 3.10]

두 군 $(G, \circ)$와 $(G', *)$에 대하여 함수 $f : G \to G'$ 가 준동형사상이면, $G/\text{Ker } f$와 $\text{Im } f = f(G)$와 동형이다. 특히 표준동형사상 $\pi : G \to G/\text{Ker } f$에 대하여 $f = \phi \circ \pi$인 동형사상

$$\phi : G/\text{Ker } f \to \text{Im } f$$

가 존재한다.

증명 $K = \text{Ker } f$라 하고 $\phi : G/K \to \text{Im } f$를

$$\phi(Ka) = f(a), \quad a \in G$$

로 정의하자. 이제 $Ka = Kb$이면 $f(a) = f(b)$이므로 ϕ는 잘 정의되고,

$$\phi(Ka) = \phi(Ka \circ Kb) = \phi(Kab) = f(ab) = f(a)f(b) = \phi(Ka)\phi(Kb)$$

이므로 ϕ는 준동형사상이다.

한편, $\phi(Ka) = \phi(Kb)$이면 $f(a) = f(b)$이고 $Ka = Kb$이므로 ϕ는 단사이다.

또

$$\text{Im } \phi = \{\phi(Ka) | a \in G\} = \text{Im } f$$

이므로, ϕ는 전사이다.

끝으로 임의의 $a \in G$에 대하여

$$(\phi \circ \pi)(a) = \phi(\pi(a)) = \phi(Ka) = f(a)$$

이므로 $\phi \circ \pi = f$ 이다. ■

예를 들면 군 $(Z, +)$와 $(Z_n, +)$ 에 대하여 $f : Z \to Z_n$을

$$f(a) = (a\text{를 } n\text{으로 나눈 나머지})$$

로 정의하면, f는 전사인 준동형사상이다. 이때 $\text{Ker } f = nZ$이므로, 위의 정리에 의하여 Z/nZ는 Z_n과 동형인 군이다.

3.4 덧셈과 뺄셈의 기호

초등수학에서 기호는 대개 수의 대수적 연산에서 나타난다. 현재와 같은 의미로써의 +(plus) 기호에 대하여 1672년에 영국의 Hodder는 "+는 덧셈(addition)을 의미하고, =는 상등(equality)을, ×는 곱셈(multiplication)을 의미한다."고 썼다.

덧셈에 관한 기호는 고대에도 사용되었는데, 이집트의 Rhynd papyrus에는 사람이 오른쪽에서 왼쪽으로 걸어가는 다리의 형상을 한

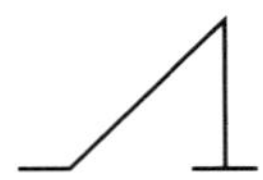

을 더하기의 뜻으로, 왼쪽에서 오른쪽으로 걸어가는 형상

을 뺄셈의 뜻으로 사용하였다.

인도의 Bhaskara(1150년)에는 숫자 위에 동그라미 또는 점을 찍어 빼는 수 −6을 나타내었다. 또 빼는 수에 동그라미를 사용하여 0보다 6이 작은 음수를 나타내었다.

1470년대 독일에서는 덧셈으로 'et'을 사용하였다. 예를 들면 $(5+6)-7=4$를

$$5 \text{ et } 6 \ 7-4$$

로 나타내었으며, 1494년 이탈리아의 Luca Pacioli의 〈Summa de Aritmetica〉에서는 덧셈과 뺄셈 기호를 아래와 같이 p 또는 m 위에 bar(−)나 tilde(~)를 사용하여

$$5 \ \tilde{p} \ 6 \ \tilde{m} \ 7-4$$

와 같이 나타내었다. 1489년 독일의 Johann Widman의 책에는 지금과 같은 +, −의 기호를 사용하여

$$5+6-7 \text{ das ist } 4$$

와 같이 나타내었다. 여기에서는 아직 등호의 기호가 나타나지 않음을 볼 수 있다.

1557년 영국의 Robert Recorde의 대수학 책 〈The Whetstone of Witte〉에는 긴 등호 =를 사용하여

$$5+6-7 == 4$$

와 같이 나타내었다. 한편 프랑스의 Albert Girard는 위 식의 왼쪽을

$$(5+6)-7 \text{ 또는 } (5+6)\div 7$$

과 같이 나타내었다. 여기서 우리는 현재 나눗셈 기호로 사용하고 있는 ÷이 뺄셈의 기호로 사용되고 있는 것을 알 수 있다. 실제로 이 기호는 뺄셈의 의미로 19세기까지 사용되었다.

1631년 영국의 William Oughtred는 〈Calvis Mathematice〉에서 수학 기호의 사용을 강조하면서 지금과 같은 덧셈, 뺄셈, 등호와 묶는 것을 강조하기 위한 : 을 사용하여

$$:5+6:\ -7=4$$

와 같이 나타내었다. 그런데 1637년 Rene Descartes의 〈La Geometrie〉에서는 많은 대수 기호를 간단히 하였으나, 등호 =를 사용하지 않고

$$5+6- \ -7 \ 4$$

와 같이 사용하여 등호 =의 도입을 지연시키기도 하였다. 그러다가 1700년대 들어서야 Leibniz의 영향으로 지금과 같은

$$(5+6)-7=4$$

와 같은 기호를 사용하게 되었다.

〈참고 3.8〉 현재 우리가 사용하고 있는 덧셈의 기호 +와 뺄셈의 기호 −는 Francis Vieta(1540 - 1603)가 도입을 하였으며, 독일을 통하여 전 세계적으로 통용되게 되었다. 기호 +는 덧셈의 연산 기호의 뜻 외에도

배제(exclusive)의 개념으로 $1+1=0$
논리합(logical conjunction, and)으로 $1+1=1$
논리 분리(logical disjunction, or)로 $1+1=1$
문자의 연결로 $1+1=11$

와 같이 사용된다. 한편, −는 항상 반대의 개념으로 사용된다. 덧셈의 반대 개념으로의 뺄셈의 연산, $5-3=2$, 외에도 -7과 같이 음수를 나타내는 기호로, 대수에서 어떤 것의 반대(또는 역)로 쓰인다. 예를 들면 $-x$는 양일 수도 음일 수도 있으나 $-x$는 단순히 x의 반대의 의미를 갖는 것으로 사용된다.

제 4 장

자연수의 곱셈과 나눗셈

같은 개수를 갖는 여러 개의 무더기를 더한 총 개수를 구하거나, 한 무더기를 정해진 사람들에게 똑같이 나누어 줄 수 있는 개수를 구하는 데에는 동수가감의 원리를 적용하여 구한다.

동수가감의 계산을 좀더 간편하게 하기 위하여 자연수의 곱셈원리를 공부하고, 곱셈의 역연산으로서의 나눗셈을 다룬다. 나머지가 있는 나눗셈은 나눗셈 알고리즘을 이용하여 몫과 나머지를 구한다. 또 배수와 약수를 이용하여 자연수를 소수의 곱으로 표현하기도 하고, 여러 가지로 생활 속에서 응용하기도 한다.

곱셈과 나눗셈은 수의 대수적 구조를 결정하는 데에도 중요한 역할을 한다. 자연수의 집합에서 실수의 집합으로 확장하는 가운데, 곱셈과 나눗셈의 연산에 대해 닫혀 있느냐 하는 것이 대수적 구조 결정에 중요한 역할을 하기도 한다.

4.1 학교수학

4.1.1 1학년

같은 것을 여러 번 더하는 것은 번거롭다. 예를 들면 3을 다섯 번 더하는

$$3+3+3+3+3$$

의 값을 구하기 위하여, 덧셈의 연산을 4번 해야하는 번거로움이 있다. 그러나 이것은 3이 다섯 번 반복하여 있는 것과 같으므로, 곱셈기호 ×를 사용하여

$$3\times5=15$$

와 같은 연산을 정의하면 네 번의 연산을 단 한 번의 연산으로 줄일 수 있다.

초등학교 1학년에서는 위와 같은 곱셈을 아래와 같이 같은 수를 여러 번 더하는 모델(동수 누가)과 직사각형을 이용한 개수 세기(직사각형 모델)을 이용하여 도입한다.

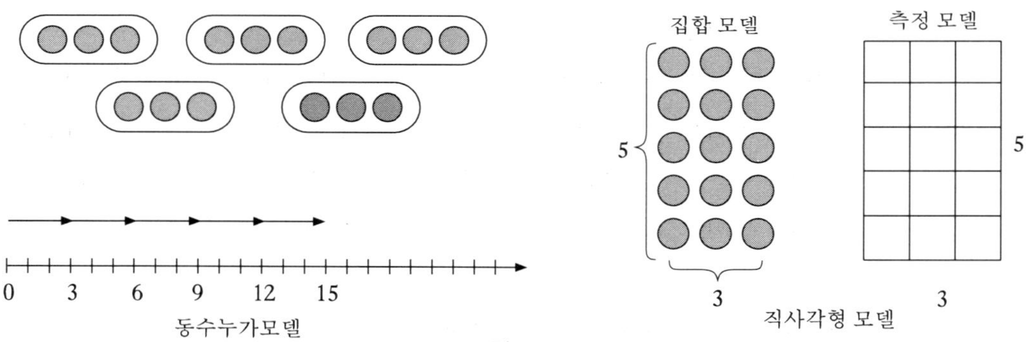

〈그림 4.1〉

한편 5를 3번 더하면

$$5+5+5=5\times3=15$$

이므로

$$3\times5=5\times3$$

임을 알 수 있다. 즉 곱하는 순서를 바꾸어 계산하여도 그 결과는 같다.

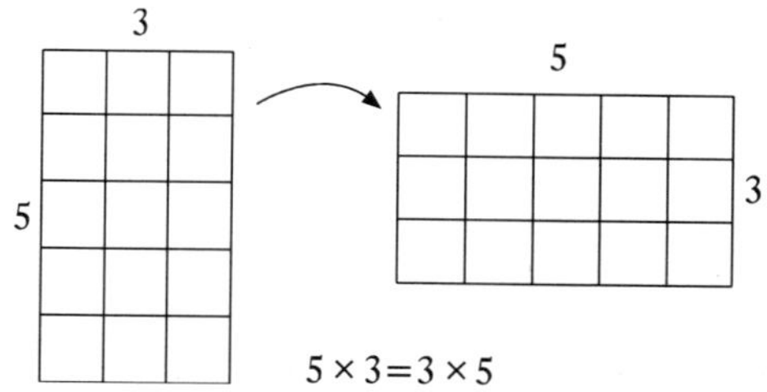

$5\times3=3\times5$

<그림 4.2>

더욱이

$$(3\times4)\times2=12\times2=12+12=24,$$
$$3\times(4\times2)=3\times8=24$$

이므로

$$(3\times4)\times2=3\times(4\times2)$$

이다. 즉 곱셈을 묶는 순서에 관계없이 그 결과는 같다. 따라서 우리는 괄호의 기호를 없애고 간단히

$$3\times4\times2$$

와 같이 쓸 수 있다.

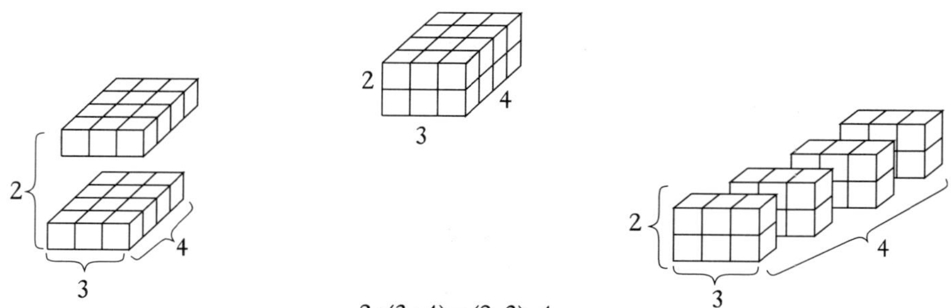

$2\cdot(3\cdot4)=(2\cdot3)\cdot4$

<그림 4.3>

〈참고 4.1〉 곱셈의 연산은 이항연산이므로 두 수 사이의 연산만이 정의되어진다. 따라서 처음부터 세 수의 곱셈이 주어지는 것이 아니라, 곱셈의 결합법칙의 결과로부터 괄호 없이 세 수의 곱셈을 나타내기로 한다.

4.1.2 2학년

2학년에서는 1학년에서 다룬 동수누가의 원리나 직사각형 모델을 이용하여 한 자릿수의 곱셈을 공부한다. 이러한 결과를 이용하여 구구셈을 익힌다. 또 표를 보고 곱하는 순서가 달라도 그 값은 같음을 다시 한 번 확인한다. 또 곱셈표의 한 행이나 열에 놓인 수를 보면 수가 규칙적으로 배열되어 있다는 것을 알 수 있다.

4.1.3 3학년

(1) 곱셈

2학년에서는 곱셈구구를 이용하여 한 자릿수의 곱셈을 하는 방법을 배웠다. 3학년에서는 곱셈구구를 이용하여 먼저 받아 올림이 없는 두 자릿수의 곱셈을 하는 원리를 다룬다. 예를 들면 24×2의 계산을 수 모형을 이용하여 계산하면

$$24=20+4$$

이므로,

$$\begin{array}{r} 4\times2=4+4=8 \\ 20\times2=20+20=40 \\ \hline 24\times2=24+24=48 \end{array}$$

이다. 이 사실로부터

$$\begin{array}{r} 24 \\ \times\ 2 \\ \hline 8 \\ 40 \\ \hline 48 \end{array}$$

와 같은 계산법이 성립함을 알 수 있다.

받아 올림이 있는 곱셈도 같은 방법으로 할 수 있다. 예를 들면 46×3을 다음과 같이 계산한다.

$$\begin{array}{r} 6\times 3=18 \\ 40\times 3=120 \\ \hline 138 \end{array} \qquad \begin{array}{r} 46 \\ \times\ 3 \\ \hline 18 \\ 120 \\ \hline 138 \end{array}$$

위의 필산은 일자리의 곱부터 계산한 다음 십 자릿수의 곱을 합하여 얻어진 것이다. 그러나 생활 속에서는 필산에 의하지 않고 머리로 셈하는 것이 편리하다. 예를 들면 46×3을

$$40\times 3=120$$
$$6\times 3=18$$

이므로, 이 둘을 합하여 138을 얻는다.

세 자릿수와 한 자릿수의 곱셈은 수의 모형을 이용하여 쉽게 계산할 수 있다. 예를 들면 132×3을 132가 백 모형 한 개, 십 모형 세 개, 일 모형 두개인 것을 생각하여 132×3를 계산한다. 이것을 세로쓰기로 일자리부터 계산하여 나타내면

$$\begin{array}{r} 132 \\ \times\quad 3 \\ \hline \\ \end{array} \Rightarrow \begin{array}{r} 132 \\ \times\quad 3 \\ \hline 6 \end{array} \Rightarrow \begin{array}{r} 132 \\ \times\quad 3 \\ \hline 96 \end{array} \Rightarrow \begin{array}{r} 132 \\ \times\quad 3 \\ \hline 396 \end{array}$$

와 같다.

두 자릿수나 세 자릿수와 한 자릿수의 곱셈에 대하여 알아보았다. 이런 곱셈의 과정을 두 자릿수와 두 자릿수의 곱셈에 적용할 수 있다. 먼저 일의 자리에 0이 있는 계산은 0이 없는 수의 곱셈을 한 다음 10을 곱하면 된다는 사실을 알게 한다. 예를 들면

$$13\times20=(13\times2)\times10=260$$

과 같이 계산한다. 실제로 이것은

$$\begin{aligned} 13\times20 &= 13\times(2\times10) \\ &= (13\times2)\times10 \\ &= 26\times10 \\ &= 260 \end{aligned}$$

이다. 앞에서와 같이 계산할 수 있는 이유는 자연수의 곱셈이 곱셈에 대한 결합법칙을 만족하기 때문이다. 이와 같은 원리를 적용하면 두 자리 이상의 0이 있는 곱셈을 간단히 계산할 수 있다.

곱셈의 정의에 의하면 3×24는 3을 24번 더한 것과 같다. 곱셈의 교환법칙을 사용하지 않으면 3×24를

$$\begin{array}{ccc} & & 3 \\ \times & 2 & 4 \\ \hline & & \\ \end{array} \quad\Rightarrow\quad \begin{array}{ccc} & & 3 \\ \times & 2 & 4 \\ \hline & 1 & 2 \\ \end{array} \quad\Rightarrow\quad \begin{array}{ccc} & & 3 \\ \times & 2 & 4 \\ \hline & 1 & 2 \\ & 6 & \\ \end{array} \quad\Rightarrow\quad \begin{array}{ccc} & & 3 \\ \times & 2 & 4 \\ \hline & 1 & 2 \\ & 6 & \\ \hline & 7 & 2 \end{array}$$

와 같이 복잡하게 계산하게 된다. 어쨌든 이러한 계산을 통하여

$$3\times24=24\times3$$

임을 알게 하고, 이러한 교환법칙을 통하여 곱셈을 쉽게 계산할 수 있는 능력을 길러준다.

(2) 나눗셈

사탕 8개를 한 사람에게 2개씩 나누어 주려고 한다. 모두 몇 명에게 똑같이 나누어 줄 수 있을까? 이와 같이 우리 생활 속에는 같은 수로 나누는 활동이 많이 숨어 있다. 나누기를 실제로 시행하기 전에 어떤 상황이 벌어지는지를 미리 알고 시행착오를 줄이기 위하여도 나눗셈이 필요하다.

사탕 8개를 2개의 모둠으로 나누어 보면 모두 4 모둠을 만들 수 있다. 따라서 한 사람에게 2개씩 나누어 주면 4명에게 똑같이 나누어 줄 수 있다. 이와 같은 것을 식으로 나타내면

$$8 \div 2 = 4$$

이다. 이와 같은 식을 나눗셈식이라 하고, 4를 8을 2로 나눈 몫(quotient)이라고 한다. 나눗셈은 같은 수를 거듭해서 빼가는 동수누감(repeated subtraction)을 이용하여

$$8 - 2 - 2 - 2 - 2 = 0$$

와 같이 계산할 수 있다. 위 식에서 2를 4번 뺐으므로 8÷2의 몫은 4이다. 그러나 나눗셈은 기본적으로 곱셈을 이용하여 계산할 수 있다.

앞에서는 나눗셈이 나누어떨어지는 경우에 대하여 다루었다. 그러나 일상에서는 나누어떨어지지 않는 경우도 많이 있다. 예를 들면 사탕 9개를 4명에게 똑같이 나누어주는 경우를 생각해 보자. 이 경우에는 각 사람에게 2개씩 나누어 주고 1개가 남는다. 이것을 식으로 나타내면

$$9 = 4 \times 2 + 1$$

이다. 이때 2를 제수(divisor), 4를 몫, 1을 나머지(remainder)라고 부른다. 특히 나머지가 0인 경우는 나누어 떨어지는 경우와 같다.

(한 자릿수)÷(한 자릿수)의 나눗셈을 동수누감의 법칙을 이용하거나 곱셈의 역연산을 이용하여 계산하였다. 같은 원리를 이용하여 이제 (두 자릿수)÷(한 자릿수)의 나눗셈을 하여 보자.

먼저 60÷3과 같이 간단한 (두 자릿수)÷(한 자릿수)의 나눗셈을 생각해 보자. 60을 십 모형 6개로 나타내고, 이것을 3 모둠으로 나누면

$$6 \div 3 = 2$$

와 같이 한 자릿수의 나눗셈을 얻는다. 그런데 수의 모형은 십 모형이므로

$$60 \div 3 = 20$$

이 된다. 여기에는

$$\begin{aligned}60 \div 3 &= (10+10+10+10+10+10) \div 3\\ &= (10\times 6) \div 3\\ &= 10\times(6 \div 3)\\ &= 10\times 2\\ &= 20\end{aligned}$$

의 수학적 연산이 들어 있다. 이와 같은 과정을 42÷2에 적용하면

$$\begin{aligned}42 \div 2 &= (40+2) \div 2\\ &= (10+10+10+10+2) \div 2\\ &= (10\times 4+2) \div 2\\ &= (10\times 4) \div 2+2 \div 2\\ &= 10\times(4 \div 2)+2 \div 2\\ &= 10\times 2+1\\ &= 21\end{aligned}$$

을 얻는다. 이것을 세로쓰기로 나타내면

$$\begin{array}{r} 21\\ 2\,\overline{)\,42}\\ \underline{4}\\ 2\\ \underline{2}\\ 0\end{array}$$

과 같다.

지금까지는 (두 자릿수)÷(한 자릿수)에서 나머지가 없는 경우의 나눗셈에 대하여 알아보았다. 이제 나머지가 있는 경우로 일반화해 보자. 예를 들면, 17을 5로 나누면 몫은 3이고 2가 남는다. 이 때 2를 나머지(remainder)라고 하고, 이를

$$17 \div 5 = 3 \cdots 2$$

로 나타낸다. 이것을 세로쓰기로 나타내면 다음과 같다.

$$\begin{array}{r} 3 \\ 5 \enclose{longdiv}{17} \\ 15 \\ \hline 2 \end{array}$$

4.1.4 4학년

(1) 곱셈

4학년에서는 10의 배수를 곱하는 것으로부터 시작하여 세 자릿수의 곱셈과 세 수의 곱셈에 대하여 먼저 알아보자. 예를 들면

$$5 \times 100 = 500$$

은 5×1에 100을 곱한 것임을 이용하여

$$\begin{aligned} 40 \times 700 &= (4 \times 10) \times 700 \\ &= (4 \times 700) \times 10 \\ &= 2800 \times 10 \\ &= 28000 \end{aligned}$$

과 같이 계산할 수 있다.

10의 배수의 곱셈은 위와 같이 계산하였으나, 좀더 일반적으로 285×30의 계산을

$$\begin{aligned} 285 \times 30 &= 285 \times (3 \times 10) \\ &= (285 \times 3) \times 10 \\ &= 855 \times 10 \\ &= 8550 \end{aligned}$$

과 같이 할 수 있다. 이러한 과정을 좀더 일반적으로 적용하면

$$\begin{aligned}749\times36&=749\times(30+6)\\&=749\times30+749\times6\\&=22470+4494\\&=26964\end{aligned}$$

이다. 이것을 세로쓰기로 나타내면 다음과 같다.

$$\begin{array}{r}749\\ \times\ 36\\ \hline \end{array}\ \Rightarrow\ \begin{array}{r}749\\ \times\ 36\\ \hline 4494\end{array}\ \Rightarrow\ \begin{array}{r}749\\ \times\ 36\\ \hline 4494\\ 2247\ \end{array}\ \Rightarrow\ \begin{array}{r}749\\ \times\ 36\\ \hline 4494\\ 2247\ \\ \hline 26964\end{array}$$

이와 같이 위의 계산에서는 알게 모르게 우리는 덧셈과 곱셈에 관한 분배법칙을 사용하고 있다.

(2) 나눗셈

나눗셈은 원칙적으로 곱셈의 역연산이므로 (두 자릿수)÷(두 자릿수)에서도 나머지가 없는 경우에는 곱셈의 원리를 이용하여 계산하면 된다. 예를 들면

$$\begin{aligned}80\div20&=(8\times10)\div(2\times10)\\&=(8\div2)\\&=4\end{aligned}$$

와 같이 계산한다. 또 $83\div24$의 나눗셈에서는 83 속에 24가 몇 번 들어가 있느냐를 계산한다. 이러한 셈을 위하여 나눗셈 알고리즘을 이용하면

$$\begin{array}{r}3\\ 24\,\overline{)\,83}\\ 72\\ \hline 11\end{array}$$

이므로,

$$83 \div 24 = 3 \ \cdots \ 11$$

즉,

$$83 = 24 \times 3 + 11$$

을 얻는다. 이러한 알고리즘을 세 자릿수의 나눗셈 등 일반적인 자연수의 나눗셈에 대하여 확장할 수 있다.

(3) 혼합 계산

덧셈과 뺄셈이 섞여 있는 계산은 연산이 주어진 순서대로 계산한다. 예를 들면

$$\begin{aligned} 38 - 19 + 12 &= (38 - 19) + 12 \\ &= 19 + 12 \\ &= 31 \end{aligned}$$

과 같이 계산한다. 마찬가지로 곱셈과 나눗셈이 섞여있는 계산에서도 앞에서부터 차례로 계산한다. 예를 들면

$$\begin{aligned} 48 \div 8 \times 4 &= (48 \div 8) \times 4 \\ &= 6 \times 4 \\ &= 24 \end{aligned}$$

와 같이 계산한다.

특별히 계산하는 순서를 바꾸고 싶은 경우에는 괄호 ( )를 사용하여 ( ) 안을 먼저 계산하고 다음 연산을 시행한다. 예를 들면

$$72 \div (4 \times 6) = 72 \div 24 = 3$$

과 같이 계산하기로 약속을 한다. 마찬가지로

$$7 \times (48 \div 6) = 7 \times 8 = 56$$

으로 계산한다.

덧셈, 뺄셈과 곱셈, 나눗셈이 섞여있는 경우에는, 먼저 곱셈과 나눗셈을 계산하고 그 다음으로 덧셈과 뺄셈을 계산하는 것으로 약속한다. 예를 들면

$$\begin{aligned} 34-5\times6+3 &= 34-(5\times6)+3 \\ &= 34-30+3 \\ &= (34-30)+3 \\ &= 4+3 \\ &= 7 \end{aligned}$$

과 같이 계산한다. 또

$$\begin{aligned} 50+90\div2-65 &= 50+(90\div2)-65 \\ &= 50+45-65 \\ &= (50+45)-65 \\ &= 95-65 \\ &= 30 \end{aligned}$$

과 같이 계산한다.

그러나 특별히 괄호 ( ), { }가 있는 경우에는 먼저 ( ), { }의 순으로 계산하기로 약속한다. 예를 들면

$$\begin{aligned} 100-\{8\times(4+5)\div3\} &= 100-\{8\times9\div3\} \\ &= 100-(8\times9)\div3 \\ &= 100-72\div3 \\ &= 100-24 \\ &= 76 \end{aligned}$$

과 같이 계산한다.

4.1.5 5학년

5학년에서는 곱셈과 나눗셈을 이용하여 배수와 약수의 개념을 학습한다. 어떤 수의 배가 되는 수를 **배수**(multiple)라 하고, 어떤 수를 나누어 떨어지게 하는 제수를 **약수**(divisor)라고 한다. 예를 들면 10은 5의 배수이며 3은 6의 약수이다. 배수와 약수는 타일 깔기(tesselation)와 같은 활동에도 이용된다. 예를 들면 정사각형 모양의 색종이 12장을 남김없이 사용하여 여러 가지 직사각형을

만들 때, 가로와 세로가

$$12\times1,\ 6\times2,\ 4\times3$$

이 되도록 나열하여야 한다. 이때 12의 약수가 무엇인지가 사용된다.

이제 배수와 약수와의 관계를 알아보자. 위의 예에서 12의 약수는 1, 2, 3, 4, 6, 12이다. 거꾸로 12는 1, 2, 3, 4, 6, 12의 배수가 된다. 또 짝수는 모두 2의 배수이다.

두 물건을 같도록 나누는 방법을 찾는 데에도 약수가 사용된다. 예를 들면 사과 8개와 귤 12개를 각 접시에 똑같이 나누려고 할 때 몇 개의 접시가 필요한지를 알아보기 위하여 다음과 같은 표를 만들어 보자(표에서 ×는 똑같이 나눌 수 없음을 뜻한다).

접시(개)	1	2	3	4	5	6	7	8	9	10	11	12
사과(개)	12	6	4	3	×	2	×	×	×	×	×	1
귤(개)	8	4	×	2	×	×	×	1	×	×	×	×

위의 표를 보면 사과와 귤을 똑같이 접시에 담을 수 있는 접시의 개수는

$$1,\ 2,\ 4$$

이다. 이는 12의 약수 1, 2, 3, 4, 6, 12와 8의 약수 1, 2, 4, 8 중에 공통적으로 들어가 있는 수들이다. 이와 같이 두 수의 공통인 약수를 **공약수**(common divisor)라고 한다.

12와 8의 공약수 중에서 가장 큰 공약수인 4가 두 물건을 같이 나눌 수 있는 최대의 접시의 수이다. 이와 같이 공약수 중에서 가장 큰 수가 무엇인지를 아는 것이 특히 중요하다. 공약수 중에서 가장 큰 공약수를 **최대공약수**(greatest common divisor)라고 한다.

두 수의 최대공약수를 구할 때, 위와 같이 두 수의 공약수를 구하고 그 중에서 가장 큰 수를 찾아 최대공약수를 구할 수 있다. 그러나 두 수를 각각 약수의 곱으로 표현하고 같은 수의 곱을 찾으면 최대공약수를 쉽게 찾을 수 있다. 예를 들면 12와 30의 최대공약수를 구하기 위하여, 두 수를 약수의 곱으로 각

각 나타내면

$$12 = 2\times2\times3, \quad 30 = 2\times3\times5$$

이므로, 이들에 공통적으로 들어가 있는 최대의 수는 $2\times3=6$이다. 이것이 바로 우리가 구하는 12와 30의 최대공약수이다.

두 수의 공약수를 아는 것도 중요하지만, 때로는 두 수의 배수 중에서 같이 들어가 있는 배수가 중요한 정보를 주는 경우도 있다. 예를 들면 '어느 버스 정류장에 한 버스는 2분마다 도착하고 다른 버스는 3분마다 도착한다고 할 때, 두 대가 동시에 도착하는 경우는 몇 분 만인가?'하는 것은 버스 정류장의 교통량을 계산하는 데 중요한 요소가 된다. 2의 배수와 3의 배수를 나열하면 아래 표와 같다.

2의 배수	2	4	6	8	10	12	14	16	18	…
3의 배수	3	6	9	12	15	18	21	24	27	…
배수가 겹치는 경우	6	12	18	…						

위의 표를 보면 동시에 2와 3의 배수가 되는 수는 6, 12, 18, …이 된다는 것을 알 수 있다. 그런데 6, 12, 18, …은 모두 6의 배수이다. 그러므로 매 6분마다 두 대의 버스가 같은 정류장에서 만난다는 것을 알 수 있다.

6, 12, 18, …등은 2의 배수이며 동시에 3의 배수이다. 이와 같이 두 수의 공통인 배수를 **공배수**(common multiple)라고 한다. 특히 공배수 중에서 가장 작은 공배수를 **최소공배수**(least common multiple)라고 한다. 예를 들면 2와 3의 최소공배수는 6이다. 최소공배수를 알면 나머지 공배수는 모두 최소공배수의 배수가 되므로 최소공배수를 구하는 것이 특히 중요하다.

두 수의 최소공배수는 앞에서와 같이 각각의 배수를 늘어놓고 그 중에서 가장 작은 배수를 찾으면 된다. 그러나 다음과 같이 두 수의 공약수를 이용하여 최소공배수를 구할 수 있다. 예를 들면 12와 30의 최소공배수를

$$12 = 2\times2\times3, \quad 30 = 2\times3\times5$$

를 이용하여

$$\begin{array}{r|rr} 2 & 12 & 30 \\ \hline 3 & 6 & 15 \\ \hline & 2 & 5 \end{array}$$

를 얻는다. 여기서 세로의 2와 3은 각각 12와 30의 공약수이고, 가로의 2와 5는 각각 12와 30을 공약수 6으로 나눈 몫이다. 이때 공약수 2와 3의 곱 6은 최대공약수가 되며, 최대공약수와 최대공약수로 나눈 각각의 몫 2와 5의 곱

$$6\times2\times5=60$$

이 최소공배수가 된다.

최소공배수를 이용하면 다음과 같은 문제를 풀 수 있다. 어떤 수를 4로 나누면 3이 남고, 6으로 나누어도 3이 남는 수 가운데서 가장 작은 수를 구하는 문제는, 어떤 수를 x라 할 때 $(x-3)$이 4와 6의 최소공배수를 구하는 문제와 같다. 그런데 4와 6의 최소공배수는 12이므로

$$x-3=12$$

따라서 구하는 수는 15이다.

4.2 곱셈과 나눗셈 교육

4.2.1 학교수학 되돌아보기

자연수의 덧셈과 뺄셈에서와 마찬가지로 자연수의 곱셈과 나눗셈도 학생들의 사고 수준에 맞추어 교육한다. 즉 간단한 것에서부터 복잡한 것으로, 나머지가 없는 것에서 나머지가 있는 나눗셈으로 발전시킨다.

곱셈의 경우

(1) (한 자릿수)×(한 자릿수)

(2) (10의 배수인 두 자릿수)×(한 자릿수)

(3) (두 자릿수)×(한 자릿수)
(4) (10의 배수인 두 자릿수)×(10의 배수인 두 자릿수)
(5) (두 자릿수)×(두 자릿수)
(6) (100의 배수인 세 자릿수)×(한 자릿수)
(7) (세 자릿수)×(한 자릿수)
(8) (세 자릿수)×(두 자릿수)
(9) (세 자릿수)×(세 자릿수)

의 순서를 따라, 곱셈을 전개해 나간다.

한편 나눗셈의 경우도

(1) 나머지가 없는 (한 자릿수)÷(한 자릿수)
(2) 나머지가 있는 (한 자릿수)÷(한 자릿수)
(3) 나머지가 없는 (10의 배수인 두 자릿수)÷(한 자릿수)
(4) 나머지가 없는 (두 자릿수)÷(한 자릿수)
(5) 나머지가 없는 (10의 배수인 두 자릿수)÷(10의 배수인 두 자릿수)
(6) 나머지가 있는 (두 자릿수)÷(두 자릿수)

와 같은 순서로 학습한다.

특히 곱셈과 나눗셈이 혼합되어 있는 계산식에서는 연산이 주어진 순서대로 계산하도록 지도한다.

4.2.2 곱셈의 교육

(1) 동수누가 모델

1학년에서는 같은 수를 여러 번 더하는 동수누가의 법칙이나 직사각형 모델을 이용하여 곱셈을 계산하는 것을 다룬다. 동수누가를 통하여 범자연수의 집합 위에서 곱셈을 정의할 수 있다. 즉

임의의 a와 0이 아닌 b에 대하여

$$a\times b=a+a+\cdots+a \quad (b\text{개 더하기})$$

$$a\times 1=a$$

$$a \times 0 = 0$$

과 같이 정의한다. 이 때 $a \times b$를 'a 곱하기 b'라 읽고, a와 b의 **곱**(product)이라 한다. 또 a와 b를 각각 $a \times b$의 **인수**(factor)라 한다.

위의 동수누가에 의한 곱셈의 정의에 의하면, 곱셈은 이항연산이다. 예를 들면

$$5 \times 2 = 5 + 5 = 10, \; 5 \times 3 = 5 + 5 + 5 = 10 + 5 = 15$$

이다. 그러나 동수누가의 입장에서 본다면 5×1은 5를 하나 더하기 때문에 이항연산이 아니다. 또 5×0도 5를 0번 더하는 것이므로 동수누가의 방법으로 정의할 수가 없다. 그렇기 때문에

$$a \times 1 = a, \; a \times 0 = 0$$

을 따로 정의해 줄 필요가 있다.

(2) 직사각형 모델

두 자연수 a, b의 곱 $a \times b$는 가로에 직사각형이 a개, 세로에 직사각형이 b개로 만들어진 직사각형의 개수를 세는 것과 같다.

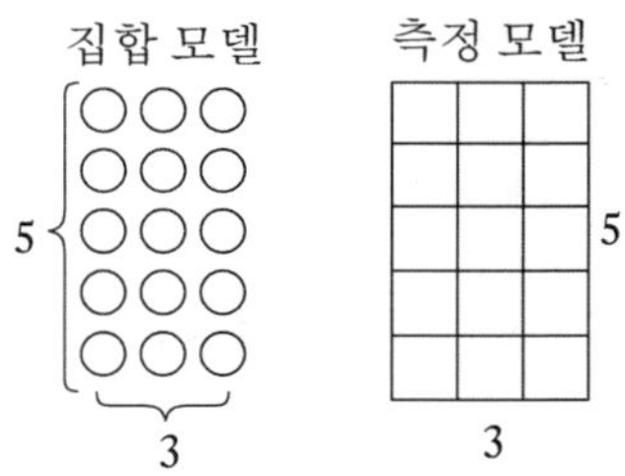

<그림 4.4>

직사각형을 돌려도 전체 직사각형의 개수에는 변함이 없다는 사실로부터, 곱셈에서 계산하는 순서를 바꾸어 계산한 결과를 통하여 곱셈에 대한 교환법칙이 성립한다는 것을 알 수 있다.

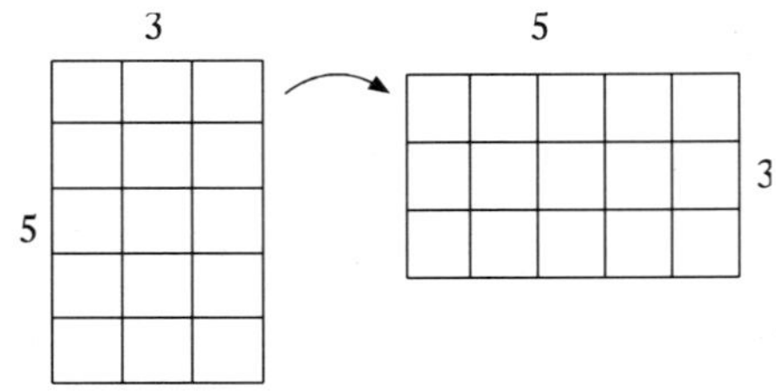

$5 \times 3 = 3 \times 5$

〈그림 4.5〉

(3) 순서쌍 모델

자연수 a, b에 대하여 $n(A)=a$, $n(B)=b$일 때,

$$a \times b = n(A \times B)$$

이다. 즉 $a \times b$는 집합 A, B로 만들어지는 모든 순서쌍의 개수와 같다. 예를 들면

$$A=\{a, b\},\ B=\{x, y, z\}$$

일 때, $A \times B$는

A \ B	x	y	z
a	(a, x)	(a, y)	(a, z)
b	(b, x)	(b, y)	(b, z)

이다. 따라서 $n(A \times B)=6$이다. 이것은 $2 \times 3 = n(A) \times (B)$와 같다.

(4) 수형도 모델

순서쌍의 개수를 다음과 같이 수형도를 이용하여 구할 수 있다.

즉 a, b 두 개에 대하여 각각 x, y, z의 3개가 짝지어지므로, 짝지을 수 있는

가짓수는

$$2\times3=6$$

이다.

(5) 곱셈에 대한 닫힘

두 자연수의 합은 항상 자연수인 것을 알고 있다. 이와 같이 범자연수의 곱의 결과는 언제나 범자연수이므로, 범자연수의 집합은 곱셈에 대해 닫혀 있다.

(6) 곱셈에 대한 결합법칙

곱셈에 대한 교환법칙의 결과를 이용하면, 범자연수의 곱셈에 대한 결합법칙이 성립함을 알 수 있다. 즉 범자연수 a, b, c에 대하여

$$a\times(b\times c)=(a\times b)\times c$$

가 성립한다. 이것을 다음과 같은 나무 쌓기 모델을 이용하여 설명할 수도 있다.

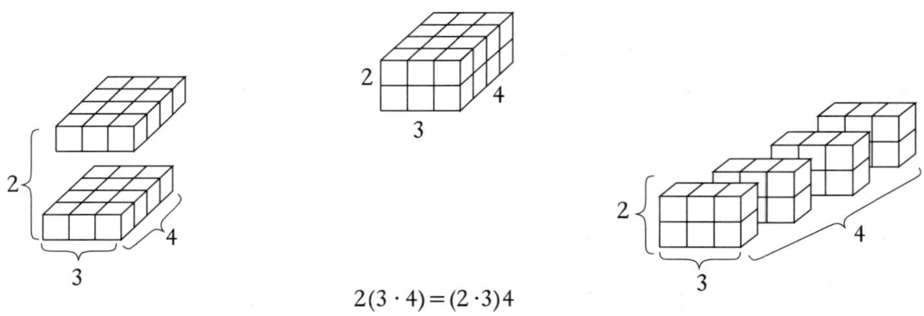

〈그림 4.6〉

(7) 곱셈에 대한 항등원

위의 곱셈에 대한 모델로부터, 모든 자연수 a에 1을 곱하면 그 값은 항상 a이다. 즉

$$a\times1=a$$

이다. 이때 1을 곱셈에 대한 항등원이라 한다.

1단과 0단의 구구셈에서 $1\times a$, $0\times a$의 형태는 동수누가로 정의되어 있기 때문에 별 어려움이 없다. 예를 들면

$$1\times 3=1+1+1=3$$
$$0\times 3=0+0+0=0$$

와 같이 동수누가로 지도한다.

그런데 $a\times 1$, $a\times 0$은 어떻게 지도하여야 할까? 예를 들어 3×0은 3을 더하는 것이 하나도 없기 때문에 $3\times 0=0$이라고 할 수도 있겠으나, 3을 0개 더한다는 말은 덧셈의 논리에 맞지 않는다. 따라서 이의 지도는 동수누가가 아닌 다른 방법을 택하여야 한다. 예를 들면 '과녁 맞추기에서 3점짜리 과녁을 한 번도 못 맞추면 3점짜리를 통해서 얻은 점수는 0점이 된다.'는 것을 통하여 $3\times 0=0$임을 알게 할 수 있다. 그러나 이것은 경험을 통해서 얻어지는 것이므로 수학적인 것은 아니다. 실제로 자연수 a와 1의 곱은 a이고, 자연수 a와 0의 곱은 0이라는 사실은 실수체계 속에서 다루어져야 한다. 즉 모든 범자연수 a에 대하여

$$a\times 0=0\times a=0$$

이 성립한다는 것도 실수체계 속에서 이해되어야 한다. 그러나 초등학교수학에서는 실수체계를 도입할 수 없으므로 경험적으로 이해하도록 한다.

(8) 분배법칙

자연수의 곱셈에 대한 교환법칙과 결합법칙과 아울러 자연수의 연산에 대한 중요한 성질이 있다. 덧셈과 곱셈의 혼합계산에서 덧셈을 먼저 한 다음 곱셈을 하는 것이 아니라 곱셈을 각각에 곱한 다음 덧셈을 한 결과가 같다는 것이다. 예를 들면

$$3\times(2+4)=3\times 2+3\times 4$$

이 성립함을 계산에 의하여 확인할 수 있다.

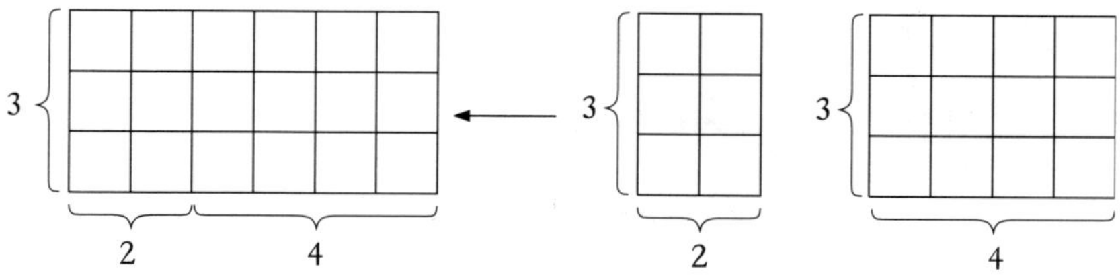

〈그림 4.7〉

일반적으로, 임의의 자연수 a, b, c에 대하여

$$a \times (b+c) = a \times b + a \times c$$

가 성립한다. 이러한 성질을 **분배법칙**(distributive law)이라 한다. 곱셈에 대한 교환법칙에 의하여

$$(b+c) \times a = b \times a + c \times a$$

가 성립한다.

또 두 범자연수 a, b 사이에는 크기 관계 $a<b$(또는 $a>b$)가 성립하고, 0이 아닌 범자연수 c에 대하여

$$ac<bc(\text{또는 } ac>bc)$$

가 성립한다. 한편, 범자연수 a, b, c에 대하여 $b-c$가 범자연수일 때

$$a(b-c)=ab-ac$$

가 성립하므로, 뺄셈 위에서의 곱셈의 분배법칙이 성립한다.

〈참고 4.2〉 우리는 학교수학에서 전통적으로 9단까지의 곱셈구구를 학습한다. 몇 해 전에 인도에서는 19단까지의 곱셈구구를 가르친다고 하여 사교육 시장이 법석을 떤 적도 있지만…. 2학년에서의 곱셈구구는 2단과 5단부터 시작을 한다. 이것은 우리 생활에서 다른 수의 곱셈보다 자주 나타나기도 하거니와 10의 배수를 만들기가 쉬운 이유도 있다. 같은 방법으로 3, 4, 6, 7, 8, 9단의 구구셈을 지도하면 된다.

4.2.3 나눗셈 교육

임의의 두 범자연수 a, $b(b\neq 0)$에 대하여

$$a=bq\text{이면 } a\div b=q$$

이다. 따라서 나눗셈은 곱셈의 역연산으로 정의되어진다. 이때 a를 피제수(dividend), b를 제수(divisor)라고 한다. 또 $a\div b$를

$$\frac{a}{b} \text{ 또는 } b|a$$

로 나타내기도 한다.

나눗셈의 정의에 의하여 피제수가 0인 경우 임의의 $b\neq 0$에 대하여

$$0=b\times 0$$

이므로, $0\div b=0$이다. 이제 제수가 0인 경우를 생각하여 보자.

(i) 피제수 $a\neq 0$인 경우
  만약 $a\div 0=q$라면, $a=0\times q$이므로 $a=0$이다. 그러나 이것은 $a\neq 0$이라는 데 모순이다. 그러므로 $a\div 0$의 값은 존재하지 않는다.

(ii) 피제수 $a=0$인 경우
  만약 $0\div 0=q$라면, $0=0\times q$이므로 이를 만족하는 q의 값은 무수히 많이 존재한다. 그런데 나눗셈에서 몫이 유일하게 존재하는 것을 염두에 둔다면, 몫이 존재하지 않거나 무수히 많이 존재하는 것은 의미가 없다. 이러한 이유에서 제수가 0인 경우에는 나눗셈을 정의하지 않기로 한다.

$17\div 3$의 몫이 5이고 나머지가 2인 것을 곱셈식으로 나타내면 $3\times 5+2=17$이다. 이와 같이 피제수를 a, 제수를 b, 몫을 q, 나머지를 r로 나타내면, 위의 식은

$$ab-r=q$$

즉

$$a=bq+r \quad (0\leq r<b)$$

와 같이 나타난다. 특히 $r=0$인 경우는 나누어 떨어지는(divisible) 경우와 같다. 이와 같은 나눗셈을 **나눗셈 알고리즘**(division algorithm)이라고 한다.

나눗셈 알고리즘에서 몫 q와 나머지 r의 유일성을 자연수의 정렬성으로부터 증명할 수 있다.

4.3 환과 배수와 약수

4.3.1 대수적 구조

자연수의 집합은 덧셈과 곱셈에 대하여 닫혀 있다. 이와 같이 두 이항연산이 정의되어 있는 집합의 대수적 구조를 생각해 볼 수 있다.

[정의 4.1] 공집합이 아닌 집합 R 위에 덧셈 $+$와 곱셈 $\cdot$이 정의되어 있다. 즉

$$\text{임의의 } a, b \in R\text{에 대하여 } a+b \in R,\ a \cdot b \in R$$

이고, 다음 성질을 만족할 때, $(R, +, \cdot)$을 **환**(ring)이라 한다.

(A1) $(a+b)+c=a+(b+c)$

(A2) $a+b=b+a$

(A3) 임의의 원소 $a \in R$에 대하여 $a+0=0+a$인 원소 $0 \in R$이 존재한다.

(A4) 임의의 각 원소 $a \in R$에 대하여 $a+(-a)=(-a)+a=0$인 원소 $-a \in R$이 존재한다.

(M1) $(a \cdot b) \cdot c=a \cdot (b \cdot c)$

(D) $a \cdot (b+c)=a \cdot b+a \cdot c$, $(a+b) \cdot c=a \cdot c+b \cdot c$

특히 환 $(R, +, \cdot)$이 곱셈에 대한 항등원 e를 가질 때, 즉 모든 $a \in R$에 대

하여

$$a \cdot e = e \cdot a = a$$

인 $e \in R$가 존재할 때, e를 R의 **단위원**(unity)이라고 한다. 이때 환(R, +, ·)을 단위원을 갖는 환이라고 한다. 단위원 e를 보통 1로 나타내며, 덧셈에 대한 항등원 0을 영원이라고 한다. 즉 환은 덧셈에 대하여 가환군을 이루고, 곱셈에 대하여 결합법칙과 분배법칙이 성립하는 대수적 구조를 가진다. 그런데 자연수의 집합은 덧셈에 대한 가환군이 아니므로 환이 아니다.

군에서와 같이 가환환을 다음과 같이 정의한다.

[정의 4.2] 환 (R, +, ·)에서 임의의 $a, b \in R$에 대하여

$$a \cdot b = b \cdot a$$

가 성립할 때, 이 환을 **가환환**(commutative ring)이라고 한다.

[정의 4.3] 환 (R, +, ·)에서 R의 원소의 개수를 **위수**(order)라고 하며, 위수가 유한인 것을 **유한환**(finite ring), 무한인 것을 **무한환**(infinite ring)이라고 한다.

예를 들어 정수, 유리수, 실수 전체의 집합을 각각 Z, Q, R이라고 할 때, 군 (Z, +, ·), (Q, +, ·), (R, +, ·)은 모두 단위원 1을 갖는 가환무한환이다. 그러나 (nZ, +, ·), $n>1$은 단위원을 가지지 않는 가환환이며, (Z_n, +, ·)은 단위원 1을 갖는 유한환이다.

다음의 정리는 환의 정의에 의하여 쉽게 증명할 수 있다.

[정리 4.1]

환 $(R, +, \cdot)$에 대하여 $a, b \in R$이면, 다음과 같은 성질이 성립한다.

(1) $a \cdot 0 = 0 \cdot a = 0$

(2) $a \cdot (-b) = (-a) \cdot b = -(a \cdot b)$

(3) R이 단위원 1을 가지면 $a \cdot (-1) = (-1) \cdot a = -a$

(4) $(-a) \cdot (-b) = a \cdot b$

(5) 임의의 $n \in Z$에 대하여 $n(a \cdot b) = (na) \cdot b = a \cdot (nb)$

[정의 4.4] 환 $(R, +, \cdot)$의 한 원소 $a \neq 0$에 대하여

$$ab = 0 \text{ 또는 } ba = 0$$

이 성립하는 원소 $b \neq 0$, $b \in R$가 존재할 때, a를 **영인자**(zero divisor)라고 한다.

예를 들면 $(Z, +, \cdot)$, $(Q, +, \cdot)$, $(R, +, \cdot)$, $(nZ, +, \cdot)$은 모두 영인자를 가지지 않는 환이다. 그러나 $(Z_n, \oplus, \odot)$, $n > 1$이 영인자를 가지지 않는 환인 경우는 n이 소수인 경우이다.

[정의 4.5] $(R, +, \cdot)$이 영인자를 가지지 않고 단위원을 가지는 가환환일 때, 이 환을 **정역**(integral domain)이라고 한다.

예를 들어 $(Z, +, \cdot)$, $(Q, +, \cdot)$, $(R, +, \cdot)$은 모두 정역이며, n이 소수일 때 $(Z_n, \oplus, \odot)$은 정역이다.

정역에 대하여는 다음의 동치관계가 성립한다.

[정리 4.2]

$(R, +, \cdot)$이 단위원을 가지는 가환환일 때, 다음의 동치관계가 성립한다.

(1) R은 정역이다.

(2) 임의의 $a, b, c \in R$에 대하여

$$ab=ac,\ a\neq 0\text{이면 } b=c$$

(3) $a, b \in R$ 에 대하여 $ab=0$이면 $a=0$ 또는 $b=0$이다.

(4) $R-\{0\}$은 곱셈에 대하여 닫혀있다.

군에서와 같이, 부분환을 다음과 같이 정의한다.

[정의 4.6] 환 $(R, +, \cdot)$에 대하여 $S\subset R$이라 하자. 이때 S가 R 위의 연산 $+$와 $\cdot$에 대하여 환을 이룰 때, $(S, +, \cdot)$을 $(R, +, \cdot)$의 **부분환(subring)**이라고 한다.

[정리 4.3]

환 $(R, +, \cdot)$에 대하여 $S(\neq\varnothing)$가 R의 부분집합이라 하자. 이 때 S가 R의 부분환일 필요충분조건은 다음과 같다.

(1) $(S, +)$은 $(R, +)$의 부분군이다. 즉 $a, b\in S$이면 $a-b\in S$이다.

(2) $a, b\in S$이면 $ab\in S$이다.

[정의 4.7] 환 $(R, +, \cdot)$에 대하여, R의 부분집합 $I(\neq\varnothing)$가 다음 조건을 만족할 때, I를 R의 **이데알(ideal)**이라고 한다.

(1) $(I, +)$은 $(R, +)$의 부분군이다. 즉 $a, b\in I$이면 $a-b\in I$이다.

(2) $a\in I$, $r\in R$이면 $ra\in I$, $ar\in I$이다.

위의 정의에 의하면 이데알은 항상 부분환이며, 위의 조건 (2)를 만족하는 부분환은 항상 이데알이 된다. 환 $(Z, +, \cdot)$의 이데알은 모두 nZ의 꼴로 나타내어진다. 실제로 I를 Z의 이데알이라 하면, $(I, +)$은 $(Z, +)$의 부분군이므로 적당한 자연수 $n \geq 0$에 대하여 $I = nZ$이어야 한다. 또 임의의 $a \in Z$에 대하여

$$a(nx) = (nx)a = n(xa) \in nZ$$

이다. 따라서 nZ는 Z의 이데알이다.

군에 대하여 잉여군 또는 상군을 정의한 것과 같이, 환에 대하여도 잉여환 또는 상환을 생각할 수 있다. I를 R의 이데알이라고 하면 $(I, +)$는 $(R, +)$의 정규부분군이므로, $(I, +)$에 대한 $(R, +)$의 잉여군 $(R/I, +)$을 얻을 수 있다. 이 때, $a \in R$를 대표로 하는 I의 잉여류는

$$a + I = \{a + i \mid i \in I\}$$

이고,

$$R/I = \{a + I \mid a \in R\}$$

이다.

[정의 4.8] 환 $(R, +, \cdot)$의 이데알을 I라고 하자. 집합 R/I 위에 덧셈과 곱셈을

$$(a+I) + (b+I) = (a+b) + I,$$
$$(a+I) \cdot (b+I) = (ab) + I$$

와 같이 정의하면, $(R/I, +, \cdot)$은 환이 된다. 이 환을 이데알 I에 관한 R의 잉여환(residue class ring) 또는 상환(quotient ring)이라고 한다.

정수환 $(Z, +, \cdot)$의 이데알은 모두 nZ의 꼴로 나타내어지므로, 이데알 nZ에 관한 Z의 잉여환은

$$Z/nZ=\{0+nZ,\ 1+nZ,\ \cdots,\ (n-1)+nZ\}$$

와 같이 나타난다.

이제 두 환 사이의 구조를 비교해 보자.

[정의 4.9] 두 환 $(R,\ +,\ \cdot)$와 $(R',\ +,\ \cdot)$에 대하여 함수 $f: R \to R'$이 임의의 $a,\ b \in R$에 대하여

$$f(a+b)=f(a)+f(b),\quad f(ab)=f(a)f(b)$$

이 성립할 때, f를 **준동형사상**(homomorphism)이라고 한다. 특히 f가 전단사인 준동형사상이면 f를 **동형사상**(isomorphism)이라 하고, G와 G'은 **동형**(isomorphic)이라고 한다.

예를 들면 두 Z/nZ와 Z_n은 환 동형이다.

[정리 4.4]

$f: R \to R'$을 환 준동형사상이라 하고 $a \in R$이라 할 때, 다음 성질이 성립한다.

(1) $f(0)=0$

(2) $f(-a)=-f(a)$

(3) 모든 $n \in Z$에 대하여 $f(na)=nf(a)$

[정의 4.10] $f: R \to R'$을 환 준동형사상이라 할 때

$$\text{Ker } f=\{x \in R \mid f(x)=0\}$$

을 f의 **핵**(kernel)이라고 한다.

[정리 4.5]

$f: R \rightarrow R'$을 환 준동형사상이라 하면, 다음이 성립한다.

(1) $\text{Im}\, f$는 R'의 부분환이다.

(2) $\text{Ker}\, f$는 R의 이데알이다.

(3) f가 단사이기 위한 필요충분조건은 $\text{Ker}\, f = \{0\}$이다.

(4) $f(a) = f(b) \Leftrightarrow a + \text{Ker}\, f = b + \text{Ker}\, f \Leftrightarrow a, b \in \text{Ker}\, f$

위의 정리에 따르면 $\text{Ker}\, f = \{e\}$이면, G와 $f(G) = \text{Im}\, f$는 서로 동형임을 쉽게 보일 수 있다.

[정리 4.6]

I를 R의 이데알이라고 할 때,

$$\pi: R \rightarrow R/I,\ \pi(a) = a + I$$

로 정의하면, π는 전사인 준동형사상이고,

$$\text{Ker}\, \pi = I,\ \text{Im}\, f = R/I$$

이다.

이때 π를 **표준동형사상**(cannonical homomorphism) 또는 **자연동형사상**(natural homomorphism)이라고 한다.

일반적으로 다음의 동형정리가 성립한다.

[정리 4.7]

두 환 R, R'에 대하여 $f: R \rightarrow R'$가 준동형사상, $\pi: R \rightarrow R/\text{Ker}\, f$을 표준동형사상이라 하면, $f = \phi \circ \pi$인 동형사상

$$\phi: G/\text{Ker}\, f \rightarrow \text{Im}\, f$$

가 존재한다.

증명 $I=\text{Ker}\, f$라 하고 $\phi : R/I \to \text{Im}\, f$를

$$\phi(a+I)=f(a),\quad a\in G$$

로 정의하자. 그러면 ϕ는 군 $(R/I,\ +)$에서 군 $(\text{Im}\, f,\ +)$ 위로의 군 동형사상이다. 또

$$\begin{aligned}\phi((a+I)(b+I)) &= \phi(ab+I)\\ &= f(ab)\\ &= f(a)f(b)\\ &= \phi(a+I)\phi(b+I)\end{aligned}$$

이다. 따라서 ϕ는 환 R/I에서 환 $\text{Im}\, f$ 위로의 동형사상이다. 한편 임의의 $a\in G$에 대하여

$$(\phi\circ\pi)(a)=\phi(\pi(a))=\phi(a+I)=f(a)$$

이므로 $\phi\circ\pi=f$이다. ■

4.3.2 거듭제곱의 성질

곱셈이 덧셈에 대한 간단한 표현인 것과 마찬가지로 거듭제곱은 곱에 대한 간단한 표현이다. 예를 들면

$$3\times3\times3\times3$$

은 3을 네 번 곱하라는 것이다. 이것을 간단히 3^4로 나타낸다. 일반적으로 자연수 $a,\ n(n\neq0)$에 대하여

$$a^n=a\times a\times\cdots\times a$$

이다. 이 때 n을 지수(exponent) 또는 멱(power), a를 밑(base)이라고 하며, a^n을 밑 a의 n제곱이라고 읽는다.

이와 같이 지수를 정의하면

$$2^3\times2^4=(2\times2\times2)\times(2\times2\times2\times2)=2^7=2^{3+4}$$

이다. 일반적으로 자연수 $a,\ m(m\neq0),\ n(n\neq0)$에 대하여

$$a^m \times a^n = a^{m+n}$$

이 된다.

한편 밑이 다르나 지수가 같은 두 수의 곱

$$2^3 \times 5^3 = (2\times2\times2)\times(5\times5\times5) = (2\times5)\times(2\times5)\times(2\times5) = (2\times5)^3$$

이다. 일반적으로 자연수 a, b, $m(m\neq0)$에 대하여

$$a^m \times b^m = (a\times b)^m$$

이 성립한다. 또

$$(5^3)^2 = (5^3)\times(5^3) = 5^6 = 5^{3\times2}$$

이다. 일반적으로 자연수 a, $m(m\neq0)$, $n(n\neq0)$에 대하여

$$(a^m)^n = (a^m)\times(a^m)\times\cdots\times(a^m) = a^{m+m+\cdots+m} = a^{mn}$$

이 성립한다.

〈참고 4.3〉 $5^4=(2+3)^4=2^4+3^4$은 학생들이 자주 범하는 오류이다. 또 위의 지수에 관한 성질은 $(Z, +, \cdot)$이 가환환임을 생각하면, 환에서의 연산에 대한 정의와 표현방법으로부터 간단히 유추해 낼 수 있다. 그러나 학교수학에서는 대수적 구조를 학습하지 않았으므로 직관적으로 이해하도록 하여야 할 것이다.

한편 거듭제곱의 정의에 의하여 $5^7=5^3\times5^4$이므로, $5^7\div5^4=5^3$이다. 즉

$$5^7 \div 5^4 = 5^3 = 5^{7-4}$$

이다. 일반적으로 자연수 a, m, $n(m>n,\ n\neq0)$에 대하여

$$a^m \div a^n = a^{m-n}$$

이 성립한다. 그런데 아직까지 자연수 a에 대하여 a^0는 정의하지 않았다. 이제 다음 나눗셈의 패턴을 생각해 보자.

$$a^3 = a \times a \times a \times a$$

$$a^2 = a \times a$$

$$a^1 = a$$

$$a^0 = 1$$

위와 같은 나눗셈의 패턴으로 보아, 자연수 a에 대하여

$$a^0 = 1$$

로 정의하는 것이 자연스럽다.

〈참고 4.4〉 0^0은 정의하지 않는다.

4.3.3 배수와 약수

나눗셈에서의 중요한 개념은 어떤 수가 다른 수로 나누어지느냐 하는 것이다. 즉 어떤 수는 다른 수의 곱으로 이루어져 있느냐 하는 것이다. 여기서는 이러한 개념을 가지고 있는 소수와 합성수에 대하여 알아본다.

> [정의 4.11] 서로 다른 두 자연수만을 인수로 갖는 자연수를 **소수**(prime number)라고 하고, 두 개보다 많은 인수를 가지는 자연수를 **합성수**(composite number)라고 한다.

예를 들면 2, 3, 5, 7, 11은 자기 자신과 1만을 인수로 가지므로 소수이고, 4, 6, 8, 10은 세 개 이상의 인수를 가지므로 합성수이다. 특히 1은 자기 자신만을 인수로 가지므로 소수도 아니고 합성수도 아니다.

그러면 주어진 자연수가 소수인지 아닌지를 어떻게 알 수 있을까? 소수를 판별하는 한 가지 방법은 **에라토스테네스의 체**(sieve of Eratosthenes)이다. 이것은 소수인 2에 동그라미를 치고 체를 이용하여 필요 없는 곡식을 걸러내듯 2의 배수를 모두 걸러낸다. 다음으로 소수 3에 동그라미를 치고 3의 배수를 모두 걸

러낸다. 이와 같은 방법으로 소수를 찾는 것을 에라토스테네스의 체라고 한다.

나눗셈 $15 \div 3$와 같이 나머지가 0인 경우, 15는 3으로 나누어진다 또는 3은 15를 나눈다고 하였다. 일반적으로 임의의 자연수 $a(a \neq 0)$, b에 대하여 $ax=b$인 자연수 x가 존재할 때, a는 b를 나눈다 하고

$$a|b$$

로 나타낸다. 이때 a는 b의 약수(divisor), b를 a의 배수(multiple)라고 한다.

주어진 자연수가 어떤 수로 나누어 떨어지는지를 어떻게 쉽게 알 수 있을까? $3|27$, $3|9$이므로, $3|(27+9)$, $3|(27-3)$이다. 이와 같은 성질을 일반화하면 다음과 같다.

[정리 4.8]

임의의 자연수 $a(a \neq 0)$, m, n에 대하여

(1) $a|m$, $a|n$이면, $a|(m+n)$이다.

(2) $a|m$, $a|n$이면, $m \geq n$인 경우 $a|(m-n)$이다.

위의 성질을 이용하면 어떤 수가 2, 5, 10으로 나누어지는지를 쉽게 알 수 있다. 즉

(1) 일자리의 수가 0, 2, 4, 6, 8인 수는 2로 나누어진다.

(2) 일자리의 수가 0, 5인 수는 5로 나누어진다.

(3) 일자리의 수가 0인 수는 10으로 나누어진다.

예를 들면 세 자릿수 $r=a \times 10^2+b \times 10+c$가 2로 나누어지는지를 알아보자. 먼저 $2|10$, $2|10^2$이므로 $2|r$이 되기 위하여 $a|c$이면 된다. 따라서 일의 자리가 2로 나누어지면 그 자연수 r은 2로 나누어진다.

이와 같은 방법으로 (2), (3)이 성립함을 알아볼 수 있다.

더욱이 같은 방법으로

(4) 두 끝자리의 수의 합이 4의 배수이면 4로 나누어진다.

(5) 세 끝자리의 합이 8의 배수이면 8로 나누어진다.

다음은 3과 9로 나누어지는 수를 판별하는 방법이다.

(6) 모든 자릿수의 합이 3으로 나누어지면 그 수는 3으로 나누어진다.

(7) 모든 자릿수의 합이 9로 나누어지면 그 수는 9로 나누어진다.

예를 들어 세 자릿수 $r=a\times 10^2+b\times 10+c$가 3으로 나누어지는 경우에 대하여 알아보자. 주어진 수 r을 다시 나타내면

$$\begin{aligned} r &= a\times(99+1)+b\times(9+1)+c \\ &= a\times 99+a\times 1+b\times 9+b\times 1+c \\ &= (a\times 99+b)\times 9+a+b+c \end{aligned}$$

그런데 $3|9$이므로 r이 3으로 나누어지기 위해서는 $3|(a+b+c)$이어야 한다. 9로 나누어지는지를 판별하는 것도 같은 방법으로 증명한다.

6으로 나누어지는 수는 2와 3으로도 나누어진다. 이와 같은 생각을 일반화하면 다음과 같다. 즉 어떤 수가 0이 아닌 두 수 a, b의 곱으로 나누어지면, 두 수 a, b의 공약수가 1뿐인 경우 그 수는 a, b로 각각 나누어진다.

예를 들면 $36=4\times 9$이고 4와 9의 공약수는 1이므로 $4|36$, $9|36$이다. 그러나 4와 6의 공약수는 2이며 $4|36$, $6|26$이지만 24는 36을 나누지 않는다.

나눗셈은 어떤 수가 소수인지 아닌지를 판별하는데 도움이 된다. 예를 들어 137이 소수인지 아닌지를 알아보자. 먼저 137은 2, 3, 5로 나누어지지 않는다는 것은 위의 (1)–(6)의 판별법에 의하여 쉽게 알 수 있다. 따라서 7, 11, 13…으로 나누어지는지를 확인하면 된다.

$7\times 19<137$이고 $7\times 20>137$이므로 7은 137을 나누지 않는다.

$11\times 13<137$이고 $11\times 13>137$이므로 7은 137을 나누지 않는다.

$13\times 10<137$이고 $13\times 11>137$이므로 7은 137을 나누지 않는다.

$17\times 8<137$이고 $17\times 9>137$이므로 7은 137을 나누지 않는다.

위에서 첫 번째 열은 증가하고 두 번째 열은 감소하고 11과 13이 교차한다. 그런데 11과 13 사이에는 137의 약수가 없으므로 137은 소수이다.

앞의 예에서 알 수 있듯이 자연수 n이 소수인지를 확인하기 위해서는 $p^2 < n$인 소수 p에 대하여 n의 약수인지를 확인하면 된다.

가끔은 어떤 자연수의 약수가 몇 개인지가 유용하게 쓰일 때가 있다. 자연수의 약수의 개수를 세는 방법을 알아보자.

예를 들어 $16 = 2^4$이므로 16의 약수는 1, 2, 2^2, 2^3, 2^4의 5가지로 지수에 1을 더한 값과 같다. 또 $12 = 2^2 \times 3^1$이므로 12의 약수는 두 개의 2와 한 개의 3의 곱으로 이루어진다. 따라서 이들을 표로 만들면 다음과 같다.

2의 지수	3의 지수	약수
0	0	$2^0 \times 3^0 = 1$
1	0	$2^1 \times 3^0 = 2$
2	0	$2^2 \times 3^0 = 4$
0	1	$2^0 \times 3^1 = 3$
1	1	$2^1 \times 3^1 = 6$
2	1	$2^2 \times 3^1 = 12$

그러므로 12의 약수는 1, 2, 3, 4, 6, 12의 6가지이다. 이것은 각각의 지수에 1을 더하여 곱한 값과 같다.

일반적으로 자연수 n이 서로 다른 소수의 멱의 곱으로 나타날 때, 즉 $n = p_1^{n_1} \times p_2^{n_2} \times \cdots \times p_m^{n_m}$으로 나타날 때, n의 약수의 개수는 $(n_1 \times n_2 \times \cdots \times n_m)$이다.

최대공약수의 개념은 분수를 간단히 나타낼 때 자주 쓰이는 개념이다.

[정의 4.12] 0이 아닌 두 자연수의 **최대공약수**(greatest common divisor 또는 greatest common factor)란 두 수에 공통적으로 들어가 있는 약수 중에서 가장 큰 약수를 말한다.

예를 들어 24와 36의 최대약수를 구하여 보자.

(1) $24 = 2^3 \times 3$이므로 24의 약수의 집합은 {1, 2, 3, 4, 6, 8, 12, 24}이고, $36 = 2^2 \times 3^2$이므로 36의 약수의 집합은 {1, 2, 3, 4, 6, 9, 12, 18, 36}이다.

(2) 이들 두 집합의 교집합을 구하면 {1, 2, 3, 4, 6, 12}이고 이들 원소가 24와 36의 공약수이다.

(3) 공약수 중에서 가장 큰 수는 12이므로, 12가 24와 36의 최대공약수이다.

위와 같이 24와 36의 최대공약수를 집합을 이용하여 구할 수 있다. 그러나 $24=2^3\times3$, $36=2^2\times3^2$이므로 24와 36의 공약수는 $2^m\times3^n$ 꼴이다. 따라서 $2^m\times3^n$ 꼴의 공약수 중에서 가장 큰 최대공약수는 24와 36의 지수가 가장 적은 것이다. 즉 24와 36의 최대공약수는 $2^2\times3^1$이다.

최대공약수가 분수를 간단하게 나타내는데 유용하게 쓰인다면, 최소공배수는 분수의 덧셈이나 뺄셈을 하는 데 아주 유용하게 쓰이는 개념이다.

[정의 4.13] 0이 아닌 두 자연수의 **최소공배수**(least common multiple)는 두 수의 배수 중 가장 작은 배수를 말한다.

최소공배수를 구하는 방법도 최대공약수를 구하는 방법과 마찬가지로 집합과 지수를 이용하는 방법이 있다. 예를 들면 24와 36의 최소공배수를 구하여 보자. 24의 배수의 집합은 {24, 48, 72, 96, 120, 144, ⋯}이고 36의 배수의 집합은 {36, 72, 144, ⋯}이므로 24와 36의 공배수의 집합은 {72, 144, ⋯}이다. 그런데 공배수의 집합의 최소 원소는 72이므로 24와 36의 최소공배수는 72이다. 한편 $24=2^3\times3$이고 $36=2^2\times3^2$이므로 공배수는 $2^r\times3^s$의 꼴이다. 그런데 최소공배수는 r은 2의 지수의 큰 값이고 s는 3의 지수의 큰 값이어야 한다. 따라서 24와 36의 최소공배수는 $2^3\times3^2=72$이다.

한편 최대공약수와 최소공배수 사이에는 중요한 관계가 있다. 앞에서 알아본 것과 같이 24와 36의 최대공약수는 12이고 최소공배수는 72이었다. 따라서

$$24\times36=12\times72$$

가 성립한다.

일반적으로 두 자연수 a, b의 최대공약수를 d, 최소공배수를 L이라 하면

$$a\times b=d\times L$$

이 성립한다.

두 자연수의 최대공약수와 최소공배수를 구하는 데 자연수를 서로 다른 소수의 곱으로 나타내어 지수를 이용하는 방법을 이용하였다. 그런데 수를 자연소수의 곱으로 나타내는 방법은 몇 가지나 될까? 자연수를 서로 다른 소수의 곱으로 나타내는 방법은 순서를 무시하면 유일한데, 이의 증명은 다음의 자연수의 정렬성에 기인한다.

자연수의 정렬성(well-ordering principle) 범자연수 전체의 집합 N의 부분집합 $S(S\neq\varnothing)$는 최소의 원소를 가진다. 즉

$\varnothing\neq S\subset N$일 때, 모든 $s\in S$에 대하여 $l\leq s$인 원소 $l\in S$가 존재한다.

실제로 자연수의 집합이 덧셈과 곱셈에 대하여 닫혀 있고 자연수의 순서를 인정하면, 자연수의 정렬성과 수학적 귀납법은 동치이다. 자연수의 정렬성을 이용하여 다음 정리를 증명할 수 있다.

[정리 4.9]

1보다 큰 모든 자연수는 소인수(소수인 인수)를 가진다.

증명 정수 n의 1보다 큰 약수의 집합을 S라 하면, $n\in S$이므로 S는 공집합이 아니다. 따라서 자연수의 정렬성에 의하여 S는 최소의 원소 p를 가진다. 그런데 p의 약수는 모두 n의 약수이므로, p의 최소성에 의하여 p는 소수이어야만 한다. 즉 p는 n의 소인수이다. ■

이제 소수의 개수에 대하여 알아보자.

[정리 4.10]

소수는 무한히 많이 존재한다.

증명 유한개의 소수 p_1, p_2, $\cdots$, p_n 만이 존재한다고 가정하고

$$N=p_1p_2\cdots p_n+1$$

이라 하자. 그러면 정리 4.9에 의하여 N은 소인수 p를 가진다. 그런데 가정에 의하여 소수는 p_1, p_2, $\cdots$, p_n뿐이므로 p는 p_1, p_2, $\cdots$, p_n 중의 어느 하나이어야 한다. 예를 들어 $p=p_i$라고 하면

$$p_i | (N-p_1 p_2 \cdots p_n) \text{ 즉 } p_i | 1$$

이다. 이것은 p_i가 소수라는 데에 모순이다. 그러므로 소수는 무한히 많이 존재한다. ■

이제 자연수가 소수의 곱으로 유일하게 나타난다는 **정수론의 기본정리**(Fundamental Theorem of Number Theory)를 알아보자. 정수론의 기본정리를 유일인수분해 정리(Unique Factorization Theorem)라고도 한다.

[정리 4.11 (정수론의 기본정리)]

임의의 자연수 n에 대하여

(1) n은 유한개의 소수 p_1, p_2, $\cdots$, p_k의 곱 $n=p_1 \times p_2 \times \cdots \times p_k$로 소인수분해된다.

(2) 소인수분해는 하나뿐이다.

증명 (1) 소인수분해의 존재성

소인수분해 되지 않는 자연수는 없다는 것을 보이자. 즉 집합

$$S=\{a \in N | a\text{는 소인수분해 되지 않는 자연수}\}$$

라고 하고 $S=\varnothing$임을 보이자.

$S \neq \varnothing$이라고 가정하면, 자연수의 정렬성에 의하여 S에 최소 원소 m이 존재한다. 한편 $m \in S$이므로 m은 소수가 아니다. 따라서 m은 합성수이다. 즉

$$m=de, \ 1<d<m, \ 1<e<m$$

인 두 자연수 d, e가 존재한다.

그런데 m은 S의 최소 원소이므로 $d \notin S$, $e \notin S$이다. 따라서

$$d=p_1 \times p_2 \times \cdots \times p_k, \ e=q_1 \times q_2 \times \cdots \times q_l$$

과 같이 d, e는 소수의 곱으로 나타난다. 이 사실은 m이

$$m = p_1 \times p_2 \times \cdots \times p_k \times q_1 \times q_2 \times \cdots \times q_l$$

이 되어, m이 소인수분해 되지 않는다는 가정에 모순이 된다. 그러므로 $S = \varnothing$이다.

(2) 소인수분해의 유일성
자연수 n이 유일하게 소인수분해 된다는 것을 수학적 귀납법을 이용하여 증명하자.

(i) $n=2$인 경우는 당연히 한 가지 방법으로 소인수분해 된다.

(ii) $2 \leq k < n$인 모든 자연수 k에 대하여 유일하게 소인수분해 된다고 가정하자.

(iii) 이제

$$n = p_1 \times p_2 \times \cdots \times p_s, \quad n = q_1 \times q_2 \times \cdots \times q_t$$

라고 가정하자. 여기서 p와 q는 모두 소수이다.
먼저 $s=1$이면, n은 소수이고

$$p_1 = q_1 \times q_2 \times \cdots \times q_t$$

이므로 $t=1, p_1 = q_1$이다.
이제 $s>1$이라고 하자. n의 정의에 따라 $p_1 | q_1 \times q_2 \times \cdots \times q_t$이므로 $p_1 | q_i$인 q_i가 존재한다. 그런데 q_i는 소수이므로 $p_1 = q_i$이다. 그러므로 $q_1 \times q_2 \times \cdots \times q_t$를 적당히 재배열하여 $i=1$로 놓으면

$$p_1 = q_1, \quad n = p_1 \times p_2 \times \cdots \times p_s = q_1 \times q_2 \times \cdots \times q_t$$

이다. 따라서

$$p_2 \times \cdots \times p_s = q_2 \times \cdots \times q_t$$

가 된다. 그런데 $2 \leq p_2 \times \cdots \times p_s < n$이므로 귀납법의 가정에 의하여 $s-1 = t-1$ 즉 $s=t$이고, $p_2 \times \cdots \times p_s$와 $q_2 \times \cdots q_t$의 순서를 적당히 재배열하면

$$p_2 = q_2, \quad p_3 = q_3, \quad \cdots, \quad p_s = q_t$$

를 얻는다. ■

나눗셈 알고리즘에서 몫과 나머지의 유일성을 증명해 보자.

[정리 4.12]

자연수 a, b에 대하여

$$a = bq + r \qquad (0 \leq r < b)$$

인 범자연수 q와 r은 유일하게 존재한다.

증명 (1) 존재성

집합 $T = \{a - bx \mid x \in N\}$이라 하고, 집합 S를 T에 속하는 음이 아닌 정수 전체의 집합이라 하자. 이때,

$$a - b(-a) = a + ab \geq a + a \geq 0$$

이므로, $a - b(-a) \in S$이다. 따라서 $S \neq \varnothing$이다.

(i) $0 \in S$이면 0은 S의 최소원이다.

(ii) $0 \notin S$이면 $S \subset N$이므로, 자연수의 정렬성에 의하여 최소의 원소를 가진다.

따라서 어느 경우에나 S는 최소의 원소 r을 가진다. 즉

$$a - bh = r, \ r \geq 0$$

인 자연수 h가 존재한다.

여기서 $0 \leq r < b$이다. 만약 $r \geq b$라고 가정하고 $c = r - b$로 놓으면

$$r > c \geq 0, \ c = a - bh - b = a - b(h+1) \in S$$

가 되어, r이 최소원이라는 데에 모순이 생긴다. 이제 $q = h$로 놓으면

$$a = bq + r, \ 0 \leq r < b$$

이다.

(2) 유일성

만약

$$a=bq+r=bq'+r', \quad 0\le r,\ r'<b$$

라고 가정하면,

$$b(q-q')=r'-r, \quad -b<r'-r<b$$

이므로

$$-b<b(q-q')<b \text{ 즉 } -1<q-q'<1$$

이다. 따라서

$$q-q'=0$$

이므로

$$q=q', \ r=r'$$

이다. ■

5학년에서 다룬 '어떤 수를 4로 나누면 3이 남고, 6으로 나누어도 3이 남는 수 가운데서 가장 작은 수는 무엇인가?' 하는 문제는, 어떤 수를 x라 할 때 $(x-3)$이 4와 6의 최소공배수가 되도록 x의 값을 구하는 문제와 같다. 그런데 4와 6의 최소공배수는 12이므로

$$x-3=12$$

따라서 구하는 수는 15이다.

이와 같은 문제를 좀더 일반화하여, 자연수 x를 3으로 나누면 2가 남고, 5로 나누면 1이 남는 수를 구하는 문제는 경시대회 문제로 자주 출제되는 문제이다. 그런데 이러한 정수 전체를 구하려면

$$x\equiv 2 \pmod 3, \quad x\equiv 1 \pmod 5$$

을 동시에 만족시키는 해를 구하여야 한다. 이와 같은 문제는 달력의 계산에서도 나타나며 이미 5세기에 중국과 인도에서 나타난다고 되어 있다. 이에 대한 근대적 풀이 방법은 독일의 수학자 Gauss(1801)에 의해 이루어졌으나, 이미 13세기의 중국의 〈구장산술〉에 실려 있다. 그래서 이에 대한 풀이 방법을 **중국인의 나머지 정리**(Chinese remainder theorem)라고 한다.

[정리 4.13 (중국인의 나머지 정리)]

양의 정수 $m_1, m_2, \cdots, m_n (n \geq 2)$이 서로 소라 하자.

(1) 임의의 정수 x에 대하여 x를 $m_1, m_2, \cdots, m_n$으로 나누었을 때의 나머지를 각각 $r_1, r_2, \cdots, r_n$이라 하면

$$x \equiv r_1 \pmod{m_1}, \ \cdots, \ x \equiv r_n \pmod{m_n}$$

(2) 임의의 정수 $a_1, a_2, \cdots, a_n$에 대하여 연립방정식

$$x \equiv a_1 \pmod{m_1}$$
$$\cdots\cdots\cdots\cdots\cdots\cdots$$
$$x \equiv a_n \pmod{m_n}$$

은 법 $m_1, m_2, \cdots, m_n$에 대하여 단 한 개의 해를 갖는다.

4.4 곱셈 기호와 나눗셈 기호

9세기의 인도에서는 3과 (4+5)의 곱을 그냥 순서대로 곱하는 뜻으로 3(4+5)로 표기하였으며, 곱셈기호 ×은 17세기 전반 Oughtred의 〈Clavis Mathematicae〉에 나타나기 시작한다. 그런데 1698년 Leibniz는 곱셈기호 ×와 x의 혼돈을 방지하기 위하여 곱셈기호 × 대신에 ·을 사용할 것을 제안하였으며, 그 이후 유럽에서 널리 사용되게 되었다.

현재는 계산기나 컴퓨터 프로그램 언어에서는 곱셈기호로 *를 사용하기도 한다. 예를 들면 3과 4의 곱을 3*4로 나타낸다.

나눗셈 기호도 곱셈의 기호와 같이 다양한데, 예를 들어 5를 8로 나누는 것을

$$5 \div 8, \ 5/8, \ \frac{5}{8}, \ 5 : 8$$

로 나타낸다. 현재의 나눗셈 기호 ÷은 17세기, 18세기까지, 심지어 독일에서는 19세기 초까지, 뺄셈의 기호로 널리 사용되었다.

나눗셈 기호로서의 ÷은 17세기 스위스의 Johann Rahn의 대수학 책 〈Teutche Algebra〉에 처음으로 등장하고, 이 책이 영국에서 번역되어 영국, 미국 등 영어권에서 널리 사용되었다. 그러나 유럽에서는 1684년 Leibniz가 나눗셈 기호로 :를 도입한 이래 나눗셈 기호로 :를 사용하였다. 이러한 차이는 20세기까지 지속되었으며, 1923년 미국 수학 협회(Mathematical Association of America)는 분수 표현으로는 두 기호 모두 적합하지 않다는 것을 제기하였으나, 아직까지도 8÷2=4, 2:4:4:8과 같은 기호를 사용하고 있다.

나눗셈의 과정이 긴 경우(long division) 현재 사용하고 있는 나눗셈기호 $\overline{)\quad}$ 은 19세기 미국의 교과서에서는 제수, 피제수, 몫이 다음과 같이 나란히 같은 줄에 나타났었다.

7) 12096 (1728
7
―――
50
49
―――
19
14
―――
56
56
―――
0

그러나 나눗셈의 과정이 짧은 경우(short division)에 1882년 J.B. Thomson의 〈Complete Graded Arithmethic〉에서는

4) $\overline{6272}$
1568

과 같이 나타나고, 괄선이 위에 붙는 현재의 모습은 1888년 G.A. Wentworth의 〈The Eelements of Algebra〉에서

$$
\begin{array}{r}
-\ \ 21.7 \\
-49.\overline{)1063.3} \\
98 \\
\hline
83 \\
49 \\
\hline
343 \\
343 \\
\hline
0
\end{array}
$$

와 같이 나타난다.

제 5 장

분 수

물건을 하나하나 셀 필요성과 이를 추상화 하는 과정으로부터 자연수가 나왔으나, 일상생활에서 자연수나 정수만 가지고서는 우리의 언어생활을 모두 나타낼 수는 없다. 또 물건을 세는 것 외에도 길이, 넓이, 무게, 시간 등을 재는 또 다른 정밀한 측정 단위가 필요하게 되었다. 예를 들면 '어려울 때는 콩 하나라도 같이 나누어 먹자.'라고 할 때, 한 사람이 받는 양을 어떻게 나타내야 하나 하는 문제가 발생한다. 따라서 작은 것까지도 자유롭게 셈을 하기 위해서는 자연수의 범위를 확대할 필요가 있다. 우선은 이러한 필요를 충족해주는 것이 분수이다.

분수는 자연수를 유리수로 확대하는 기초를 제공해주고, 군이나 환으로부터 체로 확대하는 데에도 중요한 역할을 한다.

5.1 학교수학

5.1.1 3학년

(1) 분수

자연수의 정의에서 사과 한 개를 1로 나타낼 때, 사과 반쪽을 어떻게 나타내야 할까? 이와 같은 필요성에 의하여 3학년에서 처음으로 분수가 도입된다. 이때 1을 2, 3, 4, ...개로 똑같이 나눈 것 중 한 부분을 각각

$$\frac{1}{2},\ \frac{1}{3},\ \frac{1}{4},\ \cdots$$

로 나타내기로 한다.

또 전체를 4등분 한 것 중 세 부분을 $\frac{3}{4}$으로 나타내기로 한다. 이렇게 하면 동수누가의 원리에 의하여

$$\frac{3}{4}=\frac{1}{4}+\frac{1}{4}+\frac{1}{4}=\frac{1}{4}\times 3$$

이 된다는 것을 알 수 있다. 그러나 $3\times\frac{1}{4}$은 3의 $\frac{1}{4}$이므로 동수누가의 원리를 적용할 수 없다. 하지만 만약 곱셈의 교환법칙이 성립한다고 가정하면

$$3\times\frac{1}{4}=\frac{1}{4}\times 3$$

이므로 동수누가의 법칙에 의하여 $\frac{3}{4}$임을 알 수 있다.

위와 같이 (자연수)×(분수) 또는 (분수)×(자연수)인 경우에는 동수누가의 원리를 적용하여 분수의 곱셈을 계산할 수 있다.

그러나 (분수)×(분수)인 경우는 동수누가의 법칙을 사용할 수가 없다. 예를 들어 $\frac{5}{7}\times\frac{1}{3}$은 $\frac{5}{7}$의 $\frac{1}{3}$을 의미하므로, $\frac{5}{7}$를 먼저 구하고 이것을 다시 셋으로 등분하여 한 부분을 택한다. 그러면 전체를 21쪽으로 등분한 것의 5개에 해당한다. 즉

$$\frac{5}{7}\times\frac{1}{3}=\frac{5}{21}$$

이다. 이와 같은 방법으로 분수의 곱셈을 정의한다.

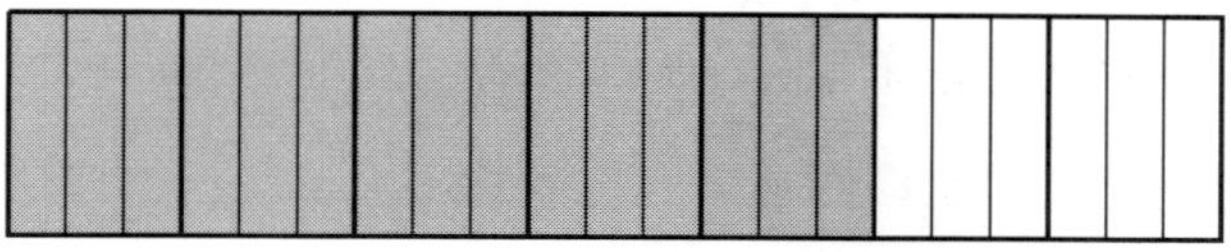

($\frac{5}{7}$를 먼저 구하고 $\frac{1}{7}$을 다시 셋으로 등분)

〈그림 5.1〉

한편, 전체를 2등분한 것의 한 조각이나 전체를 4등분한 것의 두 조각은 같은 양을 나타낸다는 활동을 통하여

$$\frac{1}{2}=\frac{2}{4}$$

임을 알게 한다. 이러한 활동 속에는 $\frac{1}{2}$을 나타내는 여러 가지 표현이 있으나, 이들을 모두 대표하여 $\frac{1}{2}$로 나타낸다는 것을 의미한다. 즉 $\frac{1}{2}$과 같은 동치류를 대표하는 값으로 $\frac{1}{2}$을 사용할 수 있음을 의미한다.

(2) 분수의 연산

이제 자연수의 분수만큼의 의미를 알아보자. 예를 들어 6의 $\frac{1}{3}$이 얼마인지를 알아보자. 단위분수 $\frac{1}{3}$의 의미를 되새기면, $\frac{1}{3}$은 하나를 3등분한 것 중의 하나를 의미한다. 따라서 6의 $\frac{1}{3}$은 6을 하나로 보고 이를 3등분한 것이므로, 6을 똑같이 3묶음으로 나누면 한 묶음에 2개가 들어있다. 따라서 6의 $\frac{1}{3}$은 2이다. 이것은

$$6\div3=6\times\frac{1}{3}=2$$

임을 의미한다.

자연수가 아닌 분수를 분수로 나누는 것은 얼핏 이해하기 힘들다. 그러나 이것도 색종이 등을 이용한 활동을 통하여 쉽게 이해할 수 있다. 예를 들면 $\frac{3}{4}$은 $\frac{1}{4}$의 몇 배인가 하는 물음은 $\frac{3}{4} \div \frac{1}{4}$의 답을 구하는 것과 같다. 먼저 색종이 한 장 전체를 4등분하여 3조각과 1조각을 택하면, 이들은 각각 전체의 $\frac{3}{4}$과 $\frac{1}{4}$이다. 그런데 3조각은 1조각보다 3배나 많으므로

$$\frac{3}{4} \div \frac{1}{4} = 3$$

이다. 따라서 분모가 같은 경우 경우의 나눗셈은 분자의 나눗셈과 같음을 알 수 있다.

(3) 분수의 크기

이제 분수의 크기를 비교하여 보자. 예를 들어 $\frac{3}{4}$과 $\frac{2}{4}$의 크기를 비교하여 보자. $\frac{3}{4}$은 전체를 4등분 한 것 중 세 조각을 의미하고, $\frac{2}{4}$는 전체를 4등분한 것 중 두 조각을 의미하므로, $\frac{3}{4}$이 $\frac{2}{4}$보다 1 조각이 더 많다. 따라서

$$\frac{3}{4} > \frac{2}{4}$$

이다. 이와 같이 분모가 같은 경우에는 분자가 큰 수가 더 큰 분수임을 알 수 있다(분모와 분자의 용어는 아직 소개되지 않았으나 편의상 사용한다).

같은 원리를 이용하여 분모가 다른 두 분수의 크기를 비교하여 보자. 예를 들면 $\frac{1}{2}$과 $\frac{1}{4}$의 크기를 비교하여 보자. 그런데 $\frac{1}{2}$과 $\frac{1}{4}$의 크기를 직접적으로 비교할 수 없으므로, 이 두 분수를 분모가 같은 분수로 나타내고 분자를 비교하여 두 분수를 비교할 수 있다. 즉 $\frac{1}{2} = \frac{2}{4}$이고, 이것은 $\frac{1}{4}$보다 크므로

$$\frac{1}{2} > \frac{1}{4}$$

가 성립한다. 이 사실로부터 단위분수인 경우에는 분모가 작은 분수가 더 큰 수임을 알 수 있다.

앞에서는 단위 분수의 크기를 비교할 때, 분모가 큰 분수가 더 작다는 것에 대하여 알아보았다. 이제 분자가 분모보다 작으며 분모가 같지 않은 두 분수의 크기를 결정하여보자.

아직은 분모를 같게 하는 통분의 개념이 없으므로 두 분수의 크기를 대수적으로 비교하는 방법을 알고 있지 못하다. 그러나 단위분수를 나타내는 분수막대를 이용하면 두 분수의 크기를 비교할 수 있다. 예를 들면 $\frac{1}{2}$과 $\frac{2}{3}$를 대수적으로 분모를 같게 하면 각각 $\frac{3}{6}$, $\frac{4}{6}$이므로

$$\frac{1}{2} < \frac{2}{3}$$

인 것을 알 수 있다. 그러나 단위분수막대의 길이를 비교하면

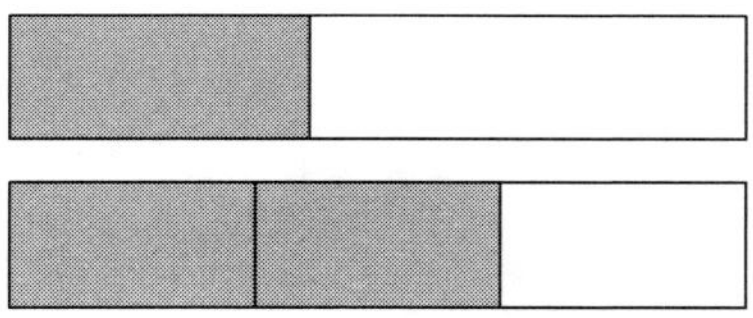

〈그림 5.2〉

이므로, 대수적으로 통분하지 않고 직관적으로

$$\frac{1}{2} < \frac{2}{3}$$

임을 알 수 있다.

한편 '빵을 10조각으로 등분하고 동생이 세 조각, 창호가 다섯 조각을 먹으면 남은 빵은 얼마인가?'하는 문제에서, 먹은 빵 조각을 지우면 남은 빵 조각이 얼마인지를 알 수 있다. 이 때 먹은 빵 조각은 (3+5) 조각이고 이것은 전체의 $\frac{8}{10}$이다. 즉

$$\frac{3}{10}+\frac{5}{10}=\frac{8}{10}$$

이다. 또 남은 빵 조각은 2 조각이므로 이것은 전체의 $\frac{2}{10}$이다. 즉

$$1-\frac{8}{10}=\frac{10}{10}-\frac{8}{10}=\frac{2}{10}$$

임을 암시하고 있다. 즉 분모가 같은 경우 분수와 분수의 덧셈과 뺄셈에 대한 개념을 직관적으로 이해하도록 한다.

5.1.2 4학년

(1) 여러 가지 분수

사탕 20개를 5명의 학생들에게 똑같이 나누어 주려면 각각 4개씩 나누어 주면 된다. 즉 $20 \div 5 = 4$이다. 따라서 4는 20을 다섯 묶음으로 나눈 것 중의 하나이므로

$$\frac{4}{20}=\frac{1}{5}$$

가 성립한다. 이와 같은 방법으로

$$\frac{8}{20}=\frac{2}{5}$$

가 된다는 것을 알 수 있다.

이러한 활동 속에는 공약수의 개념이 숨어 있고

$$\frac{8}{20}=\frac{4\times 2}{4\times 5}=\frac{2}{5}$$

이 성립함을 암시하고 있다. 더욱이 20의 $\frac{1}{5}$은 4로부터

$$20\times\frac{1}{5}=4$$

이다. 그러므로 20의 $\frac{3}{5}$은

$$20\times\frac{3}{5}=20\times\frac{1}{5}\times3=4\times3=12$$

가 된다는 것도 알 수 있다. 또 분수 $\frac{1}{5}$이 4개 있으면

$$\frac{1}{5}\times4=\frac{4}{5}$$

이고, 분수 $\frac{1}{5}$이 7이면

$$\frac{1}{5}\times7=\frac{7}{5}$$

가 된다. 이것으로부터 단위분수와 자연수의 곱셈을 할 수 있다.

분수에서 가로선의 아래쪽에 있는 수를 **분모**(denominator)라고 하고, 위쪽에 있는 수를 **분자**(numerator)라고 한다. 분수에는 $\frac{3}{5}$처럼 분자가 분모보다 작은 분수를 **진분수**라 하고, $\frac{7}{5}$처럼 분자가 분모보다 큰 분수를 **가분수**(improper fraction)라고 한다. 이와 같이 분수를 분모와 분자의 크기를 비교하여 진분수와 가분수로 나눌 수 있다.

가분수 $\frac{7}{5}$은 1과 $\frac{2}{5}$를 더한 것과 같다. 그런데 1과 $\frac{2}{5}$를 $1\frac{2}{5}$로 나타내기로 하고, 이와 같이 가분수를 자연수와 진분수의 합의 꼴로 나타낸 수를 **대분수**(mixed number)라고 한다.

앞에서와 같이 가분수를 자연수 부분과 진분수 부분으로 나누어 대분수로 나타낼 수 있다. 거꾸로 대분수를 가분수로 나타낼 수 있다. 예를 들면

$$2\frac{1}{4}=2+\frac{1}{4}=\frac{8}{4}+\frac{1}{4}=\frac{8+1}{4}=\frac{9}{4}$$

와 같이 나타낼 수 있다.

(2) 분수의 크기

두 분수의 크기를 비교하여 보자. 분수의 정의에 의하여 분모가 같은 경우에는 분자가 큰 분수가 더 크다. 예를 들면 $\frac{1}{4}$과 $\frac{3}{4}$은 각각 단위 1을 4등분한 것의 하나와 세 부분이므로

$$\frac{1}{4} < \frac{3}{4}$$

이다.

같은 방법으로 자연수 부분이 같고 분모가 같은 대분수는 분자가 큰 분수가 크다는 것을 알 수 있다. 즉 분모가 같은 경우는 대분수를 가분수로 바꾸어 나타낸 후 비교할 수도 있다.

이산적인 개체는 개수(자연수)를 가지고 비교할 수 있으며, 전체에서 차지하는 비중을 가지고 비교할 수도 있다. 이때 사용되는 것이 분수이다. 예를 들면 파란색 연필 6자루와 빨간색 연필 2자루가 있을 때,

$$6 > 2$$

이므로 파란색의 연필이 많다. 그러나 6과 2는 연필 전체 중에서 얼마만한 비중을 차지하는지를 알 수가 없다. 그런데 연필 전체 중에서 파란색과 빨간색이 차지하는 비율은 각각 $\frac{6}{8}$, $\frac{2}{8}$인 분모가 같은 분수이므로, 분자의 크기를 비교하면

$$\frac{6}{8} > \frac{2}{8}$$

이다. 따라서 파란색 연필이 전체에서 차지하는 비율이 빨간색 연필보다 크다는 것을 알 수 있다.

일반적으로 분모가 같은 대분수의 크기는 먼저 자연수 부분을 비교하고, 다음으로 분자를 비교하여 그 크기를 정한다. 또는 대분수를 가분수로 바꾼 다음 크기를 비교할 수도 있다. 예를 들면 $3\frac{2}{5}$와 $3\frac{4}{5}$는 자연수 부분이 모두 3으로 같으나 분자를 비교하면

$$3\frac{2}{5} < 3\frac{4}{5}$$

이다.

한편, $\frac{5}{3}$와 $2\frac{1}{3}$의 분모는 같으나 하나는 가분수이고 또 다른 하나는 대분수이므로 직접 비교하기가 쉽지 않다. 이러한 경우는 두 분수의 꼴을 대분수나 가분수로 같게 만든 다음 비교하도록 한다. 즉 $\frac{5}{3} = 1\frac{2}{3}$이므로

$$\frac{5}{3} < 2\frac{1}{3}$$

또는 $2\frac{1}{3} = \frac{7}{3}$이므로 분자를 비교하면

$$\frac{5}{3} < 2\frac{1}{3}$$

이다.

(3) 분수의 연산

분모가 같은 두 분수의 덧셈은 분자끼리 더하면 된다. 예를 들면 $\frac{1}{4} + \frac{2}{4}$는

$$\frac{1}{4} + \frac{2}{4} = \frac{1+2}{4} = \frac{3}{4}$$

이 된다는 것을 알 수 있다. 특히 분모가 같은 대분수는 자연수 부분은 자연수끼리 더하고 분자는 분자끼리 더하여 그 결과를 구할 수 있다. 예를 들면

$$\begin{aligned} 2\frac{2}{4} + 1\frac{1}{4} &= \left(2 + \frac{2}{4}\right) + \left(1 + \frac{1}{4}\right) \\ &= (2+1) + \left(\frac{2}{4} + \frac{1}{4}\right) \\ &= 3 + \frac{3}{4} \\ &= 3\frac{3}{4} \end{aligned}$$

이다.

분모가 같은 분수의 뺄셈도 덧셈과 같은 방법으로 한다. 즉

$$\frac{3}{5}-\frac{1}{5}=\frac{3-1}{5}=\frac{2}{5}$$

와 같이 분자를 빼어 계산한다. 대분수의 경우도 마찬가지로

$$\begin{aligned}3\frac{3}{4}-1\frac{1}{4}&=\left(3+\frac{3}{4}\right)-\left(1+\frac{1}{4}\right)\\&=(3-1)+\left(\frac{3}{4}-\frac{1}{4}\right)\\&=2+\frac{2}{4}\\&=2\frac{2}{4}\end{aligned}$$

와 같이, 자연수 부분은 자연수끼리 계산하고 분수는 분자를 빼어 계산한다.

이제 (자연수)÷(자연수)를 분수로 나타내 보자. 예를 들어 길이가 3m인 테이프를 네 사람에게 똑같이 나누어 줄 때 한 사람이 가지는 테이프의 길이는

$$3\div4(\text{m})$$

이다. 이것을 분수로 나타내기 위해서 각 1m의 길이를 4등분하고 똑같이 나누어 가지면 한 사람이 가지는 테이프는 전체의 $\frac{1}{4}+\frac{1}{4}+\frac{1}{4}=\frac{3}{4}$이 된다는 것을 알 수 있다. 즉

$$3\div4=\frac{3}{4}$$

이다.

이러한 사실을 일반화하면

$$(\text{피제수})\div(\text{제수})=\frac{(\text{피제수})}{(\text{제수})}$$

가 된다는 것을 알 수 있다.

수의 막대를 4등분한 것의 하나는 전체의 $\frac{1}{4}$이고, 이의 두 개, 세 개는 각각 전체의 $\frac{2}{4}$, $\frac{3}{4}$이다. 그러면 4개는 전체의 $\frac{4}{4}$가 된다. 그런데 이것은 전체와 같으므로

$$\frac{4}{4}=1$$

이 된다.

일반적으로 분자와 분모가 같은 분수는 1이 된다.

이제 1은 분자와 분모가 같은 분수로 나타낼 수 있음을 이용하여 자연수에서 분수를 뺄 수 있다. 예를 들면

$$3-\frac{3}{4}=2\frac{4}{4}-\frac{3}{4}=2\frac{1}{4}$$

과 같이 계산한다. 또

$$4\frac{1}{6}-1\frac{3}{6}=3\frac{7}{6}-1\frac{3}{6}=2\frac{4}{6}$$

와 같이, 대분수를 가분수로 고쳐 뺄셈을 하면 된다.

5.1.3 5학년

(1) 분수의 약분과 통분

$\frac{1}{4}$은 하나를 네 조각으로 등분한 것 중 하나를 의미하고 $\frac{2}{8}$는 같은 하나를 여덟 조각으로 등분한 것 중의 두 조각을 의미하므로, $\frac{1}{4}$이 나타내는 양은 $\frac{2}{8}$가 나타내는 양과 같다. 따라서

$$\frac{1}{4}=\frac{2}{8}$$

라고 말할 수 있다. 그런데

$$\frac{2}{8}=\frac{1\times2}{4\times2}$$

이다. 즉 $\frac{2}{8}$는 $\frac{1}{4}$의 분자와 분모에 같은 수 2를 곱하여 얻은 것이다. 이와 같이 $\frac{1}{4}$의 분모와 분자에 0이 아닌 같은 수를 곱하면 $\frac{1}{4}$과 같은 분수를 만들 수 있다.

이러한 원리를 일반화하면 분모와 분자에 0이 아닌 같은 수를 곱하면 크기가 같은 분수를 얻는다는 것을 알 수 있다.

분모와 분자에 0이 아닌 같은 수를 곱하는 대신 0이 아닌 같은 수로 나누는 것을 생각해 보자. 예를 들면

$$\frac{12\div2}{24\div2}=\frac{6}{12},\quad \frac{12\div3}{24\div3}=\frac{4}{8},\quad \frac{12\div4}{24\div4}=\frac{3}{6}$$

이다. 그런데 $\frac{6}{12}$, $\frac{4}{8}$, $\frac{3}{6}$은 각각 분수 $\frac{1}{2}$의 분모와 분자에 6, 4, 3을 곱하여 얻은 분수이므로 모두 같은 수이다.

따라서 분모와 분자에 0이 아닌 같은 수로 나누면 크기가 같은 분수를 얻는다는 것을 알 수 있다.

$\frac{400}{600}$과 같이 분자와 분모가 큰 분수를 다루는 것은 불편할 때가 많다. 그러므로 $\frac{400}{600}$과 같은 분수는 분모와 분자를 0이 아닌 같은 수 2, 50, 100, 200 등으로 나누어 $\frac{400}{600}$보다 작은 분수

$$\frac{200}{300},\ \frac{8}{12},\ \frac{4}{6},\ \frac{2}{3}$$

등으로 나타낼 수 있다. 이때 분모와 분자를 같은 수로 나눌 수 있는 수 2, 50, 100, 200 등은 분모 600과 분자 400의 공약수이다.

이와 같이 분모와 분자를 그들의 공약수로 나누는 것을 **약분**한다고 한다.

특히 분모와 분자의 최대공약수로 약분하면 가장 간단한 분수를 얻을 수 있다. 예를 들면 $\frac{400}{600}$을 400과 600의 최대공약수 200으로 나누면 $\frac{400}{600}$와 같은 가장 간단한 분수 $\frac{2}{3}$를 얻는다. 이때 $\frac{2}{3}$의 분자와 분모의 공약수는 1뿐이다.

이와 같이 분모와 분자의 공약수가 1뿐인 분수를 **기약분수**라고 한다. 즉 기약분수는 더 이상 간단한 분수로 나타내지지 않는 분수이다.

(2) 분수의 크기

두 분수의 크기를 비교하려 할 때, 두 분수의 분모가 같은 경우에는 분자의 크기를 비교하여 크기를 비교하였다. 그러나 두 분수의 분모가 다른 경우에는 어떻게 그 크기를 비교할 수 있을까?

분모와 분자에 0이 아닌 같은 수를 곱하여도 같은 분수를 얻으므로, 두 분수의 분모와 분자에 각각 같은 수를 곱하여 같은 분수를 만들고, 그 중에서 두 분수의 분모가 같은 경우의 분자의 크기를 비교하면 두 분수의 크기를 비교할 수 있다.

예를 들어 $\frac{3}{4}$과 $\frac{5}{6}$는 분모의 크기가 다르므로 직접적으로 크기를 비교할 수 없다. 그러나 $\frac{3}{4}$의 분모와 분자에 3을 곱하고, $\frac{5}{6}$의 분모와 분자에 2를 곱하면 $\frac{3}{4}$과 $\frac{5}{6}$는 각각 $\frac{9}{12}$와 $\frac{10}{12}$으로 분모가 같은 분수가 된다. 따라서 분자의 크기를 비교하면

$$\frac{9}{12} < \frac{10}{12}$$

즉

$$\frac{3}{4} < \frac{5}{6}$$

이다.

위와 같이 분수의 분모를 같게 통일하는 것을 **통분**한다고 하며, 통분한 분모를 **공통분모**라고 한다. 예를 들어 $\frac{3}{4}$과 $\frac{5}{6}$의 공통분모는 12, 24, 36, ⋯ 등으로 여러 개가 있으며, 이들은 모두 분모 4와 6의 공배수이다. 따라서 공통분모 중에서 가장 작은 것은 두 분모의 최소공배수이다.

두 분수의 크기를 비교하는 방법을 이용하여 세 분수의 크기를 비교하여 보자. 예를 들어 세 분수 $\frac{7}{10}$, $\frac{1}{2}$, $\frac{2}{5}$의 크기를 비교하여 보자.

먼저 두 분수 $\frac{7}{10}$, $\frac{1}{2}$의 크기를 비교하면

$$\frac{7}{10}<\frac{5}{10}=\frac{1}{2}$$

이고, $\frac{1}{2}$과 $\frac{2}{5}$를 비교하면

$$\frac{1}{2}=\frac{5}{10}<\frac{2}{5}$$

이다. 따라서 세 분수를 큰 순서대로 쓰면

$$\frac{7}{10},\ \frac{1}{2},\ \frac{2}{5}$$

이다. 여기서 분수의 크기 관계도 자연수의 크기 관계에서와 같이 전이가 성립함을 알 수 있다.

〈참고 5.1〉 아직은 세 수의 공배수를 구하여 세 분모의 공약수를 구하는 방법을 알지 못하기 때문에 세 분수를 통분하여 비교하는 방법을 사용하면 안 된다. 따라서 두 분수를 비교하여 크기를 정하는 방법을 되풀이 하고, 수의 크기 관계의 전이를 이용하여 세 수의 크기를 비교하여야 한다.

(3) 분모가 다른 분수의 덧셈과 뺄셈

통분을 이용하여 이제 분모가 다른 분수의 덧셈과 뺄셈을 할 수 있다. 이 경우 분모의 최소공배수를 이용하여 통분하고 덧셈과 뺄셈을 할 수도 있으나, 다음과 같이 서로의 분모를 곱하여 공통분모를 만들어 계산할 수도 있다.

예를 들면 서로의 분모를 곱하여

$$\begin{aligned}\frac{1}{6}+\frac{3}{4}&=\frac{1\times4}{6\times4}+\frac{3\times6}{4\times6}\\&=\frac{4}{24}+\frac{18}{24}\end{aligned}$$

$$= \frac{22}{24}$$

$$= \frac{11}{12}$$

과 같이 계산하거나, 분모의 최소공배수를 12를 이용하여

$$\frac{1}{6}+\frac{3}{4}=\frac{1\times2}{6\times2}+\frac{3\times3}{4\times3}$$

$$=\frac{2}{12}+\frac{9}{12}$$

$$=\frac{11}{12}$$

과 같이 계산한다.

서로 다른 분모를 갖는 분수의 뺄셈이나 대분수의 덧셈과 뺄셈도 같은 방법으로 할 수 있다.

(4) 분수의 곱셈

자연수와 자연수의 곱셈은 동수누가를 이용하여 구할 수 있었다. 이와 마찬가지로 진분수와 자연수의 곱셈도 동수누가의 법칙을 이용하여 구할 수 있다. 예를 들면

$$\frac{3}{8}\times5=\frac{3}{8}+\frac{3}{8}+\frac{3}{8}+\frac{3}{8}+\frac{3}{8}$$

$$=\frac{3+3+3+3+3}{8}$$

$$=\frac{3\times5}{8}$$

$$=\frac{15}{8}$$

와 같이 구한다. 즉 진분수와 자연수의 곱은 분자에 곱하는 자연수를 곱하여 그 값을 구하면 된다.

대분수와 자연수의 곱셈은 곱셈에 대한 분배법칙과 진분수와 자연수의 곱셈 방법을 이용하여 구할 수 있다. 예를 들면

$$\begin{aligned}1\frac{1}{2}\times 3 &= \left(1+\frac{1}{2}\right)\times 3\\ &= (1\times 3)+\left(\frac{1}{2}\times 3\right)\\ &= 3+\frac{3}{2}\\ &= 4\frac{1}{2}\end{aligned}$$

과 같이 구한다.

한편, 자연수와 진분수의 곱셈은 곱셈에 대한 결합법칙, 나눗셈과 진분수와의 관계를 이용하여 계산한다. 예를 들면

$$\begin{aligned}12\times\frac{3}{4} &= 12\times\left(\frac{1}{4}\times 3\right)\\ &= (12\times\frac{1}{4})\times 3\\ &= (12\div 4)\times 3\\ &= 3\times 3\\ &= 9\end{aligned}$$

와 같이 계산한다. 이것을

$$\begin{aligned}12\times\frac{3}{4} &= 12\times\left(\frac{1}{4}\times 3\right)\\ &= \left(12\times\frac{1}{4}\right)\times 3\\ &= \frac{12}{4}\times 3\\ &= \frac{12\times 3}{4}\\ &= 9\end{aligned}$$

와 같이 계산할 수도 있다. 그런데 $\frac{3}{4}\times 12=9$이므로

$$12\times\frac{3}{4}=\frac{3}{4}\times 12$$

임을 알 수 있다.

〈참고 5.2〉 일반적으로 자연수와 진분수의 곱셈에서는 위와 같이 교환법칙이 성립하지만, 지금의 학생들의 수준에서는 분수의 곱셈에 대한 교환법칙을 이용하여 계산할 수는 없다.

자연수와 대분수의 곱셈은 분배법칙을 이용하여 자연스럽게 계산할 수 있다. 예를 들면

$$\begin{aligned} 6\times 2\frac{1}{3} &= 6\times\left(2+\frac{1}{3}\right) \\ &= (6\times 2)+6\times\frac{1}{3} \\ &= 12+2 \\ &= 14 \end{aligned}$$

와 같이 계산한다.

이제 분수와 분수의 곱셈에 대하여 알아보자. 먼저 단위분수와 단위분수의 곱셈에 대하여 알아보자.

단위분수의 곱셈 $\frac{1}{4}\times\frac{1}{2}$은 어떤 것을 네 조각으로 등분한 것 중의 하나를 다시 이등분한 것이므로, 이것은 전체를 여덟 등분한 것 중의 하나이다. 즉

$$\frac{1}{4}\times\frac{1}{2}=\frac{1}{8}$$

이다. 이것은 전체를 두 분모의 곱으로 나눈 것 중의 하나로

$$\frac{1}{4}\times\frac{1}{2}=\frac{1}{4\times 2}=\frac{1}{8}$$

과 같이 얻어진 것과 같다.

이러한 사실과 자연수와 단위분수의 곱셈에 대한 결합법칙과 교환법칙을 이용하면, 두 진분수의 곱셈의 결과를 얻을 수 있다. 예를 들면

$$
\begin{aligned}
\frac{5}{6}\times\frac{3}{10} &= \left(\frac{1}{6}\times 5\right)\times\left(\frac{1}{10}\times 3\right) && \text{진분수의 정의}\\
&= \left(\frac{1}{6}\times 5\times\frac{1}{10}\right)\times 3 && \text{곱셈에 대한 결합법칙}\\
&= \left(\frac{1}{6}\times\frac{1}{10}\times 5\right)\times 3 && \text{곱셈에 대한 교환법칙}\\
&= \left(\frac{1}{6}\times\frac{1}{10}\right)\times(5\times 3) && \text{곱셈에 대한 결합법칙}\\
&= \frac{1}{60}\times 15 && \text{단위분수의 곱셈}\\
&= \frac{15}{60} && \text{단위분수와 자연수의 곱셈}\\
&= \frac{1}{4} && \text{약분}
\end{aligned}
$$

과 같이 계산한다. 이 결과는 분자는 분자끼리, 분모는 분모끼리 곱하여 계산한 결과와 같다. 즉

$$\frac{5}{6}\times\frac{3}{10}=\frac{5\times 3}{6\times 10}=\frac{15}{60}=\frac{1}{4}$$

이다.

그러므로 진분수와 진분수의 곱셈은 분자는 분자끼리, 분모는 분모끼리 곱하여 계산한다.

세 분수의 곱셈은 위의 곱셈방법을 반복적으로 이용하여 계산한다. 여기서 한 번 더 짚고 넘어가야 할 것은 곱셈은 이항연산이므로, 두 항씩 두 항씩 묶어 계산하여야 한다는 것이다.

(5) 분수의 나눗셈

분수의 나눗셈에 대하여 알아보자. 예를 들면 수직선 모델을 가지고 3÷5의 값을 구하면 $\frac{3}{5}$임을 알고 있다.

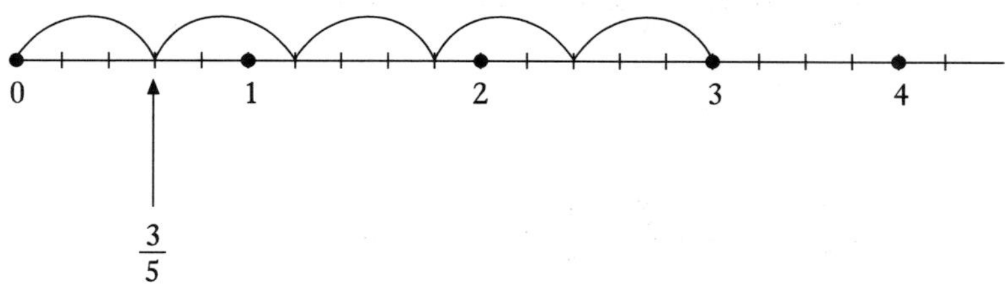

수직선 모델
〈그림 5.3〉

그런데 3의 $\frac{1}{5}$배는 $\frac{3}{5}$이므로

$$3 \div 5 = \frac{3}{5} = 3 \times \frac{1}{5}$$

이다. 즉

$$3 \div 5 = 3 \times \frac{1}{5}$$

임을 알 수 있다.

이와 같이 자연수의 나눗셈을 자연수와 단위분수의 곱셈으로 바꾸어 나타낼 수 있다.

나눗셈을 곱셈으로 바꾸어 나타내면 (분수)÷(자연수)의 계산을 간단히 할 수 있다. 예를 들면

$$\frac{3}{4} \div 6 = \frac{3}{4} \times \frac{1}{6} = \frac{3}{24} = \frac{1}{8}$$

과 같이 계산한다. 이러한 계산 방법을 (대분수)÷(자연수)의 계산에 적용하면

$$2\frac{2}{5} \div 4 = \frac{12}{5} \times \frac{1}{4} = \frac{12}{20} = \frac{3}{5}$$

과 같이 계산할 수 있다.

또 분수와 자연수의 혼합계산에서도 나눗셈을 분수로 바꾸어 계산하면 편리하다. 예를 들면

$$\frac{4}{5}\times 3\div 6=\frac{4}{5}\times 3\times\frac{1}{6}=\frac{4\times 3\times 1}{5\times 6}=\frac{12}{30}=\frac{2}{5}$$

이다. 또

$$1\frac{2}{3}\div 5\times 8=\frac{5}{3}\times\frac{1}{5}\times 8=\frac{5\times 1\times 8}{3\times 5}=\frac{8}{3}=2\frac{2}{3}$$

이다. 그런데 여기서 주의하여야 할 것은 $1\frac{2}{3}\div 5\times 8$을

$$1\frac{2}{3}\div(5\times 8)=\frac{5}{3}\div 40=\frac{5}{3}\times\frac{1}{40}=\frac{5}{120}=\frac{1}{24}$$

과 같이 계산하지 않도록 하는 것이다. 즉 곱셈과 나눗셈의 혼합계산에서는 계산의 순서를 따라야 한다. 이는 곱셈에서의 결합법칙은 성립하지만, 곱셈과 나눗셈의 혼합계산에서는 결합법칙이 성립하지 않기 때문이다.

5.1.4 6학년

(1) 분수의 나눗셈

나누는 수가 분수인 나눗셈을 이해하기 위하여, 먼저 분모가 같은 경우의 나눗셈에 대하여 알아보자. 예를 들어 $\frac{5}{6}\div\frac{2}{6}$의 값이 얼마인지를 알기 위하여, $\frac{5}{6}$를 $\frac{2}{6}$로 나누면 2와 $\frac{1}{6}$이 남는다. 그런데 $\frac{1}{6}$은 $\frac{2}{6}$의 $\frac{1}{2}$이므로

$$\frac{5}{6}\div\frac{2}{6}=2\frac{1}{2}$$

이다. 한편

$$5\div 2=2\frac{1}{2}$$

이므로

$$\frac{5}{6}\div\frac{2}{6}=5\div 2$$

와 같다.

일반적으로 분모가 같은 진분수끼리의 나눗셈은 분자의 나눗셈과 같다. 분모가 다른 진분수끼리의 나눗셈은 분모를 같게 통분한 다음, 분모가 같은 분수의 나눗셈과 같이 분자끼리의 나눗셈을 하면 된다.

예를 들면

$$\frac{5}{6}\div\frac{2}{7}=\frac{5\times 7}{6\times 7}\div\frac{2\times 6}{7\times 6}=\frac{35}{42}\div\frac{12}{42}=35\div 12=2\frac{11}{12}$$

이다. 한편, 위의 나눗셈은

$$\frac{5}{6}\div\frac{2}{7}=\frac{5\times 7}{6\times 7}\div\frac{2\times 6}{7\times 6}=\frac{5\times 7}{6\times 2}$$

과 같다. 즉

$$\frac{5}{7}\div\frac{2}{7}=\frac{5}{6}\times\frac{7}{2}$$

가 성립한다.

이와 같이 분모가 다른 진분수끼리의 나눗셈은 나누는 분수의 분자와 분모를 바꾸어(나누는 수의 곱셈에 대한 역원) 곱하면 된다.

더욱이 이러한 계산 방법은 분모가 다른 진분수끼리의 나눗셈뿐만 아니라 (자연수)÷(진분수), 가분수의 나눗셈, 대분수의 나눗셈, (자연수)÷(단위분수) 등 모든 분수의 나눗셈에 대해서도 성립한다. 예를 들면

$$\frac{3}{4}\div 1\frac{3}{8}=\frac{3}{4}\div\frac{11}{8}=\frac{3}{4}\times\frac{8}{11}=\frac{6}{11}$$

이다.

(2) 비례

두 집단의 크기를 비교하는 데 절대적인 수의 크기를 가지고 비교하는 방법이 있다. 예를 들면 3과 5, 1000과 1002의 크기를 각각 비교하면 2씩 차이가 있다. 그러나 3과 5의 차 2는 1000과 1002의 차 2와 그 비중이 다르다. 따라서 이러한 절대적 수의 차로 그 크기를 비교하는 것보다는 상대적으로 어떠한 차이를 보인가를 비교할 필요가 있다.

이러한 목적으로 두 수 사이의 비(ratio)를 사용한다. 예를 들면 3과 5를 비교하는 것을

$$3 : 5$$

로 나타내고, 이것을 5에 대한 3의 비 또는 3의 5에 대한 비, 간단히 3과 5의 비라고 한다. 이때, 5를 기준으로 3을 비교할 때, 5를 기준량, 3을 비교하는 양이라고 한다. 기준량에 대한 비교하는 양의 크기를 **비율**(ratio)이라고 한다. 즉

$$(\text{비율}) = \frac{(\text{비교하는 양})}{(\text{기준량})}$$

이다.

또 기준량을 1로 볼 때의 비율을 비의 값이라고 한다. 비의 값을 나타내는 방법은 분수 또는 소수가 있다. 예를 들면 3 : 5의 비를 비율로 나타내면

$$\frac{3}{5}=0.6$$

이다.

한편 기준량을 100으로 할 때의 비율을 **백분율**이라고 하고, 퍼센트(per cent) 기호 %를 사용하여 나타낸다. 예를 들면

$$\frac{3}{5}=\frac{60}{100}$$

이므로, 3:5의 비율은 60%이다. 이것은

$$(\text{비율})\times 100$$

의 값과 같다.

일반적으로

$$(\text{백분율}) = (\text{비율}) \times 100$$

이다.

〈참고 5.3〉 야구 경기에서 타자의 타율을 말할 때 다섯 번 타석에 나와 안타 세 개를 치면 그 타자의 타율은 6할이라고 말한다. 이때 6은 비율 $\frac{3}{5}$을 소수로 나타낼 때, 소수 첫째 자리의 값이다. 이와 같이 비율을 소수로 나타낼 때, 그 소수 첫째 자리를 할, 소수 둘째 자리를 푼, 소수 셋째 자리를 리라고 한다. 예를 들면 0.625는 6할 2푼 5리이다.

두 비 2 : 3과 4 : 6의 비율은 같다. 2 : 3=4 : 6과 같이 같은 비율을 갖는 두 비를 등식으로 나타낸 식을 **비례식**이라고 한다. 이 때 바깥쪽에 있는 두 항 2와 6을 **외항**, 안쪽에 있는 두 항 3과 4를 **내항**이라고 한다.

비 2 : 3의 앞항 2와 뒤항 3에 0이 아닌 같은 수를 곱하면, 그 비의 값은 2 : 3과 같다. 따라서 0.6 : 0.8에 적당한 수를 곱하여 자연수의 비로 나타낼 수 있다. 예를 들면

$$0.6 : 0.8 = 6 : 8 = 3 : 4$$

이다.

또 분수로 표현된 비 $\frac{1}{2} : \frac{1}{3}$에 분모의 공배수 6을 곱하면 자연수의 비 3 : 2를 얻는다. 즉

$$\frac{1}{2} : \frac{1}{3} = 3 : 2$$

이다.

한편, 비의 앞항과 뒤항에 0이 아닌 같은 수로 나누어도 그 비의 값은 변화가 없다. 이러한 성질을 이용하면 비를 간단한 자연수의 비로 나타낼 수 있다. 예를 들면

$$15 : 18 = (15 \div 3) : (18 \div 3) = 5 : 6$$

과 같이 나타낼 수 있다.

더욱이 비례식 $2 : 3 = 4 : 6$에서 두 내항을 곱한 값과 두 외항을 곱한 값은 항상 같음을 알 수 있다.

(3) 연비

두 자료의 크기를 비교할 때는 비례를 사용한다. 예를 들어 A와 B의 양이 9kg과 5kg일 때 이들의 비를

$$A : B = 9 : 5$$

와 같이 나타내었다. 이와 마찬가지로 A, B, C의 양이 9kg, 5kg, 3kg인 경우는

$$A : B : C = 9 : 5 : 3$$

과 같이 나타낸다. 이와 같이 셋 이상의 양의 비를 한꺼번에 나타낸 것을 **연비**라고 한다.

위와 같이 세 양이 같은 단위로 표시되어 있는 경우에는 세 양의 비를 연비로 나타내는 데 아무 문제가 없다. 그러나 세 양이 두 비의 관계로 나타나 있을 때, 이들 양을 어떻게 연비로 나타낼 수 있는가? 예를 들어 $A : B = 2 : 3$이고 $B : C = 4 : 5$로 나타내어져 있을 때, $A : B : C$의 연비는 어떻게 나타낼 수 있는가? 이와 같은 경우에는 세 양을 단위에 대한 비로 나타내면 편리하다. 그 중 기준이 되는 양은 B의 값이므로, 두 비 중 B의 값이 같게 되도록 하면

$$A : B = 2 : 3 = 4 : 6 = 6 : 9 = 8 : 12$$
$$B : C = 4 : 5 = 8 : 10 = 12 : 15$$

이므로

$$A : B : C = 8 : 12 : 15$$

가 된다. 이것은 B에 대한 각 비의 값 3과 4의 공배수인 12가 되도록 각 비를 나타내고, 연비로 나타낸 것과 같다.

한편,

$$A : B = 2 : 3 = \frac{2}{3} : 1$$

$$B : C = 4 : 5 = 1 : \frac{5}{4}$$

이므로

$$A : B : C = \frac{2}{3} : 1 : \frac{5}{4}$$

이다. 그런데 각 비가 자연수가 되도록 분모의 공배수 12를 곱하면

$$A : B : C = \frac{2}{3} : 1 : \frac{5}{4} = 8 : 12 : 15$$

와 같다.

세 수가 연비로 표시되면 이들 세 수가 전체에서 차지하는 비율을 알 수 있다. 예를 들면

$$A : B : C = 8 : 12 : 15$$

인 경우, 전체의 양은 $8+12+15=35$라고 생각할 수 있으므로

A는 전체의 $\dfrac{8}{8+12+15} = \dfrac{8}{35}$

B는 전체의 $\dfrac{12}{35}$

C는 전체의 $\dfrac{15}{35}$

가 되어 전체를 비율에 따라 나눌 수 있다.

5.2 분수의 교육

우리는 일상생활에서 '남은 피자의 양은 얼마인가?', '빗금 친 부분의 막대는 얼마나 되는가?', '페인트 통에 남아있는 페인트는 얼마나 되는가?' 하는 물음에 자주 부딪힌다. 이러한 질문에 대한 답을 하기는 쉽지 않으나, 아래 그림과 같이 전체를 나누면 남아있는 피자의 양은 전체의 $\frac{3}{4}$, 빗금 친 부분은 전체 막대의 $\frac{3}{10}$, 남아있는 페인트의 양은 전체의 $\frac{3}{5}$이라고 말한다.

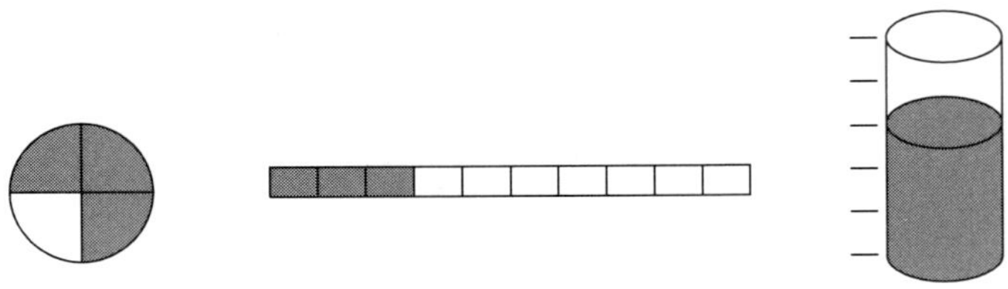

〈그림 5.4〉

자연수는 집합의 원소가 무엇인가에 관계없이 집합의 원소의 개수를 나타낸 것과 같이, 분수는 전체에서 얼마나 차지하는가를 나타내는 숫자(numeral)로서의 의미를 지닌다.

일반적으로 자연수 a, $b(b\neq 0)$에 대하여 분수 $\frac{a}{b}$는 전체에 대한 부분의 동치의 개념으로 사용된다. 이때 a를 분자(numerator), b를 분모(denominator)라 한다. 여기서 동치 개념이란 길이, 무게, 넓이 등 다루는 대상은 다르지만 전체에 대하여 차지하는 같은 비율을 의미한다.

한편 자연수가 수를 나타내는 추상성을 가지고 있는 것과 마찬가지로, 분수도 추상적인 수의 의미를 가지고 있다. 예를 들어 다음과 같이 여러 가지의 크기나 모양이 다른 그림으로 나타나지만, 모두 $\frac{5}{8}$를 나타낸다.

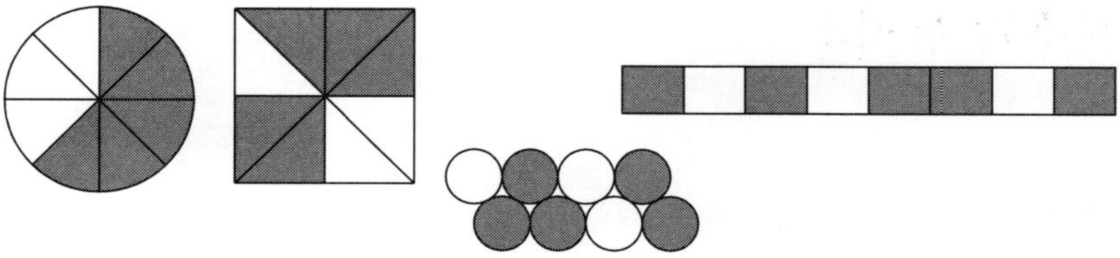

〈그림 5.5〉

[정의 5.1] 분수는 자연수 a, $b(b\neq0)$의 순서쌍

$$\frac{a}{b} \text{ 또는 } a/b$$

로 나타나는 수를 말한다.

〈참고 5.4〉 학교수학에서 분수는 양의 유리수를 나타내는 말로 쓰인다. Kronecker의 말을 빌면 신은 자연수를 만들었고 유리수는 인간이 이성을 가지고 자연수로부터 만들어낸 산물이다. 따라서 유리수는 이성적인 수(rational number)이다. 그런데 유리수는 비례를 나타내는 뜻이 강하므로 유리수를 비례수로 불러야 한다고 주장하는 사람들도 있다. 심지어 유리수를 비례수로 번역해야하는데 잘못된 번역이라고 주장하는 사람도 있다. 그러나 그리스 시대의 수는 유리수이었으며, 피타고라스학파가 유리수가 아닌 수(공통의 분모를 갖지 않는 수(non-commensurable number)를 발견하기 전까지 유리수는 사람들이 생각할 수 있는 수의 세계 전부였다. 그들은 유리수가 아닌 수를 무리수 또는 비이성적인 수(irrational number)라고 불렀다. 실제로 그들은 이 수를 그리스어로 alogos 또는 arrehtos라고 불렀는데, 이는 '말할 수 없는' 또는 '표현할 수 없는'의 뜻을 가지고 있다. 그러므로 유리수를 비례수라 하지 않고 유리수로 부르는 것이 옳을 수도 있다. 이미 굳어진 언어에 대한 혼란도 없게 말이다.

〈참고 5.5〉 분수는 중학교에서 다룰 유리수와는 다르다. 유리수는 a, b가 정수이나 분수는 a, b가 자연수임에 유의하여야 한다.

5.3 분수와 유리수

5.3.1 분수

(1) 분수의 필요성

물건을 하나하나 셀 필요와 이를 추상화 하는 과정으로부터 자연수가 나왔으나, 일상생활에서 자연수나 정수만 가지고서는 우리의 언어생활을 모두 나타낼 수는 없었다. 또 물건을 세는 것 외에도 길이, 넓이, 무게, 시간 등을 재는 또 다른 측정 단위가 필요하게 되었다. 예를 들면 어려울 때는 '콩 하나라도 같이 나누어 먹자.'라고 할 때, 한 사람이 받는 양을 어떻게 나타내야 하나 하는 문제가 발생한다. 따라서 작은 것까지도 자유롭게 셈을 하기 위해서는 자연수의 범위를 확대할 필요가 있었다.

이 과정의 처음 단계는 위의 측정의 문제를 세는 문제로 바꾸는 것이다. 이렇게 하기 위하여 미터, 마지기, 파운드, 분 등에 임의로 1의 값을 주고, 이 단위를 가지고 우리가 원하는 것을 측정하게(셈하게) 된다. 그러나 어떤 사람의 키가 정확히 170cm라고 할 때, 미터 단위를 가지고는 이 사람의 키가 1m보다 크고 2m보다 작다는 사실 밖에는 알 수가 없다. 따라서 키가 170cm라는 것을 정확하게 나타내기 위하여 우리는 더 작은 측정단위를 고안하게 되는데, 이는 1m를 100으로 나누고 그 작은 하나를 1cm라 한다. 그러면 1m는 100cm가 된다.

이와 마찬가지로 1마지기를 200평, 1파운드를 16온스, 1분을 60초로 나타내는 것과 같이 처음 단위를 n등분 하게 된다. 이렇게 새로 정해진 세밀한 단위를 수학적으로는

$$\frac{1}{n}$$

으로 나타낸다. 이렇게 하면, 1보다 작은 것을 새로운 작은 단위 $\frac{1}{n}$로 셀 수 있다. 즉 주어진 양이 새로 정한 세밀한 단위의 m개이면 이를

$$\frac{m}{n} \text{ 또는 } m : n$$

으로 나타낸다. 이러한 수를 **분수**(fraction) 또는 **비례**(ratio)라고 한다.

다음 단계는 500년경까지 수세기 동안의 암중모색 끝에 분수 $\frac{m}{n}$이 측정의 과정과 이의 측정량에서 벗어나 순수한 수로서 인식되었다. 특히 처음에는 m과 n이 자연수일 때, $\frac{m}{n}$을 분수 또는 **비례수**(rational number)라고 불렀다.

(2) 분수의 순서

자연수의 순서 개념을 분수로 확장시키기 위하여 아래 그림과 같이 수직선 위에 분수를 나타내면, 분모가 같은 경우에는 분자가 큰 분수가 오른쪽에 나타나므로 왼쪽에 나타난 분수보다 크다는 것을 알 수 있다.

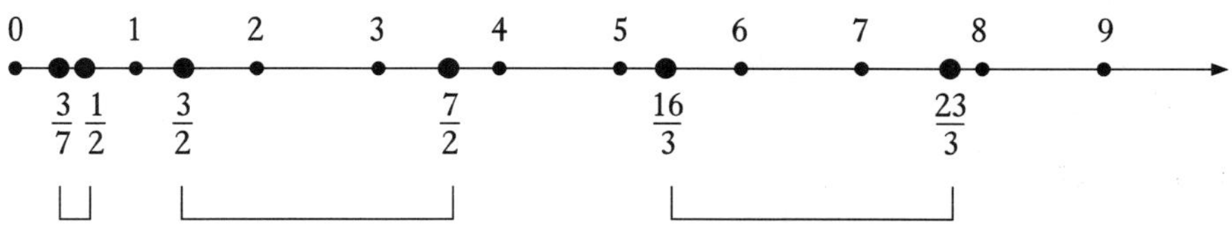

〈그림 5.6〉

일반적으로 두 분수 $\frac{a}{b}$와 $\frac{c}{b}$에 대하여

$$\frac{a}{b} < \frac{c}{b} \text{일 필요충분조건은 } a < c$$

이다. 한편 다음과 같이 분수의 부등식의 엇 곱하기 성질을 얻을 수 있다. 임의의 두 분수 $\frac{a}{b}$와 $\frac{c}{d}$에 대하여

$$\frac{a}{b} < \frac{c}{d} \text{일 필요충분조건은 } ad < bc$$

이다. 이 과정은 분모를 같게 만들고 분자를 비교하는 간단한 방법이다.

자연수의 개수가 무한히 많은 것과 같이, 수직선 위에 분수와 분수 사이에

무수히 많은 분수를 나타낼 수 있다. 따라서 분수의 개수도 무한히 많이 존재한다. 사실 임의의 서로 다른 두 분수 사이에는 또 다른 분수가 존재한다. 이러한 성질을 **분수의 조밀성**(density of fractions)이라고 한다.

분수의 조밀성은 나중에 다룰 유리수의 조밀성으로부터 얻어진다.

[정리 5.1 (분수의 조밀성)]

임의의 두 분수 $\frac{a}{b}$와 $\frac{c}{d}$에 대하여 $\frac{a}{b}<\frac{c}{d}$이면,

$$\frac{a}{b}<\frac{e}{f}<\frac{c}{d}$$

인 분수 $\frac{e}{f}$가 존재한다.

(3) 분수의 연산

(i) 분수의 덧셈

분수의 덧셈은 자연수의 덧셈의 확장으로, 분모가 같은 경우에는 분자를 더하면 된다는 것을 경험적으로 알고 있다. 이러한 사실을 추상화하여 분수의 덧셈을 다음과 같이 정의한다.

[정의 5.2] 두 분수 $\frac{a}{b}$와 $\frac{c}{b}$의 덧셈을 다음과 같이 정의한다.

$$\frac{a}{b}+\frac{c}{b}=\frac{a+c}{b}$$

위와 같이 분모가 같은 분수의 덧셈을 정의하면, 두 분수 $\frac{a}{b}$와 $\frac{c}{d}$의 합은 두 분모를 같게 하여

$$\frac{a}{b}+\frac{c}{d}=\frac{ad}{bd}+\frac{bc}{bd}=\frac{ad+bc}{bd}$$

가 된다는 것을 알 수 있다.

공통분모를 이용하면 두 분수의 합을 구할 수 있다. 실제로 두 분수의 합은 유일하게 존재하며, 그 결과도 또한 분수이다.

이것은

$$\frac{a}{b}+\frac{c}{b}=\frac{a+c}{b}$$

에서 자연수의 덧셈에 의해 $a+c$가 유일하게 존재하며 $b\neq 0$이기 때문이다.

한편, 자연수의 덧셈의 교환법칙을 이용하면, 두 분수의 덧셈에 대한 교환법칙이 성립함을 알 수 있다. 즉

$$\begin{aligned}\frac{a}{b}+\frac{c}{b}&=\frac{a+c}{b} && \text{분수의 덧셈}\\ &=\frac{c+a}{b} && \text{자연수의 덧셈에 대한 교환법칙}\\ &=\frac{c}{b}+\frac{a}{b} && \text{분수의 덧셈}\end{aligned}$$

더욱이 세 분수 $\frac{a}{b}$, $\frac{c}{b}$, $\frac{d}{b}$에 대한 덧셈에 대한 결합법칙이 성립한다. 즉

$$\left(\frac{a}{b}+\frac{c}{b}\right)+\frac{d}{b}=\frac{a}{b}+\left(\frac{c}{b}+\frac{d}{b}\right)$$

가 성립한다.

뿐만 아니라 분수의 덧셈에 대한 항등원 0이 존재한다. 즉 분수 $\frac{a}{b}$에 대하여

$$\frac{a}{b}+\frac{0}{b}=\frac{a}{b}$$

인 $0\left(=\frac{0}{b}\right)$이 유일하게 존재한다. 이 사실은 자연수의 덧셈에 대한 항등원으로부터

$$\frac{a}{b}+\frac{0}{b}=\frac{a+0}{b} \qquad \text{분수의 덧셈}$$

$$=\frac{a}{b} \qquad \text{자연수의 덧셈에 대한 항등원}$$

와 같이 쉽게 증명할 수 있다.

(ii) **분수의 뺄셈**

분모가 같은 분수의 뺄셈은 $\frac{5}{9}-\frac{2}{9}=\frac{5-2}{9}=\frac{3}{9}$과 같이 분자의 차를 가지고 계산하였다. 이러한 것이 성립하도록 분수의 뺄셈을 다음과 같이 정의한다.

> [정의 5.3] 분수 $\frac{a}{b}$와 $\frac{c}{b}$에 대하여 $a \geq c$일 때, 분수의 뺄셈을
>
> $$\frac{a}{b}-\frac{c}{b}=\frac{a-c}{b}$$
>
> 와 같이 정의한다.

이것은 자연수의 과부족 개념을 가지고 뺄셈을 정의한 것과 같이, $\frac{a}{b}-\frac{c}{b}=\frac{n}{b}$에서 $\frac{a}{b}=\frac{c}{b}+\frac{n}{b}=\frac{c+n}{b}$이다. 따라서 $a=c+n$ 즉 $a-c=n$이다. 그러므로

$$\frac{a}{b}-\frac{c}{b}=\frac{a-c}{b}$$

와 같이 정의하는 것이 자연스럽다.

이제 분모가 다른 분수의 뺄셈은 분모가 같은 경우의 뺄셈을 이용하여 계산하면 된다. 즉 두 분수 $\frac{a}{b}$와 $\frac{c}{d}$에 대하여 $\frac{a}{b} \geq \frac{c}{d}$이면

$$\frac{a}{b}-\frac{c}{d}=\frac{ad}{bd}-\frac{bc}{bd}=\frac{ad-bc}{bd}$$

와 같이 계산한다.

(iii) 분수의 곱셈

자연수의 동수누가의 원리에 따른 자연수의 곱셈을 분수에 적용하여 $\frac{2}{3}\times\frac{5}{7}=\frac{10}{21}$임을 알아보았다. 이러한 분수의 곱셈이 성립하도록 분수의 곱셈을 다음과 같이 정의한다.

> [정의 5.4] 분수 $\frac{a}{b}$와 $\frac{c}{d}$에 대하여, 분수의 곱셈을
>
> $$\frac{a}{b}\times\frac{c}{d}=\frac{ac}{bd}$$
>
> 와 같이 정의한다.

분수의 곱셈에 대한 정의와 자연수의 곱셈에 대한 성질을 이용하면

$$\frac{a}{b}\times\frac{c}{d}=\frac{ac}{bd} \qquad \text{분수의 곱셈에 대한 정의}$$

$$=\frac{ca}{db} \qquad \text{자연수의 곱셈에 대한 교환법칙}$$

$$=\frac{c}{d}\times\frac{a}{b} \qquad \text{분수의 곱셈에 대한 정의}$$

임을 알 수 있다. 또

$$\frac{a}{b}\times 1=\frac{a}{b}\times\frac{1}{1} \qquad \text{1의 성질}$$

$$=\frac{a\times 1}{b\times 1} \qquad \text{분수의 곱셈에 대한 정의}$$

$$=\frac{a}{b} \qquad \text{곱셈에 대한 항등원}$$

성립한다.

한편, 0이 아닌 분수 $\frac{a}{b}$에 대하여

$$\frac{a}{b}\times\frac{b}{a}=\frac{ab}{ba}=\frac{ab}{ab}=1$$

이다. 이때 $\frac{b}{a}$를 $\frac{a}{b}$의 **곱셈에 대한 역원**(multiplicative inverse) 또는 **역수**(reciprocal)라고 한다.

더욱이 자연수에서와 같이 분수의 덧셈과 곱셈에 대하여도 분배법칙이 성립한다. 즉 $\frac{a}{b}$, $\frac{c}{d}$, $\frac{e}{f}$에 대하여

$$\frac{a}{b}\times\left(\frac{c}{d}+\frac{e}{f}\right)=\frac{a}{b}\times\frac{c}{d}+\frac{a}{b}\times\frac{e}{f}$$

가 성립한다.

(iv) 분수의 나눗셈

분수의 나눗셈은 학생들에게 매우 어려운 개념인데, 이는 간단하고도 구체적인 학습 모델이 없기 때문일 것이다. 분수의 나눗셈도 기본적으로는 자연수의 나눗셈의 확장으로 볼 수 있어야 한다. 즉 분수의 곱셈을 단순히 뒤집어 곱하는 판에 박힌 계산을 배제하여야 한다.

분수의 나눗셈은 공통분모를 이용하여 자연수의 나눗셈으로 정의할 수 있다.

[정의 5.5] 분수 $\frac{a}{b}$와 $\frac{c}{b}$에 대하여 $c\neq 0$일 때, 나눗셈을

$$\frac{a}{b}\div\frac{c}{b}=\frac{a}{c}$$

로 정의한다.

위와 같이 분수의 나눗셈을 정의하면, 분모가 다른 경우에도 분모를 통분하여 나눗셈을 할 수 있다. 즉

$$\frac{a}{b}\div\frac{c}{d}=\frac{ad}{bd}\div\frac{bc}{bd}=\frac{ad}{bc}$$

와 같이 계산한다. 이것은 계산의 결과로만 본다면 뒤집어 곱하는 것과 같다. 즉 $c \neq 0$인 경우

$$\frac{a}{b} \div \frac{c}{d} = \frac{a}{b} \times \frac{d}{c}$$

이 성립한다.

분수의 집합에 대하여 자연수에서 성립한 덧셈과 곱셈, 두 수의 상등이 성립하도록 다음과 같은 연산이 정의되었다. 물론 이와 같은 덧셈, 곱셈, 상등에 관한 정의는 순전히 정의의 일의성과 유용성에 기인한 것이다.

$$\frac{a}{b} + \frac{c}{d} = \frac{ad+bc}{bd}, \quad \frac{a}{b} \cdot \frac{c}{d} = \frac{ac}{bd}$$

$$\frac{a}{a} = 1, \quad ad = bc\text{일 때 } \frac{a}{b} = \frac{c}{d}$$

위와 같이 비례수의 연산 규칙을 정하면 자연수의 계산에서와 같이 다음과 같은 계산 법칙이 성립한다.

[정리 5.2 (분수의 계산 법칙)]

p, q, r이 분수일 때 다음 계산 법칙이 성립한다.

(1) (교환법칙) $p+q=q+p$, $pq=qp$

(2) (결합법칙) $p+(q+r)=(p+q)+r$, $p(qr)=(pq)r$

(3) (분배법칙) $p(q+r)=pq+pr$

[정의 5.6] 분수 $\frac{a}{b}$와 임의의 자연수 n에 대하여, 다음과 같이 정의한다.

(1) $\frac{a}{b} = \frac{a \times n}{b \times n} = \frac{n \times a}{n \times b}$

(2) $\frac{a}{b} = \frac{c}{b}$일 필요충분조건은 $a=c$

위와 같이 두 분수의 상등(같음)을 정의하면 $\frac{25}{30}=\frac{5}{6}$와 같이 간단한 모양으로 나타낼 수 있다. 한편,

$$\frac{1}{2}=\frac{2}{4}=\frac{3}{6}=\frac{4}{8}=\cdots$$

이므로, 분수 $\frac{1}{2}$은 수를 나타낼 뿐만 아니라 $\frac{1}{2}$과 같은 모든 숫자를 나타내는 대표자로서의 역할을 한다. 또

$$1=\frac{1}{1}=\frac{2}{2}=\frac{3}{3}=\cdots$$

와 같이 임의의 자연수는 모두 분수로 나타낼 수 있다. 즉 분수의 집합은 자연수의 집합을 포함한다. 분수 중에서 가장 간단한 꼴은 분자와 분모의 공약수가 소수인 경우이며, 이러한 분수를 기약분수라고 한다.

두 분수의 상등을 이용하면 $\frac{18}{28}=\frac{9}{14}$이다. 이때 $\frac{18}{28}$, $\frac{9}{14}$의 분자와 분모를 엇갈리게 곱하면 $18\times14=28\times9$로 서로 같다.

일반적으로 임의의 자연수 a, $b(b\neq0)$, c, $d(d\neq0)$. 이에 대하여

$$\frac{a}{b}=\frac{c}{d}\text{일 필요충분조건은 } ad=bc$$

이다.

(4) 비례와 비율

비례는 우리 일상생활에서 자주 사용되는 용어이다. 예를 들면 '우리 학교의 남학생과 여학생의 비는 2 : 3이다' 또는 '우리 학교의 학생과 선생님의 비는 30 : 1이다' 등과 같이 비라는 말이 자주 쓰인다.

여기서 우리는 자연수의 비에 대하여 논의를 하겠지만, 분수나 소수 등의 다른 수의 비도 자연수로 바꾼 다음 그 비를 나타낼 수 있다.

> [정의 5.7] 두 자연수 a, $b(b\neq 0)$의 순서쌍 $a : b$를 a와 b의 비(ratio)라고 한다.

〈참고 5.6〉 실제로 분수와는 달리 $b=0$인 경우의 비도 생각할 수 있다. 예를 들어 '우리나라 축구 국가 대표 팀에서 남자와 여자의 비는 23 : 0이다'와 같이 $b=0$인 경우도 있으나, $b=0$인 경우는 매우 드문 일이므로 $b\neq 0$인 경우만을 생각하기로 한다.

비를 통하여 두 수의 상대적인 크기를 비교할 수 있으므로, $a : b$를 분수꼴의 비율(quotient) $\frac{a}{b}$로 표현할 수 있다. 예를 들면 남자와 여자의 수가 2 : 3인 것을 $\frac{2}{3}$로 나타낸다.

B B G G G

2 : 3으로부터, 우리는 남학생과 여학생의 비를 알아볼 수 있으며, 전체를 5로 보았을 때 남자가 차지하는 비가 2 : 5라는 것을 알아볼 수 있다. 따라서 비는 부분과 부분의 비를 알아보는 데에도 사용되지만, 부분과 전체를 비교하는 데에도 사용된다.

일반적으로 $a : b$에서 전체는 $(a+b)$가 되므로 a가 전체에서 차지하는 비는 $\frac{a}{a+b}$이다.

2 : 3과 4 : 6은 같은 비를 나타낸다. 일반적으로 $r\neq 0$인 자연수에 대하여 $a : b$와 $ar : br$은 같다. 이러한 성질로부터 두 비의 같음을 다음과 같이 정의할 수 있다.

> [정의 5.8] 두 비 $\frac{a}{b}$와 $\frac{c}{d}$에 대하여
>
> $$\frac{a}{b}=\frac{c}{d}\,(a : b=c : d)\text{일 필요충분조건은 } ad=bc$$
>
> 이다.

위와 같이 두 비가 같다고 나타내는 식을 비례식(proportion)이라고 한다. 비례식 $a : b = c : d$에서 a와 d를 외항(extreme), b와 c를 내항(mean)이라고 한다. 비례식은 비에 관한 문제를 풀 때 자주 이용되는 식이다.

5.3.2 유리수

분수의 덧셈, 뺄셈, 곱셈, 나눗셈을 유리수의 집합

$$Q = \left\{ \frac{p}{q} \,\middle|\, p,\ q \in Z \right\} = \left\{ \frac{n}{m} \,\middle|\, n,\ m \in N \right\} \cup \{0\} \cup \left\{ -\frac{n}{m} \,\middle|\, n,\ m \in N \right\}$$

로 확대하면, 유리수의 집합은 대수적으로 다음 체의 정의를 만족한다.

[정의 5.7 (체의 공리, axioms of field)] 집합 R 위에 정의된 이항연산 덧셈 $+$와 곱셈 $\cdot$이 다음 성질을 만족할 때, $(R,\ +,\ \cdot)$을 체(field)라고 한다.

(A1) $(a+b)+c = a+(b+c)$

(A2) $a+b = b+a$

(A3) 원소 $0 \in R$이 존재하여, 모든 원소 $a \in R$에 대하여 등식

$$a+0 = 0+a = a$$

가 성립한다.

(A4) 각 원소 $a \in R$에 대하여

$$a+(-a) = (-a)+a = 0$$

인 원소 $-a \in R$가 존재한다.

(M1) $(a \cdot b) \cdot c = a \cdot (b \cdot c)$

(M2) $a \cdot b = b \cdot a$

(M3) 원소 $1 \in R$이 존재하여 모든 원소 $a \in R$에 대하여

$$a \cdot 1 = 1 \cdot a = a$$

가 성립한다.

(M4) 각 원소 $a \in R$, $a \neq 0$에 대하여

$$a \cdot a^{-1} = a^{-1} \cdot a = 1$$

인 원소 $a^{-1} \in R$이 존재한다.
(D1) $a\cdot(b+c)=a\cdot b+a\cdot c$, $(a+b)\cdot c=a\cdot c+b\cdot c$

예를 들면 $(Z, +, \cdot)$은 체가 아니며, 분수 전체의 집합도 덧셈과 곱셈에 대하여 닫혀 있으나, 덧셈에 대한 역원이 존재하지 않으므로 체가 아니다. 그러나 유리수 전체의 집합 $(Q, +, \cdot)$와 실수 전체의 집합 $(R, +, \cdot)$은 모두 체이다.

위와 같이 유리수체를 정의하면, 정의에 의하여 1은 단위원이므로

$$a\times 1=a$$

이다. 또 $a\cdot 0=a(0+0)=a\cdot 0+a\cdot 0$이므로, 양변에 $-(a\cdot 0)$을 더하여

$$\begin{aligned}0&=a\cdot 0+(-(a\cdot 0))=a\cdot 0+a\cdot 0+(-(a\cdot 0))\\&=a\cdot 0+(a\cdot 0+(-(a\cdot 0))\\&=a\cdot 0+0\\&=a\cdot 0\end{aligned}$$

가 된다는 것을 증명할 수 있다.

〈참고 5.7〉 사실 위의 유리수체에 의하여 $a\times 1=a$, $a\times 0=0$을 초등학교 학생에게 지도하는 것은 무리이다. 더욱이 초등학교 2학년 학생에게는 정수와 나눗셈에 대한 계산도 지도되지 않은 상태에서 실수의 공리체계를 이해시키는 것은 거의 불가능하다. 그러므로 $a\times 1=a$, $a\times 0=0$의 지도는 앞에서와 같이 생활 속에서 경험하여 느낄 수 있는 정도로 지도하여야 한다.

실제로 체는 가환환이고, 0이 아닌 모든 원소가 곱셈에 대한 역원을 가지는 대수적 구조이다.

따라서 다음과 같은 정리를 얻는다.

[정리 5.3]

$(R, +, \cdot)$이 단위원을 갖는 환일 때

(1) R이 체가 되기 위한 필요충분조건은 0이 아닌 모든 원소가 곱셈에 대한 역원을 가지는 가환환이다.

(2) R이 체이면 R은 정역이다.

[정리 5.4]

유한개의 원소를 갖는 정역은 체이다.

증명 $R=\{0, a_1, a_2, \cdots, a_n\}$이 유한개의 원소를 갖는 정역이라 하자. R에서 0을 제외한 집합을

$$H=\{a_1, a_2, \cdots, a_n\}$$

라 하면, 정리 4.2에 의하여 H는 곱셈에 대하여 닫혀 있고, 곱셈에 대한 소거법칙을 만족한다. 따라서 임의의 $a \in H$에 대하여

$$aH=\{aa_1, aa_2, \cdots, aa_n\}=H$$

이다. 그런데 $1 \in H$이므로 $aa_i = a_i a = 1$인 $a_i \in H$가 존재한다. 즉 $a^{-1}=a_i \in H \subset R$이므로 R은 체이다. ■

예를 들면 p가 소수일 때, $(Z_p, +, \cdot)$은 유한개의 원소를 갖는 정역이므로, 위의 정리 5.4에 의하여 체가 된다. 군과 환에서 부분군과 부분환을 생각했던 것과 같이 부분체를 생각할 수 있다.

> **[정의 5.8]** 체 $(F, +, \cdot)$에서 부분집합 $S \subset F$에 대하여 $(S, +, \cdot)$가 체를 이룰 때, $(S, +, \cdot)$를 $(F, +, \cdot)$의 **부분체(subfield)**라고 한다.

[정리 5.5]

체 $(F, +, \cdot)$에서 부분집합 $S \subset F$에 대하여 $(F, +, \cdot)$가 부분체를 이룰 필요충분조건은 다음과 같다.

(1) $a, b \in S$이면 $a-b \in S$이고 $ab \in S$이다.

(2) 0이 아닌 $a \in S$에 대하여 역원 $a^{-1} \in S$가 존재한다.

더욱이 유리수 전체의 집합은 다음의 순서공리를 만족한다.

[정의 5.9 (순서공리, order axioms)] 체의 공리를 만족하는 집합 F에 다음의 조건을 만족하는 공집합이 아닌 부분집합 P가 존재한다.

(O1) 임의의 $a, b \in P$에 대하여, $a+b \in P$이고 $ab \in P$이다.

(O2) 임의의 $a \in P$에 대하여 다음 중 오직 하나만 성립한다.

(i) $a \in P$ (ii) $a=0$ (iii) $-a \in P$

일반적으로 체의 공리와 순서공리를 만족하는 집합을 순서체(ordered field)라고 한다. 예를 들어 유리수의 집합은 순서체이다. 이때 집합 P의 원소를 양수, 집합 $N=\{x \mid -x \in P\}$의 원소를 음수라고 한다.

[정리 5.6]

순서체 $(F, +, \cdot)$에서 양수의 집합 P에 대하여 다음의 성질이 성립한다.

(1) $0 \notin P$, $0 \notin N$

(2) $1 \in P$

(3) $x \in P$이면 $x^{-1} \in P$이고, $x \in N$이면 $x^{-1} \in N$이다.

(4) $x \neq 0$이면 $x^2 \in P$이다.

(5) $x, y \in N$이면 $xy \in P$이다.

정리 5.6은 양수의 집합 P의 정의에 따라 쉽게 증명할 수 있으며, 우리가 지금까지 사용한 두 수의 크기를 다음과 같이 새로 정의할 수 있다.

[정의 5.10] 순서체 $(F, +, \cdot)$에서 양수의 집합을 P라 하고,

$$\text{두 원소 } x,\ y \in P\text{에 대하여 } x-y \in P$$

일 때, 'x는 y보다 크다'라고 한다. 이것을 $x>y$로 나타낸다. 특히 '$x>y$ 또는 $x=y$'를 $x \geq y$로 나타낸다.

위와 같이 두 수의 크기를 나타내면 부등호 $<$은 다음 성질을 갖는다.

[정리 5.7]

순서체 $(F, +, \cdot)$에서 $<$는 다음 성질을 갖는다.

(1) $x<y$, $y<z$이면 $x<z$이다.

(2) $x, y \in F$에 대하여 다음 세 가지 중 오직 하나만 성립한다.

$$x<y,\ x=y,\ x>y$$

(3) $x<y$이면, 임의의 $z \in F$에 대하여 $x+z<y+z$이다.

(4) $0<x$, $0<y$이면 $0<xy$이다.

실제로 체 $(F, +, \cdot)$이 정리 5.7의 (1)–(4)를 만족하는 관계 $<$를 가지고 있으면, $(F, +, \cdot)$은 순서체가 된다. 즉 $P=\{x \in F \mid x>0\}$은 정의 5.8의 순서공리를 만족하게 된다. 그러므로 정리 5.7과 순서공리와는 동치이다.

유리수 전체의 집합은 순서체를 이루므로, 정리 5.7과 같은 순서관계 $<$를 가진다. 더욱이 다음과 같은 성질을 가짐을 쉽게 알 수 있다.

[정리 5.8]

임의의 유리수 $x, y \in Q$에 대하여 다음이 성립한다.

(1) $x+y \in Q$

(2) $xy \in Q$

(3) $-x \in Q$

(4) x가 0이 아니면 $x^{-1} \in Q$

(5) $x<y$이면 $x<r<y$인 $r \in Q$가 존재한다.

5.4 분수의 역사

분수가 조각이나 부분의 의미로 수학의 한 부분이 된 것은 4000여년이 된다. 그러나 분수의 표현과 수학적 개념에 대한 이해는 거의 최근의 일이다.

이집트 사람들은 숫자 위에 점이나 동그라미를 찍어 분수를 나타내었다. 예를 들면

$$10 : \cap \qquad \frac{1}{10} : \dot{\cap} \qquad 12 : \cap|| \qquad \frac{1}{12} : \mathring{\cap}||$$

와 같이 나타내었다. 고대 이집트 사람들은 1부터 1,000,000까지의 자연수와 이들의 역수로 얻어지는 단위 분수 $\frac{1}{2}, \frac{1}{3}, \frac{1}{4}, \cdots$과 $\frac{2}{3}$를 가지고 그들이 필요한 수를 나타내었다. 그런데 이 방법으로는 $\frac{2}{5}$를 $\frac{1}{5}\frac{1}{5}$과 같이 단위분수를 겹쳐서 사용하는 것이 허락되지 않았으므로, $\frac{2}{5}$를 $\frac{1}{3}\frac{1}{15}$ 같이 복잡하게 나타낼 수밖에 없었다. 그러나 이러한 계산법을 가지고도 피라미드를 건축한 것을 보면 매우 놀라운 일이다.

한편, 메소포타미아 지방에서는 60진법의 수를 사용하였으므로, 72는 $1\times60+12$이므로 그들의 표현으로 72를 '1, 12'로 나타내었다. 또 $72\frac{1}{2}$은 $1\times60+12+30\times\frac{1}{60}$이므로 '1; 12 ; 30'과 같이 나타내었다. 그러나 바빌로니아 사람들은 ; 과 같은 기호를 사용하지 않았으므로 점토판의 '30'은 30을 나타낼 수도 있고 '$\frac{30}{60}=\frac{1}{2}$'을 의미할 수도 있다. 이들의 구분은 단지 문맥에 따라야 하므로 많은 혼란을 가져왔다.

이집트의 10진법과 바빌로니아의 60진법이 그리스에 전해지고 도, 분, 초 등과 같은 60진법의 수는 기술 현장에서 자주 사용되었으나, 평시의 생활에서는

10진법의 수가 자주 사용되었다. 따라서 단위 분수의 합과 곱에 관한 계산 훈련이 중세기까지 이어져 왔다.

기원전 100년까지 올라가는 것으로 추정되는 중국의 구장산술에서는 오늘날의 우리가 사용하는 분수의 표현과 분수의 덧셈, 뺄셈, 곱셈, 나눗셈에 대한 계산 방법이 나타나 있다. 예를 들어 $\frac{2}{3}$를 $\frac{4}{5}$로 나누는 방법을 다음과 같은 순서로 계산하고 있다.

(1) 먼저 각각의 분자에 상대의 분모를 곱한다. 즉

$$\frac{2}{3}\div\frac{4}{5}\text{는 } \frac{2\cdot 5}{3\cdot 5}\div\frac{3\cdot 4}{3\cdot 5}=\frac{10}{15}\div\frac{12}{15}$$

(2) 이제 분모가 같아졌으므로 자연수의 나눗셈과 같은 방법으로 계산한다. 즉

$$\frac{2}{3}\div\frac{4}{5}=\frac{2\cdot 5}{3\cdot 5}\div\frac{3\cdot 4}{3\cdot 5}=\frac{10}{15}\div\frac{12}{15}=10\div 12=\frac{5}{6}$$

그러나 가분수 $\frac{7}{3}$과 같은 표현을 피하고 대신 대분수 $2\frac{1}{3}$로 나타내었다.

중국의 구장산술과 비슷한 방법이 7세기경의 인도에서도 행해졌다. 인도에서는 지금의 $\frac{3}{5}$을 중간의 선이 없이 분자와 분모를 아래위로 써 $\begin{smallmatrix}3\\5\end{smallmatrix}$ 같이 나타내었다. 이와 같은 표현은 유럽으로 건너갔고, 중세기에 들어 라틴 사람들은 위 숫자와 아래 숫자를 구분하기 위하여 '몇 개의(counter)'의 의미를 갖는 분자(numerator)와 '어떤 크기(namer)'의 의미를 갖는 분모(denominator)라는 용어를 사용하기 시작하였다.

분자와 분모 사이의 선은 12세기 경 아랍에서 사용되었다. 그런데 3/4와 같은 빗금(slash) /의 기호가 $\frac{3}{4}$보다는 인쇄하기가 편한데도 불구하고, 빗금의 표현은 1850에 나타난다. 기호의 도입은 계산에도 영향을 끼쳤는데, 예를 들면 '뒤집어서 곱하기(invert and multiply)'

$$\frac{2}{3}\div\frac{4}{5}=\frac{2}{3}\times\frac{5}{4}=\frac{10}{12}$$

는 850년경 인도의 수학자에 의해 사용되었다. 그러나 이와 같은 계산이 유럽에서는 16세기에 나타난다.

제 6 장

소 수

모든 유리수를 분수로 나타낼 수 있다. 그러나 실생활에서는 분수로 나타내는 것보다는 소수로 나타내면 쓰기에 편리한 점이 있다. 예를 들면

$$4\text{cm }3\text{mm} = 4.3\text{cm},\ 1230000000000 = 1.23 \times 10^{10}$$

과 같이 분수보다는 소수로 표현하는 것이 간단한 경우가 있다. 따라서 학교수학에서는 수의 다양한 표현 방법을 익힐 뿐만 아니라, 실생활에서의 의사소통을 위해서도 소수에 대한 교육이 필요하다.

어떤 분수는 소수점 아래의 수가 유한한 소수(유한소수)로, 또 어떤 분수는 같은 것이 반복되는 무한한 소수(순환소수)로 나타난다. 이러한 소수 표현은 직관적으로 유리수와 무리수를 가르는 기준이 된다.

6.1 학교수학

6.1.1 3학년

(1) 소수

1보다 작은 수를 분수 대신 다른 방법으로 표현하는 방법을 알아보자. 예를 들어 테이프를 10조각으로 등분한 것 중의 한 개를 분수로 나타내면 $\frac{1}{10}$이다. 이것을 0.1이라 쓰고 영점 일이라고 읽는다. 즉

$$\frac{1}{10}=0.1$$

이다. 이 때 일의 자리와 일보다 작은 자리를 구분하는 .을 **소수점**(decimal point)이라 하고, 0.1, 0.2, …와 같이 소수점 아래 수를 가지고 있는 수를 **소수**(decimal number)라고 한다.

(2) 소수의 크기

분수의 크기를 이용하여 소수의 크기를 비교할 수 있다. 예를 들어 0.5와 0.8의 크기를 비교하기 위해서는 이들 각각의 크기를 알아야 한다. 그런데 소수의 정의에 의하여

$$0.5=\frac{5}{10},\ 0.8=\frac{8}{10}$$

이고 $\frac{5}{10}<\frac{8}{10}$이므로

$$0.5<0.8$$

이다. 또 2.3과 2.6의 비교에서는

$$2.3=2+0.3,\ 2.6=2+0.6$$

이고 $0.3<0.6$이므로

$$2.3 < 2.6$$

이다. 이와 같이 두 소수의 크기의 비교는 앞자리의 크기가 큰 순서대로 그 크기가 결정됨을 알 수 있다.

6.1.2 4학년

(1) 소수

3학년에서는 소수점 아래 한 자리의 수에 대하여 알아보았다. 예를 들면 분수 $\frac{1}{10}$을 소수로 0.1로 나타내고, 영점 일이라고 읽었다. 즉

$$\frac{1}{10} = 0.1$$

이다.

이와 같이 어떤 단위를 100등분한 한 조각은 $\frac{1}{100}$이고, $\frac{1}{100}$을 0.01이라 쓰고 영점 영일이라고 읽는다. 즉

$$\frac{1}{100} = 0.01$$

이다.

위와 같이 소수를 정의하면 $\frac{35}{100}$는 $\frac{1}{100}$이 35개 있는 것이므로

$$\frac{35}{100} = 0.35$$

와 같이 나타낼 수 있다. 이것을 영점 삼오라고 읽는다. 또

$$4\frac{35}{100} = 4 + \frac{35}{100} = 4 + 0.35 = 4.35$$

라고 나타내기로 한다. 소수 4.35에서 4는 일의 자리 숫자로 4를 나타내고, 3은 0.1 자릿수 또는 소수 첫째 자리 숫자로 0.3을 나타내고, 5는 0.01의 자릿수 또는 소수 둘째 자리 숫자로 0.05를 나타낸다. 그러므로

$$4.35 = 4 + 0.3 + 0.05$$

를 뜻한다.

한편, 1km는 1000m이므로 $1\text{m} = \frac{1}{1000}\text{km}$이다. 이때 $\frac{1}{1000}$을 소수로 나타내면 0.001이라 쓰고, 영점 영영일이라고 읽는다. 그러면

$$\frac{265}{1000} = 0.265$$

로 나타나고,

$$62\frac{265}{1000} = 62 + \frac{265}{1000} = 62 + 0.265 = 62.265$$

이며

$$62.265 = 62 + 0.2 + 0.06 + 0.005$$

임을 의미한다.

(2) 소수의 크기

직관적으로 모눈종이나 수직선을 이용하여 두 소수의 크기를 비교할 수 있다. 그러나 소수는 분수를 소수로 나타낸 것에 바탕을 두고 있으므로, 분수의 대소 관계를 이용하면 두 소수의 크기를 비교할 수 있다. 예를 들어 3.254와 2.761을 비교하면

$$3.254 = 3 + 0.2 + 0.05 + 0.004 = 3 + \frac{2}{10} + \frac{5}{100} + \frac{4}{1000}$$
$$2.761 = 2 + 0.7 + 0.06 + 0.001 = 2 + \frac{7}{10} + \frac{6}{100} + \frac{1}{1000}$$

이므로,

$$3.254 > 2.761$$

이다.

(3) 소수의 덧셈과 뺄셈

소수는 분수를 통하여 도입되었으므로, 소수의 덧셈과 뺄셈은 기본적으로 분수의 개념을 통하여 이해하도록 한다. 예를 들어 두 소수의 덧셈 $0.6+0.3$은

$$0.6+0.3=\frac{6}{10}+\frac{3}{10}=\frac{9}{10}=0.9$$

와 같이 계산한다. 이것을 세로쓰기로 나타내면

$$\begin{array}{r}0.6\\+0.3\\\hline\\\end{array}\quad\Rightarrow\quad\begin{array}{r}0.6\\+0.3\\\hline 9\end{array}\quad\Rightarrow\quad\begin{array}{r}0.6\\+0.3\\\hline 0.9\end{array}$$

이다. 이와 마찬가지로 $0.58+0.34$는

$$\begin{aligned}&0.58+0.34\\&=(0.5+0.08)+(0.3+0.04)\\&=\left(\frac{5}{10}+\frac{8}{100}\right)+\left(\frac{3}{10}+\frac{4}{100}\right)\\&=\frac{5}{10}+\frac{3}{10}+\frac{8}{100}+\frac{4}{100}\\&=\frac{8}{10}+\frac{12}{100}\\&=\frac{8}{10}+\left(\frac{10}{100}+\frac{2}{100}\right)\\&=\frac{8}{10}+\frac{1}{10}+\frac{2}{100}\\&=\frac{9}{10}+\frac{2}{100}\\&=0.92\end{aligned}$$

와 같이 계산한다. 실제로 이것을 세로쓰기로 나타내면 다음과 같다.

$$\begin{array}{r}0.58\\+0.34\\\hline\\\end{array}\quad\Rightarrow\quad\begin{array}{r}0.58\\+0.34\\\hline 2\end{array}\quad\Rightarrow\quad\begin{array}{r}0.58\\+0.34\\\hline 92\end{array}\quad\Rightarrow\quad\begin{array}{r}0.58\\+0.34\\\hline 0.92\end{array}$$

자연수가 있는 소수의 덧셈도 같은 방법으로 계산하면 된다. 예를 들어 2.724 +4.35는 다음과 같은 과정을 거쳐 계산한다.

$$\begin{array}{r} 2.724 \\ +4.35 \\ \hline \end{array} \Rightarrow \begin{array}{r} 2.724 \\ +4.350 \\ \hline \end{array} \Rightarrow \begin{array}{r} 2.724 \\ +4.350 \\ \hline 7.074 \end{array}$$

소수의 뺄셈도 덧셈과 마찬가지로 소수를 분수로 바꾸어 계산하면 된다. 그러나 필산에서는 세로쓰기를 하여 계산을 간편하게 할 수 있다. 예를 들면

$$\begin{aligned} 2.613-1.25 &= \left(2+\frac{6}{10}+\frac{1}{100}+\frac{3}{1000}\right)-\left(1+\frac{2}{10}+\frac{5}{100}\right) \\ &= (2-1)+\left(\frac{6}{10}-\frac{2}{10}\right)+\left(\frac{1}{100}-\frac{5}{100}\right)+\frac{3}{1000} \\ &= 1+\frac{4}{10}+\left(\frac{1}{100}-\frac{5}{100}\right)+\frac{3}{1000} \\ &= 1+\left(\frac{3}{10}+\frac{10}{100}\right)+\left(\frac{1}{100}-\frac{5}{100}\right)+\frac{3}{1000} \\ &= 1+\frac{3}{10}+\left(\frac{10}{100}+\frac{1}{100}-\frac{5}{100}\right)+\frac{3}{1000} \\ &= 1+\frac{3}{10}+\frac{6}{100}+\frac{3}{1000} \\ &= 1.363 \end{aligned}$$

이다. 이것을 세로쓰기에서는 다음과 같이 간단히 계산할 수 있다.

$$\begin{array}{r} 2.613 \\ -1.25 \\ \hline \end{array} \Rightarrow \begin{array}{r} 2.613 \\ -1.250 \\ \hline 3 \end{array} \Rightarrow \begin{array}{r} 2.613 \\ -1.250 \\ \hline 63 \end{array} \Rightarrow \begin{array}{r} 2.613 \\ -1.250 \\ \hline 1.363 \end{array}$$

6.1.3 5학년

(1) 소수의 곱셈

(소수)×(자연수)의 곱셈은 동수누가의 법칙을 이용하여 계산할 수 있다. 예

를 들면 0.5×3은 0.5를 3번 더한 것과 같으므로,

$$0.5\times3=0.5+0.5+0.5=1.0+0.5=1.5$$

이다. 이것을 수직선을 이용하여 나타내면 아래 그림과 같다.

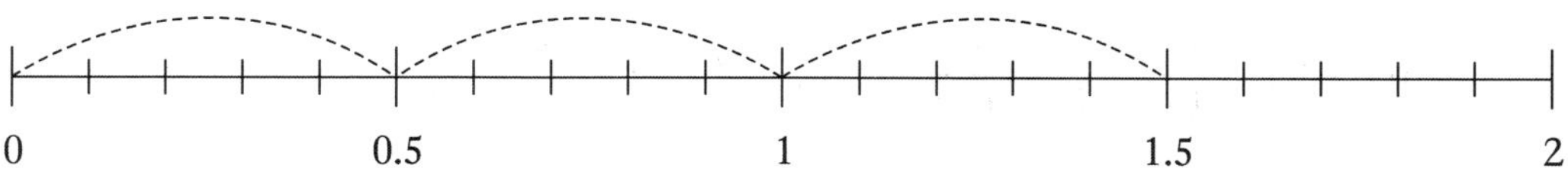

〈그림 6.1〉

그런데 초등학교 수학에서는 소수를 분수로 나타낼 수 있으므로, 소수와 자연수의 곱셈은 분수와 자연수의 곱셈을 이용하면 편리하다. 예를 들면

$$0.5\times3=\frac{5}{10}\times3=\frac{15}{10}=1.5$$

이다. 또

$$0.08\times4=\frac{8}{100}\times4=\frac{32}{100}=0.32$$

이다.

위의 사실로부터 소수와 자연수의 곱셈의 결과는, 소수를 자연수처럼 생각하고 자연수와 자연수의 곱셈을 한 다음 자릿수를 정하는 소수점을 찍은 결과와 같음을 알 수 있다.

한편 (자연수)×(소수)의 계산도 분수를 이용하여 계산하면 된다. 예를 들면

$$3\times0.5=3\times\frac{5}{10}=\frac{15}{10}=1.5$$

이다.

따라서 (자연수)×(소수)의 계산도 (소수)×(자연수)의 계산에서와 마찬가지로, 자연수와 자연수의 곱셈을 한 다음 자릿수를 정하는 소수점을 찍은 결과와 같음을 알 수 있다.

더욱이

$$0.5\times3=1.5=3\times0.5$$

이므로, 자연수와 소수의 곱셈은 자연수와 자연수의 곱셈에서와 같이 곱셈에 대한 교환법칙이 성립함을 예측할 수 있다.

(소수)×(소수)의 계산도 분수를 이용하여 계산하면 된다. 예를 들면

$$0.6\times0.4=\frac{6}{10}\times\frac{4}{10}=\frac{24}{100}=0.24,\ 0.4\times0.6=\frac{4}{10}\times\frac{6}{10}=\frac{24}{100}=0.24$$

이다. 따라서

$$0.6\times0.4=0.4\times0.6$$

이 성립한다. 또, $0.6\times0.4=0.24$이므로 이 값은 $6\times4=24$의 값에 소수점을 알맞은 자리에 찍은 것과 같다.

(2) 소수의 나눗셈

한 병에 1.8L인 물을 여러 사람에게 똑같이 나누어 주려면 (소수)÷(자연수)의 계산이 필요하게 된다. 이러한 계산은 눈금이 있는 컵이나 수직선 모델을 이용하여 개념을 도입할 수 있다.

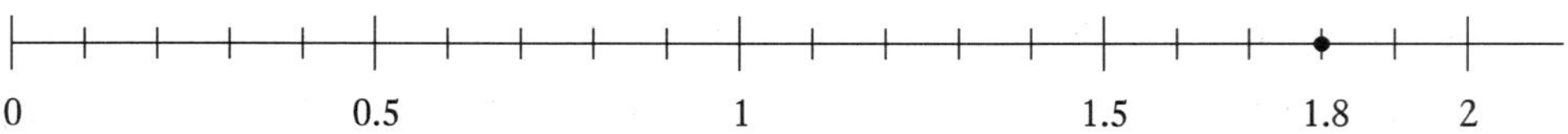

〈그림 6.2〉

분수를 이용하면 대수적으로 (소수)÷(자연수)의 계산을 간단히 할 수 있다. 예를 들면 $2.4\div2$와 $0.24\div2$의 계산을

$$2.4\div2=\frac{24}{10}\div2=\frac{24}{10}\times\frac{1}{2}=\frac{12}{10}=1.2$$

$$0.24\div2=\frac{24}{100}\div2=\frac{24}{100}\times\frac{1}{2}=\frac{12}{100}=0.12$$

와 같이 계산한다. 이 계산은 $24\div2$의 계산 결과에 자릿수를 나타내는 적당한

소수점을 찍은 것과 같다. 이것을 세로셈으로 계산하면 다음과 같다.

$$\begin{array}{r} \\ 2\overline{)2.4} \end{array} \Rightarrow \begin{array}{r} 1 \\ 2\overline{)2.4} \\ 2 \\ \hline \end{array} \Rightarrow \begin{array}{r} 1.2 \\ 2\overline{)2.4} \\ 2 \\ \hline 4 \\ 4 \\ \hline 0 \end{array}$$

(3) 나눗셈의 소수표현

지금까지는 소수를 분수로 나타낼 수 있었다. 거꾸로 모든 분수 즉 (자연수)÷(자연수)를 소수로 나타낼 수 있을까?

예를 들어 9÷4를 소수로 나타내어 보자. 9÷4는 나누어 떨어지지 않으므로 9에 적당한 10의 배수를 곱하여 4로 나누어 떨어지는 수를 생각하여 보자. 즉

$$9 \div 4 = \frac{90}{10} \div 4 = \frac{90}{10} \times \frac{1}{4}$$

그런데 90은 4로 나누어 떨어지지 않으므로, 다시 분자와 분모에 10을 곱하면

$$9 \div 4 = \frac{90}{10} \div 4 = \frac{90}{10} \times \frac{1}{4} = \frac{100}{900} \times \frac{1}{4} = \frac{225}{100} = 2.25$$

이다. 따라서 9÷4를 소수로 나타내면

$$9 \div 4 = 2.25$$

이다.

이와 같이 (자연수)÷(자연수)의 결과를 소수로 나타내려면 제수의 10의 배수가 피제수로 나누어 떨어질 때까지 식을 변화시켜 계산하고 적당한 자릿수를 나타내는 소수점을 찍으면 된다.

이와 같은 계산은 다음과 같이 세로셈을 이용하면 편리하다.

$$
\begin{array}{r}
2 \\
4\overline{)9} \\
8 \\ \hline
1
\end{array}
\quad\Rightarrow\quad
\begin{array}{r}
2.2 \\
4\overline{)9.} \\
8 \\ \hline
10 \\
8 \\ \hline
2
\end{array}
\quad\Rightarrow\quad
\begin{array}{r}
2.25 \\
4\overline{)9.} \\
8 \\ \hline
10 \\
8 \\ \hline
20 \\
20 \\ \hline
0
\end{array}
$$

〈참고 6.1〉 위의 (자연수)÷(자연수)의 계산에서는 소수점 아래의 숫자가 유한개인 유한소수로 나타났다. 그러나 모든 (자연수)÷(자연수)의 계산 결과가 유한소수로 나타나는 것은 아니다. 예를 들면

$$1 \div 3 = 0.333\cdots$$
$$3 \div 7 = 0.428571428571\cdots$$

와 같이 소수점 아래의 수가 무한개로 나타나는 경우가 있다. 더욱이 이 경우에는 소수점 아래의 수가 일정한 간격을 두고 반복적으로 나타나는 것도 있다는 것을 알 수 있다. 그러나 이와 같은 순환소수는 학생들의 수준에 맞추어 지도할 필요가 있다.

6.1.4 6학년

(1) 소수와 분수

피자 한판의 $\frac{1}{7}$조각이나 음료수 한 병의 들이 1.8L와 같이 분수와 소수는 일상생활에서 자주 나타난다. 앞에서 소수를 분수를 통하여 도입하고 분수를 소수로 표현하는 방법을 알아보았다.

이제 분수와 소수 사이의 관계를 이용하여, 소수를 분수로 또 여러 가지 분수를 소수로 표현하는 방법에 대해 알아보자.

소수를 분수로 고치는 경우에는 분모가 10의 배수인 분수로 나타낸 다음 기약분수로 고쳐 나타낸다. 예를 들면

$$0.3 = \frac{3}{10},\ 0.002 = \frac{2}{1000} = \frac{1}{500}$$

과 같이 나타낸다. 또 분모가 10의 배수인 분수를 소수로 고치는 것은 자릿수를 계산하여 적당한 곳에 소수점을 찍어 나타내면 된다. 예를 들면

$$\frac{2}{10}=0.2,\ \frac{35}{1000}=0.035$$

이다. 분모가 10의 배수가 아닌 분수를 소수로 나타내려면, 분모를 10의 배수가 되도록 분자와 분모를 바꾸어 소수로 나타내면 편리하다. 예를 들면

$$\frac{3}{4}=\frac{3\times25}{4\times25}=\frac{75}{100}=0.75,\ 3\frac{1}{5}=\frac{16}{5}=3+\frac{1}{5}=3+\frac{2}{10}=3+0.2=3.2$$

와 같이 나타낸다.

위와 같이 소수는 분수로, 분수는 소수로 바꾸어 나타낼 수 있다. 따라서 분수와 소수의 크기를 비교할 때는 편의에 따라 같은 모양의 수로 나타낸 다음 그 크기를 비교하면 된다.

예를 들면 분수 $\frac{3}{5}$과 소수 0.7을 비교하려면, $\frac{3}{5}$을 소수로 고치면 $\frac{3}{5}=0.6$이므로

$$\frac{3}{5}=0.6<0.7$$

이다. 한편, 0.7을 분수로 고치면 $0.7=\frac{7}{10}$이므로 두 수를 분수로 나타내 비교하면

$$\frac{3}{10}=\frac{6}{10}<\frac{7}{10}=0.7$$

이다.

(2) 소수의 나눗셈

소수의 나눗셈은 근본적으로 분수의 나눗셈을 이용하면 된다. 예를 들면 $0.25\div0.5$를

$$0.25 \div 0.5 = \frac{25}{10} \div \frac{5}{10} = 25 \div 5 = 5$$

와 같이 계산한다.

위와 같이 제수와 피제수의 소수점 아래의 자릿수가 같은 경우에는, 두 소수가 모두 자연수가 되도록 적당한 10의 제곱을 곱한 다음 자연수의 나눗셈을 하는 것과 같다.

제수와 피제수의 소수점 아래의 자릿수가 다른 경우에는 제수가 자연수가 되도록 적당한 10의 제곱을 곱한 다음 나눗셈을 하는 것이 편리하다. 예를 들면 19.35÷4.5를

$$19.35 \div 4.5 = \frac{1935}{100} \div \frac{450}{100} = 1935 \div 450$$

으로 계산하는 대신

$$19.35 \div 4.5 = \frac{193.5}{10} \div \frac{45}{10} = 193.5 \div 45 = 4.3$$

와 같이 계산하는 것이 간편하다. 이것을 세로쓰기로 나타내면 다음과 같다.

$$4.5\overline{)19.35} \;\Rightarrow\; 45\overline{)193.5} \;\Rightarrow\; \begin{array}{r} 4.3 \\ 45\overline{)193.5} \\ 180 \\ \hline 135 \\ 135 \\ \hline 0 \end{array} \quad \Bigg| \quad \begin{array}{r} 4.3 \\ 4.5\overline{)19.35} \\ 18.0 \\ \hline 1\;35 \\ 1\;35 \\ \hline 0 \end{array}$$

(3) 분수와 소수의 혼합 계산

(소수)÷(분수)를 그대로 계산하기는 쉽지 않다. 그러나 (소수)÷(분수)를 (소수)÷(소수) 또는 (분수)÷(분수)의 꼴로 고치면 앞의 계산 방법을 이용하여 쉽게 계산할 수 있다. 예를 들어

$$1.5 \div \frac{1}{4} = \frac{15}{10} \div \frac{1}{4} = \frac{15}{10} \times \frac{4}{1} = \frac{15 \times 4}{10} = \frac{60}{10} = 6$$

또는

$$1.5 \div \frac{1}{4} = 1.5 \div 0.25 = 6$$

과 같이 계산한다.

(분수)÷(소수)의 꼴도 위와 같이 (소수)÷(소수) 또는 (분수)÷(분수)의 꼴로 고쳐서 계산한다. 예를 들면

$$3\frac{3}{5} \div 0.3 = \frac{18}{5} \div \frac{3}{10} = \frac{18}{5} \times \frac{10}{3} = \frac{18 \times 10}{5 \times 3} = 12$$

또는

$$3\frac{3}{5} \div 0.3 = 3.6 \div 0.3 = 12$$

와 같이 계산한다.

〈참고 6.2〉 분수와 소수의 나눗셈에서 소수로 나누어 떨어지지 않는 경우가 있다. 이와 같은 경우는 소수를 분수로 고쳐서 계산하고 이를 분수로 나타내는 것이 더 정확하다. 예를 들면

$$1\frac{3}{5} \div 0.7 = \frac{8}{5} \div 0.7 = (8 \div 5) \div 7 = 1.6 \div 0.7 = 2.28571 \cdots$$

으로, 정확한 값을 얻는 대신 몫의 근사값을 얻게 된다. 그러나 이것을 분수로 나타내어 계산하면

$$1\frac{3}{5} \div 0.7 = \frac{8}{5} \div \frac{7}{10} = \frac{8}{5} \times \frac{10}{7} = \frac{80}{35} = 2\frac{2}{7}$$

와 같이 정확한 값을 얻는다.

6.2 소수의 교육

모든 유리수를 분수로 나타낼 수 있다. 그러나 실생활에서는 분수로 나타내는 것보다는 소수로 나타내면 쓰기에 편리한 점이 있다. 예를 들면

$$1\text{mm} = \frac{1}{10}\text{cm} = 0.1\text{cm}$$

$$1\text{cm} = \frac{1}{100}\text{m} = 0.01\text{m}$$

$$1\text{mm} = \frac{1}{1000}\text{m} = 0.001\text{m}$$

$$1\text{mL} = \frac{1}{1000}\text{L} = 0.001\text{L}$$

와 같이 분수보다는 소수로 표현하는 것이 간단한 경우가 있다. 또 소수를 이용하여 나타내면

$$4\text{cm}\ \ 3\text{mm} = 4.3\text{cm}$$

$$1230000000000 = 1.23 \times 10^{10}$$

과 같이 간단히 편리하게 나타낼 수 있다.

따라서 학교수학에서는 수의 다양한 표현 방법을 익힐 뿐만 아니라, 실생활에서의 의사소통을 위해서도 소수에 대한 교육이 필요하다.

학교수학에서는 분수를 통하여 소수를 도입하였으므로, 소수의 연산은 분수로 바꾸어 계산하면 된다는 것을 이해하도록 한다. 그런데 분수를 소수로 바꾸어 표현할 때

$$\frac{35}{100} = 0.35,\ \ \frac{3}{7} = 0.428571428571\cdots$$

와 같이, 어떤 분수는 소수점 아래의 수가 유한한 소수(유한소수)로 또 어떤 분수는 같은 것이 반복되는 무한한 소수(순환소수)로 나타난다.

그러나 초등학교 수준에서는 순환소수 또는 순환하지 않는 무한소수(무리수

의 소수 표현)는 다루지 않고, 유한소수와 그들의 연산에 대해서만 다루도록 한다.

〈참고 6.3〉 0.2와 0.20은 수직선 위에서 같은 점을 나타낸다. 따라서 대수적으로는

$$0.2=0.20$$

이다. 이와 같이 소수 0.20의 끝자리 숫자 0은 생략하여 0.2로 나타낼 수 있다. 그러나 반올림이나 반내림 등이 있는 근사값의 표현에서는 0.2는 0.15 이상 0.25 미만의 수를 나타내고 0.20은 0.195 이상 0.205 미만의 수를 나타내므로 서로 다른 의미를 갖는다.

6.3 소수와 실수

6.3.1 소수의 분류

실제로 소수 0.1, 0.01을 앞에서와 같이 분수를 통하여 정의하면

$$0.1=\frac{1}{10}=10\times\frac{1}{100}$$

$$0.01=\frac{1}{100}=10\times\frac{1}{1000}$$

이므로, 소수의 표현은 자연수의 십진 기수법과 같은 원리를 가진다. 이것은 소수를

$$\begin{aligned}&a_n a_{n-1}\cdots a_0\cdot a_{-1}a_{-2}+\cdots a_{-m}\\&=a_n\times10^n+a_{n-1}\times10^{n-1}+\cdots+a_0+a_{-1}\times\frac{1}{10}+a_{-2}\times\frac{1}{10^2}\cdots+a_{-m}\times\frac{1}{10^m}\end{aligned}$$

로 나타내는 표기법이다.

소수는 분수를 우리가 사용하고 있는 십진법의 수로 나타내는 도구로 이용되고 있다. 소수를 분류하면 $\frac{3}{8}=0.1875$와 같이 소수점 아래에 유한개의 0이 아닌 수로 되어 있는 **유한소수**(terminating decimal)와 그렇지 않은 무한소수로 나뉜다. 그러면 유한소수와 분수와의 관계는 무엇일까?

유한소수의 순서는

(1) 분수로 바꾸어서

(2) 자연수의 비교와 같이 왼쪽부터 자릿값을 비교하여

그 크기를 비교하면 된다.

또 소수의 덧셈은 소수를 분수로 바꾸어 분수의 덧셈을 하거나, 소수점의 위치를 맞추고 자연수의 덧셈을 하듯이 하면 된다. 예를 들면

$$0.6+0.3=\frac{6}{10}+\frac{3}{10}=\frac{9}{10}=0.9$$

또는

$$\begin{array}{r} 0.6 \\ +0.3 \\ \hline 0.9 \end{array}$$

와 같이 계산한다.

마찬가지로 소수의 뺄셈도 덧셈과 같은 방법으로 한다.

소수의 곱셈과 나눗셈은 소수를 분수로 바꾸어 계산하든지, 자연수의 곱셈과 나눗셈처럼 계산한 다음 소수점 아래의 자릿수를 계산하여 소수점을 찍으면 된다. 예를 들면

$$0.6\times0.4=\frac{6}{10}\times\frac{4}{10}=\frac{24}{100}=0.24$$

와 같이 계산한다.

분수 $\frac{a}{b}$에서 분모가 $2^m\times5^n$인 경우에는 분수 $\frac{a}{b}$는 유한소수로 나타난다는 것을 알고 있다. 그렇지 않은 경우

$$\frac{1}{3}=0.333\cdots, \quad \frac{6}{7}=0.857142857142\cdots$$

와 같이 일정한 수가 반복적으로 나타난다. 이와 같은 소수를 **순환소수**(repeating decimal)라고 부른다. 위에서 7로 나누면 나머지는 0, 1, 2, 3, 4, 5, 6 중 하나이므로 적어도 7번 만에 같은 나머지가 나타난다. 마찬가지로 $\frac{7}{23}$의 경우는 적어도 23번 만에 같은 나머지가 나타나므로 순환소수가 된다.

일반적으로 기약분수 $\frac{a}{b}$가 순환소수일 필요충분조건은 b가 2와 5 이외의 인수를 가질 때이다. 실제로 기약분수 $\frac{a}{b}$가 유한소수일 필요충분조건은 분모 b가 2나 5 만의 인수, 즉 $2^m \times 5^n$인 경우이다.

따라서 우리는 모든 분수는 소수로 나타낼 수 있으며, 모든 순환소수는 다시 분수로 나타낼 수 있다는 사실을 알 수 있다.

6.3.2 소수와 퍼센트

퍼센트(percent : %)는 분수를 나타내는 또 다른 방법이다. 라틴어에 근간을 두고 있는 이 말은 "백(100) 가운데" 라는 뜻을 가지고 있다. 따라서 25퍼센트라는 말은 100 가운데 25개라는 뜻이고, 이것은 $\frac{25}{100}$ 또는 0.25를 의미한다. 이와 같이 분수, 소수와 퍼센트는 밀접한 관계가 있으므로, 이들 사이에서 자유롭게 전환할 수 있는 능력을 기르는 것이 필요하다.

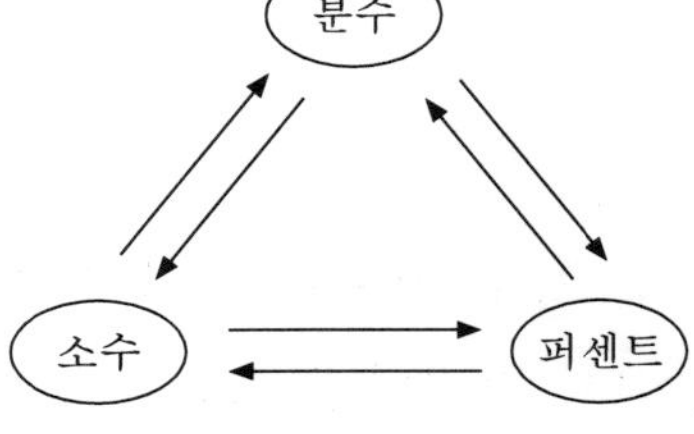

〈그림 6.3〉

(1) 퍼센트를 분수로

퍼센트의 뜻에 따라 고치면 된다. 예를 들면 $45\% = \frac{45}{100}$이다.

(2) 퍼센트를 소수로

퍼센트를 뜻에 따라 분수로 고치고, 다시 분수를 소수로 나타내면 된다. 실제로는 퍼센트 기호를 없애고 소수점을 왼쪽으로 두 자릿수 다음에 찍으면 된다. 예를 들면 $35\% = \frac{35}{100} = 0.35$와 같이 분수로 고친 다음 소수로 고치든지, $815\% = 8.15$와 같이 퍼센트 기호를 없애고 왼쪽으로 두 자릿수 다음에 소수점을 찍는다.

(3) 소수를 퍼센트로

위의 (2)의 방법을 거꾸로 하면 된다. 예를 들면 $75\% = 0.75$이고, $0.005 = 0.5\%$이다.

(4) 분수를 퍼센트로

분수가 유한소수로 나타나는 경우에는 분모를 100으로 나타내어, 분수를 %로 나타내면 된다. 예를 들면 $\frac{19}{50} = \frac{38}{100} = 38\%$이다. 그러나 유한소수가 아니라 순환소수로 나타나는 경우에는, 분수를 소수로 나타내고 소수를 퍼센트로 나타내면 된다. 예를 들면 $\frac{5}{9} = 0.555\cdots = 0.\dot{5}$이므로 $\frac{5}{9}$는 $55.\dot{5}$퍼센트이다. 그러나 일상에서는 근사값을 사용하여 약 56 퍼센트라고 하는 경우가 많다.

6.3.3 실수체계

유리수 전체의 집합과 같이 실수 전체의 집합도 순서체를 이룬다. 따라서 유리수체는 실수체의 부분체이다. 그렇다면 유리수체와 실수체가 구조적으로 어떻게 다른가?

[정의 6.1] 순서체 R의 공집합이 아닌 부분집합 S에 대하여, 명제

모든 $x \in S$에 대하여, $x \leq u$인 $u \in R$가 존재한다.

를 만족할 때, 집합 S는 위로 유계(bounded above)라고 한다. 이때 $u \in R$를 S의 상계(upper bound)라고 한다.

[정의 6.2] 순서체 R의 공집합이 아닌 유계인 부분집합 S에 대하여, 다음의 두 조건을 만족하는 $\alpha \in R$가 존재할 때 α를 S의 상한(supremum) 또는 최소상계(the least upper bound)라고 한다.

(1) α는 S의 상계이다.

(2) $\beta \in R$이고 $\beta < \alpha$이면 β는 S의 상계가 될 수 없다.

이때 $\alpha = \text{lub } S = \sup S$와 같이 나타낸다.

위의 정의에서 부등호의 방향을 바꾸어 아래로 유계(bounded below), 아래로 하계(lower bound), 하한(infimum) 또는 최대하계(the greatest lower bound)를 정의할 수 있다. β가 S의 최대하계일 때,

$$\beta = \text{glb } S = \inf S$$

로 나타낸다. 또 S가 위로 유계이며 아래로 유계일 때, S는 유계(bounded)라고 한다.

순서체 R의 부분집합 $S \subset R$에 대하여 $\alpha = \text{lub } S$, $\beta = \text{glb } S$인 것을 각각 다음과 같이 나타낼 수 있다.

(1) 임의의 $x \in S$와 $\varepsilon > 0$에 대하여 $x \leq \alpha$이고, $\alpha - \varepsilon < y$인 $y \in S$가 존재한다.

(2) 임의의 $x \in S$와 $\varepsilon > 0$에 대하여 $x \geq \beta$이고, $y < \beta + \varepsilon$인 $y \in S$가 존재한다.

위의 사실을 이용하면 집합 S의 최소상계와 최대하계는 모두 유일하게 존재한다는 것을 증명할 수 있다.

유리수의 집합은 $\sqrt{2}$와 같은 무리수는 포함하지 않는다. 따라서 집합

$$S=\{x\in Q \mid x^2 \leq 2\}$$

은 공집합이 아니며, $\sup S=\sqrt{2}$ 이다. 그러나 $\sqrt{2}$는 유리수가 아니므로 유리수체에서는 S의 상한이 존재하지 않는다.

이와 같이 유리수체는 순서 구조상 틈이 있는 불완전한 집합이다. 이와 같은 순서 구조의 불완전함을 보완하기 위하여 유리수의 집합을 우리가 익히 알고 있는 완전한 실수의 집합으로 확장한다.

이를 위하여 몇 가지 정의를 하자.

먼저 실수의 완비성을 보장하기 위하여 다음의 완비성 공리를 알아보자.

[정의 6.3 (완비성 공리(completeness axiom))] 순서체 R의 공집합이 아닌 부분집합 S가 위로 유계이면 반드시 그 상한이 존재한다.

앞에서 언급한 체의 공리, 순서공리, 완비성공리를 가지고 있는 집합 R을 실수체계(real number system)라고 한다. 실수체계 R에 대하여는 다음의 Archimedes 정리가 성립한다.

[정리 6.1 (Archimedes의 정리)]

임의의 $a>0$, $b\in R$에 대하여 $na>b$인 적당한 자연수 n이 존재한다.

증명 b가 음수인 경우는 분명하므로 $b>0$인 경우를 생각해 보자. 위의 정리가 성립하지 않는다고 가정하자. 그러면 $a>0$, $b>0$에 대하여

$$na \leq b$$

인 자연수 $n\in N$이 존재한다. 그러면 b는 집합

$$S=\{na \mid n\in N\}$$

의 상계이다. 집합 S의 상한을 α라고 하면, 임의의 $n\in N$에 대하여

$$(n+1)a\leq \alpha \text{ 즉 } na\leq \alpha - a$$

이므로 $\alpha - a$는 S의 상계이다. 그런데

$$a \leq \alpha - a \quad 즉 \quad a \leq 0$$

가 되므로, $a > 0$에 모순이다. ■

Archimedes 정리를 이용하면 다음 정리를 증명할 수 있다.

[정리 6.2]

임의의 $a \in R$ $(a > 0)$에 대하여

(1) $a < n$인 자연수 n이 존재한다.

(2) $0 < \dfrac{1}{n} < a$인 자연수 n이 존재한다.

더욱이 유리수는 실수체 위에 빽빽이 들어 있음을 알 수 있다. 이것을 유리수의 조밀성(density of rational numbers)이라고 한다.

[정리 6.3 (유리수의 조밀성)]

임의의 a, $b \in R$ $(a < b)$에 대하여, $a < r < b$인 유리수 r이 존재한다.

다음의 Dedekind 정리는 실수체 R이 순서구조상 틈이 없이 연속되어 있음을 말해주고 있다.

[정리 6.4 (Dedekind 정리)]

R의 두 부분집합 A, B가 다음의 성질을 만족한다고 하자.

(1) $A \cup B = R$

(2) $A \neq \varnothing$, $B \neq \varnothing$

(3) 임의의 $a \in A$, $b \in B$에 대하여 $a < b$

이때 임의의 $a \in A$, $b \in B$에 대하여 $a \leq \alpha$, $\alpha \leq b$인 $\alpha \in R$가 유일하게 존재한다.

〈참고 6.4〉 Dedekind 정리는 실수의 완비성 공리를 이용하여 증명되어지나, Dedekind 정리를 먼저 공리로 내세우면 이로부터 완비성공리를 증명할 수 있다. 즉 완비성공리와 Dedekind 정리는 동치이다.

앞에서 유리수체계는 실수체계와는 달리 완비성 공리가 성립하지 않는다고 하였다. 이는 유리수체계 Q에서는 Dedekind 정리가 성립하지 않는다는 것을 이용하여 보일 수 있다. 예를 들면 유리수의 집합 Q의 부분집합

$$A=\{x\in Q \mid x\le 0 \text{ 또는 } x^2<2\},\ B=\{x\in Q \mid x>0\text{이고 } x^2>0\}$$

이 Dedekind 정리의 조건 (1), (2), (3)을 모두 만족하지만, 임의의 $a\in A$, $b\in B$에 대하여 $a\le\alpha$, $\alpha\le b$인 $\alpha=\sqrt{2}$는 유리수의 집합 Q에 존재하지 않는다.

한편 완비성 공리를 이용하면 다음을 증명할 수 있다.

[정리 6.5]

$a\ge 0$일 때, 임의의 자연수 n에 대하여

$$x^n=a$$

인 양의 실수 x가 꼭 하나 존재한다.

6.3.4 수열의 극한

극한은 실수체계에서 아주 기본적인 위상적(topological) 개념으로, 그 기원을 고대의 수학에서 오늘날 미적분에서 다루어지는 곡선 도형의 길이나 넓이, 부피를 구하는 과정에서 찾아볼 수 있다.

예를 들면 원을 정사각형화하는 문제에서 원에 내접한 정사각형을 만들고, 비슷한 과정을 거쳐 8각형, 16각형, …,을 만들면 원과 거의 동일한 정다각형을 만들 수 있다. 그런데 이런 정다각형은 정사각형으로 변환되므로 원은 정사각형으로 변환될 수 있다고 주장하였다. 즉 원의 넓이를 구하는 과정에서, 원에 내접하는 사각형 $ABCD$, 팔각형 $AEBFCGDH$ 등으로 근접시켜 나가면 정다각형과 원 사이의 빈틈이 점점 더 작아지게 된다는 것이다.

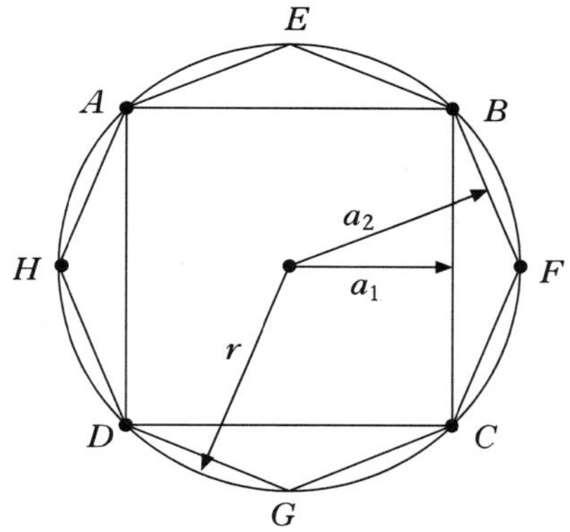

〈그림 6.4〉

이때 정사각형 *ABCD*와 정팔각형 *AEBFCGDH*의 둘레의 길이를 각각 p_1, p_2라 하고 원점에서 변까지의 거리를 각각 a_1, a_2라고 하면, 정사각형 *ABCD*와 정팔각형 *AEBFCGDH*의 넓이는 각각 $\frac{p_1}{2}a_1$, $\frac{p_2}{2}a_2$가 된다. 이와 같은 과정을 되풀이하면 n번째 근사 다각형의 넓이는 $\frac{p_n}{2}a_n$이 된다. 그런데 다각형의 둘레의 길이 p_n은 원둘레의 길이 $2\pi r$에 가까이 가고 a_n은 원의 반지름의 길이 r에 가까이 가므로, 원의 넓이는 직관적으로 πr^2임을 알 수 있다.

물론 여기에는 논리적으로 문제가 있지만 원의 넓이에 점점 더 가까운 다각형의 넓이의 수열을 생각했다는 점에서 소박한 의미의 극한 개념을 엿볼 수 있다.

곡선인 경우에 다각형의 변의 길이로 접근하는 무한소 길이의 개념은 편리한 점이 있지만, 이는 논리적 역설과 철학적 공격을 불러왔다. 예를 들면 정삼각형의 양변을 그림과 같이 반씩 잘라 내려가면, 변 *ACB*의 길이는 밑변 *AB*의 길이와 같아지는 엘레아의 Zeno의 역설을 만나게 된다. 이 역설은 무한히 아주 작은 것을 무한 번 더해도 그 합은 영이라는 잘못된 극한의 개념 때문에 일어난 것이므로, 극한의 개념을 재정립할 필요성을 낳게 하였다.

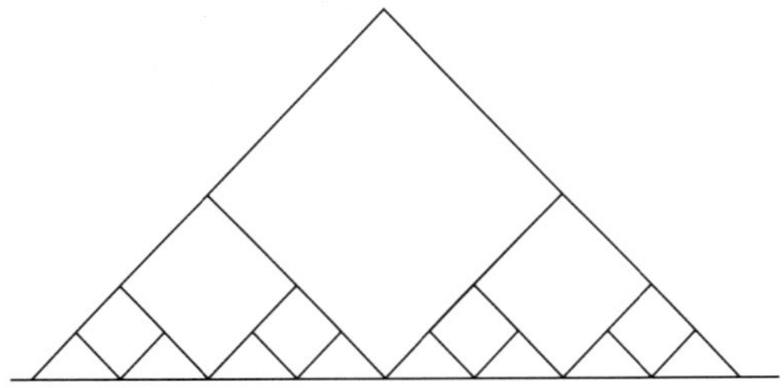

〈그림 6.5〉

〈참고 6.5〉(Zeno의 역설) Zeno의 역설 중 다음과 같은 것이 있다.

(1) 어느 한 지점에서 다른 지점으로 가기 위해서는 그 중간점을 가야 하고, 그 중간점을 지나야 하므로, 운동은 불가능하다.

(2) Achilles는 앞에 가는 거북이를 따라 잡을 수 없다. 왜냐하면 Achilles가 거북이를 따라잡기 위해서는 먼저 거북이가 있던 곳에 도달하여야 하고 이 동안에 거북이는 조금 앞으로 가며, 이런 것이 반복적으로 진행되기 때문이다.

(3) 어느 순간에 나는 화살은 정지해 있거나 움직이고 있다. 만약 순간이 나눌 수 없는 것이라면 화살은 움직일 수 없다. 왜냐하면 화살이 움직인다면 순간은 나눌 수 있게 되기 때문이다. 그런데 시간은 순간으로 이루어져 있다. 화살은 어느 순간에도 움직일 수 없으므로, 어느 시간에도 움직일 수 없다. 따라서 나는 화살은 정지해 있다.

Zeno의 역설 (1), (2)는 학교수학에서 다루는 무한등비급수에 의해 해결할 수 있다. 예를 들면 Achilles가 10m/sec, 거북이가 1m/sec로 움직인다고 하자. 처음 Achilles와 거북이와의 사이가 100m라고 하자. Achilles가 100m를 가면 거북이와의 사이는 10m가 된다. Achilles가 다시 10m를 달리면 간격은 1m가 된다. 그런데 이 간격을 통과하는데 걸리는 시간은 10초, 1초, 0.1초, ...이다. 이들 시간의 합은 초항이 10, 공비가 0.1인 무한등비급수의 합을 구하는 공식에 의하여

$$\frac{10}{1-0.1}=\frac{100}{9}$$

이다. 따라서 Achilles는 12m 이전에 거북이를 따라 잡을 수 있다. 그런데 당시에 Zeno의 역설이 성립한 것은, 아무리 작은 것이라도 무한히 더하면 무한히 된다고 여겼기 때문이다. Zeno의 역설 (3)은 운동 개념에 대한 이해의 부족에서 온다. 운동이란 어떤 기준 시점과 비교하는 시점 사이에서의 위치의 변화를 따지는 개념이고 정지 상태는

운동의 특별한 경우이므로, 어느 한 시점에서의 운동과 정지를 논할 수 없다. Zeno는 순간을 한 시점으로 본 오류를 범하였다. 어쨌든 Zeno의 역설은 극한과 미분에 대한 정확한 개념을 요구하게 한 것으로 Bolzano와 Cauchy에 의해 문제가 해결될 때까지 많은 철학자를 궁지에 몰아넣었다.

수직선 위의 거리 개념은 주어진 집합 O의 원소 x에 대하여 작은 개구간 $(x-\varepsilon,\ x+\varepsilon)\subset O$을 x의 **근방**(neighborhood)이라 하고, 집합 내부에 근방이 존재하느냐에 따라 x가 **내점**(interior point)인지 아닌지를 결정해 준다. 내점은 수열과 함수의 극한에 대한 이론을 전개해 가는데 아주 유용하게 쓰인다. 또 임의의 근방 $(x-\varepsilon,\ x+\varepsilon)$에 대하여

$$(x-\varepsilon,\ x+\varepsilon)\cap O-\{x\}\neq\varnothing$$

일 때, x를 O의 **집적점**(limit point)이라고 한다. 집합 O의 모든 점이 O의 내점일 때, O를 **열린집합**(open set)이라고 하며, O^c이 열린집합일 때 O를 **닫힌집합**(closed set)이라고 한다.

다음은 집적점에 관한 중요한 사실이다.

[정리 6.6]

집합 S를 실수의 부분집합, x를 실수라 하자. 그러면 다음이 성립한다.

(1) x가 집합 S에 속하는 단지 유한개의 점을 포함하는 근방을 가지면, x는 S의 집적점이 아니다.

(2) x가 집합 S의 집적점이면, x의 모든 근방은 S에 속하는 무한개의 점을 포함한다.

유리수체계로부터 실수체계로의 확장에서 유리수 수열의 극한으로부터 실수의 구성을 직관적으로 설명하였으나 여기서는 좀더 체계적으로 정리하여 보자. 수열 $\{a_n\}$은 수 $a_1,\ a_2,\ \cdots,\ a_n,\ \cdots$의 나열을 말하는 것으로, 이것을 함수

$$f : N \to R$$

로 정의할 수 있다. n이 충분히 커짐에 따라($n \to \infty$일 때) 수열 $\{a_n\}$이 어떤 상수 a에 무한히 가까이 갈 때 우리는 수열 $\{a_n\}$이 a에 **수렴한다**(converge)고 하고, 이것을

$$\lim_{n \to \infty} a_n = a$$

으로 나타낸다. 또는 이것을

$$n \to \infty \text{일 때 } a_n \to a$$

로 나타내기도 한다. 이때 a를 수열 $\{a_n\}$의 **극한**(limit)이라고 한다.

사실 위에서 '충분히 커질 때(sufficiently large)'나 '무한히 가까이 갈 때(ultimately close)'란 말은 얼마나 큰지 또는 얼마나 가까운지 애매모호한 말이다. 따라서 우리는 이것을 좀더 명확히 할 필요가 있다.

[정의 6.4] 임의의 $\varepsilon > 0$에 대하여 적당한 자연수 N이 있어, $n > N$인 모든 자연수 n에 대하여

$$|a_n - a| < \varepsilon$$

일 때, 수열 $\{a_n\}$이 상수 a에 수렴한다고 한다. 이것을

$$\lim_{n \to \infty} a_n = a$$

로 나타낸다. 수열 $\{a_n\}$이 수렴할 때 수열 $\{a_n\}$은 **수렴하는**(convergent) 수열이라 말하고, 수렴하지 않을 때는 **발산하는**(divergent) 수열이라고 말한다.

여기서 자연수 N은 a와 주어진 임의의 수 $\varepsilon > 0$에 따라 결정되며, 꼭 유일하게 결정되는 것도 아니다. 단지 그 수 N보다 큰 자연수 n에 대하여 $|a_n - a| < \varepsilon$이기만 하면 된다. 따라서 N은 a와 ε의 값에 따라 달라진다. 또 수열 $\{a_n\}$에서

a_n이 모두 다른 값일 필요도 없으며, 특별한 경우에는 a_n이 모두 같은 값일 수도 있다. 예를 들면 수열 $\{1, 1, 1, \cdots\}$은 1에 수렴하며, 집합 $\{1\}$과는 다른 의미를 갖는다.

〈참고 6.6〉 수열의 극한을 이해하기 어려운 점은 수열 $\{a_n\}$에 대하여 극한 a의 값이 이미 주어진 값이 아니라, a의 값을 예측하고 이에 따른 자연수 N의 존재성을 밝혀야만 한다는 데 있다. 그러한 의미에서 수열의 극한을 직관적으로 구하는 능력이 필요하다.

수렴하는 수열에 대하여 다음 정리가 성립한다.

[정리 6.7]

수렴하는 수열은 항상 유계이다.

[정리 6.8 (Sandwich 정리)]

충분히 큰 자연수 n에 대하여

$$x_n \leq y_n \leq z_n$$

이 성립하는 세 수열 $\{x_n\}$, $\{y_n\}$, $\{z_n\}$에 대하여 $\{x_n\}$과 $\{z_n\}$이 모두 x에 수렴하면 예상대로 수열 $\{y_n\}$도 x에 수렴한다.

한편 수렴하는 수열 $\{x_n\}$, $\{y_n\}$에 대하여 다음과 같은 대수적 성질이 성립한다.

[정리 6.9]

수열 $\{x_n\}$, $\{y_n\}$이 수렴한다고 하자.

(1) $\lim_{n\to\infty}(x_n+y_n)=\lim_{n\to\infty}x_n+\lim_{n\to\infty}y_n$

(2) $\lim_{n\to\infty}(x_n\cdot y_n)=\lim_{n\to\infty}x_n\cdot\lim_{n\to\infty}y_n$

(3) $\lim_{n\to\infty}\frac{x_n}{y_n}=\frac{\lim_{n\to\infty}x_n}{\lim_{n\to\infty}y_n}$ (단, $\lim_{n\to\infty}y_n\neq 0$)

(4) $\lim_{n\to\infty}\alpha x_n=\alpha\lim_{n\to\infty}x_n$

(5) $\lim_{n\to\infty}|x_n|=|\lim_{n\to\infty}x_n|$

위의 사실을 이용하면 수렴하는 수열 $\{x_n\}$, $\{y_n\}$과 임의의 실수 α, β에 대하여

$$\alpha x_n+\beta y_n$$

도 수렴하는 수열이므로, 수렴하는 수열 전체의 집합은 벡터공간을 이룬다. 따라서 수렴하는 수열 사이의 덧셈, 뺄셈을 자유롭게 할 수 있다. 실제로 학교수학에서는 위의 정리를 직관적으로 다루었으나, 극한에 대한 정의 6.4에 의하여 위의 정리를 쉽게 증명할 수 있다.

그렇다면 어떤 수열이 수렴하고, 또 어떤 수열이 발산할까 하는 물음에 도달하게 된다. 먼저 원래 수열의 원소를 솎아서 만든 부분수열(subsequence)이 수렴하면 원래의 수열이 수렴할까?

수렴하는 수열의 존재성에 대하여 다음 정리가 성립한다.

[정리 6.10 (Bolzano–Weierstrass 정리)]

임의의 유계인 수열은 반드시 수렴하는 부분수열을 가진다.

그러나 역으로, 수렴하는 부분수열이 존재한다고 해서 원래의 수열이 수렴하는 것은 아니다. 예를 들면 수열 $\{1, -1, 1, -1, \cdots\}$의 부분수열 $\{1, 1, 1, \cdots\}$과 $\{-1, -1, -1, -1, \cdots\}$은 각각 1과 -1로 수렴하지만 원래의 수열은 수렴하지 않는다. 따라서 주어진 수열 $\{a_n\}$의 수렴하는 부분수열의 존재성을 가지고서는 원래의 수열의 수렴성을 판별할 수는 없다.

그렇다면 주어진 수열의 수렴성을 판별할 수 있는 수열의 패턴은 무엇일까?

수열 $\{a_n\}$중에서

$$\frac{1}{2},\ \frac{2}{3},\ \cdots,\ \frac{n}{n+1},\ \cdots$$

$$1,\ 2,\ 3,\ \cdots$$

와 같이

$$a_{n+1} > a_n$$

인 수열이 있다. 이와 같은 수열을 **단조증가**(monotonically increasing)하는 수열이라고 하고

$$a_{n+1} < a_n$$

인 수열을 **단조감소**(monotonically decreasing)하는 수열이라고 한다.

단조증가하는 수열 1, 2, 3, $\cdots$은 발산하지만, $\frac{1}{2}$, $\frac{2}{3}$, $\cdots$, $\frac{n}{n+1}$, $\cdots$와 같이 위로 유계인 수열은 수렴함을 알 수 있다. 실제로 위로 유계(아래로 유계)인 단조증가(단조감조)하는 수열은 수렴한다는 사실이 알려져 있다.

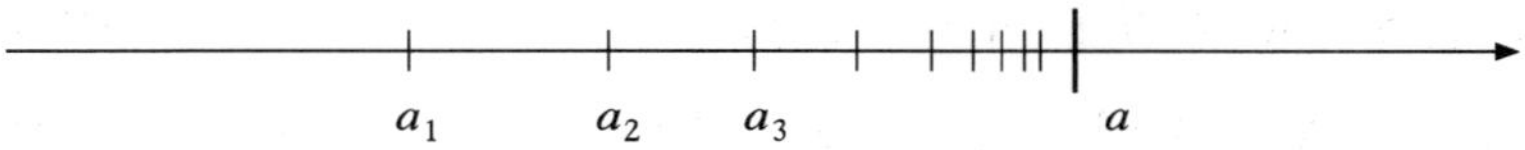

<그림 6.6> 수직선 위의 단조증가 수열

위로 유계(아래로 유계)인 단조증가(단조감조)하는 수열은 항상 수렴한다는 Bolzano-Weierstrass의 정리에서, 극한값 a의 값은 미리 주어지지 않았다. 이 정리는 단지 극한의 존재를 말하여 줄 뿐, 그 값이 무엇인지를 말하여 주지 않는다. 더욱이 수열의 극한은 수열을 집합으로 생각할 때, 그 집합의 원소가 아닌 경우도 있다.

예를 들면 무리수 $\sqrt{2}$는 위로 유계인 단조 증가하는 유리수의 수열 $\{1,\ 1.4,\ 1.414,\ 1.4142,\ \cdots\}$의 극한이지만 그 극한 $\sqrt{2}$는 유리수가 아니므로 집합 $\{1,\ 1.4,\ 1.414,\ 1.4142,\ \cdots\}$의 원소는 아니다. 다시 말하면 유리수 전체의 집합은 유리수열의 극한을 포함하지 않을 수도 있다. 즉 유리수의 집합(유리수체계)은

극한에 대하여 닫혀있지 않다. 이러한 이유에서 유리수의 집합은 불완전하며, 무리수를 도입할 필요성이 제기된다. 이와 같이 유리수열의 극한에 대하여 닫혀있는 집합을 만들면 완전한 실수체계가 된다.

수열이 수렴하는지를 정의에 따라 보이려면, 임의의 $\varepsilon>0$에 대하여 적당한 자연수 N이 있어, $n>N$인 모든 자연수 n에 대하여

$$|a_n-a|<\varepsilon$$

인 자연수 N을 찾아야 한다. 그런데 자연수 N은 $\varepsilon>0$에 따라 달라지며 이는 극한 a의 값에 의존한다. 그런데 위에서 본 $\sqrt{2}$ 또는 e나 π처럼 극한 a의 값은 수열 $\{a_n\}$의 한 원소가 아닐 수 있으므로 a의 값을 잘 추측하여야 한다. 만약 극한 a의 값을 잘못 추측한다면 a가 수열의 극한인 것을 보일 수가 없다.

그런데 주어진 수열의 집합의 원소가 아닌 극한을 어떻게 올바로 추측할 수 있겠는가? 이것이 극한의 존재성을 보이는데 어려움을 주는 한 요인이다. 그렇다면 주어진 수열 $\{a_n\}$ 자체만 가지고 수열의 수렴성을 판별할 수 있는 방법이 없을까? 이에 대한 대답으로 Cauchy 수열을 들 수 있다.

[정의 6.5 (Cauchy 수열)] 수열 $\{a_n\}$에 있어 명제 임의의 $\varepsilon>0$에 대하여 적당한 자연수 N이 있어, m, $n>N$인 모든 자연수 m, n에 대하여

$$|a_n-a_m|<\varepsilon$$

일 때, 수열 $\{a_n\}$을 Cauchy **수열**이라고 한다.

수열의 수렴성 판별에서 수열 $\{a_n\}$의 극한 a를 예측하고 그에 따른 자연수 $N(a, \varepsilon)$의 값을 찾아야만 했던 것과는 달리, Cauchy 수열은 수열의 원소 a_m, a_n을 가지고 Cauchy 수열의 수렴조건을 만족하는 자연수 N을 택할 수 있는 이점을 가지고 있다. 그러나 그렇다고 해서 문제가 모두 해결된 것은 아니다. 왜냐하면 우리는 주어진 수열이 Cauchy 수열이냐 아니냐 하는 것이 문제가 아니라 수열 그 자체가 수렴하느냐 하는 것을 밝히는데 초점이 맞추어져 있기 때문이

다. 그런데 다행히도 실수에서는 수렴하는 수열과 Cauchy 수열에 대해 아래 정리 6.11이 성립하므로, 수열이 수렴함을 보이기 위해서는 그 수열이 Cauchy 수열임을 보이면 된다. 다시 말하면 실수체계에서는 수열의 극한이 존재하는 것을 직접 보이는 대신, 그 수열이 Cauchy 수열인가를 보이는 것으로 대신하여도 된다. 실수체계와 같이 모든 Cauchy 수열이 수렴하는 공간을 **완비성 공간** (complete space)이라고 하는 것도 여기에 기인한다.

[정리 6.11 (Cauchy의 수렴판정법)]

실수의 수열 $\{a_n\}$이 수렴할 필요충분조건은 $\{a_n\}$이 Cauchy 수열인 것이다.

수열의 극한을 정의한 것과 같은 방법으로 고등학교에서 다룬 함수의 극한을 다음과 같이 정의한다.

[정의 6.6] 점 a가 S의 집적점이고 함수 $f : S \to R$에 대하여, 임의의 $\varepsilon > 0$에 대하여 적당한 L, $\delta > 0$가 존재하여

$$0 < |x-a| < \delta \text{인 모든 } x\text{에 대해 } |f(x)-L| < \varepsilon$$

일 때, f는 a에서 **극한값** L을 가진다고 한다. 이때

$$\lim_{x \to a} f(x) = L$$

이라고 나타낸다.

실제로 함수 f의 극한값이 존재하면 그 값은 유일하며, 극한값을 갖는 두 함수의 연산에 대하여 다음과 같은 성질이 성립함을 정의 6.6을 이용하여 증명할 수 있다.

[정리 6.12]

두 함수 f, $g : S \to R$에 대하여, $\lim_{x \to a} f(x) = L$, $\lim_{x \to a} g(x) = M$이라 하면

(1) $\lim_{x \to a}(f(x) \pm g(x)) = L \pm M$

(2) $\lim_{x \to a} f(x)g(x) = LM$

(3) 상수 c에 대하여 $\lim_{x \to a}(cf(x)) = cL$

(4) $M \neq 0$이면 $\lim_{x \to a} \dfrac{f(x)}{g(x)} = \dfrac{L}{M}$

함수의 극한과 관련하여 함수의 연속성에 대하여 논의해 보자.

[정의 6.7] 함수 $f : S \to R$가 점 $a \in S$에 대하여, 임의의 $\varepsilon > 0$에 대하여 적당한 L, $\delta > 0$가 존재하여

$$0 < |x - a| < \delta \text{인 모든 } x\text{에 대해 } |f(x) - f(a)| < \varepsilon$$

일 때, f는 a에서 연속(continuous)이라고 한다. 이때

$$\lim_{x \to a} f(x) = f(a)$$

이라고 나타낸다.

정의 6.7을 이용하면 $S = [a, b]$인 폐구간일 때, 연속함수 f는 유계라는 것을 증명할 수 있다. 더욱이 다음의 정리가 성립한다.

[정리 6.13]

함수 $f : [a, b] \to R$가 연속이고 $f(a)f(b) < 0$이면 $f(x_0) = 0$인 $x_0 \in (a, b)$가 존재한다.

정리 6.13은 방정식 $f(x)=0$이 근을 가질 충분조건을 말해 준다. 더욱이 폐구간에서 연속인 함수는 최대값과 최소값을 가진다.

[정리 6.14]

함수 $f:[a, b]\to R$가 연속이면 f는 최대값과 최소값을 가진다.

[정리 6.15]

함수 $f:S\to R$가 연속이고, 수열 $\{x_n\}\subset S$이 $a\in S$에 수렴하면

$$\lim_{n\to\infty} f(x_n)=f(a)$$

이다.

정리 6.15를 이용하면 지수함수의 지수가 자연수, 정수, 유리수까지 대수적으로 확장한 것을 극한을 이용하여 실수까지도 확장할 수 있다.

6.4 소수의 표현

6.4.1 퍼센트의 기호

분모가 100인 분수를 나타내는 의미로서의 퍼센트(percent)는 15, 16세기 이자율을 분모가 100인 것으로 하던 관습에서 상업수학에서 사용되게 되었다. 이러한 전통은 현대 사회에서의 화폐 단위로 자주 나타난다. 퍼센트의 기호는 1425년경 "per 100"으로 나타나다가 점차 "per $\frac{0}{0}$", per를 생략하고 단순히 "$\frac{0}{0}$"으로 나타내다가 궁극적으로 오늘날 우리가 사용하는 "%"로 나타나게 된다.

6.4.2 소수의 기호

아라비아에서는 10세기 경 소수에 대한 생각을 가지고 소수 표현을 일찌감치 사용한 것으로 나타나 있다. 예를 들면 Al-Kashi(1380-1429)는 π를

sah-hah

3 1415926535898732

와 같이 표현하고 있다. 여기서 sah-hah는 완벽한 정수를 뜻한다. 따라서 3의 오른쪽 부분이 소수 부분임을 나타내고 있다.

중국의 구장산술을 정리한 양휘(1238-1298)도 지금과 같은 소수를 사용한 것으로 나타나 있다. 그러나 이것이 유럽으로 전래된 것 같지는 않다.

유럽에서는 16세기 계산의 편리상 소수를 사용하였다. 1579년 Francoi Vieta(1540-1603)는 : 로 정수 부분과 소수 부분을 구분하였으며, 1585년 영국의 Simon Stevin(1548-1620)의 책 〈The Tenth〉에서 분수를 소수로 나타내는 것이 나타나고 있다. 그는 분수를 소수로 나타내어 계산하면 자연수의 계산과 같은 방법으로 쉽게 계산할 수 있다는 것을 주장하였다. 또 그는 5.912를 $\begin{matrix} 0 & 1 & 2 & 3 \\ 5 & 9 & 1 & 2 \end{matrix}$과 같이 자연수부분과 소수부분에 번호를 붙여 나타내었다.

Jobst Burgi(1552-1632)는 소수점으로 period(·)와 comma(,)를 동시에 사용하였으며, 1593년 Christopher Clavius(1537-1612)는 소수점으로 period를, William Oughtred(1574-1660)는 소수점 대신 0.56을 0/56과 같이 나타내었다. 이와 같은 소수의 사용은 Johannes Kepler나 John Napier와 같은 과학자들에 의해 일반적으로 통용되게 되었으나, 그 후에도 소수점(decimal point)은 통일되지 않았다.

소수점은 따옴표(aphostrophie ’), 쉼표(comma ,), 작은 쐐기 등으로 다양하게 표현되었다. 1729년 미국의 산수 책에는 소수점의 의미를 갖는 쉼표(,)가 처음으로 사용되었으나 그 이후의 책에서는 마침표(.)가 소수점으로 사용되었다. 요즘 대개의 영어권에서는 마침표 . 가 사용되고 있으며, 대부분의 유럽에서는 쉼표 , 가 소수점으로 사용되고 있다.

Stevin의 기호 사용은 과학자들의 수의 계산에 큰 영향을 끼쳤을 뿐만 아니

라 사람들의 수에 대한 생각을 바꾸어 놓았다. Stevin 당시에만 해도 사람들은 $\sqrt{2}$나 π를 단지 어떤 비로만 생각했지 수로 인정하지 않았다. 그러나 소수를 이용하여 $\sqrt{2}$를 1.414, π를 3.1416으로 표현함으로 $\sqrt{2}$나 π를 수로 인정하게 되었다. 한편, Stevin은 무한소수 0.333.... 을 피하고 $\frac{1}{3}$을 0.333과 같이 근사값으로 나타내었다.

제 7 장

측 정

인류가 교역을 하기 시작하면서 곡물의 양, 말의 크기, 끈의 길이 등 물건의 측정이 중요하게 되었다. 측정은 기하학적 도형을 실수를 이용하여 대수적으로 나타내는 것을 가능하게 해주는 과정이다. 예를 들어 지구를 구로 생각한다면, 우리나라의 서울은 적도에서 얼마나 멀리 떨어져 있으며, 우리나라의 넓이는 얼마인가, 얼마나 많은 공간을 차지하고 있는가 하는 물음은 길이, 넓이, 부피에 대한 물음이다.

처음으로 측정의 단위로 사용된 것은 사람의 신체와 관련이 있다. 예를 들면, 길이가 몇 뼘, 거리가 몇 걸음 등과 같은 대상과 측정단위를 정한다. 그런데 이러한 단위는 사람마다 그 길이가 다를 수 있다. 이와 같이 규격화 되지 않은 측정단위를 비표준 단위(nonstandard unit)라고 한다. 비표준 단위로 재는 것은 정확성을 요구하지 않는 경우에는 아주 유용하게 쓰인다. 그러나 우리는 측정을 좀더 정확하게 할 필요가 있다. 이러한 이유에서 표준화된 단위를 도입한다.

측정은 학생들의 수학적 수준에 맞추어 자연수, 분수, 정수, 유리수, 실수의 영역으로 확장되어야 한다.

7.1 학교수학

7.1.1 2학년

(1) 길이재기

두 물건의 길이를 비교할 때 우리는 두 물건을 맞대어 그 길이를 비교할 수 있다. 또 나무의 둘레의 길이를 재거나 칠판의 길이를 잴 때 두 팔을 벌린 길이를 기준으로 재기도 하고, 책상의 길이를 잴 때 손 뼘을 기준(단위)으로 재기도 한다.

팔의 길이나 뼘과 같은 재는 단위는 표준화되지 않은 단위(nonstandard unit)이므로 사람마다 다를 수 있어 서로 나타내고자 하는 크기가 다를 수 있다. 이것은 서로간의 의사소통에 문제를 일으킬 가능성이 크다. 이러한 의사소통의 문제를 해결하기 위해서는 기준으로 약속한 단위 길이 즉 표준단위(standard unit)가 필요하다.

단위 기준을 표준화한 것으로 길이를 재는 단위로 우리는 1cm를 사용한다. 이제 cm를 기준으로 주어진 길이를 자로 재면 누구나 같은 길이를 얻을 수 있으므로, 어떤 물건의 길이를 나타내는데 서로간의 혼란이 없을 것이다.

경험에 의하여 1cm의 길이가 우리의 생각 속에 있으면, 자가 없는 경우에도 물건의 길이를 어림잡아 말할 수 있다. 물론 정확한 길이를 알려면 자를 가지고 측정을 하여야 하지만, 일상생활에서는 어림으로 재는 일이 흔히 일어나므로 어림으로 재는 활동도 중요하다. 사실 우리가 어떤 물건을 자로 잰다고 해도 그것은 물건 자체의 정확한 길이를 아는 것이 아니라 그의 근사값을 아는 것일 뿐이다. 물론 오차가 얼마나 되느냐 하는 정확도의 문제가 있기는 하지만 말이다.

2학년 과정에서는 먼저 길이에 대한 의사소통의 문제를 해결하기 위해서 기준으로 약속한 단위 길이 즉 표준단위(standard unit)로 1cm를 도입한다. 그러나 cm만 가지고서는 길이가 긴 것을 측정하는 데는 여러 가지로 불편한 점이 있다. 이러한 이유로 1cm의 100배의 크기인 1m를 새로운 표준단위로 도입한다. 즉

$$1\text{m} = 100\text{cm}$$

로 정한다.

이제 우리 주위에 있는 책상이나 사람의 키 등 여러 가지의 길이를 재어보도록 한다. 이러한 활동에서 m와 cm의 관계를 익히고, 필요에 따라 여러 가지로 표현할 수 있도록 한다. 예를 들면

$$542\text{cm} = 5\text{m}\ \ 32\text{cm},\ \ 7\text{m}\ \ 68\text{cm} = 768\text{cm}$$

와 같이 나타낼 수 있다.

그런데 cm의 눈금을 가지고 있는 자로 길이를 측정할 경우에는 우리의 눈으로 보아 자의 눈금에 꼭 맞는 길이가 아닌 경우가 자주 나타난다. 이러한 경우에는 자의 눈금에 가까운 눈금을 읽게 되므로, 우리는 물건의 참 길이 대신 어림값(근사값)을 사용하게 된다. 실제로 우리가 일상생활에서 측정하여 사용하는 길이는 모두 어림값이다. 심지어 우리의 눈에 자의 눈금에 딱 맞는 길이일지라도, 이것은 참 길이에 대한 근사값인 경우가 많으므로 어림셈에 대한 중요성을 알게 한다.

(2) 길이의 합과 차

방의 모서리를 따라 전선을 이으려고 할 때는 두 모서리의 길이의 합만큼의 전선이 필요하게 되므로, 두 길이의 합 또는 차를 계산할 필요성이 있다. 자연수의 계산은 십진 기수법의 원리에 의하여 계산하지만, 길이의 합과 차의 계산은 길이의 단위에 따라 다르다.

그러나 미터법에서의 길이의 합과 차는 1m=100cm로 십진법이 적용되기 때문에 자연수의 합과 차의 계산과 같은 방법으로 한다. 예를 들면

$$2\text{m}\ \ 30\text{cm} + 1\text{m}\ \ 80\text{cm} = 3\text{m}\ \ 110\text{cm} = 4\text{m}\ \ 10\text{cm}$$

$$\begin{array}{r} 2\text{m}\ \ 30\text{cm} \\ +\,1\text{m}\ \ 80\text{cm} \\ \hline 3\text{m}\ \ 110\text{cm} \\ \hline 4\text{m}\ \ 10\text{cm} \end{array} \qquad\qquad \begin{array}{r} 230\text{cm} \\ +\,180\text{cm} \\ \hline 410\text{cm} \\ \hline 4\text{m}\ \ 10\text{cm} \end{array}$$

마찬가지로 두 길이의 차도 다음과 같이 계산한다.

$$3\text{m}\ 70\text{cm} - 2\text{m}\ 50\text{cm} = 1\text{m}\ 20\text{cm}$$

$$\begin{array}{r} 3\text{m}\ 70\text{cm} \\ -\ 2\text{m}\ 50\text{cm} \\ \hline 1\text{m}\ 20\text{cm} \end{array} \qquad \begin{array}{r} 370\text{cm} \\ -\ 250\text{cm} \\ \hline 120\text{cm} \\ \hline 1\text{m}\ 20\text{cm} \end{array}$$

(3) 시각과 시간

시간 생활은 사회생활에서 매우 중요한 것이다. 학교에 늦지 않게 등교한다든지, 다른 사람과의 약속을 지키는 것은 민주시민으로 성장하는데 중요한 사항이다. 이렇게 약속된 일을 수행하기 위해서 수학적 문장을 이해할 수 있어야 한다.

먼저 시각과 시간의 차이점을 분명히 알 수 있도록 하여야 한다. 시각은 순간의 때를 나타내는 용어이며 시간은 어떤 시각과 시각 사이의 구간을 의미한다. 디지털시계를 이용하여 시각을 알아보는 것이 일상화되어 있지만, 수학적 사고를 위하여 디지털시계보다는 바늘이 있는 시계를 가지고 시각을 알아보는 훈련이 더욱 필요하다.

시간의 길이를 나타내는 단위로 1시간은 60분과 같이 '시간(hour)'과 '분(minute)'을 사용한다. 이때

1시간 = 60분, 1분 = 60초

로, 60을 단위로 하는 새로운 수의 계산법도 있음을 알도록 한다.

또

1일 = 24시간, 1주일 = 7일, 1년 = 12개월

등 우리가 지금까지 알아온 10진법의 수 외에도 필요에 따라 여러 가지의 계산법이 있음을 알고, 약속에 따라 다양한 계산법이 필요함을 알게 한다. 이와 같은 경험은 나중에 진법에 관한 대수적 활동에 도움이 된다.

7.1.2 3학년

(1) 길이의 단위

2학년에서는 길이에 대한 의사소통의 문제를 해결하기 위해서 기준으로 약속한 단위 길이 즉 표준단위(standard unit)로 1cm와 1cm의 100배의 크기인 1m를 새로운 표준단위로 도입하였다.

그런데 cm의 눈금을 가지고 있는 자로 길이를 측정할 경우보다 더 정확하게 재려면 더 작은 단위가 필요하다. 이러한 목적으로 1cm를 10등분하여 한 칸을 1mm로 정의한다. 이렇게 하면 94mm=9cm 4mm가 된다. 또 등산로의 지도를 보면 m 단위도 쓰이지만 1000m를 넘는 경우에는 다른 단위가 사용되고 있는 것을 알 수 있다. 이때 사용되는 단위가 km인데 이는 1000m의 길이를 의미한다.

길이의 단위 mm, cm, m, km 사이의 관계를 살펴보면, m를 중심으로

$$1\text{mm}=\frac{1}{1000}\text{m}$$

$$1\text{cm}=\frac{1}{100}\text{m}$$

$$1\text{km}=1000\text{m}$$

인 관계를 알 수 있다.

이와 같은 관계를 이용하면 두 길이의 덧셈과 뺄셈을 할 수 있다. 예를 들면

$$13\text{cm }6\text{mm}+8\text{cm }3\text{mm},\qquad 13\text{cm }6\text{mm}-8\text{cm }3\text{mm}$$

를

$$\begin{array}{r} 13\text{cm }6\text{mm}\\ +\ 8\text{cm }3\text{mm}\\ \hline 21\text{cm }9\text{mm}\end{array}\qquad\qquad \begin{array}{r} 13\text{cm }6\text{mm}\\ -\ 8\text{cm }3\text{mm}\\ \hline 5\text{cm }3\text{mm}\end{array}$$

와 같이 계산한다. 또

$$2\text{km }400\text{m}+3\text{km }800\text{m},\qquad 2\text{km }400\text{m}-1\text{km }800\text{m}$$

을

2km 400m	2km 400m
+3km 800m	−1km 800m
5km 1200m	1km 1400m
1 1000	−1km 800m
6km 200m	600m

와 같이 계산한다.

(2) 시간의 덧셈과 뺄셈

길이에 대한 미터법에서는 십진법을 사용하므로, 길이에 대한 덧셈과 뺄셈은 보통 우리가 하는 덧셈 뺄셈과 같다. 그러나 시간에 대한 덧셈과 뺄셈은 60진법의 수를 사용하므로 십진법의 수의 덧셈 뺄셈과는 다르다. 특별히 내림과 올림이 있는 경우에는 특별한 주의를 기울여야 한다. 예를 들면

1시간 30분	9시 20분
+2시간 40분	−6시 30분
3시간 70분	8시 80분
1 60	−6시 30분
4시간 10분	2시간 50분

위의 덧셈과 뺄셈에서는 1시간은 60분임을 이용하여 올림과 내림을 이용하여 계산하였다. 특별히 뺄셈에서 9시 20분과 6시 30분은 시간이 아니고 시각이지만, 두 시각 사이는 시간이 되므로 2시간 50분으로 계산한다.

(3) 들이재기

길이에 대한 의사소통의 문제를 해결하기 위해서 단위 길이 cm, m, mm, km를 표준단위로 도입하였다. 길이뿐만 아니라 들이도 임의의 단위로 잴 수 있다. 예를 들면 물병과 주전자에 들어있는 물의 양을 컵으로 잴 수 있다. 그러나 이 물의 양은 컵의 종류에 따라 몇 컵인지 달라지므로 컵의 양을 약속하지 않으면 의사소통에 문제가 발생할 수 있다. 이러한 의사소통의 문제를 해결하기

위하여, 길이를 재는 표준단위를 도입한 것처럼 들이를 재는 표준단위를 정할 필요가 있다.

들이의 기본단위로 리터(liter)와 밀리리터(milli - liter)를 사용한다. 1리터를 1L, 1밀리리터를 1mL로 나타내며, 리터와 밀리리터 사이에는

$$1\text{L}=1000\text{mL}$$

의 관계가 있다. 이것은 마치 1m=1000mm 사이의 관계와 같다.

위의 표준단위를 이용하면 자릿수의 표현에 따라

$$\begin{aligned}1\text{L}\ \ 500\text{mL}&=1\text{L}+500\text{mL}\\&=1000\text{mL}+500\text{mL}\\&=1500\text{mL}\end{aligned}$$

로 바꾸어 나타낼 수 있다.

이와 같은 표현을 이용하면 두 들이의 합과 차를 계산할 수 있다. 예를 들면

$$\begin{array}{r}2\text{L}\ \ 500\text{ml}\\+\,1\text{L}\ \ 300\text{mL}\\\hline 3\text{L}\ \ 800\text{mL}\end{array}\qquad\qquad\begin{array}{r}2\text{L}\ \ 500\text{mL}\\-\,1\text{L}\ \ 300\text{mL}\\\hline 1\text{L}\ \ 200\text{mL}\end{array}$$

와 같이 계산할 수 있다.

한편 소수를 이용하면 길이나 들이를 나타내기에 편리한 점이 있다. 예를 들면

$$1\text{mm}=\frac{1}{10}\text{cm}=0.1\text{cm}$$

$$1\text{mm}=\frac{1}{100}\text{m}=0.01\text{m}$$

$$1\text{mm}=\frac{1}{1000}\text{m}=0.001\text{m}$$

$$1\text{mL}=\frac{1}{1000}\text{L}=0.001\text{L}$$

와 같이 분수보다는 소수로 표현하는 것이 간단한 경우가 있다.

7.1.3 4학년

(1) 시간과 무게

현대 사회에서는 정밀한 측정을 요구하는 경우가 많다. 운동경기 중에서 속도경기는 분보다 더욱 정확한 시간의 측정이 필요하다. 이러한 이유에서 1분을 60등분하여 1초(second) 단위의 시간을 정한다. 이렇게 해서 시계 바늘의 초침이 만들어지고 한 눈금이 1초를 나타낸다.

시간과 분 단위의 덧셈과 뺄셈을 하였던 것처럼 이제는 초 단위의 시간의 덧셈과 뺄셈을 할 수 있다. 이때 주의할 것은 십진 기수법에서의 덧셈과 뺄셈과는 달리, 시간 계산에서는 60 진법의 기수법이라는 사실을 알아야 한다. 특히 올림과 내림이 있는 경우 단위를 하나씩 변경할 때는 60을 더하거나 빼주어야 한다.

시간의 단위에서 시간, 분, 초를 도입하고, 길이를 측정하기 위해 m, cm, km, mm를 도입하고, 들이를 측정하기 위하여 L, mL를 도입하였다. 이제는 물건의 무게를 측정하기 위하여 단위를 도입하여야 한다. 무게의 단위로 **1킬로그램**(kilogram : kg)과 **1그램**(gram : g)을 도입한다. 이때 킬로그램과 그램 사이에는

$$1\text{kg} = 1000\text{g}$$

인 관계가 있다.

이 관계를 이용하면 미터와 킬로미터가 있는 덧셈과 뺄셈에서와 같은 방법으로 그램과 킬로그램이 있는 무게에 대한 덧셈과 뺄셈을 할 수 있다. 예를 들면

$$\begin{array}{rr} & 6\text{kg} \quad 700\text{g} \\ + & 2\text{kg} \quad 800\text{g} \\ \hline & 8\text{kg} \ 1500\text{g} \\ & 1\text{kg} \ 1000\text{g} \\ \hline & 9\text{kg} \quad 500\text{g} \end{array} \qquad \begin{array}{rr} & 8\text{kg} \quad 200\text{g} \\ - & 4\text{kg} \quad 700\text{g} \\ \hline & 7\text{kg} \ 1200\text{g} \\ - & 4\text{kg} \quad 700\text{g} \\ \hline & 3\text{kg} \quad 500\text{g} \end{array}$$

(2) 측정값

우편물의 무게나 사람의 몸무게와 같은 생활 속의 자료를 다루다 보면 어떤 기준보다 크거나 같은 값으로 이상, 작거나 같은 값으로 이하, 큰 값으로 초과, 작은 값으로 미만이라는 말을 자주 사용하게 된다. 따라서 이러한 용어의 수학적 의미를 분명히 해두는 것이 생활 속에서 의사소통의 혼란을 막을 수 있다.

예를 들면, 자료

48.0	48.2	45.0	55.0
46.1	48.2	54.3	51.5
45.2	40.0	50.0	46.0
56.0	47.0	47.6	40.0

에서,

(1) 50.0, 51.5, 54.3, 55.0, 56.0은 50보다 크거나 같으므로 50 이상인 수
(2) 48.0, 48.2, 45.0, 46.1, 50.0, 45.2, 40, 46.0, 47.0, 47.6, 40.0은 50보다 작거나 같으므로 50 이하인 수
(3) 51.5, 54.3, 55.0, 56.0은 50보다 크므로 50 초과인 수
(4) 48.0, 48.2, 45.0, 46.1, 45.2, 40, 46.0, 47.0, 47.6, 40.0은 50보다 작으므로 50 미만인 수이다.

7.1.4 5학년

(1) 평면도형의 둘레

길이를 재는 단위를 알고 있으므로, 직사각형의 둘레의 길이를 구할 수 있다. 직사각형은 길이가 같은 두 쌍의 변으로 이루어져 있으므로

$$(\text{직사각형의 둘레의 길이}) = \{(\text{가로의 길이}) + (\text{세로의 길이})\} \times 2$$

임을 알 수 있다. 그런데 정사각형은 같은 길이를 갖는 4개의 변으로 이루어져 있으므로

$$(\text{정사각형의 둘레의 길이}) = (\text{한 변의 길이}) \times 4$$

이다.

(2) 평면도형의 넓이

같은 모양의 두 평면도형은 서로 겹쳐봄으로 두 도형의 넓이를 비교할 수 있다. 그러나 같은 모양이 아니면 두 도형을 겹쳐보아 비교하는 것은 쉬운 일이 아니다. 이러한 불편을 없애기 위해 평면도형 속에 단위 정사각형이 몇 개나 들어가는가를 비교하여 그 넓이를 비교할 수 있다. 그런데 단위 정사각형의 크기가 다른 경우에는 단지 정사각형의 개수만을 가지고 비교해서는 의사소통에 문제가 생길 수 있다. 이러한 문제를 해결하기 위해서는 표준 단위넓이를 정할 필요가 있다.

한 변의 길이가 1cm인 정사각형의 넓이를 $1cm^2$라 하고, 이것을 단위넓이로 사용한다. 단위넓이를 이용하여 직사각형의 넓이를 구하면

$$(\text{직사각형의 넓이})=(\text{가로의 길이})\times(\text{세로의 길이})$$

임을 알 수 있다. 따라서

$$(\text{정사각형의 넓이})=(\text{한 변의 길이})\times(\text{한 변의 길이})$$

가 된다.

한편, 큰 평면도형을 단위넓이 $1cm^2$를 가지고 나타내기에는 숫자가 너무 커진다. 이러한 불편을 덜고자, 한 변의 길이가 1m인 정사각형의 넓이를 $1m^2$로 정한다. 그런데 1m=100cm이므로

$$1m^2=(100cm)\times(100cm)=10000cm^2$$

인 관계식을 얻는다.

더욱이 큰 운동장의 경우에는 넓이를 m^2 단위로 나타내기에는 숫자가 너무 커서 불편하다. 이와 같은 불편을 덜기 위하여 새로운 단위를 이용한다, 예를 들면 한 변의 길이가 10m인 정사각형의 넓이를 1아르(a : are)라 한다. 즉

$$1a=100m^2$$

이고, 100a를 1 헥타아르(ha : hecta are) 즉

$$1\text{ha} = 100\text{a} = 10000\text{m}^2$$

이다.

또 어떤 지역과 같이 더 넓은 곳의 넓이는 한 변의 길이가 1km인 정사각형의 넓이를 단위로 사용한다. 이때

$$1\text{km}^2 = 1000000\text{m}^2$$

가 된다.

길이의 단위 사이의 관계를 이용하여 여러 가지 넓이의 단위를 필요에 따라 다른 단위로 환산하는 활동도 할 수 있다.

직사각형을 여러 개 붙여 만든 것과 같은 도형의 넓이는 여러 개의 직사각형으로 나누고, 각각의 직사각형의 넓이를 구하여 합하면 된다. 이러한 활동을 통하여 학생들은 다양한 도형의 넓이를 구하여 실생활에 적용할 수 있는 능력을 기르도록 한다.

한편 평행사변형을 아래 그림과 같이 잘라 이어 붙이면 직사각형이 되므로

$$(\text{평행사변형의 넓이}) = (\text{밑변의 길이}) \times (\text{높이})$$

가 된다.

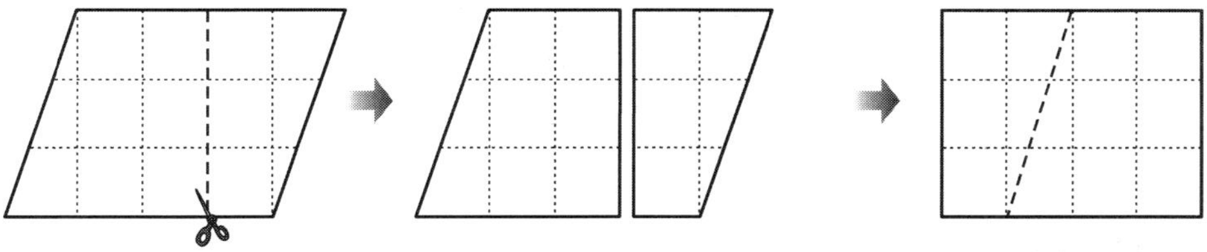

〈그림 7.1〉

또 같은 삼각형 두 개를 적당히 붙이면 평행사변형이 되므로,

$$(\text{삼각형의 넓이}) = (\text{평행사변형의 넓이}) \div 2 = (\text{밑변의 길이}) \times (\text{높이}) \div 2$$

가 된다.

〈참고 7.1〉 직사각형과 삼각형의 넓이를 구하는 방법을 알고 있고, 다각형은 직사각

형과 삼각형으로 나누어지므로 모든 다각형의 넓이를 구할 수 있다.

사다리꼴은 직사각형과 삼각형으로 나누어지므로, 직사각형과 삼각형의 넓이를 합하여 구할 수 있다. 그런데 두 개의 같은 사다리꼴을 적당히 붙이면 평행사변형이 되므로

$$\begin{aligned}(\text{사다리꼴의 넓이}) &= (\text{평행사변형의 넓이}) \div 2 \\ &= \{(\text{윗변의 길이}) + (\text{아랫변의 길이})\} \times (\text{높이}) \div 2\end{aligned}$$

이다.

한편, 마름모를 대각선으로 자르면 합동인 4개의 직각삼각형이 나오고, 이들 직각삼각형을 적당히 붙이면 한 대각선을 가로, 다른 대각선의 반을 세로로 하는 직사각형이 되므로,

$$(\text{마름모의 넓이}) = (\text{한 대각선의 길이}) \times (\text{다른 대각선의 길이}) \div 2$$

가 된다.

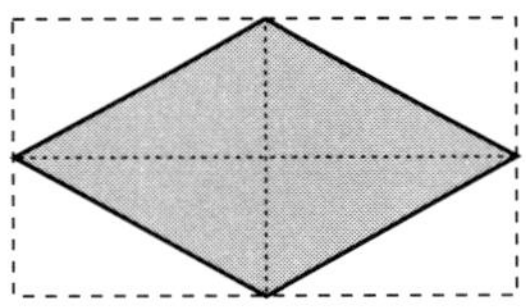

〈그림 7.2〉

(3) 무게의 단위

무게의 단위로 g이나 kg에 대하여 다루었으나, 트럭에 싣는 무게를 kg으로 나타내기에는 숫자가 너무 크다. 이러한 불편을 덜기 위해 좀더 큰 무게의 단위가 필요하다. 예를 들면 1000kg의 무게를 1t(ton)이라고 한다. 즉

$$1\text{t} = 1000\text{kg}$$

이다. 넓이에서와 마찬가지로 여러 가지 무게의 단위를 필요에 따라 사용할 수 있도록 하며, 이를 통하여 수에 대한 감각을 익히도록 한다.

7.1.5 6학년

(1) 겉넓이

5학년에서는 평면 도형의 길이와 넓이, 무게 등에 대하여 알아보았다. 이제 공간 도형의 겉넓이, 부피 등에 대하여 알아보자.

5학년에서 알아본 평면도형의 넓이를 이용하여 직육면체의 겉넓이를 구할 수 있다. 다시 말하면 직육면체의 여섯 면의 넓이를 합하여 직육면체의 **겉넓이** (surface area)를 구한다. 이때 직육면체의 전개도를 이용하여 겉넓이를 구할 수도 있다. 전개도를 이용하면 합동인 세 쌍의 직사각형이 있음을 알 수 있다.

따라서 직육면체의 가로, 세로, 높이를 각각 a, b, h라 하면 직육면체의 겉넓이 S는

$$S=2(ab+bh+ah)$$

라는 공식을 유도할 수 있다.

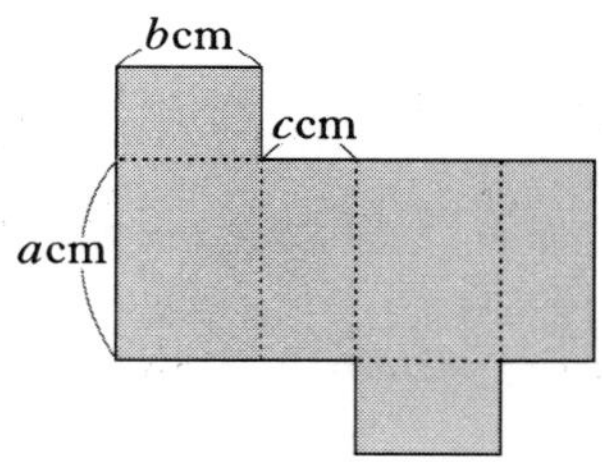

〈그림 7.3〉

(2) 부피

서로 다른 직육면체 모양의 빵의 크기(부피)의 비교는 변의 길이나 겉넓이를 가지고서는 할 수 없다는 것을 활동을 통해 깨닫도록 하여, 부피를 재는 새로운 비교 방법이 필요함을 알도록 한다. 여러 가지 직육면체에 물건을 담아봄으로써, 담긴 양을 가지고 직육면체의 크기를 비교하면 어떨까 하는 생각을 스스로 발견하도록 한다.

그렇다면 직육면체에 들어가는 양을 어떻게 구하면 될까? 아마도 쌓기 나무가 들어가는 개수를 비교하면 될 것이다.

한 변의 길이가 1cm인 정육면체의 부피를 1cm^3라 하고, 이것을 부피를 재는

단위로 삼는다. 이제 한 변의 길이가 1cm인 쌓기 나무를 이용하여 직육면체의 부피를 구하면,

$$(\text{직육면체의 부피}) = (\text{가로의 길이}) \times (\text{세로의 길이}) \times (\text{높이})$$

라는 공식을 스스로 유도할 수 있도록 한다. 특히 정육면체의 부피는

$$(\text{정육면체의 부피}) = (\text{한 변의 길이}) \times (\text{한 변의 길이}) \times (\text{한 변의 길이})$$

가 된다.

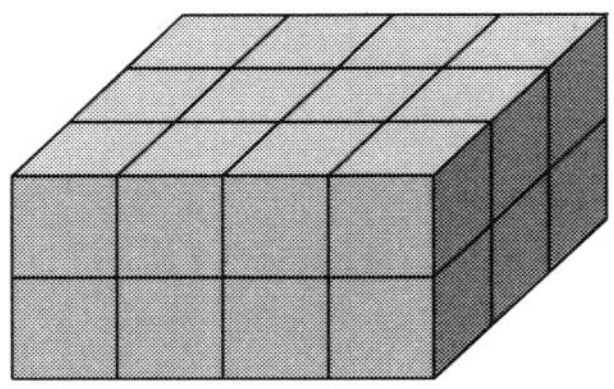

〈그림 7.4〉

부피가 큰 직육면체의 부피를 나타내기 위하여, 한 변의 길이가 1m인 정육면체의 부피를 $1m^3$라 하는 새로운 부피의 단위를 도입한다. 그런데 1m=100cm이므로

$$1m^3 = (100cm) \times (100cm) \times (100cm) = 1000000cm^3$$

가 된다는 것을 이해하도록 한다.

위의 세제곱미터와 세제곱센티미터 사이의 관계를 이용하여 서로 다른 단위로 나타낼 수 있도록 한다.

(3) 들이와 부피

부피는 겉 치수를 가지고 계산한다. 그러나 직육면체 모양의 그릇에 담기는 내용물의 양(들이)은 부피와는 다르다. 따라서 그릇에 담기는 양을 알기 위해서는 그릇의 안치수를 가지고 부피를 계산하여야 한다.

물건의 들이를 나타내기 위하여 안치수의 가로, 세로, 높이가 각각 10cm인 그릇의 들이를 1L라 한다. 즉

$$1\text{L} = 1000\text{cm}^3$$

이다.

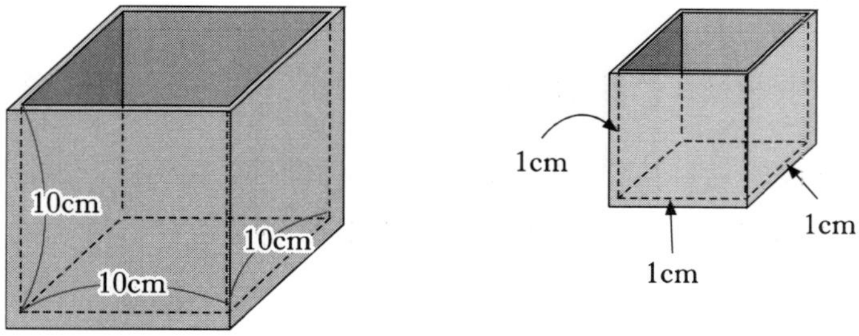

〈그림 7.5〉

또 작은 들이의 단위를 나타내기 위하여 안치수의 길이가 1cm인 정육면체의 들이를 1mL라고 한다. 즉

$$1\text{mL} = 1\text{cm}^3$$

이다. 그런데 $1\text{L} = 1000\text{cm}^3$이고 $1\text{mL} = 1\text{cm}^3$이므로

$$1\text{L} = 1000\text{mL}$$

의 관계를 알 수 있다.

(4) 원주와 원의 넓이

원의 둘레의 길이를 **원주**(circumference)라고 한다. 여러 개의 원을 그리고 원주는 지름의 몇 배가 되는지 알아보도록 한다. 이러한 활동을 통하여 원주와 지름의 길이의 비가 일정함을 알도록 한다. 이 비율을 원주율이라고 한다. 즉

$$(\text{원주율}) = (\text{원주}) \div (\text{지름})$$

이다. 원주율을 수학적으로 계산하면 3.14159…인 무리수이지만, 초등학교 수학에서는 3.14로 계산하도록 한다. 그러면

$$(\text{원주}) = (\text{지름}) \times (\text{원주율}) = (\text{지름}) \times 3.14 = (\text{반지름}) \times 2 \times 3.14$$

이다.

원의 넓이를 단위 정사각형의 배수를 가지고서는 구할 수가 없다. 그러나 원에 내접하는 정사각형과 외접하는 정사각형의 넓이를 이용하여 넓이의 범위를 구할 수 있다. 즉

(내접하는 정사각형의 넓이) < 원의 넓이) < (외접하는 정사각형의 넓이)

이다. 이제 다각형의 변의 수를 늘리면 늘릴수록 내접하는 정다각형의 넓이와 외접하는 정다각형의 넓이는 각각 원의 넓이에 가까워진다.

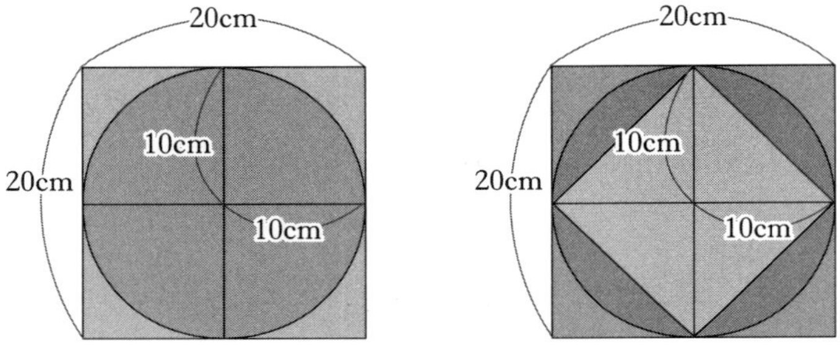

〈그림 7.6〉

〈참고 7.2〉 위와 같이 내접하는 정다각형, 외접하는 정다각형을 이용하여 원의 넓이와 정다각형의 넓이의 차가 0에 가까이 간다는 것을 이용하여 원의 넓이를 구하는 것을 착출법(method of exhaustion)이라고 한다.

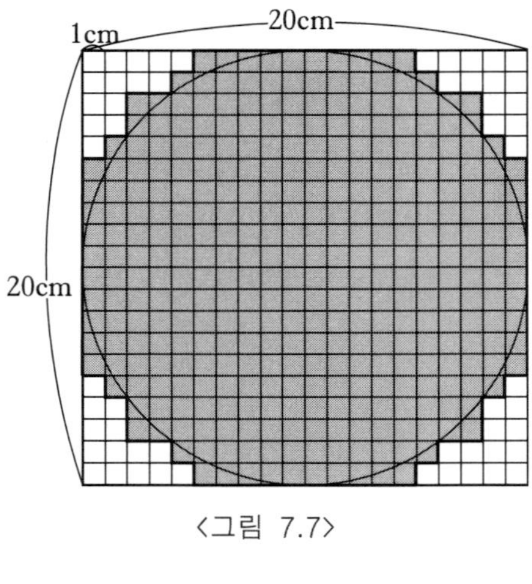

〈그림 7.7〉

한편, 원의 넓이를 아래 그림과 같이 원 안에 들어가는 정사각형의 수를 세어 원의 넓이의 근사값을 구할 수 있다. 또 원을 아래와 같이 잘게 잘라 원의 넓이의 근사값을 구할 수 있다. 이와 같은 활동을 통하여

$$
\begin{aligned}
(\text{원의 넓이}) &= (\text{원주의 반})\times(\text{반지름}) \\
&= (\text{지름})\times\frac{1}{2}\times(\text{원주율})\times(\text{반지름의 길이}) \\
&= (\text{원주율})\times(\text{반지름의 길이})\times(\text{반지름의 길이})
\end{aligned}
$$

임을 알게 한다.

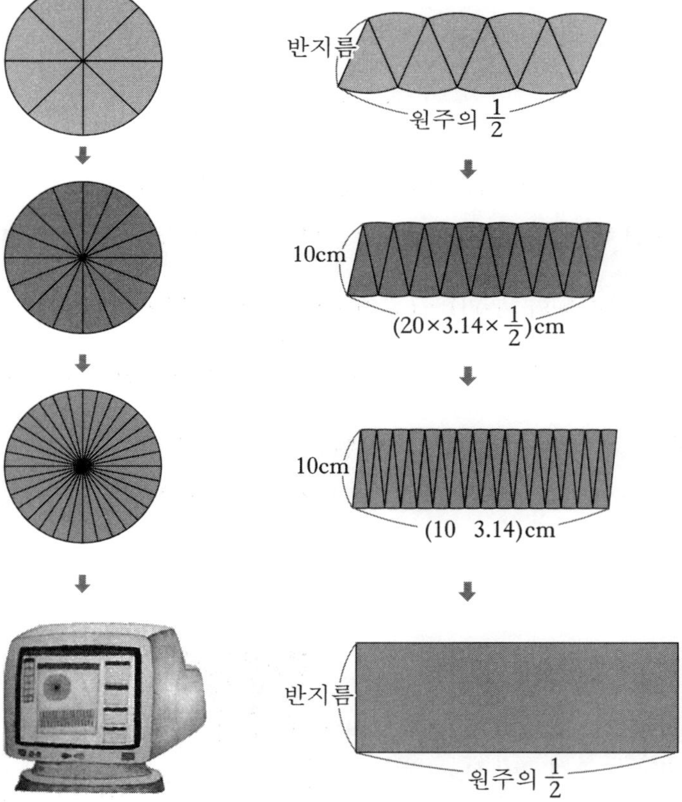

<그림 7.8>

(5) 원기둥의 겉넓이와 부피

원기둥의 겉넓이를 구하기 위하여 원기둥의 전개도를 그려보면 다음과 같이

직사각형과 원인 두 밑면으로 되어 있다. 따라서

(원기둥의 겉넓이)=(밑면의 넓이)×2+(옆면의 넓이)

임을 알 수 있다.

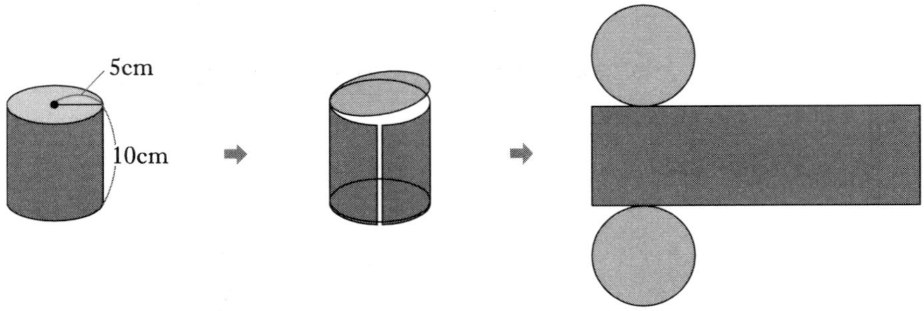

〈그림 7.9〉

원기둥의 부피를 구하기 위하여 아래 그림과 같이 원기둥을 한없이 잘게 잘라 붙이면 직육면체와 같은 모양을 얻는다. 따라서 원기둥의 부피는

(원기둥의 부피)=(원기둥의 밑면의 넓이)×(높이)

이다. 그런데 직육면체의 가로의 길이는 원기둥의 밑면의 원주와 같으므로

(원기둥의 부피)=(원기둥의 밑면의 넓이)×(높이)
=3.14×(반지름의 길이)×(반지름의 길이)×(높이)

이다.

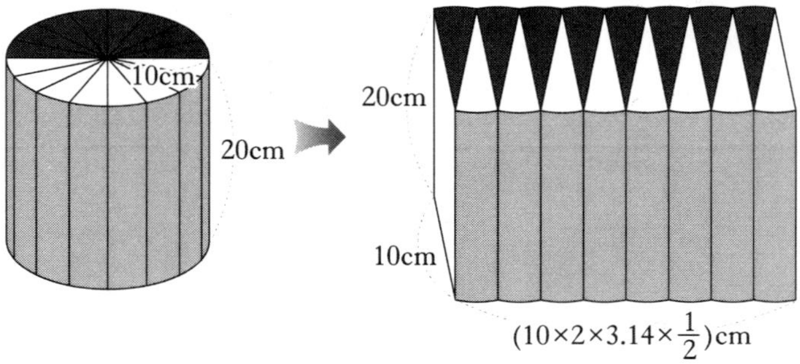

〈그림 7.10〉

7.2 측정교육

7.2.1 측정단위의 필요성

인류가 교역을 하기 시작하면서 곡물의 양, 말의 크기, 끈의 길이 등 물건의 측정이 중요하게 되었다. 측정은 기하학적 도형을 실수를 이용하여 대수적으로 나타내는 것을 가능하게 해주는 과정이다. 예를 들어 지구를 구로 생각한다면, 우리나라의 서울은 적도에서 얼마나 멀리 떨어져 있으며, 우리나라의 넓이는 얼마인가, 얼마나 많은 공간을 차지하고 있는가 하는 물음은 길이, 넓이, 부피에 대한 물음이다.

측정은 학생들의 수학적 수준에 맞추어 자연수, 분수, 정수, 유리수, 실수의 영역으로 확장되어야 한다. 측정을 위해서는

(1) 측정할 대상과 측정 요소를 결정하고(예를 들면, 길이, 넓이, 부피, 온도, 시각 등)

(2) 측정요소를 측정하기 위한 측정 단위를 정하고

(3) 측정요소를 측정한 단위의 수를 정하여야 한다.

처음으로 측정의 단위로 사용된 것은 사람의 신체와 관련이 있다. 예를 들면, 길이가 몇 뼘, 거리가 몇 걸음 등과 같은 대상과 측정단위를 정한다. 그런데 이러한 단위는 사람마다 그 길이가 다를 수 있다. 이와 같이 규격화 되지 않은 측정단위를 비표준 단위(nonstandard unit)라고 한다. 비표준단위로 재는 것은 정확성을 요구하지 않는 경우에는 아주 유용하게 쓰인다. 그러나 우리는 측정을 좀 더 정확하게 할 필요가 있다. 이러한 이유에서 표준화된 단위를 도입한다.

7.2.2 영국의 측정단위

변하는 단위 때문에 일어나는 분쟁을 막기 위하여 왕과 같이 권위가 있는 사람이 단위를 정하는 것은 매우 자연스런 일이다. 영국에서는 헨리 1세(1068 - 1135)가 자신의 코끝에서 엄지손가락 끝까지의 길이를 1야드(yard)로 정하였

다. 이것이 영국에서 사용되는 길이의 단위가 되었으며, 현재는 이 습관이 미국으로 건너가 사용되고 있다. 영국에서의 길이에 대한 단위길이는 야드 외에도 사람의 발의 길이를 단위로 하는 foot(ft : 30.48 cm), 보리알 세 개의 길이를 인치(inch)로 사용하였다. 영국의 표준단위는 기본적으로 비표준단위에서부터 나온다. 물론 나중에 푸트의 길이를 표준화하여 쇠막대로 정하고 그것을 길이를 재는 단위로 사용한다. 이 때 1인치는 $\frac{1}{12}$피트, 1야드는 3피트 등과 같이 정한다. 이들의 관계는

인치(inch)	$\frac{1}{12}$ ft
야드(yard)	3ft
로드(rod)	$16\frac{1}{2}$ ft
마일(mile)	5280ft

와 같다.

무게를 재는 영국의 단위는 기본적으로 온스(ounce)와 파운드(pound)가 있다. 실제로는 여기에도 두 가지 종류의 온스와 파운드가 있으나, 더 많이 사용되고 있는 온스와 파운드는 2000파운드를 1 영국 톤(ton)으로 정하고 있는 무게단위이다. 무게의 단위는 다음과 같다.

1그레인(grain)	0.0648g
1드람(dram)	$27\frac{11}{32}$그레인
1온스	16드람
1파운드	16온스
1톤	2000파운드

〈참고 7.3〉 엄밀히 말하면, 무게와 질량은 서로 다르다. 무게는 중력에 영향을 받지만 질량은 그렇지 않다. 그러나 이 둘을 엄밀히 구별하지 않고, 무게를 영국의 무게 단위로, 질량을 미터법에서 무게 재는 단위로 사용한다. 위의 표에서 알 수 있듯이 각 무게를 단위 사이의 비는 일정하지 않다.

또 온도를 재는 단위로는 화씨온도(Fahrenheit degree)를 사용한다. 화씨온도는 1714년 수은주 온도계를 발명한 독일의 Gabriel Fahrenheit의 이름에서 유래한다. 이 온도계는 물이 어는 온도를 32도, 끓는 온도를 212도로 정한 온도계이다. 따라서 어는점과 끓는점 사이의 온도는 180도이다.

7.2.3 미터법

영국의 측정 단위는 어떤 구체적 사물을 기준으로 하기 때문에 불편한 점이 있다. 이러한 점들을 극복하기 위해서 다음과 같은 이상적인 측정 단위를 도입할 필요가 있다.

(1) (이동성) 기본 단위는 구체적 대상이 없더라도 쉽게 다룰 수 있어야 한다.
(2) (호환성) 같은 것을 측정하는 단위 사이에는 간단한 비례 관계가 있어야 한다.
(3) (연계성) 다른 종류(길이, 넓이, 부피 등)의 측정 단위도 다른 것으로 정의될 수 있어야 한다.

미터법은 위와 같은 단위로서의 이상적 성질을 가지고 있다.

여러 가지 단위가 각 나라에서 사용되었으나, 나라 간에 무역이 커지면서 국제적으로 통용될 수 있는 측정 단위가 필요하게 되었다. 이러한 시도로 1790년 프랑스의 Charles Maurie de Talleyrand이 시계추가 한 번 왕복하는 시간을 1초로 하자는 제안을 프랑스 과학아카데미에 하였다.

프랑스 과학아카데미는 적도에서 북극까지의 거리를 천만분의 1의 길이를 1 m(meter)로 기준을 정하였다. 우리가 사용하고 있는 미터법 체계(metric system)에서는

나노미터(nanometer)	0.000000001m
마이크로미터(micrometer)	0.000001m
밀리미터(millimeter)	0.001m
센티미터(centimeter)	0.01m
미터(meter)	1m
데카미터(decameter)	10m

헥토미터(hectometer)	100m
킬로미터(kilometer)	1000m
메가미터(megameter)	1,000,000m
기가미터(gigameter)	1,000,000,000m

등의 길이를 재는 단위가 자주 사용된다. 위에서 알 수 있듯이 미터법에서는 단위와 단위 사이에 일정한 비율이 존재하여 변환이 용이하다.

넓이와 부피도 기본적으로 길이의 단위에서 오므로 10의 멱으로 표현된다. 질량의 단위로는 한 변의 길이가 10cm인 정육면체의 들이를 1 liter라고 하며, 물 1 liter의 질량을 1 kilogram이라고 한다. 따라서 1 gram은 1 kilogram의 1000분의 1로 정의하면 된다. 프랑스는 1795년 프랑스 아카데미의 미터와 킬로그램을 공식적으로 받아들인다.

1799년에는 백금-이리듐의 1미터 막대가 표준이 되었었으나, 1960년부터는 크립톤 86의 파장의 길이를 가지고 1미터를 정하였다. 크립톤 86의 파장의 길이는 지구상의 어느 실험실에서도 만들어낼 수 있으므로 이동성을 확보하였다. 1983년에는 진공 속에서 빛이 $\frac{1}{299,792,458}$초 동안에 가는 거리를 1m로 정하였다. 이것은 물론 지구의 처음의 미터와 큰 차이는 없다. 어쨌든 미터법은 십진법을 기본으로 하고 있어 호환성이나 다른 단위와의 연계성도 확보된다는 장점을 가지고 있다.

미터법에서의 온도는 **섭씨온도**(Celsius degree)를 사용한다. 섭씨온도는 1742년 스웨덴의 천문학자 Andres Celsius가 발명한 온도계에서 이름을 따온 것으로, 물이 어는 온도를 0도, 끓는 온도를 100도로 한 온도이다.

미터의 길이를 실용화하기 위해서는 구체적으로 적도부터 북극까지의 거리를 계산하여야 한다. 프랑스 과학아카데미는 두 사람으로 하여금 그 거리를 재도록 하였다. 그때까지의 각의 크기를 재는 단위는 도(degree)이었다. 그러나 이것은 10의 멱의 성질을 가지지 않았으므로, 프랑스 과학아카데미의 철학에 맞지 않았다. 그래서 두 사람은 10의 멱을 기초로—직각을 100등분한—새로운 각의 단위 grade(또는 grad)를 정하였다. 이렇게 정하면 원의 중심각은 400 grade가 되는 셈이다. 프랑스 아카데미는 이런 각의 단위를 가지고 잰 길이를 수용했지만, 각의 단위를 버리고 새로운 각의 단위를 제안했다. 10의 멱을 버

리는 작은 불편을 감수하더라도, 각의 크기 a, 반지름의 길이 r과 호의 길이 s 사이의 관계

$$a = \frac{s}{r}$$

를 일정하게 해주는 새로운 단위 radian을 받아들이기로 한다.

무게를 재는 단위로 근(600g), 관(3kg 750g), 돈(3.75g)이 있고, 길이를 재는 단위로 척(1자), 자($\frac{10}{33}$m), 뼘이 있으며, 들이를 재는 단위로 되, 말(10되), 홉 등이 있다.

이들의 예에서 알 수 있듯이 우리나라의 측정단위에도 신체부위를 이용하여 재는 것과 정량화된 단위가 상존한다.

7.3 측정이론

7.3.1 거리

지금까지의 측정은 자, 저울, 온도계 등과 같이 측정하는 도구에 따라 달라졌다. 이제 물리적인 장치와 관계없이 측정이 가지고 있는 성질을 알아보자.

먼저 거리(distance)는 다음과 같은 성질을 가지고 있다.

(1) 0과 1 사이의 거리를 1이라 하고, 이것을 단위 거리(unit distance)라 한다.

(2) 수직선 위의 점 P, Q에 대하여, $\overline{PQ} = \overline{QP}$이다.

(3) 수직선 위의 세 점 P, Q, R에 대하여 Q가 P, R의 사이에 있으면

$$\overline{PQ} + \overline{QR} = \overline{PR}$$

이다.

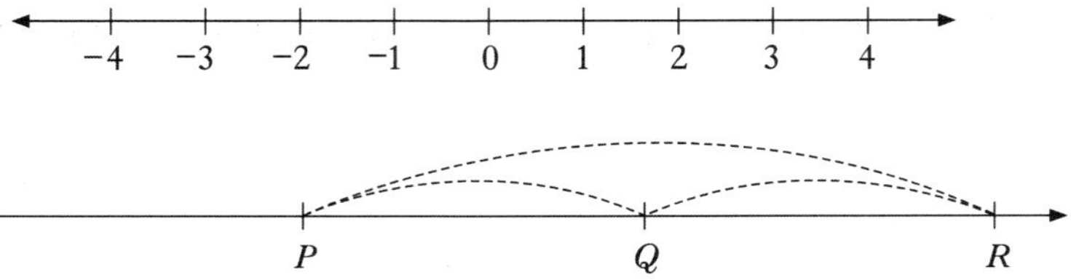

〈그림 7.11〉

위와 같은 거리 개념을 추상화하여 다음과 같이 거리가 주어진 거리공간을 정의할 수 있다.

> **[정의 7.1]** 집합 X의 임의의 원소 x, y에 대하여 다음과 같은 관계를 만족하는 실수 $d(x, y)$가 존재할 때, (X, d)를 **거리공간(metric space)**이라고 한다.
>
> (1) $x \neq y$이면 $d(x, y) > 0$, $d(x, x) = 0$
>
> (2) $d(x, y) = d(y, x)$
>
> (3) 임의의 $z \in X$에 대하여, $d(x, y) \leq d(x, z) + d(z, y)$

예를 들면 수직선과 평면은 거리공간을 이룬다. 이때 거리는

$$d(x, y) = |x - y|, \quad x, y \in R^n$$

이다. 직선위의 두 점 사이의 거리를 이용하여, 다각형의 **둘레의 길이(perimeter)**를 정할 수 있으며, 극한을 통하여 반지름의 길이가 r인 원의 둘레의 길이를 2 πr로 정한다.

평면 위의 도형의 넓이를 정하기 위하여 먼저 길이가 1인 정사각형의 넓이를 1이라 정한다. 정사각형의 한 변의 길이의 비를 통하여, 변의 길이가 유리수 a, b인 직사각형의 넓이가 ab인 것을 알 수 있다. 그러나 변의 길이가 양의 실수 a, b일 경우에는 정사각형의 넓이의 비를 가지고서는 정할 수 없다. 이 경우에는 유리수의 극한을 이용하여, 변의 길이가 a, b인 직사각형의 넓이를 ab라고 정할 수 있다. 이와 같이 직사각형의 넓이를 하나의 측도로 정하면, 평면은 거리공간이 된다.

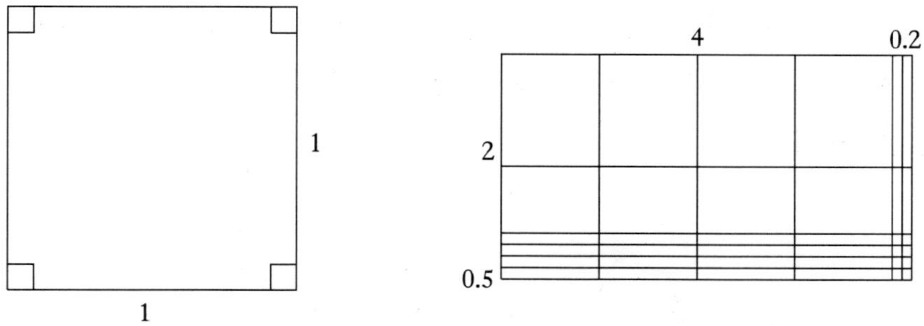

〈그림 7.12〉

직사각형의 넓이의 정의에 의하여 밑변의 길이가 a, 높이가 b인 삼각형의 넓이를 $\frac{1}{2}ab$로 정하는 것이 자연스럽다.

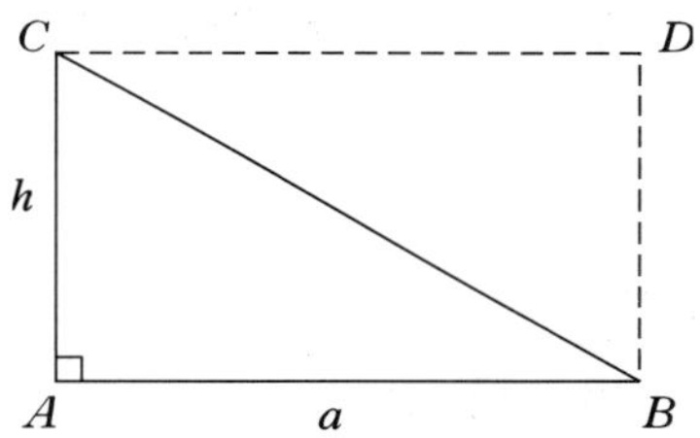

사각형의 넓이로부터 삼각형의 넓이를 정의한 다음에는, 다시 삼각형의 넓이를 이용하여 평행사변형, 사다리꼴의 넓이를 다음과 같이 정의한다.

(1) 밑변의 길이가 a, 높이가 h인 평행사변형의 넓이는 ah이다.

(2) 밑변, 윗변의 길이가 각각 a, b이고 높이가 h인 사다리꼴의 넓이는 $\frac{1}{2}(a+b)h$이다.

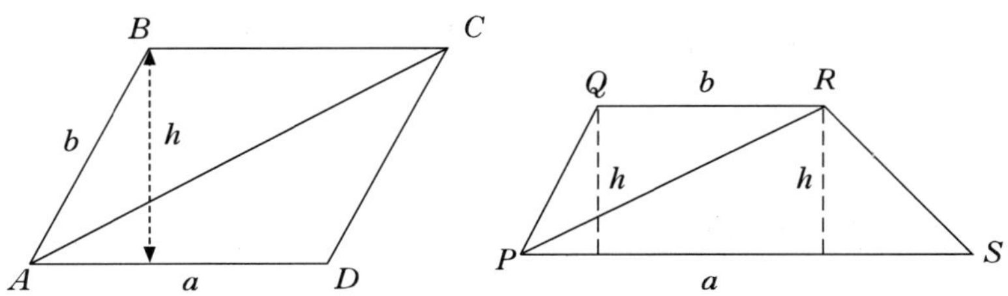

〈그림 7.13〉

더욱이 원을 잘라 울퉁불퉁한 사다리꼴로 펼치고, 원의 둘레를 자르는 길이를 아주 잘게 하는 극한 과정을 통하여 반지름의 길이가 r인 원의 넓이를 πr^2으로 정할 수 있다.

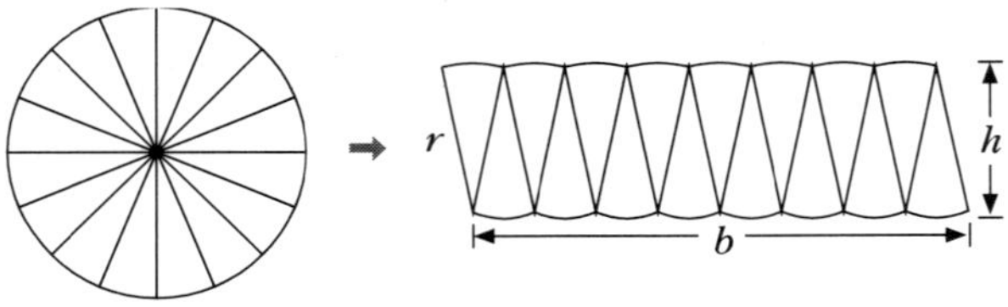

〈그림 7.14〉

유클리드 기하에서 가장 중요한 정리는 아마도 넓이를 이용하여 직각삼각형의 세 변의 길이 사이의 관계를 밝힌 **피타고라스의 정리**(Pythagorean theorem)일 것이다.

[정리 7.1 (피타고라스의 정리)]

직각삼각형의 가장 긴 빗변 c와 나머지 두 변 a, b 사이에는

$$c^2 = a^2 + b^2$$

이 성립한다.

피타고라스의 정리의 증명은 여러 가지가 있으나 다음과 같은 방법으로 증명할 수 있다. 다음 그림에서 합동인 삼각형 4개와 작은 정사각형의 넓이 c^2을 합하면 한 변의 길이가 $(a+b)$인 큰 정사각형의 넓이가 되므로

$$(a+b)^2 = 2ab + c^2$$

이 성립한다. 좌변을 전개하면

$$c^2 = a^2 + b^2$$

을 얻는다.

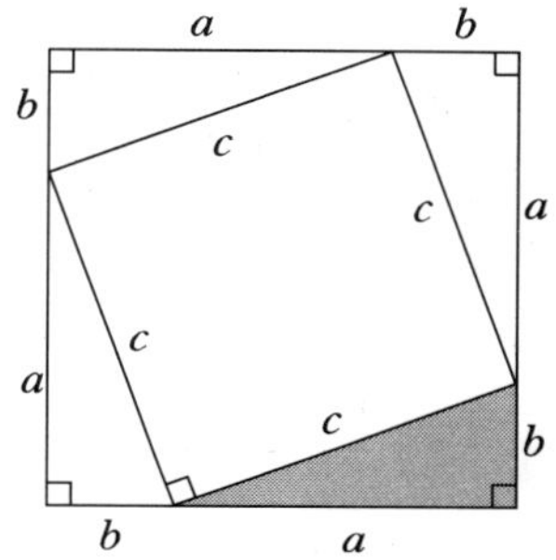

<그림 7.15>

피타고라스의 정리는 평면이나 공간 위에 있는 두 점 사이의 거리를 구하거나 직각을 만들 때 아주 유용하게 활용된다. 한편, 평면 위의 세 점 P, Q, R 사이의 거리 관계를 삼각형을 이용하면

$$\overline{PQ}+\overline{QR}\geq\overline{PR}$$

인 부등식을 얻는다. 이것을 **삼각부등식**(triangle inequality)이라고 한다.

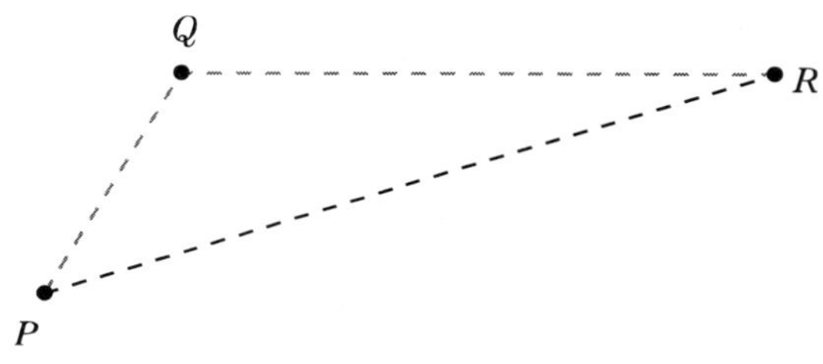

<그림 7.16>

7.3.2 부피와 겉넓이

삼차원 도형의 **부피**(volume)는 그것이 차지하는 양의 측정값을 말한다. 부피는 넓이와 마찬가지로 단위 부피를 정하고, 단위 부피의 유리수배, 실수배로 확장해 나간다. 이러한 과정을 거쳐, 세 모서리의 길이가 각각 a, b, c인 직육면체의 부피를

$$abc$$

로 정한다.

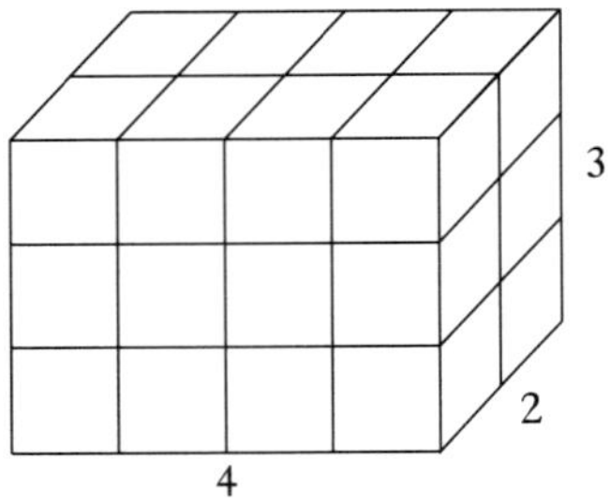

〈그림 7.17〉

직육면체를 마치 카드를 쌓아놓은 것으로 생각하고, 한쪽을 비스듬하게 밀어도 그 부피가 변하지 않는다. 따라서 우리는 비스듬한 다면체의 부피는 밑넓이와 높이로만 결정된다는 것을 알 수 있다. 즉 밑넓이가 A이고 높이가 h인 다면체의 부피는 Ah이다.

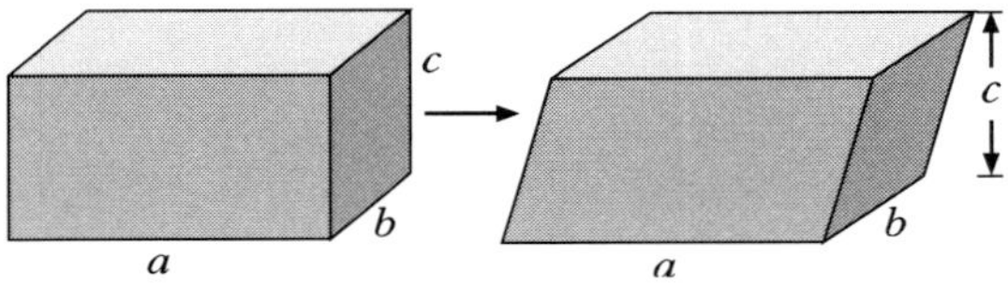

〈그림 7.18〉

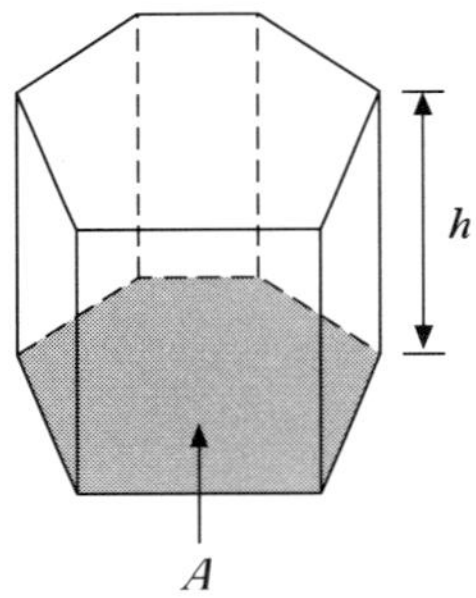

〈그림 7.19〉

각뿔의 부피를 구하기 위하여 정육면체를 그림과 한 꼭지점에서 다른 꼭지점을 잇는 면으로 자르면, 세 개의 같은 각뿔을 얻는다. 따라서 밑넓이가 A이고 높이가 h인 각뿔의 부피는 $\frac{1}{3}Ah$이다.

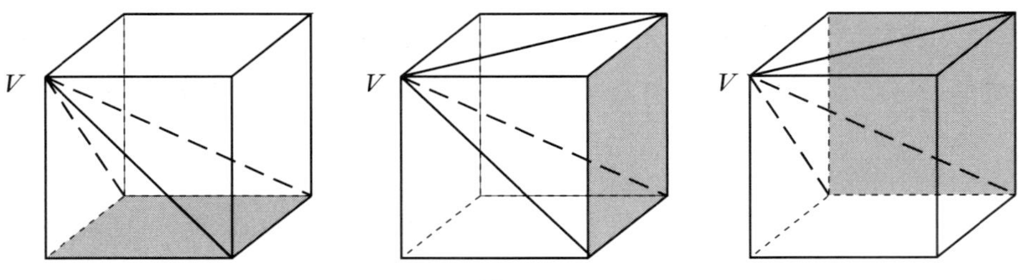

〈그림 7.20〉

원기둥의 부피를 구하기 위하여 원기둥 밑면에 내접하는 각기둥의 밑면의 변의 수를 늘려나가면, 원기둥의 부피도 각기둥의 부피와 마찬가지로 밑면의 넓이와 높이의 곱으로 표현된다.

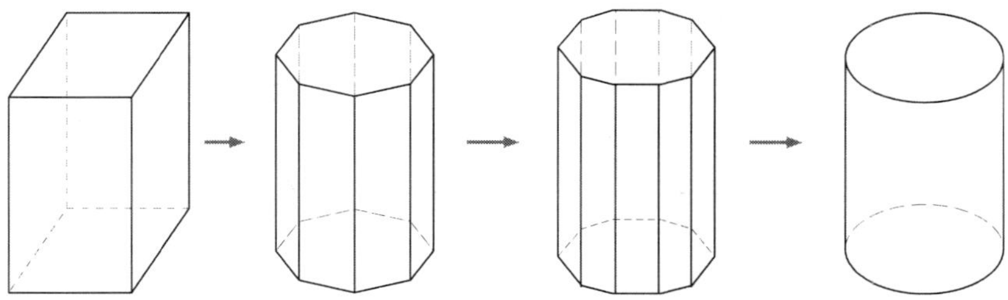

〈그림 7.21〉

원뿔의 부피도 원기둥의 부피를 구하는 것과 같은 방법으로, 원뿔의 밑면에 내접하는 각뿔의 밑면의 변을 수를 늘려나가면, 원뿔의 부피도 각뿔의 부피와 마찬가지로

$$\frac{1}{3}\times(\text{밑면의 넓이})\times(\text{높이})$$

로 표현된다.

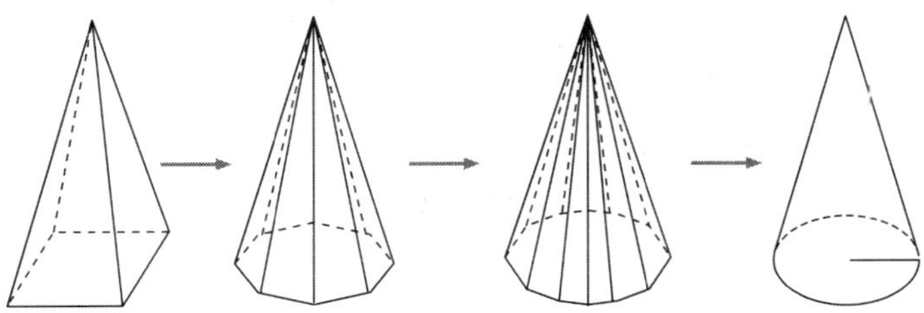

〈그림 7.22〉

원의 부피를 구하기 위하여 먼저 카발리에리의 원리를 알아보자.

[정리 7.2 (카발리에리의 원리(Cavalieri's principle))]

밑면과 평행한 평면으로 자른 단면이 같은 두 공간도형의 부피는 같다.

예를 들어, 아래 그림과 같이 밑면이 같은 원기둥과 모든 단면이 같은 원인 비스듬한 원기둥의 부피는 같다. 이것은 마치 같은 동전을 여러 개 쌓은 원기둥을 비스듬히 밀었을 때 생기는 도형과 그 부피가 같다는 것으로 알 수 있다.

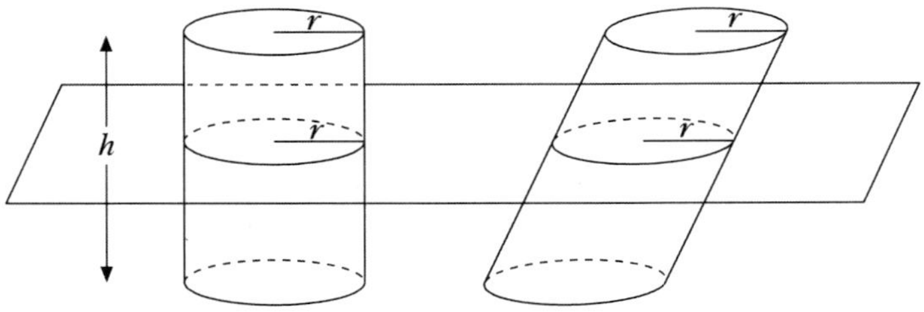

〈그림 7.23〉

이제 구의 부피를 알아보기 위해, 밑면의 반지름의 길이가 r이고 높이가 $2r$인 원기둥을 생각하자. 그림과 같이 두 개의 원뿔을 제거시킨 도형을 S라 하자.

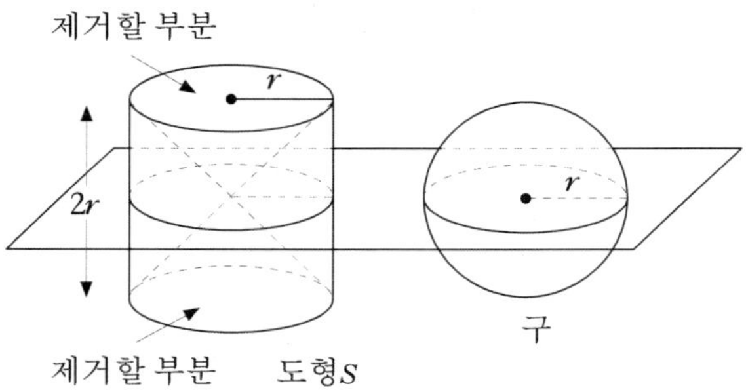

〈그림 7.24〉

그러면 도형 S와 구의 단면의 모양은 다음과 같고, 피타고라스 정리를 이용하면 두 도형의 단면의 넓이가 같다는 것을 알 수 있다.

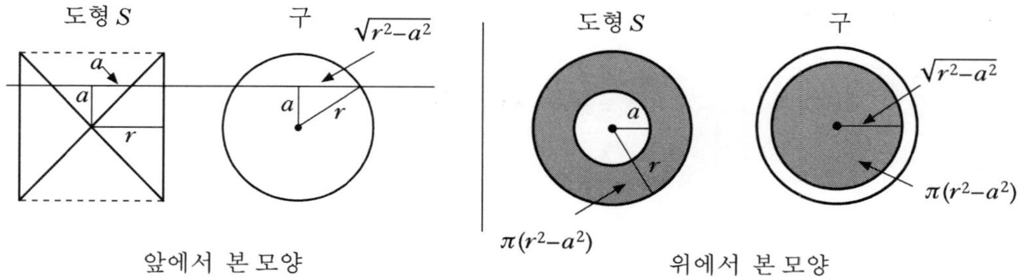

〈그림 7.25〉

따라서 카발리에의 원리에 의해 도형 S의 부피는

$$(S\text{의 부피}) = \pi r^2 \cdot (2r) - 2\left(\frac{1}{3}\pi r^2 \cdot r\right)$$
$$= 2\pi r^3 - \frac{2\pi}{3} r^3$$
$$= \frac{4}{3}\pi r^3$$

이다. 즉 반지름의 길이가 r인 구의 부피는 $\frac{4}{3}\pi r^3$이다.

입체도형의 겉의 넓이의 합을 **겉넓이**(surface area)라고 한다. 겉넓이는 밑면의 넓이와 옆넓이의 합으로 구하면 된다. 따라서 겉넓이는 전개도를 그려 전개도의 넓이를 구하면 된다.

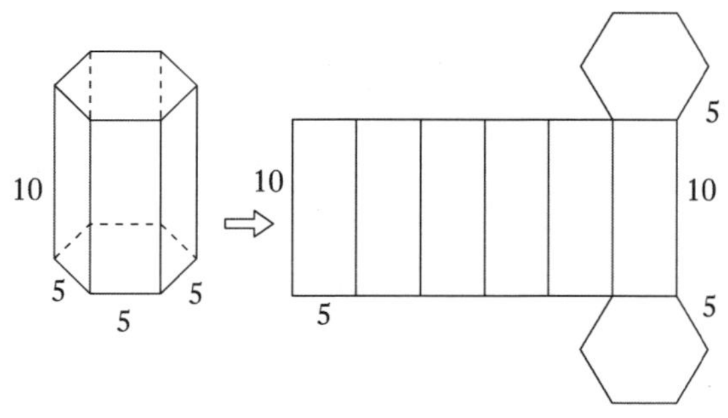

〈그림 7.26〉

특히 밑면의 반지름이 r이고 높이가 h인 원뿔의 모서리는 $\sqrt{h^2+r^2}$이다. 따

라서 원뿔의 겉넓이 S는

$$S = \pi r^2 + \pi r \sqrt{h^2 + r^2}$$

이다.

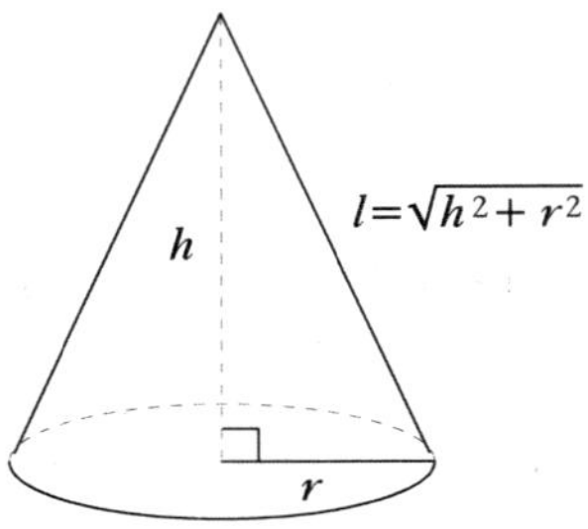

〈그림 7.27〉

한편, 반지름의 길이가 r인 구의 겉넓이를 구하는 방법을 알아보자. 아래 그림과 같이 구가 밑넓이가 A이고 높이가 r인 많은 작은 각뿔로 이루어져 있다고 생각하자. 각뿔의 부피를 V라고 하면

$$\frac{A}{V} = \frac{A}{\frac{1}{3}A \cdot r} = \frac{3}{r}$$

이다. 따라서

$$\begin{aligned} A &= \frac{3}{r} \cdot V \\ &= \frac{3}{r} \cdot \frac{4}{3}\pi r^3 \\ &= 4\pi r^2 \end{aligned}$$

이다.

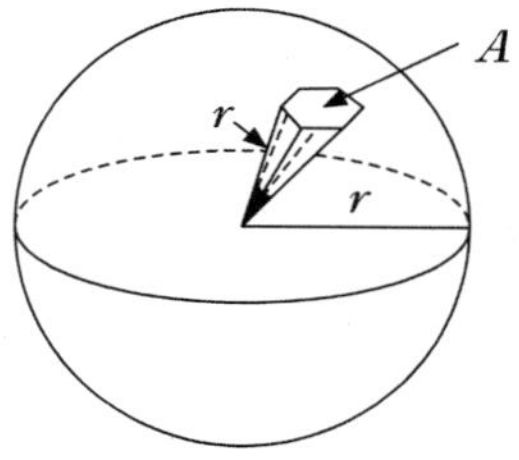

〈그림 7.28〉

7.3.3 적분

초등학교의 학교수학에서는 둥근 곡선으로 둘러싸인 도형의 넓이를 구할 때, 곡선을 덮는 직사각형을 잘게 쪼개어 곡선 도형에 들어가는 작은 직사각형의 개수를 가지고 곡선도형의 넓이의 근사값을 계산하였다. 이와 같이 작은 양을 더하는 것이 적분의 기본 생각이다.

평면도형의 넓이를 계산하기 위하여 우리는 단위 길이를 갖는 정사각형의 넓이를 **단위 면적**(unit of area)으로 택한다. 이 정의에 따르면 직사각형의 넓이를 쉽게 계산할 수 있다. 예를 들면 이웃하는 두 변의 길이가 p, q인 직사각형의 넓이는 pq이다. 기하학적으로 삼각형의 넓이는 직사각형의 넓이의 반임이 분명하고, 다각형으로 둘러싸인 도형은 삼각형으로 나눌 수 있으므로 이 도형의 넓이는 이들 삼각형의 넓이의 합이다.

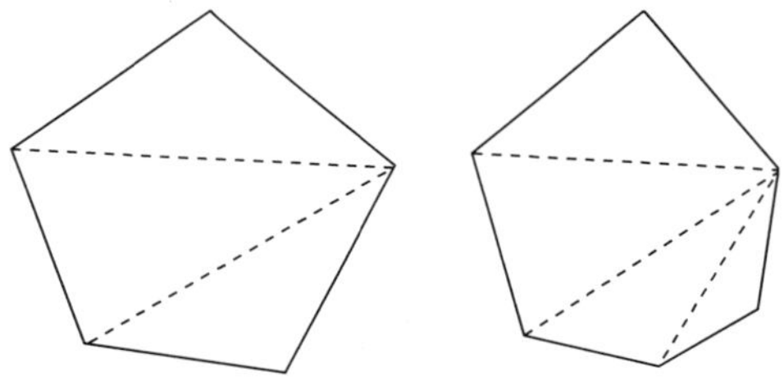

〈그림 7.29〉

그렇다면 다각형이 아닌 곡선으로 둘러싸인 도형의 넓이는 어떻게 구할 수 있을까? Archimedes부터 Gauss 시대까지 곡선에 의하여 둘러싸인 넓이는 직관적으로 이미 주어진 양이기 때문에, 그것을 정의하는 것보다는 어떻게 계산하느냐 하는데 관심을 기울였다. 예를 들면 곡선에 내접하는 다각형을 그리면 그

넓이는 잘 정의된다. 이 접점을 포함하는 또 다른 다각형을 그리면 처음 것보다 더 근접한 값을 얻는다. 이와 같은 방법을 반복함으로 원과 다각형 사이의 넓이를 점차적으로 비우면서(exhaust) 주어진 도형의 넓이를 이들 다각형의 넓이의 수열의 극한으로 구하였다. 실제로 Archimedes는 반지름의 길이가 1인 원의 넓이도 이러한 방법을 사용하여 구하였다.

〈참고 7.4〉 우리는 종이 위의 곡선에 둘러싸인 넓이를 적분을 이용하여 나타내려고 한다. 그런데 넓이란 무엇인가? 우리가 감각적으로 보기 때문에 주어진 도형의 넓이를 정의할 필요가 없이 이미 절대적으로 존재하는 것인가? 그러나 이러한 생각은 옳지 않다. 우리는 넓이를 보지 못한다. 우리가 보는 것은 단지 종이이다. 따라서 넓이가 무엇인지를 확실히 알기 전에는 앞에서 이야기한 도형의 넓이는 의미가 없다. 넓이의 개념을 간단히 도장(paving)의 개념으로 이해할 수 있을 것이다. 다시 말하면 주어진 도형을 단위 넓이를 가지고 덮어나가는 것이다. 예를 들어 가로, 세로의 길이가 각각 3cm, 4cm인 직사각형은 한 변의 길이가 1cm인 12개의 정사각형을 가지고 덮을 수 있다. 그러나 가로, 세로의 길이가 각각 $(\sqrt{5}+1)$cm, $(\sqrt{5}-1)$cm인 직사각형의 넓이는

$$(\sqrt{5}+1)\times(\sqrt{5}-1)=4$$

로 유리수이지만, 각 변의 길이가 무리수가 되어 단위 정사각형을 가지고는 덮을 수 없다. 더욱이 단위 정사각형을 같은 크기의 더 작은 정사각형으로 잘게 잘라 주어진 직사각형을 덮는 것도 불가능하다. 왜냐하면 단위길이를 등분하는 것은 유리수의 개념이고, 무리수는 유리수의 배수가 될 수 없기 때문이다. 따라서 넓이의 개념은 우리가 생각한 것보다 훨씬 복잡한 개념이다. 그러므로 곡선으로 둘러싸인 넓이를 구하는 데에는 세심한 주의가 필요하다.

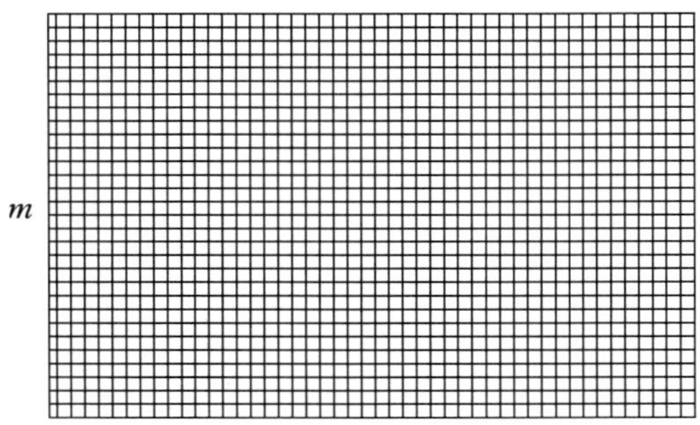

〈그림 7.30〉

미적분학의 첫 번째 기본 개념은 적분이다. 양함수 $y=f(x)$의 그래프와 x-축, $x=a$, $x=b$로 둘러싸인 도형의 넓이를 A라 하자.

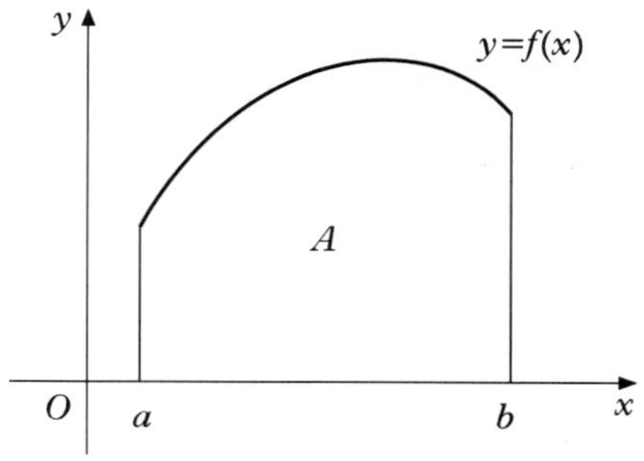

<그림 7.31>

이 도형은 삼각형이나 직사각형으로 나누어지지 않으므로 넓이 A를 구체적으로 나타낼 수 없다. 그러나 넓이 A를 다음과 같이 극한값으로 나타낼 수 있다. 먼저 구간 $[a, b]$를 몇 개의 소구간으로 나누고, 그 소구간 위에서 최소값과 최대값 사이의 값을 높이로 하는 직사각형을 세우면 이들 직사각형의 넓이의 합 S는 우리가 구하고자 하는 넓이 A의 근사값이 된다. 근사값을 더욱 정확하게 구하려면 소구간의 개수를 점점 많게 하되 각 사각형의 폭이 점점 작아지도록 한다. 이렇게 얻어지는 값의 극한값이 정확한 넓이가 된다.

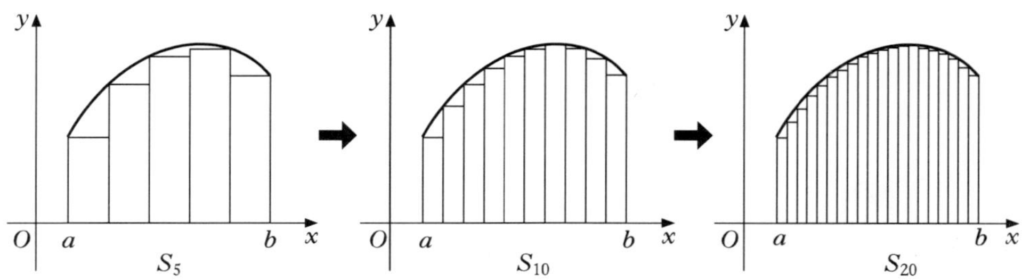

<그림 7.32>

사각형의 넓이의 합을 S_1, S_2, $\cdots$, S_n, $\cdots$으로 나타내고 곡선에 둘러싸인 넓이에 대한 사각형의 근사값의 수열로서 n이 커질 때 S_n의 폭이 0으로 가까이 가면, 이 수열의 극한이 존재하고

$$S_n \to A$$

이 된다. 이때, n이 커질 때 S_n의 폭이 0으로 가까이 가는 한 곡선 아래의 넓이 A는 수열 S_1, S_2, $\cdots$, S_n, $\cdots$을 어떻게 택하느냐에 관계없이 일정하다. 이 넓이 A를 함수 $f(x)$의 a부터 b까지의 적분(the integral of $f(x)$ from a to b)이라 하고, 적분 기호(integral sign)를 사용하여

$$A=\int_a^b f(x)dx$$

로 나타낸다.

이제 위의 적분을 자세히 정의하여 보자. 차(difference)를 뜻하는 기호 Δx를 사용하여

$$\Delta x=\frac{b-a}{n}$$

로 나타내고, 각 구간의 직사각형의 높이를 오른쪽 끝 값으로 하는 사각형의 넓이의 합을

$$S_n=\sum_{i=1}^{n} f(x_i)\cdot\Delta x$$

라 하자. 그러면

$$A=\lim_{n\to\infty}\sum_{i=1}^{n} f(x_i)\Delta x=\int_a^b f(x)dx$$

이다.

기하학적인 측면에서 볼 때 적분을 넓이로 정의를 하는 과정에서는 함수 $f(x)$가 전적으로 0 이상이 되는 것을 가정하였다. 그러나 S_n의 극한으로서 넓이를 해석적으로 정의하는 과정에서는 이 가정은 쓸 데 없는 것이 되고 만다. 여기에서는 단지 작은 양 $f(x_i)\Delta x$의 합만이 필요하므로 $f(x_i)$의 값이 음이어도 상관없다. 이것을 기하학적으로 해석하면 적분은 곡선과 x축으로 둘러싸인 도형의 넓이의 대수적 합과 같다.

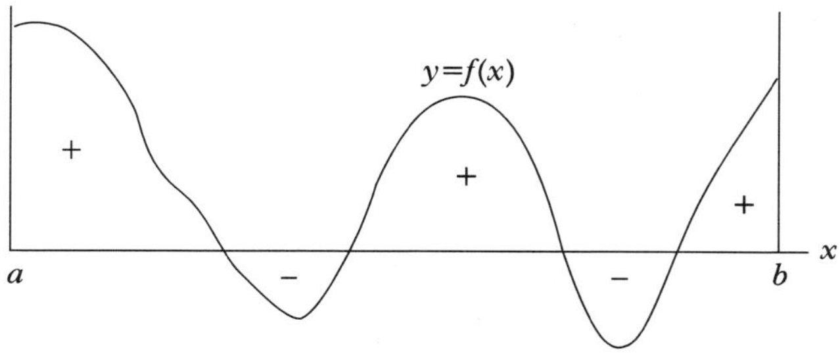

〈그림 7.33〉

실제 응용에서는 적분 $\int_a^b f(x)dx$에서 a가 b보다 큰 경우가 있다. 그러면 $(b-a)/n=\Delta x$는 음수가 된다. 해석적 정의에서는 $f(x_i)$가 양수이고 Δx이 음수가 되므로 $f(x_i)\Delta x$는 음수가 된다. 따라서 b부터 a까지의 적분은 음이 되므로, 간단히 적분공식

$$\int_a^b f(x)dx=-\int_b^a f(x)dx$$

을 얻는다.

여기서 한 번 강조해야할 것은, 앞에서는 x에 대한 차분 $\Delta x=x_{j+1}-x_j$의 값이 항상 같았지만 꼭 그럴 필요는 없다는 것이다. 다시 말하면 $\Delta x_j=x_{j+1}-x_j$의 값을 달리 택해도 된다는 것이다. 더욱이 합

$$S_n=f(x_1)\Delta x_0+f(x_2)\Delta x_1+\cdots+f(x_n)\Delta x_{n-1}$$

와

$$S_n'=f(x_0)\Delta x_0+f(x_1)\Delta x_1+\cdots+f(x_{n-1})\Delta x_{n-1}$$

은 모두 같은 적분 $\int_a^b f(x)dx$에 수렴한다는 것이다. 단지 이때 주의하여야 할 점은 n의 값이 커질 때 $|\Delta x_j|=|x_{j+1}-x_j|$의 최대값이 0으로 가까이 가야만 한다는 것이다. 따라서 우리는 적분을

$$\int_a^b f(x)dx=\lim_{n\to\infty}\sum_{i=1}^{n} f(v_i)\Delta x_i$$

로 정의할 수 있다. 여기서 $x_i \leq v_i \leq x_{i+1}$이고 n의 값이 커질 때 $\Delta x_j = x_{j+1} - x_j$의 최대값이 0으로 가까이 간다.

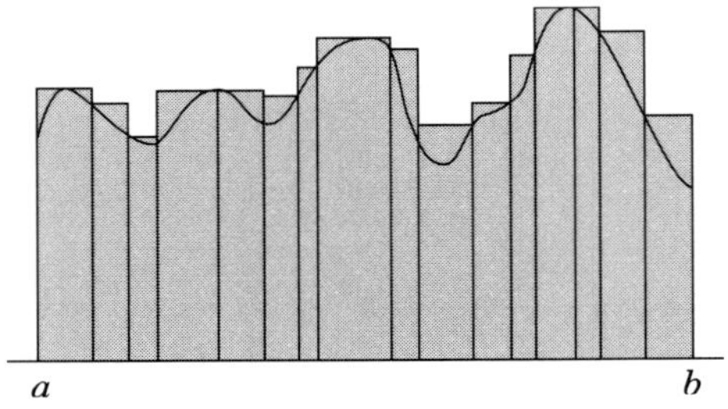

〈그림 7.34〉

곡선으로 둘러싸인 도형의 넓이로 적분을 정의하면 극한의 존재성에 대하여 문제 삼을 것이 없다. 그러나 넓이에 대한 기하학적 선입관을 가지지 않고 적분을 논리적으로 완벽하게 증명하기 위해서는 연속함수에 대하여 극한의 존재성에 대한 증명이 필요하다.

여기서는 유계인 폐구간 $[a, b]$ 위에서 정의된 유계함수의 Riemann 적분가능성에 대하여 정의하자.

[정의 7.2] 구간 $[a, b]$의 분할(partition) $P = \{x_0, x_1, \cdots, x_n\}$에 대하여

$$I_k = [x_{k-1}, x_k], \ \Delta x_k = x_k - x_{k-1}$$

$$M(f, I_k) = \sup\{f(x) | x \in I_k\}, \ m(f, I_k) = \inf\{f(x) | x \in I_k\}$$

이라 놓을 때, 두 실수

$$U(f, P) = \sum_{k=1}^{n} M(f, I_k) \Delta x_k, \ L(f, P) = \sum_{k=1}^{n} m(f, I_k) \Delta x_k$$

을 각각 분할 P에 대한 f의 Riemann 상합(upper Riemann sum), Riemann 하합(lower Riemann sum)이라고 한다.

그런데 임의의 분할 P에 대하여

$$\{L(f,\ P)|P\text{는 } [a,\ b]\text{에 대한 임의의 분할}\},$$
$$\{U(f,\ P)|P\text{는 } [a,\ b]\text{에 대한 임의의 분할}\}$$

은 유계인 무한집합이므로, 실수의 완비성공리에 의하여 두 실수

$$\sup\{L(f,\ P)|P\text{는 } [a,\ b]\text{에 대한 임의의 분할}\}=\underline{\int_a^b} f(x)dx$$

$$\inf\{U(f,\ P)|P\text{는 } [a,\ b]\text{에 대한 임의의 분할}\}=\overline{\int_a^b} f(x)dx$$

이 존재한다.

이때, $\underline{\int_a^b} f(x)dx$와 $\overline{\int_a^b} f(x)dx$을 각각 $[a,\ b]$ 위에서 f의 Riemann 하적분(lower Riemann integral), Riemann 상적분(upper Riemann integral)이라고 한다. 일반적으로

$$\underline{\int_a^b} f(x)dx \le \overline{\int_a^b} f(x)dx$$

이다.

[정의 7.3] 함수 $f:[a,\ b]\to R$에 대하여

$$\underline{\int_a^b} f(x)dx=\overline{\int_a^b} f(x)dx$$

일 때, f는 $[a,\ b]$ 위에서 Riemann 적분가능(Riemann integrable) 또는 간단히 적분가능하다고 한다. 이것을 기호로

$$\int_a^b f(x)dx$$

로 나타낸다.

이와 같이 적분을 정의하면 모든 함수가 적분가능한가? 유계인 함수는 적분가능한가? 그렇지는 않다. 예를 들면 기하학적으로는 적분가능한 것 같지만, 함수 $f : [a, b] \to R$

$$f(x) = \begin{cases} 1, & x\text{가 유리수} \\ 0, & x\text{가 무리수} \end{cases}$$

은 유계이지만

$$0 = \underline{\int_0^1} f(x)dx \neq \overline{\int_0^1} f(x)dx = 1$$

이므로, f는 적분가능하지 않다.

그렇다면 어떤 함수가 적분가능한가? 연속함수는 적분가능한가? 그렇지도 않다. 예를 들면 함수 $f(x) = \dfrac{1}{x}$, $0 < x < 1$,은 주어진 범위에서 연속이지만 적분가능하지 않다. 그렇다면 함수의 적분가능성을 어떻게 판별할 수 있을까 하는 질문이 떠오른다. 실제로 Riemann 하적분과 상적분을 계산하여 그들의 값이 같은지를 판별하여 적분 가능한지를 알아내는 것은 불편하다. 그 대신 다음 정리의 대우를 이용하면 적분 가능하지 않은 함수를 쉽게 판별할 수 있다.

[정리 7.3]

함수 $f : [a, b] \to R$가 유계일 때, f가 $[a, b]$ 위에서 Riemann 적분가능할 필요충분조건은 임의의 $\varepsilon > 0$에 대하여 이에 대응하는 분할 P_ε이 존재하여

$$0 \le U(f, P_\varepsilon) - L(f, P_\varepsilon) < \varepsilon$$

인 것이다.

이 정리를 이용하면 함수 $f : [a, b] \to R$가 연속함수이거나, 유계인 단조증가함수들은 모두 적분가능함을 증명할 수 있다. 실제로 이들 함수들에 대하여는 기하학적 적분과 Riemann 적분이 같음을 보일 수 있다. 그런데 우리가 학교

수학에서 다루는 대부분의 함수는 연속함수이기 때문에 적분가능성을 깊이 따지지 않고 적분하여 계산하는 방법에 대하여만 교육하는 경향이 있다.

미적분학 발전의 중요한 과정은 적분에 관한 문제들을 간단한, 기계적인 과정을 통하여 해결하는 일반적인 법칙을 발견하는 것이다. 이러한 알고리즘적인 모습은 Leibniz의 표현에서도 볼 수 있다. 그러나 지나친 문제해결의 기계적 방법에 초점을 맞추는 것은 미적분학의 교육을 공허하게 하는 것이 될 것이다.

적분의 해석적 정의 또는 기하학적 정의로부터, 학교수학에서와 같이 다음의 성질이 성립한다는 것을 보일 수 있다.

[정리 7.4]

적분 가능한 두 함수 f, g와 상수 α, β에 대하여

(1) $\int_a^b \{\alpha f(x)+\beta g(x)\}dx=\alpha\int_a^b f(x)dx+\beta\int_a^b g(x)dx$

(2) $\int_a^b f(x)dx=\int_a^c f(x)dx+\int_c^b f(x)dx$

(3) $\int_a^b f(x)dx=-\int_b^a f(x)dx$

(4) $\int_a^b f(x)dx=\int_a^b f(t)dt$

(5) $f(x)\le g(x)$이고 $a<b$일 때

$$\int_a^b f(x)dx\le\int_a^b g(x)dx$$

〈참고 7.5〉 (1)은 적분 가능한 함수들의 집합은 벡터공간을 이룬다는 것을 말해준다. 그러므로 벡터공간의 성질을 이용하여 편의에 따라 적분하는 순서를 바꾸어도 상관없다. 또 (5)에서 특히 $g(x)=|f(x)|$으로 택하면

$$\int_a^b f(x)dx\le\int_a^b |f(x)|dx,\quad -\int_a^b f(x)dx\le\int_a^b |f(x)|dx$$

이므로

$$\left|\int_a^b f(x)dx\right| \le \int_a^b |f(x)|dx$$

가 성립한다.

앞에서 언급한 것과 같이 Newton과 Leibniz의 미적분학에 대한 공적은 미분과 적분의 상호 관계를 밝힌 것이라 하겠다. Riemann 적분과 도함수 사이의 관계를 설명해 주는 **미적분학의 기본정리**(fundamental theorem of calculus)는 다음과 같다.

[정리 7.5 (미적분학의 제1기본정리)]

함수 $f : [a,b] \to R$가 $[a, b]$ 위에서 적분 가능할 때, 함수 $F : [a, b] \to R$을

$$F(x) = \int_a^x f(t)dt$$

로 정의하면, F는 $[a, b]$ 위에서 미분가능하고 $F' = f$이다.

여기서 $F(x) = \int_a^x f(t)dt$은 정해진 아래 끝 a에서 정해지지 않고 변하는 위 끝 x까지의 적분을 나타낸다. 이 때 $F(x)$를 함수 $f(x)$의 **부정적분**(indefinite integral)이라고 부른다.

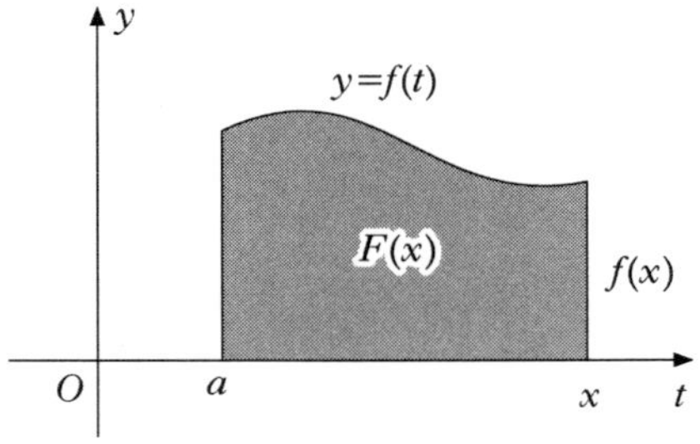

〈그림 7.35〉

이 정리는 $f(x)$로부터 $F(x)$에 이르는 적분 과정이 거꾸로 $F(x)$에 적용되는 미분 과정에 적용된다는 것을 의미한다. 이것은 직관적으로 쉽게 증명할 수 있

다. 그러나 여기서 $F(x)$를 넓이로 보고 이것을 그래프로 그리고 $F'(x)$를 $F(x)$의 미분계수로 이해한다면 혼돈을 가져올 수 있다. 따라서 함수 $f(x)$와 부정적분 $F(x)$의 관계를 도함수의 기하학적 의미로 해석하기보다는 해석적으로 접근하는 것이 훨씬 쉽다. 즉 다음 그림과 같이 차

$$F(x_1)-F(x)$$

는 단순히 x_1과 x 사이의 넓이이므로

$$m(x_1-x)\le F(x_1)-F(x)\le M(x_1-x)$$

이다. 따라서

$$m\le\frac{F(x_1)-F(x)}{x_1-x}\le M$$

을 얻는다. 여기서 $x_1\to x$이면 m과 M은 모두 $f(x)$에 가까이 가므로

$$F'(x)=\lim_{x_1\to x}\frac{F(x_1)-F(x)}{x_1-x}=f(x)$$

을 얻는다.

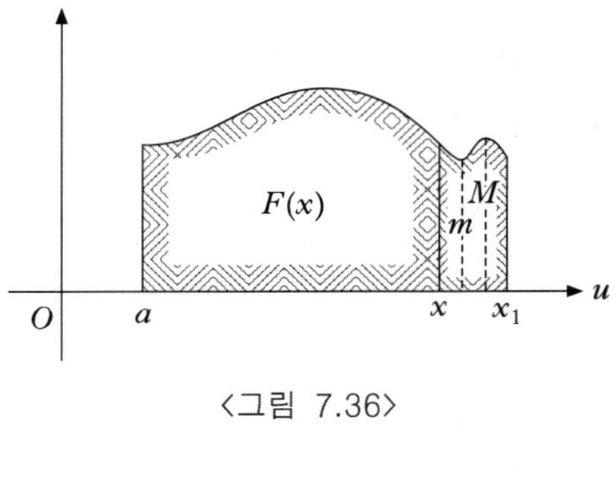

<그림 7.36>

어떤 사람들은 먼저 미분을 정의하고 단순히 미분의 역으로 부정적분을 정의한다. 즉

$$G'(x) = f(x)$$

인 함수 $G(x)$를 $f(x)$의 부정적분으로 정의한다. 이렇게 하면 미분과 적분이 순식간에 겹쳐져서 나타나게 되고, 뒤이어 정적분을 넓이로 또는 합의 극한으로 소개한다. 이렇게 되면 적분이란 말의 의미가 퇴색하게 된다. 이러한 혼돈을 막기 위해서는 $G'(x) = f(x)$가 되는 함수 $G(x)$를 $f(x)$의 부정적분으로 부르는 대신 **원시함수**(primitive function)로 부르기를 권한다. 이렇게 하면 미적분의 제1기본정리는 간단히

'부정적분은 원시함수 중의 하나이다'

라고 할 수 있다. 여기서 '하나'는 유일을 의미하는 것이 아니라 '여러 개 중 하나'임에 주의하여야 한다.

실제로 미적분학의 제1기본정리의 내용은 Barrow에 의하여 1667년에 발견되었다. 그럼에도 불구하고 그의 공적이 Newton이나 Leibniz에게 돌아가는 이유는 Barrow는 수학을 그만두고 Newton을 자신의 후계자로 삼은 후 성직자로 돌아갔다는 점과, 정적분을 이미 알고 있는 부정적분의 값으로 나타낼 수 있다는 사실로 발전시킨 Newton과 Leibniz의 공적 때문일 것이다. 그러나 미적분학의 기본정리에 대한 증명은 Cauchy에 의하여 이루어졌다.

[정리 7.6 (미적분학의 제2기본정리)]

함수 $f : [a, b] \to R$가 $[a, b]$ 위에서 적분가능하고 미분가능한 함수 $F : [a, b] \to R$가 $F' = f$일 때,

$$\int_a^b f(x)dx = F(b) - F(a)$$

이다.

미적분학의 제2기본정리를 이용하면 적분값을 구간의 끝 점에서의 원시함수의 함수값으로 간단히 나타낼 수 있다. 다시 말하면 적분을 대수적인 식으로 다룰 수 있다는 이점을 가지고 있다.

[정리 7.7 (적분에 관한 평균값 정리)]

함수 $f : [a, b] \to R$가 $[a, b]$ 위에서 연속이면, 등식

$$\frac{1}{(b-a)}\int_a^b f(x)dx = f(x_0)$$

을 만족하는 점 $x_0 \in [a, b]$가 존재한다.

위의 평균값정리는 정적분의 평균값이 한 점에서의 함수값으로 나타내어진다. 그러나 우리가 실제로 평균값 정리를 만족하는 점 $x_0 \in [a, b]$을 구하기란 쉽지 않다. 그러나 이 평균값 정리를 달리 표현하면

$$\int_a^b f(x)dx = f(x_0)(b-a)$$

으로 나타낼 수 있다. 따라서 양변에 절대값을 취하면 부등식

$$\left|\int_a^b f(x)dx\right| \le |f(x_0)||b-a|$$

을 얻는다. 그러므로 함수 f가 유계이면 우리는 정적분의 크기를 가늠할 수 있는 이점이 있고, 이는 근사이론에서 중요한 역할을 한다.

7.4 원주율과 착출법

7.4.1 원주율

원주율로 사용하는 π(pie)는 원래는 숫자가 아니고, 그저 영어 알파벳의 p에 해당하는 그리스 문자이었다. 그러나 오래전부터 원의 지름과 원주의 길이의 비가 일정하다는 것을 알아왔다. 이 비를 π로 나타내는 것을 받아들인다면, 반

지름의 길이가 r인 원의 원주는 $2\pi r$이고 넓이는 πr^2이라는 것을 알고 있다.

사람들이 만드는 물건은 원 모양이 많으므로, 이 숫자가 도대체 얼마 만큼인지를 아는 것은 중요하다. 이러한 이유에서 역사적으로 π의 정확한 값을 구하려고 많은 노력을 기울여 왔다. 그 중 몇 가지를 살펴보면 다음과 같다.

기원전 1650년경의 Rhind papyrus에 의하면 이집트 사람들은 원의 넓이를 구하기 위하여 π를 $4\left(\frac{8}{9}\right)^2$로 계산하였으며, 기원전 240년경 Archimedes는 π를 $3\frac{10}{71}$과 $3\frac{10}{70}=3\frac{1}{7}$로 계산하였다. 150년경 그리스의 천문학자 Ptolemy는 $\frac{377}{120}$으로, 480년경 중국의 주 종시는 $\frac{355}{113}$, 530년경 인도의 수학자 Aryabhata는 $\frac{62832}{20000}$으로 계산하였다. 1600년경에는 소수점 아래 35자리까지 계산하였다.

1705년 영국의 수학자 William Jones는 원주율로 π의 기호를 처음으로 사용하였으며, 이 기호는 1730년 대 스위스의 수학자 Leonard Euler에 의해 채택되었다.

1783년 영국의 William Shanks는 15년 이상 걸려 π를 소수점 아래 607자리까지 계산하였으나, 거의 100년 후에 소수점 아래 527자리 이하의 수가 틀리다는 것이 발견되었다. 그 후 1949년 John von Neuman은 ENIAC 컴퓨터를 이용하여 70시간 동안에 소수점 아래 2035자리까지 계산하였고, 1987년 도쿄대학의 카나다 교수는 NEC SX-2 슈퍼컴퓨터를 이용하여 134,217,000자리까지, 1991년 Chudnovsky(Gregory and David) 형제는 자체 제작한 슈퍼컴퓨터를 이용하여 250시간에 2,260,321,336자리까지 계산하였다. 1999년에는 카나다 교수팀이 206,158,430,000자리까지 계산하였다. 그러나 위의 어느 것도 π의 참값은 아니다.

1765년 독일의 수학자 Johann Lambert는 π가 무리수라는 것을 증명하였다. 이것은 어떤 소수 표현도 π의 참값이 아니라는 것을 말해준다. 그럼에도 불구하고 π의 값을 가능하면 정확하게 구하려고 하는 것은, 이것을 구하는데 있어 소프트웨어와 하드웨어가 관련되어 있어 기술 향상이 얼마나 되었느냐를 아는 척도가 되기 때문이다. 다음은 π의 소수점 아래 100자리까지 나타낸 것이다.

$\pi = 3.14159265358979323846264338327950288419716939937510$
58209749445923078164062862089986280348253421170679
82148086513282306647093844609550582231725359408128
48111745028410270193852110555964462294895493038196
44288109756659334461284756482337867831652712019091
45648566923460348610454326648213393607260249141273
72458700660631558817488152092096282925409171536436
78925903600113305305488204665213841469519415116094
33057270365759591953092186117381932611793105118548
07446237996274956735188575272489122793818301194912
98336733624406566430860213949463952247371907021798
60943702770539217176293176752384674818467669405132
00056812714526356082778577134275778960917363717872
14684409012249534301465495853710507922796892589235
42019956112129021960864034418159813629774771309960
51870721134999999837297804995105973173281609631859
50244594553469083026425223082533446850352619311881
71010003137838752886587533208381420617177669147303
59825349042875546873115956286388235378759375195778
18577805321712268066130019278766111959092164201989
…

7.4.2 착출법과 원의 넓이

원주율 π와 같이 무리수 또는 무한에 대한 개념은 Zeno의 역설과 같은 모순점을 드러내는 원인 제공자이기도 하지만 수학의 특성을 나타내는 한 요소이다. 그리스 시대에도 단위 정사각형의 대각선으로부터 무리수의 존재를 알면서도 여전히 수로 인정하지 않은 것은 그 당시의 무리수에 대한 인식을 보여주는 한 단면이다. 이와 같은 무리수를 유리수의 극한으로 확립한 사람은 Dedekind와 Weierstrass 등 19세기의 수학자들이다.

Eudoxus(BC 약 400 - 350)의 비례이론(theory of proportions)은 단지 유리수만을 사용하기는 하지만 길이를 가능한 한 정확한 수(유리수)로 나타내는 것이 목적이다. 이론을 간명하게 하기 위하여, 정해진 길이의 유리수 배수이면 길이를 유리수라고 정의하였다. 이와 같은 Eudoxus의 생각은 길이 r을 r보다 작은 유리수 r_1과 r보다 큰 유리수 r_2에 의해 정하였다. 좀더 엄밀히 말하면 $r_1 = r_2$인 것을 $r_1 < r_2$, $r_2 < r_1$으로 정의하였다.

비례이론은 너무나도 성공적이어서 실제로는 실수의 이론을 확립하는데 방해가 되었다. 기하의 관점에서 볼 때, 수열이나 소수 또는 연분수와 같은 대수적 접근방법이 무리수를 접근하는데 덜 직관적인데 비하여 무리수(무리수의 길이)는 지극히 직관적이다. 이와 같이 비례이론이 무리수의 도입에 사용될 수 있음에도 불구하고 비례이론이 실수의 발전에 저해 요인이 되었다는 것은 역설적이다.

어쨌든 이러한 비례이론은, Dedekind의 절단은 유리수 길이 대신 유리수를 택하고 유리수의 길이를 가지고 무리수의 길이의 존재를 비교하는 대신, 유리수의 집합으로부터 무리수를 만들어 내게 되는 기반이 된다.

제 8 장

확 률

윷놀이, 주사위 던지기, 원판 돌리기 등의 내기에서 내가 원하는 것이 얼마나 자주 나올까 하는 문제로부터, 학생들은 임의사건에 대한 개념을 가진다. 학생들은 어떤 의미에서 수학적으로 잘 통제된 상황에서의 가능성에서 출발하여 표본에 대한 확률의 개념으로 가능성의 개념을 확대해 나간다.

확률은 수나 기하 등과 같이 다른 수학의 분야와 밀접하게 연관되어 있으며, 우리가 내리는 결정은 대부분 확률과 관계가 있다. 확률은 우리 생활과도 매우 깊은 관련이 있으며, 그 예를 들어보면, 일기예보, 보험, 품질관리, 스포츠 복권 등이 있다.

8.1 학교수학

8.1.1 6학년

(1) 경우의 수

축구 경기를 할 때, 어느 편이 먼저 공격할 것인지를 동전을 던져서 결정하는 것을 볼 수 있다. 동전을 던지면 동전의 앞면이 나오는 경우와 뒷면이 나오는 경우의 두 가지가 있다. 이와 같이 어떤 일이 일어날 수 있는 경우의 가짓수를 경우의 수라고 한다.

경우의 수를 아는 것은 매우 중요하다. 왜냐하면 어떤 일이 일어날 가능성을 예측하고, 그것에 대한 대비책을 마련할 수 있기 때문이다.

여러 가지 사건에 대한 경우의 수를 구하는 방법을 알아보자. 먼저 10원짜리 동전 한 개와 100원짜리 동전 한 개를 동시에 던질 때, 나오는 면의 경우의 수를 구하여 보면

10원 짜리의 면	앞	앞	뒤	뒤
100원 짜리의 면	앞	뒤	앞	뒤

의 경우가 있으므로, 구하는 경우의 수는 4이다. 이것을 순서쌍(10원 짜리의 면, 100원 짜리의 면)을 이용하여 나타내면

(앞, 앞), (앞, 뒤), (뒤, 앞), (뒤, 뒤)

와 같이 나타낼 수 있다. 이와 같이 순서쌍을 이용하면 경우의 수를 잘 구할 수 있다. 또는 이것을 나뭇가지를 이용하여

와 같이 나타내어 구할 수 있다.

위의 동전 던지기는 순서에 관계가 없으나, 순서가 있는 경우를 생각해 보

자. 예를 들어 1, 2, 3, 4의 숫자 카드를 가지고 4자리 수를 만들려고 할 때, 만들 수 있는 수의 가짓수를 알아보자.

(1) 1000의 자리에 올 수 있는 경우의 수 — 1, 2, 3, 4의 4가지
(2) 100의 자리에 올 수 있는 경우의 수 — 1000의 자리에 사용된 수를 제외한 3가지
(3) 10의 자리에 올 수 있는 경우의 수 — 앞에 사용된 두 수를 제외한 2가지
(4) 1의 자리에 올 수 있는 경우의 수 — 앞에 사용된 세 수를 제외한 1가지

따라서 구하는 경우의 수는

$$4\times3\times2\times1=24$$

이다.

(2) 확률

축구경기의 공격 순서를 동전을 던져서 정할 때, 어느 편이 앞면을 정하더라도 두 편 모두 공정하다고 생각하기 때문에 싸움이 일어나지 않는다. 이러한 이유는 누구에게나 앞면이나 뒷면이 돌아갈 가능성이 같기 때문이다. 즉 동전을 던질 때 면이 나오는 경우의 수는 2이고, 그 중 앞면이나 뒷면이 나올 가능성은 모두 $\frac{1}{2}$이라고 생각한다. 이와 같이 모든 경우의 수에 대한 어떤 특정한 사건이 일어날 경우의 수의 비율을 **확률(수학적 확률, probability)**이라고 한다.

이제 확률의 성질을 알아보자. 서로 다른 두 개의 주사위를 던질 때 나올 수 있는 눈은 다음과 같이 36가지이다.

	1	2	3	4	5	6
1	(1, 1)	(1, 2)	(1, 3)	(1, 4)	(1, 5)	(1, 6)
2	(2, 1)	(2, 2)	(2, 3)	(2, 4)	(2, 5)	(2, 6)
3	(3, 1)	(3, 2)	(3, 3)	(3, 4)	(3, 5)	(3, 6)
4	(4, 1)	(4, 2)	(4, 3)	(4, 4)	(4, 5)	(4, 6)
5	(5, 1)	(5, 2)	(5, 3)	(5, 4)	(5, 5)	(5, 6)
6	(6, 1)	(6, 2)	(6, 3)	(6, 4)	(6, 5)	(6, 6)

두 눈의 합이 1인 경우는 없으므로, 두 눈의 합이 1일 확률은 0이다. 또 두 눈의 합이 2 이상 4 미만일 확률은

$$(\text{두 눈의 합이 2일 확률}) + (\text{두 눈의 합이 3일 확률}) = \frac{1}{36} + \frac{2}{36} = \frac{3}{36} = \frac{1}{12}$$

이며, 두 눈의 합이 2 이상 12일 확률은 아무 눈이나 나와도 되므로 구하는 확률은 1이다.

따라서 확률은 다음과 같은 성질을 가짐을 알 수 있다.

(1) 아무 것도 일어나지 않을 확률은 0이다.

(2) 항상 일어날 확률은 1이다.

(3) 확률은 0과 1 사이의 값을 가진다.

(4) 서로 다른 두 사건의 확률은 각각의 확률을 더한 것과 같다.

8.2 확률 교육

윷놀이, 주사위 던지기, 원판 돌리기 등의 내기에서 내가 원하는 것이 얼마나 자주 나올까 하는 문제로부터, 학생들은 임의사건에 대한 개념을 가진다. 학생들은 어떤 의미에서 수학적으로 잘 통제된 상황에서의 가능성에서 출발하여 표본에 대한 확률의 개념으로 가능성의 개념을 확대해 나간다.

확률은 수나 기하 등과 같이 다른 수학의 분야와 밀접하게 연관되어 있으며, 우리가 내리는 결정은 대부분 확률과 관계가 있다. 확률과 관계가 있는 예를 들어보면, 일기예보, 보험, 품질관리, 스포츠 복권 등이 있다.

저학년에서는 먼저 확률에 관련된 용어의 예를 들면 "아마도", "——일 것 같다" 등의 용어를 익힌다. 실제로 이들은 동전, 주사위, 원판 돌리기 등을 통하여, 어떤 시행에서 일어날 가능성에 대한 개념을 형성하게 된다. 학교수학에서 나타나는 현상들은 대개 출현이 예측 가능한 것들이 대부분이다. 그렇지만 이러한 사건들을 통해서도 개개의 사건 중 어느 것이 일어날 지 분명하지 않다

는 것이다. 그러나 같은 실험을 계속하면 나타나는 개개의 사건이 어떤 일정한 패턴을 보이고 있다는 것을 알게 된다. 즉 개개의 사건 중 어느 것이 일어날지는 확실하지 않지만, 어느 정도의 가능성을 가지고 일어날지는 예측할 수 있다는 것이다. 그렇다 하더라도 저학년에서 이러한 가능성을 수로 나타내는 것은 불가능하다. 왜냐하면 이것은 전체에 대한 비를 구하여야 하는데, 이 단계에서는 분수를 습득하지 않은 단계이기 때문이다. 따라서 우선은 여러 번의 실험을 통해서 사건이 일어나는 경우의 수를 먼저 빠짐없이 세는 훈련을 한다.

분수에 대한 학습을 한 이후로는 실험에서 나타나는 사건의 전체 경우의 수와 어떤 특정한 사건이 일어날 가능성을 분수로 나타낼 수 있도록 함으로써, 확률이 0과 1 사이의 값을 가짐을 알게 한다. 또 서로 배반인 사건이 일어날 확률, 독립인 사건이 연속해서 일어날 확률, 여사건의 확률을 경우의 수를 이용하여 계산할 수 있도록 한다. 이러한 활동을 통하여 확률의 성질을 학생들 스스로 발견할 수 있도록 한다. 그러나 확률의 기호를 사용하여 확률 이론을 학습시키는 것은 자제하도록 한다.

학생들은 학년이 올라갈수록 "같은 정도로", "임의의", "게임의 공정성" 등에 대한 개념을 가지게 되며, 확률분포와 밀도함수, 자료의 수집에 대한 유의점에 대하여 알게 된다.

8.3 확률

8.3.1 확률의 정의

확률은 불확실하게 일어날 것에 대한 일어날 가능성을 예측하는 수학의 한 분야로, 일기예보나 의학, 운동경기나 게임, 경제 등 우리 주변에서 자주 사용되는 분야이다. 이러한 이유에서 확률은 학교수학에서 중요한 위치를 차지한다. 확률은 우리가 기대하는 사건이 일어날 가능성을 상대도수로 나타내기 때문에, 그 값은 분수, 소수, 퍼센트 또는 비율로 나타난다. 따라서 확률이 큰 것은 사건이 일어날 가능성이 크다는 것을 의미하고, 확률이 작은 것은 사건이 일어날 가능성이 희박하다는 것을 의미한다.

확률을 수학적으로 다루기 위해서 우리는 용어를 좀 더 분명히 해 둘 필요가 있다. **시행**(experiment)이란 실험, 관찰 또는 측정을 하는 행위를 말하며, **출현**(outcome)은 시행의 결과 나타날 수 있는 가능성이 있는 것 중의 하나를 말한다. 또 모든 가능한 출현의 집합을 **표본공간**(sample space)이라고 한다. 또, 표본공간의 부분집합을 **사건**(event)이라고 한다. 예를 들면 동전 두 개를 던질 때 생기는 표본공간은

$$\{HH,\ HT,\ TH,\ TT\}$$

이며, 모두 같은 면이 나올 사건은

$$\{HH,\ TT\}$$

이다.

학교수학에서, 사건 A가 나올 확률은 이산인 경우에는 전체 표본공간에 대한 상대도수로 나타나므로 다음과 같이 정의한다.

> [정의 8.1] 표본공간 S에서 개개의 사건이 나타날 가능성이 같은 정도일 때, 사건 A의 확률 $P(A)$는
>
> $$P(A) = \frac{n(A)}{n(S)}$$
>
> 이다. 여기서 $n(A)$는 A의 원소의 개수를 의미한다.

확률의 정의에 의하면, $\varnothing \subset A \subset S$이므로

$$0 = n(\varnothing) \leq n(A) \leq n(S)$$

이다. 따라서

$$0=\frac{n(\varnothing)}{n(S)}\le\frac{n(A)}{n(S)}\le\frac{n(S)}{n(S)}=1$$

즉

$$0\le P(A)\le 1$$

이다.

일반적으로 확률을 정의하기 위하여 다음을 정의하자.

> [정의 8.2] 표본공간 S의 부분집합들의 집합 F가 다음 성질을 만족할 때, F를 σ체(σ field) 또는 σ대수(σ algebra)라고 한다.
> (1) $S\in F$
> (2) $A\in F$이면 $A^c\in F$
> (3) $A_n\in F$이면 $\bigcup_{n=1}^{\infty}A_n\in F$

확률은 σ체 F 위에서만 정의하며, σ체 F의 원소를 사건이라고 한다. 일반적으로 확률을 다음과 같이 정의한다.

> [정의 8.3] 표본공간 S에 대한 σ체 F 위에서 다음과 같이 정의된 집합함수 $P:F\to[0,\ 1]$를 **확률**(probability) 또는 **확률측도**(probability measure)라 하고, $(S,\ F,\ P)$를 확률공간이라고 한다.
> (1) 임의의 사건 $A\in F$에 대하여 $0\le P(A)\le 1$
> (2) $P(S)=1$
> (3) 서로 배반인 사건 $A_1,\ A_2,\ \cdots,\ A_n,\ \cdots\in F$에 대하여 $P\left(\sum_{n=1}^{\infty}A_n\right)=\sum_{n=1}^{\infty}P(A_n)$
> 이다.

예를 들어 주사위 한 개를 던질 때 나타나는 표본공간 $S=\{H, T\}$이고, $F=\{\varnothing, \{H\}, \{T\}, \{H, T\}\}$라고 하면, F는 σ체이다. σ체 F 위에 함수 P를

$$P(\varnothing)=0,\ P(S)=1,\ P(\{H\})=0.5,\ P(\{T\})=0.5$$

라고 정의하면, (S, F, P)는 확률공간을 이룬다.

일반적으로 확률에 대해 다음과 같은 성질이 성립함을 집합의 성질과 정의 8.2로부터 쉽게 증명할 수 있다.

[정리 8.1]

확률에 대하여 다음 성질이 성립한다.

(1) $P(\varnothing)=0$

(2) 사건 A, B에 대하여 $A\cap B=\varnothing$이면, $P(A\cup B)=P(A)+P(B)$

(3) 사건 A_1, A_2, $\cdots$, A_n이 서로 배반이면, $P\left(\sum_{i=1}^{n} A_i\right)=\sum_{i=1}^{n} P(A_i)$

(4) 사건 A, B에 대하여 $P(A\cup B)=P(A)+P(B)-P(A\cap B)$

(5) 사건 A에 대하여 $P(A^c)=1-P(A)$

예를 들면, 두 개의 주사위를 던질 때, 나오는 표본공간 S가

$$S=\{HH, HT, TH, TT\}$$

로 주어졌다고 하자. 이때 사건

$$A=\{HH, HT, TH\},\ B=\{TT\},\ C=\varnothing,\ D=\{HT, TH\},\ E=S$$

라고 하면,

$$P(A)=\frac{3}{4},\ P(B)=\frac{1}{4},\ P(C)=0,\ P(D)=\frac{1}{2},\ P(E)=1$$

이다. 한편

$A\cup B=S$이고 $A\cap B=\varnothing$이므로,

$$P(A \cup B) = P(A) + P(B) = \frac{3}{4} + \frac{1}{4} = 1 = P(S)$$

$D^c = \{HH,\ TT\}$이며 $D^c \cup D = S$, $D^c \cap D = \varnothing$이므로,

$$P(D^c) + P(D) = 1$$

즉

$$P(D^c) = 1 - P(D)$$

가 성립한다.

사건 A의 확률을 정하는 한 가지 방법은 시행을 여러 번 하여 사건 A가 나오는 경우의 수의 상대도수를 구하는 것이다. 이와 같은 확률을 **통계적 확률**(experimental probability)이라고 한다. 통계적 확률은 실험 관찰을 통하여 얻어진다는 장점을 가지고 있다. 그러나 시행의 횟수에 따라 그 값이 달라질 가능성이 있다. 이러한 단점을 보완하기 위하여 이상적인 실험에 의한 표본공간에의 각 사건에 확률을 대응한 것을 **이론적 확률**(theoretical probability)이라고 한다.

8.3.2 조건부확률

어떤 실험의 표본공간은 어떤 특정한 주어진 조건 아래에서는 크기가 줄어드는 경우가 있다. 다시 말하면, 시행에 대해 알려진 정보는 출현 가능성에 영향을 끼친다.

예를 들어 동전 3개를 던질 때 처음 동전의 앞면이 나온 경우의 표본공간을 구하여 보자. 3개의 동전을 던질 때 나오는 경우의 수는 8가지이다. 그러나 처음 동전의 앞면이 나온다는 조건 아래에서는

$$HHH,\ HHT,\ HTH,\ HTT$$

의 4가지이다. 이와 같이 주어진 조건 아래에서는 표본공간이 변할 수 있다.

동전 3개를 던지는 시행에서 처음 동전의 앞면이 나온 다음 두 개의 뒷면이 나올 확률은 $\frac{1}{4}$이다. 이것은 표본공간 $\{HHH,\ HHT,\ HTH,\ HTT\}$에서 사건 HTT가 일어날 확률이다. 이때 동전 3개를 던지는 시행에서 두 개의 뒷면이 나오는 사건을 A, 첫 번째 동전의 앞면이 나오는 사건을 B라 하자. 이때 B가 주어져

있을 때 사건 A의 확률을

$$P(A|B)$$

로 나타낸다.

위의 예에서 $A=\{HTT, THT, TTH\}$, $B=\{HHH, HHT, HTH, HTT\}$, $A\cap B=\{HTT\}$이다. 여기서 우리는

$$\frac{P(A\cap B)}{P(B)}=\frac{\frac{1}{8}}{\frac{4}{8}}=\frac{1}{4}$$

이 성립함을 알 수 있다.

일반적으로 조건부확률을 다음과 같이 정의한다.

> [정의 8.4] 표본공간 S의 사건 A, $B(B\neq\varnothing)$에 대하여, B가 주어졌을 때 A가 일어날 **조건부확률**(conditional probability)을 $P(A|B)$라 하면
>
> $$P(A|B)=\frac{P(A\cap B)}{P(B)}$$
>
> 이다.

〈참고 8.1〉 표본공간 S의 사건 A, B에 대하여 $P(A)>0$, $P(B)>0$이면,

$$P(A\cap B)=P(A|B)P(B)=P(B|A)P(A)$$

가 성립한다.

위와 같이 조건부확률을 정의하면

(1) 임의의 $A\in F$에 대하여 $P(A|B)=\dfrac{P(A\cap B)}{P(B)}\geq 0$

(2) $P(S|B)=\dfrac{P(S\cap A)}{P(B)}=\dfrac{P(A)}{P(A)}=1$

(3) 사건 A_1, A_2, ⋯, A_n, ⋯이 서로 배반이면

$$P\left(\bigcup_{n=1}^{\infty} A_n | B\right) = \frac{P\left(\left(\bigcup_{n=1}^{\infty} A_n\right) \cap B\right)}{P(B)} = \frac{P\left(\bigcup_{n=1}^{\infty} (A_n \cap B)\right)}{P(B)}$$

가 성립하므로, 정의 8.3과 같이 정의된 조건부확률은 확률의 정의를 모두 만족한다.

조건부확률에서 $P(A|B)=P(B|A)$일까? 물론 아니다. 예를 들어 1, 1, 2, 2, 2, 3, 3, 4, 5, 6, 7, 8, 9, 10, 11, 12, 13, 14, 15, 16이 적혀있는 정20면체의 주사위를 한 번 던져 윗면이 나타나는 수를 생각해보자.

사건 A를 소수가 나타나는 사건이라 하고, 사건 B를 홀수가 나타나는 사건이라고 하자. 그러면

$$P(A|B) = \frac{P(A \cap B)}{P(B)} = \frac{\frac{6}{20}}{\frac{10}{20}} = \frac{3}{5}$$

$$P(B|A) = \frac{P(B \cap A)}{P(A)} = \frac{\frac{6}{20}}{\frac{9}{20}} = \frac{2}{5}$$

이므로, $P(A|B) \neq P(B|A)$이다.

표본공간 S의 사건 A_1, A_2, ⋯, A_n에 대하여

$$A_i \cap A_j = \varnothing, \ i \neq j$$
$$A_1 \cup A_2 \cup \cdots \cup A_n = S$$

일 때, 사건 A_1, A_2, ⋯, A_n을 표본공간 S의 **분할**(partition)이라고 한다.

사건 A_1, A_2, ⋯, A_n을 표본공간 S의 분할이고, $P(A_i)>0$ $(i=1, 2, \cdots, n)$이라고 하면, 임의의 사건 B에 대하여

$$P(B) = P(B \cup S)$$

$$= P(B \cap A_1) + P(B \cap A_2) + \cdots + P(B \cap A_n)$$
$$= P(A_1)P(B|A_1) + P(A_2)P(B|A_2) + \cdots + P(A_n)P(B|A_n)$$

가 성립한다. 위의 공식을 전확률공식이라고 부른다.

특별히, 사건 A_1, A_2, $\cdots$, A_n을 표본공간 S의 분할이고 $P(A_i) > 0$ $(i = 1, 2, \cdots, n)$, $P(B) > 0$이라고 하면, 조건부확률과 전확률공식으로부터

$$P(A_k|B) = \frac{P(A_k \cap B)}{P(B)} = \frac{P(A_k)P(B|A_k)}{\sum_{i=1}^{n} P(A_i)P(B|A_i)}$$

가 성립한다. 이것을 **베이즈 정리**(Bayes' theorem)라고 한다.

〈참고 8.2〉 베이즈 정리에서 사건 A_1, A_2, $\cdots$, A_n을 n개의 원인(cause)이라고 하면, $P(A_k)$는 원인의 가능성으로써 **사전확률**(prior probability)이라고 할 수 있고, $P(B|A_k)$는 원인 A_k의 조건 아래 B가 나타날 확률을 나타낸다. 한편, $P(B|A_k)$는 B가 나타나는 조건 아래 원인 A_k가 나타날 확률로서 **사후확률**(posteriori probability)이라고 할 수 있다. 즉 베이즈 정리는 관측 전의 원인에 대한 가능성과 관측 후의 원인의 가능성에 대한 관계라 할 수 있다.

베이즈 정리를 이용하여 문제를 해결하는 예를 들어보자.

[예제 8.1] 같은 제품을 만드는 3종의 기계 1, 2, 3호기가 있다. 이들이 만드는 제품은 각각 전제의 35%, 20%, 45%를 차지하고 있고, 불량률은 각각 1%, 1.3%, 2%이다. 하루 생산량 전체에서 임의로 한 개를 뽑아 품질 검사를 하였을 때, 그것이 불량품이었다고 하자. 이때, 그 불량품이 1호기에서 나왔을 확률을 구하여라.

풀이 불량품을 뽑는 사건을 B, 스프링이 1, 2, 3호기로부터 생산되는 사건을 각각 A_1, A_2, A_3라고 하면

$$P(A_1) = 0.35,\ P(A_2) = 0.20,\ P(A_3) = 0.45$$

$$P(B|A_1)=0.010,\ P(B|A_2)=0.013,\ P(B|A_3)=0.020$$

이다. 그런데 A_1, A_2, A_3은 표본공간의 분할이므로 베이즈 정리로부터

$$\begin{aligned} P(A_1|B) &= \frac{P(A_1)P(B|A_1)}{P(A_1)P(B|A_1)+P(A_2)P(B|A_2)+P(A_3)P(B|A_3)} \\ &= \frac{0.35\times0.010}{0.35\times0.010+0.20\times0.013+0.45\times0.020} \\ &= 0.23 \end{aligned}$$

이다. □

> [정의 8.5] 사건 B에 대하여 $P(B)>0$일 때
>
> $$P(A|B)=P(A)$$
>
> 이면, 사건 A와 B를 **독립사건**(independent event)이라고 한다.

사건 A와 B가 독립이라는 말은 사건 B가 일어났다고 해도 사건 A가 일어날 확률에 아무런 영향을 미치지 않는다는 것이다. 만약 A와 B가 독립사건이면, 조건부확률의 정의로부터

$$P(A)=P(A|B)=\frac{P(A\cap B)}{P(B)}$$

이므로,

$$P(A\cap B)=P(A)P(B)$$

가 성립한다.

주머니에서 구슬을 꺼낼 때, 꺼냈던 구슬을 다시 주머니에 넣고 구슬을 꺼내는 방법을 **복원추출**(sampling with replacement)이라고 하고, 다시 넣지 않고 꺼내는 방법을 **비복원추출**(sampling without replacement)이라고 한다. 복원추출인 경우에는 두 번째 꺼내는 사건의 확률이 처음 꺼냈던 사건에 영향을 받지 않으므로, 처음 사건과 나중 사건이 서로 독립이다. 그러나 비복원추출인 경우에는

두 번째 사건은 처음 사건에 영향을 받으므로 독립사건이 아니다. 이와 같이 독립사건이 아닌 사건을 **종속사건**(dependent event)이라고 한다.

예를 들어 두 개의 동전을 던질 때, 앞면의 수가 0 또는 1인 사건을 A라 하고, 앞면과 뒷면이 각각 1개씩 나오는 사건을 B라 하면

$$P(A)=\frac{3}{4},\ P(B)=\frac{2}{4},\ P(A\cap B)=\frac{2}{4}$$

이므로,

$$P(A)P(B)\neq P(A\cap B)$$

이다. 따라서 두 사건 A, B는 서로 종속이다.

8.3.3 확률과 경우의 수

어떤 사건의 확률을 구하기 위해서는 표본공간의 각 원소를 알아야 한다. 그런데 표본공간을 일일이 나열하는 것은 불편할 때가 있다. 여기서는 경우의 수를 구하는 몇 가지 방법에 대하여 알아보자.

먼저 수형도를 생각할 수 있다. 예를 들어 빨간색(R), 초록색(G), 흰색(W), 은색(S)의 물품을 A, B 두 가지의 포장지로 싸는 방법을 구하여 보자. 각 물건의 색깔에 A, B 두 가지의 포장지로 포장할 수 있으므로, 물건과 포장지가 짝지어지는 경우는

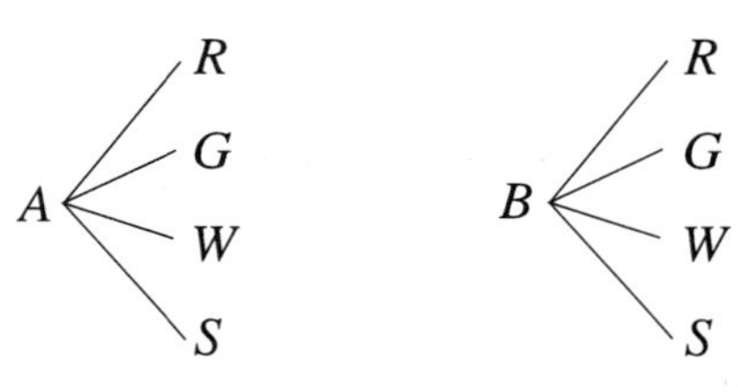

이다. 이와 같은 그림을 **수형도**(tree diagram)라고 한다. 위의 수형도에서 짝지어지는 경우의 수는 $2\times4=8$이다.

일반적으로 사건 A가 일어날 경우가 r가지이고, 각각의 경우에 대하여 사건 B

가 일어날 경우가 s가지일 때, 사건 A와 B가 차례로 일어날 경우는 rs가지이다.

위의 경우의 수를 구하는 방법은 두 가지 사건뿐만 아니라 여러 가지의 사건에 대해서도 성립한다. 예를 들어 동전 3개를 던질 때 나타나는 경우의 수는 $2\times2\times2=8$이다. 이때, 앞면이 2번 뒷면이 한 번 나오는 경우는 몇 가지인가를 알아보기 위해서, 우리는 다음과 같이 수형도를 이용할 수 있다.

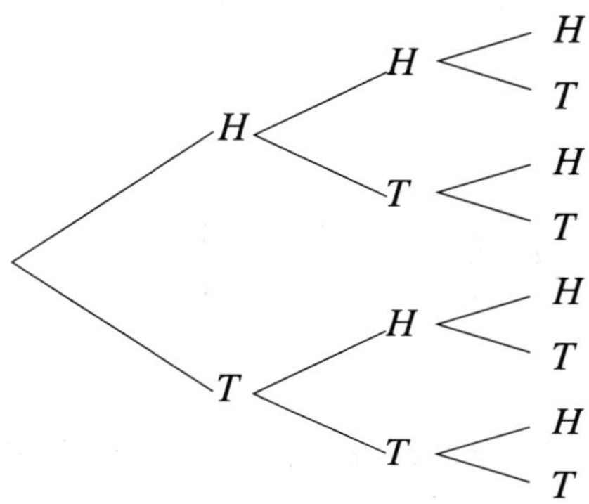

이와 같은 것을 반복적으로 시행하면, 아래와 같은 삼각형 모양을 얻는다. 이것을 파스칼의 삼각형이라고 한다. 파스칼의 삼각형은 동전을 던지는 경우와 같이 두 가지 사건만 일어나는 경우 어떤 특정한 경우가 일어나는 경우의 수를 세는데 중요하게 이용된다.

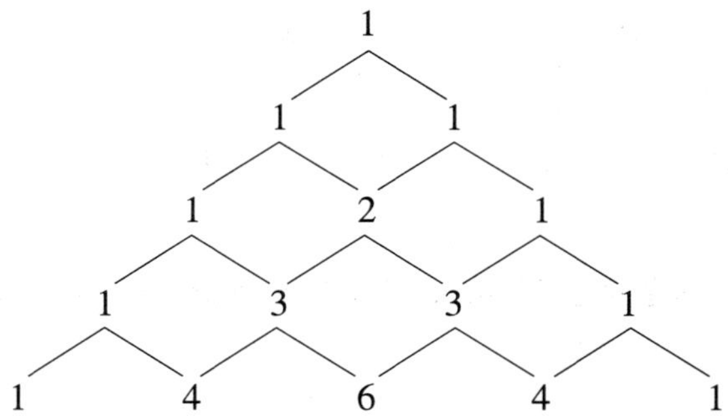

한편, 수형도는 확률을 계산하는 데에도 편리하게 사용된다. 예를 들면 검은 색 3개, 빨간 색 1개의 구슬이 들어있는 주머니 속에서, 구슬 하나를 꺼내었다가 다시 넣고 또 하나를 꺼낼 때 모두 검은 색이 나올 확률을 구하는 문제를 생각해 보자. 전체 4개의 구슬 중에서 각각이 나올 확률은 같으므로, 처음 구슬

이 나오고, 다시 두 번째 구슬이 나오는 경우와 확률은 아래 수형도와 같다.

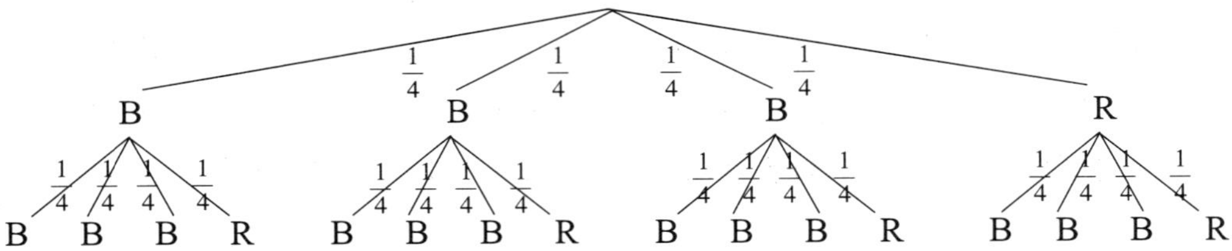

따라서 구하는 확률은

$$(3\times\frac{1}{4})\times(3\times\frac{1}{4})=\frac{9}{16}$$

이다.

실제로 위의 그림을 더욱 간단하게 나타낼 수 있다. 처음에 검은 색과 빨간 색 구슬이 나올 확률은 각각 $\frac{3}{4}$, $\frac{1}{4}$이고, 다음에도 마찬가지이므로 수형도는 다음과 같다.

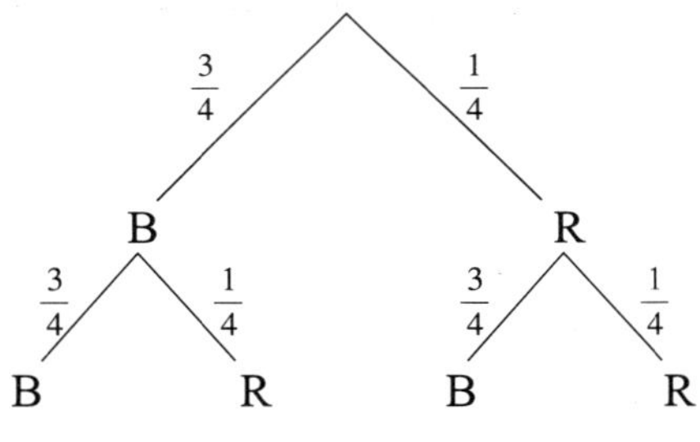

이와 같은 수형도를 **확률수형도**(probability tree diagram)라고 한다.

8.3.4 확률분포

확률공간을 해석적으로 연구하기 위하여 표본공간을 수량화할 필요가 있다.

> [정의 8.6] 확률공간 $(S,\ F,\ P)$에 대하여 함수 $X: S \to R$을 **확률변수**(random variable)라고 한다. 이때 함수 X는 임의의 $r \in R$에 대하여
>
> $$\{w \mid X(w) \le r\} \in F$$
>
> 이어야 한다.

예를 들어 두 개의 주사위를 던질 때 나오는 표본공간을 $S = \{(i,\ j) \mid i,\ j = 1,\ 2,\ 3,\ 4,\ 5,\ 6\}$이라 하고, X와 Y를 각각

(1) $X: S \to R$을 $X(w) = i + j,\ w = (i,\ j)$,

(2) $Y: S \to R$을 $Y(w) = |i - j|,\ w = (i,\ j)$

로 정의하면, X와 Y는 모두 확률변수이다.

> [정의 8.7] 확률변수 X에 대한 함수 $F_X: R \to [0,\ 1]$이 임의의 x에 대하여
>
> $$F_X(x) = P(X \le x) = P(\{w \mid X(w) \le x\})$$
>
> 일 때, F_X를 확률변수 X에 대한 **분포함수**(distribution function) 또는 **누적분포함수**(cumulative distribution function)라고 한다.

예를 들어 한 개의 주사위를 던질 때, X를 앞면의 개수라 하자. 이때

$$F_X(x) = \begin{cases} 0 & x < 0 \\ \dfrac{1}{2} & 0 \le x < 1 \\ 1 & 1 \le x \end{cases}$$

은 누적분포함수가 된다.

누적분포함수는 다음과 같은 성질을 만족한다.

(1) $F_X(-\infty) = \lim\limits_{x \to -\infty} F_X(x) = 0,\quad F_X(\infty) = \lim\limits_{x \to \infty} F_X(x) = 1$

(2) F_X는 증가함수이다. 즉 $a \le b$이면 $F_X(a) \le F_X(b)$이다.

(3) $\lim_{h\to 0+} F_X(x+h)=F_X(x)$

〈참고 8.3〉 일반적으로 위의 성질 (1) - (3)을 만족하는 함수 $F_X(\cdot)$을 누적분포함수로 정의하기도 한다.

누적분포함수는 확률변수의 값의 분포를 나타내준다. 여기에는 두 가지 종류가 존재하는데 하나는 이산인 경우와 다른 하나는 연속인 경우이다.

[정의 8.8] 확률변수 X의 치역이 가산집합일 때, X는 이산(discrete)이라고 한다. 또 X가 이산이면 이에 대한 누적분포함수 $F_X(\cdot)$도 이산으로 정의된다.

[정의 8.9] 이산확률변수 X가 서로 다른 $x_1,\ x_2,\ \ldots,\ x_n,\ \ldots$의 값을 가질 때, 함수

$$f_X(x)=P(X=x_j),\ \ x=x_j\ \ 0,\ \ x\neq x_j$$

을 **이산밀도함수**(discrete density function)라고 한다.

〈참고 8.4〉 이산밀도함수를 **확률질량함수**(probability mass function)라고도 부른다.

[정리 8.2] X가 이산확률변수이면 $F_X(x)$는 $f_X(x)$에 의하여 결정되며, 그 역도 마찬가지로 결정된다.

예를 들면 두 개의 주사위를 던질 때 나오는 눈의 수의 합을 X라 하자. 그러면 X는 2, 3, 4, ⋯, 12의 값을 갖고, 이산밀도함수 $f_X(x)$는 다음과 같이 주어진다.

x	2	3	4	5	6	7	8	9	10	11	12
$f_X(x)$	$\frac{1}{36}$	$\frac{2}{36}$	$\frac{3}{36}$	$\frac{4}{36}$	$\frac{5}{36}$	$\frac{6}{36}$	$\frac{5}{36}$	$\frac{4}{36}$	$\frac{3}{36}$	$\frac{2}{36}$	$\frac{1}{36}$

이와 같이 이산밀도함수는 이산확률변수의 값이 어느 정도 일어날까를 말해준다. 또 이것은 어떤 사건이 일어날 확률을 계산할 수 있는 정보를 제공한다. 예를 들면

$$P(a < X \leq b) = \sum_{a < x_j \leq b} f_X(x_j)$$

이다.

지금까지는 확률변수가 이산인 경우를 다루었다. 이제 연속인 경우에 대하여 알아보자.

[정의 8.10] 확률변수 X에 대하여

$$F_X(x) = \int_{-\infty}^{x} f_X(\mu)d\mu, \quad x \in R$$

인 함수 $f_X(x)$가 존재할 때, X를 연속(continuous)이라고 한다.

[정의 8.11] 연속확률변수 X에 대하여

$$F_X(x) = \int_{-\infty}^{x} f_X(\mu)d\mu, \quad x \in R$$

인 함수 $f_X(x)$를 **확률밀도함수**(probability density function)라고 한다.

〈참고 8.5〉 확률밀도함수는 적분으로 정의되기 때문에 항상 유일하게 나타나는 것은 아니다. 한편 여기서의 연속은 해석학에서 다루는 연속과는 다른 개념이다.

[정리 8.3]

X가 연속확률변수이면 $F_X(x)$는 $f_X(x)$에 의하여 결정되며, 그 역도 마찬가지로 결정된다.

이산인 경우와 마찬가지로 연속확률밀도함수는 연속확률변수에 대응하는 사건이 어느 정도로 일어날지를 말해 준다. 예를 들면

$$P(a < X \leq b) = \int_a^b f_X(x)dx$$

이다.

일반적으로 확률밀도함수를 다음과 같이 정의하기도 한다.

[정리 8.4]

함수 $f : (-\infty, \infty) \to [0, \infty)$이 다음과 같은 성질을 만족할 때, f를 확률밀도함수라고 한다.

(1) 임의의 $x \geq 0$에 대하여 $f(x) \geq 0$이다.

(2) $\int_{-\infty}^{\infty} f(x) = 1$

8.3.5 기댓값과 분산

확률변수나 분포함수에서 대단히 중요한 개념은 기댓값이다.

[정의 8.12] 확률변수 X에 대하여, X의 **평균**(mean) 또는 **기댓값**(expectation) $E(X)$를 다음과 같이 정의한다.

(1) X가 이산인 경우

$$E(X) = \sum x_j f_X(x_j)$$

(2) X가 연속인 경우

$$E(X) = \int_{-\infty}^{\infty} x f_X(x) dx$$

확률변수 X가 이산인 경우와 연속인 경우의 평균의 정의에서 $E(X)$는 각각 절대수렴과 적분가능성이 전제되고 있다. 그렇지 않으면 값이 정의되지 않기 때문이다. 또 이산인 경우 $\sum x_j f_X(x_j)$은 x의 값과 $X=x$일 때의 확률의 곱의 합이므로, $E(X)$는 가중치가 주어진 평균(average)의 개념을 가지고 있다. 물론 연속인 경우도 마찬가지이다. 한편, $E(X)$는 X의 밀도함수에 의해 정해지는 단위질량의 무게중심이다. 따라서 X의 평균은 확률변수 X의 값의 중심이 어디에 있느냐를 의미한다.

[정리 8.5]

확률변수 X, Y의 기댓값에 대하여 다음 성질이 성립한다.

(1) 상수 c에 대하여 $E(c)=c$

(2) 상수 c에 대하여 $E(cX)=cE(X)$

(3) 상수 a, b에 대하여 $E(aX+bY)=aE(X)+bE(Y)$

(4) $X \le Y$이면 $E(X) \le E(Y)$

평균은 확률변수 X의 중심이 어디에 있느냐를 의미하는 것으로 이해하였다. 이제 확률변수 X가 중심으로부터 얼마나 멀리 흩어져 있는 정도를 알아보자. 이러한 의미를 갖는 것이 분산이다.

[정의 8.13] 확률변수 X의 평균을 $\mu_X=E(X)$라 하자. 이 때 X의 분산(variance) σ_X^2 또는 $\mathrm{var}(X)$을 다음과 같이 정의한다.

(1) X가 이산인 경우

$$\mathrm{var}(X) = \sum_j (x_j - \mu_X)^2 f_X(x_j)$$

(2) X가 연속인 경우

$$\mathrm{var}(X)=\int_{-\infty}^{\infty}(x-\mu_x)^2 f_X(x)dx$$

분산은 물론 합과 적분이 정의될 때만 정의가 가능하다. 또 분산의 정의에서 알 수 있듯이 분산의 값이 크면 클수록 자료가 평균을 중심으로 멀리 흩어져 있다는 것을 의미한다. 평균이 무게 중심의 위치를 말해주는 것에 대해, 분산은 무게 중심을 축으로 하는 관성모멘트(moment of inertia)를 의미한다. 더욱이

$$\mathrm{var}(X)=\sum_j(x_j-\mu_X)^2 f_X(x_j)=\sum_j(x_j^2-2\mu_X x_j-\mu_X^2)f_X(x_j)=\sum_j x_j^2 f_X(x_j)-\mu_X^2$$

이고, 연속인 경우는

$$\mathrm{var}(X)=\int_{-\infty}^{\infty}x^2 f_X(x)dx-\mu_X^2$$

와 같이 나타난다.

[정의 8.14] 확률변수 X에 대하여 σ_X 또는 $\sqrt{\mathrm{var}(X)}$을 표준편차(standard deviation)라고 한다.

확률변수 X의 평균, 분산에 대하여 다음과 같은 부등식이 성립한다.

[정리 8.6 (Chebychev 부등식)]

확률변수 X의 평균을 μ_X, 분산을 σ_X^2라 하면, 임의의 양수 $r>0$에 대하여 부등식

$$P(|X-\mu_X|\geq r\sigma_X)=P((X-\mu_X)^2\geq r^2\sigma_X^2)\leq\frac{1}{\sigma_X^2}$$

이 성립한다.

증명 $g(x)=(x-um_X)^2$, $k=r^2\sigma_X^2$라고 하면

$$
\begin{aligned}
E(g(X)) &= \int_{-\infty}^{\infty} g(x)f_X(x)dx \\
&= \int_{\{x|g(x)\ge k\}} g(x)f_X(x)dx + \int_{\{x|g(x)<k\}} g(x)f_X(x)dx \\
&\ge \int_{\{x|g(x)\ge k\}} g(x)f_X(x)dx \\
&\ge \int_{\{x|g(x)\ge k\}} kf_X(x)dx = kP(g(X)\ge k).
\end{aligned}
$$

따라서

$$E(g(X)\ge k) \le \frac{E(g(X))}{k}$$

이다. 그러므로 정리가 증명된다. ■

8.3.6 여러 가지 확률분포

앞에서는 확률변수의 평균과 분산에 대한 성질을 알아보았다. 여기서는 학교수학과 실제 생활에서 자주 나타나는 확률분포와 그들의 평균, 분산에 대하여 간단히 알아보자. 실제로 이들의 값은 평균과 분산의 정의로부터 쉽게 구할 수 있다.

[정의 8.15] 다음과 같은 이산밀도함수를 갖는 확률분포를 이산균등분포(discrete uniform distribution)라 한다.

$$f(x)=\begin{cases} \frac{1}{N}, & x=1,\ 2,\ \cdots,\ N \\ 0, & \text{그 외} \end{cases}$$

[정리 8.7]

이산균등분포 X에 대하여

$$E(X)=\frac{N+1}{2},\ \mathrm{var}(X)=\frac{(N^2-1)}{12}$$

이다.

[정의 8.6] 확률변수 X의 이산밀도함수가 다음과 같을 때, X를 베르누이분포(Bernouilli distribution)라고 한다.

$$f(x)=\begin{cases} p^x(1-p)^{1-x}, & x\text{는 } 0 \text{ 또는 } 1 \\ 0, & \text{그 외} \end{cases}$$

[정리 8.8]

확률변수 X가 베르누이분포를 가질 때,

$$E(X)=p,\ \mathrm{var}(X)=p(1-p)$$

이다.

베르누이 분포는 "성공" 아니면 "실패"와 같이 두 가지만이 일어나는 경우에 나타난다.

[정의 8.7] 확률변수 X의 이산밀도함수가 다음과 같을 때, X를 이항분포(binomial distribution)라고 한다.

$$f(x)=\begin{cases} {}_nC_x p^x(1-p)^{n-x}, & x=0,\ 1,\ 2,\ \cdots,\ n \\ 0, & \text{그 외} \end{cases}$$

[정리 8.9]

확률변수 X가 이항분포를 가질 때,

$$E(X)=np,\ \operatorname{var}(X)=np(1-p)$$

이다.

$n=1$인 경우에 이항분포는 베르누이분포가 된다. 이항분포는 주머니에서 구슬을 반복적으로 꺼낼 때 나타나는 확률분포이다.

[정의 8.18] 확률변수 X의 이산밀도함수가 다음과 같을 때, X는 포아송분포(Poisson distribution)라고 한다.

$$f(x)=\begin{cases} \dfrac{e^{-\lambda}\lambda^{x}}{x!}, & x=0,\ 1,\ 2,\ \cdots,\ n \\ 0, & \text{그 외} \end{cases}$$

[정리 8.10]

확률변수 X가 포아송분포를 가질 때,

$$E(X)=\lambda,\ \operatorname{var}(X)=\lambda$$

이다.

포아송분포는 확률분포 모델로, 어떤 종류의 수를 세는 임의의 현상에서 자주 나타난다. 예를 들면, 어떤 주간에 발생하는 교통사고의 수, 단위 시간에 방출되는 방사선 입자의 수, 한 시간에 걸려오는 전화의 수, 생산품 중의 불량품의 개수, 단위 부피 속에 들어있는 생물체의 수, 전선의 단위 길이 당 결함 수 등은 포아송 분포를 따르는 것으로 알려져 있다.

[정의 8.19] 확률변수 X의 확률밀도함수가

$$f(x)=\frac{1}{\sqrt{2\pi\sigma}}e^{-\frac{(x-\mu)^2}{2\sigma^2}}$$

와 같을 때, X는 평균이 μ, 분산이 $\sigma>0$인 **정규분포**(normal distribution)라고 한다.

〈참고 8.6〉 물론 확률변수가 여러 개인 결합확률밀도함수(joint probability density function) $f(x_1, x_2, \cdots, x_n)$을 생각할 수 있다.

8.4 확률의 역사

1654년 도박을 즐기던 프랑스의 갑부 Chevalier de Mere는 수학자 Blaise Pascal에게 소위 "점수 문제"를 던진다. 이 문제의 내용은 "Xavier와 Yvon은 각각 10원을 걸고 내기를 한다. 각각 번갈아 동전을 던져 앞면이 나오면 1점을 얻고, 뒷면이 나오면 상대방이 1점을 얻기로 하고, 먼저 3점을 얻는 사람이 20원을 갖기로 한다. Xavier는 2점을 얻었고 Yvon을 1점을 얻었다. 그런데 Xavier가 동전을 던질 차례에 내기가 중단되었다. 이때 20원을 공정하게 나누는 방법은 무엇인가?"이다. Pascal과 Pierre de Fermat는 이런 종류의 문제에 의견을 나누던 중 새로운 수학의 세계 확률론(probability theory)을 탄생시킨다.

이와 같이 확률은 일어나지 않았으나 일어날 가능성이 있는 것을 어떻게 수치화하느냐에 중점을 두고 있다. 여기에는 "같은 정도로(equally likely) 일어나는 사건"에 대한 생각이 깊이 들어 있다.

사실 de Mere 이전에 이러한 생각을 가진 사람은 Girolamo Cardano(1501－1576)이다. 그의 책 〈Liber de Ludo Aleae(Handbook on games of chance)〉에는 요즈음 우리가 말하는 큰 수의 법칙이 들어 있다. 즉 일어날 가능성이 같은 정

도인 n개의 사건을 여러 번 반복시행하면, 각 사건이 일어날 가능성은 $\frac{1}{n}$에 가까워진다는 것이다. 예를 들어 한 개의 주사위를 1000번, 1000000번 던지면 3의 눈이 나오는 경우는 던진 회수의 $\frac{1}{6}$에 가까워진다. 그러나 두 개의 주사위를 던지는 경우 두 눈의 합이 같은 정도로 일어나지 않는다.

어쨌든 Cardano, Pascal, Fermat가 가지고 있던 확률에 대한 기본 생각은, 각 사건이 일어날 가능성은 1보다 작고 나올 수 있는 사건에 대한 확률을 모두 더하면 반드시 1이라는 것이다.

1657년 네덜란드의 과학자 Christiaan Huygens는 〈On reasoning in a dice game〉에서 Pascal과 Fermat의 생각을 이용하여 요즘의 기댓값(expectation)에 대한 생각을 다루었다. 수학적 기댓값은 로또(lottery)나 카지노(casino)의 도박에 적용될 뿐 아니라, 보험회사의 보험 상품 개발에도 적용된다.

Jakob Bernoulli의 사후 8년인 1713년에 간행된 책 〈The art of conjecture〉에서는 확률의 여러 응용성을 다루고 있는데, 그 중 하나는 이론적 확률과 실제 적용 사이의 적합성에 대한 것이다. 특히 Cardano의 큰 수의 법칙을 사람의 생명이나 건강과 같은 문제에 적용하는 데는 중대한 결함이 있다는 것을 발견하였다.

이것을 기호로 나타내면, 표본평균(실제 일어날 가능성)을 $\overline{X}$, 평균(이론적 가능성)을 μ, 임의의 $\varepsilon>0$, $0<\delta<1$에 대하여

$$P(|\overline{X}-\mu|\leq\varepsilon)\geq 1-\delta$$

이라는 것이다.

18세기 말 확률론에 대하여 많은 사람들이 관심을 가졌다. 천문학을 연구하던 Pierre Simon Laplace는 1807년 실험관찰 자료에서 얻어지는 오차와 관련된 통계적 방법으로 확률에 접근하는 것을 시도하였으며, 3년 후 그 당시까지의 확률을 집대성한 〈Analytical theory of probabilities〉를 저술하였다. 그러나 이것은 너무 방대하고 어려워 널리 읽히지 못하였다. 이 때문에 1814년 제2판에 153 쪽 짜리 서문을 쓰고, 이것을 따로 〈Philosophical essay on probabilities〉란 이름으로 별쇄본을 발간하였다. 여기에는 확률의 폭넓은 응용을 담고 있다. 실제로 현재 우리가 학교수학에서 다루고 있는 확률은 Laplace에 기인한다.

제 9 장

통 계

정보가 많다고 해서 항상 정확한 판단을 할 수 있는 것은 아니다. 우리는 주어진 정보를 우리의 목적에 맞도록 잘 분류하여 정확한 판단을 하여야 한다. 분류해야 할 자료는 과일과 같이 눈에 보이는 구체적인 것일 수도 있고, 놀이, 좋아하는 것, 색깔, 모양 등 추상적인 것일 수도 있다. 자료를 모으는 것도 중요하지만 모은 자료를 분류하여 읽기 쉽게 나타내는 것도 매우 중요하다. 다시 말하면 우리가 자료를 다루는 과정에는 여러 단계가 있는데, 먼저 우리가 알고자 하는 목적에 맞는 자료를 모으고(collecting), 모아진 자료를 분류하고(organizing), 분류된 자료를 나타내고(representing), 나타난 자료를 해석하는(interpreting) 것이 필요하다. 이러한 것을 체계적으로 다루는 분야가 통계이다.

9.1 학교수학

9.1.1 1학년

문방구나 옷가게, 과일가게에 가보면 물건이 종류별로, 크기에 따라, 모양에 따라, 색깔에 따라 손님들이 구별하기 쉽도록 전시되어 있다. 이렇게 하면 어떤 물건이 얼마나 팔렸는지 또는 어떤 물건이 잘 팔리는지 등의 새로운 정보를 수집하기가 편리하다. 따라서 물건을 모을 뿐만 아니라 어떤 기준에 따라 분류하고 세어 보는 것은 불확실한 상황에서 현명하게 올바른 판단을 할 수 있는 정보를 제공해 준다.

자료를 모으고 분류하고 해석하여 올바른 판단을 하도록 하는 통계교육은 우리 생활에 직접적으로 활용되는 분야이다. 초등학교 1학년에서는 자료를 수집하고 정리하는 것이 중요한 이유를 알게 하고, 정리된 자료로부터 어떤 것을 알 수 있는지를 생각하게 한다.

예를 들어 우리 반 아이들이 좋아하는 여름 과일을 조사하였더니 다음과 같았다.

〈그림 9.1〉

위의 조사표를 보고 학생들이 어느 과일을 좋아하는지 조심스레 확인을 하여야 한다. 또 수박, 참외, 포도, 복숭아 각각에 대하여 누가 좋아하는지 또 몇 명이 좋아하는지를 한 눈에 알기 쉽지 않다. 따라서 위의 표를 정리하여 다음과 같은 표를 만들면 우리가 원하는 정보를 쉽게 얻을 수 있다.

과일	학생	사람 수
수박	정민, 원석, 재영	3
참외	유경, 지은	2
포도	혜정, 승일	2
복숭아	지영, 현주	2

9.1.2 2학년

(1) 도수분포표

학생들이 좋아하는 음식을 알아보기 위해서 임의로 한 반을 표본으로 택하여 조사하였다. 그 결과를 사람과 음식의 순서쌍으로 나타내면

(정민, 김밥), (혜정, 라면), (지영, 라면), (유경, 햄버거), (원석, 자장면),
(현주, 라면), (지은, 김밥), (승일, 자장면), (재영, 피자), (성빈, 라면)
(종윤, 햄버거), (수경, 라면), (정아, 피자), (동민, 김밥), (지원, 자장면)
(재은, 라면), (주혁, 자장면), (하은, 햄버거), (은주, 자장면), (연진, 김밥)

와 같다. 위의 자료에서는 한 사람 한 사람이 어떤 음식을 좋아하는지를 알 수는 있으나, 김밥이나 라면을 몇 명이나 좋아하는지를 일일이 세지 않으면 알기가 쉽지 않다. 음식에 대한 선호도를 쉽게 알아보기 위해서 음식별로 다음과 같은 표를 만들었다.

음식	사람 수 표시	사람 수
김밥	~~////~~ /	6
라면	~~////~~	5
햄버거	///	3
자장면	~~////~~	5
피자	//	2

위의 표를 간단히 정리하면 다음과 같다.

음식	김밥	라면	햄버거	자장면	피자
사람 수	6	5	3	5	2

위와 같은 표를 보면, 자료를 흩어 놓은 것보다 학생들이 어떤 음식을 얼마나 좋아하는지를 쉽게 알 수 있다. 이와 같은 표를 **도수분포표**라 한다. 이때 음식과 자료를 어떤 부류로 분류하는 항목을 **계급**(class)이라 하고, 그 계급 속에 얼마나 많은 자료가 빈번히 나타나는가를 나타내는 학생 수를 **도수**(frequency)라고 한다.

(2) 그래프

자료를 도수분포표를 이용하여 보기 쉽게 나타내기는 하였으나, 시각적 효과는 그리 크지 않다. 따라서 자료의 성질을 더욱 쉽게 알아보기 위하여 시각적으로 나타내는 그래프를 사용한다. 그래프로 나타내는 방법은 여러 가지가 있으나 여기서는 학교수학에서 나타나는 것을 중심으로 다룬다. 2학년에서는 쌓기 나무나 그림, 동그라미를 이용한 그림으로 나타내면 자료를 좀 더 쉽게 알아볼 수 있다. 그러나 일일이 그림을 그리는 것은 매우 불편할 것이라는 것을 느끼게 한다.

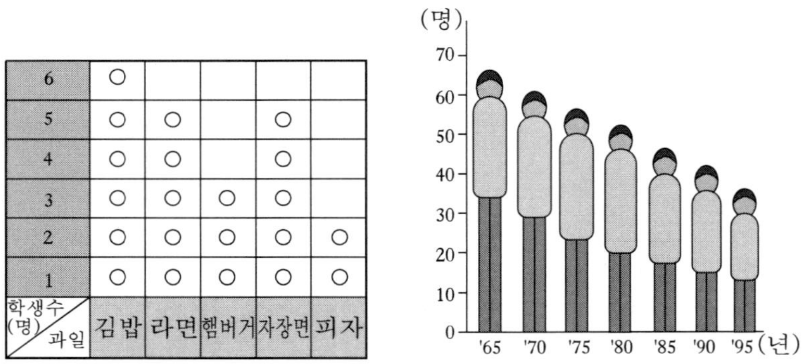

〈그림 9.2〉

9.1.3 3학년

(1) 막대그래프

실생활에서 발생하는 자료를 얻고 정리하여 보기 쉽도록 나타내는 방법을 공부한다. 예를 들면 학생들 사이에서 체험 학습 장소로 가보고 싶은 장소를 조사하여 표로 나타낸다. 나타난 표를 보다 쉽게 알아볼 수 있게 그래프로 나타내도록 한다. 우선 조사한 수를 막대로 나타낸 막대그래프를 이용하여 나타내도록 하고, 이것과 조사한 표와 편리함을 비교하여 그래프의 유용함을 알도록 한다. 특별히 그래프의 가로와 세로는 무엇을 어떻게 나타내어야 하는지를 알도록 한다.

예를 들어 학생들이 사는 마을을 조사하여 표로 나타내었더니 다음과 같았다.

마을	별빛	달빛	은빛	양지	열매
학생 수(명)	13	24	11	30	22

먼저 마을을 가로축에, 도수(학생 수)를 세로축에 막대로 나타낸 막대그래프는 아래 그림과 같다. 그러나 막대그래프에는 좌표평면의 개념이 숨어 있다. 따라서 좌표평면의 개념을 모르는 수준에서는 처음부터 막대그래프를 도입하는 대신, 동그라미나 스티커를 붙이고 세는 방법을 통하여 개수의 셈수에 대한 확인과 높이를 통하여 그래프를 이해하도록 한다.

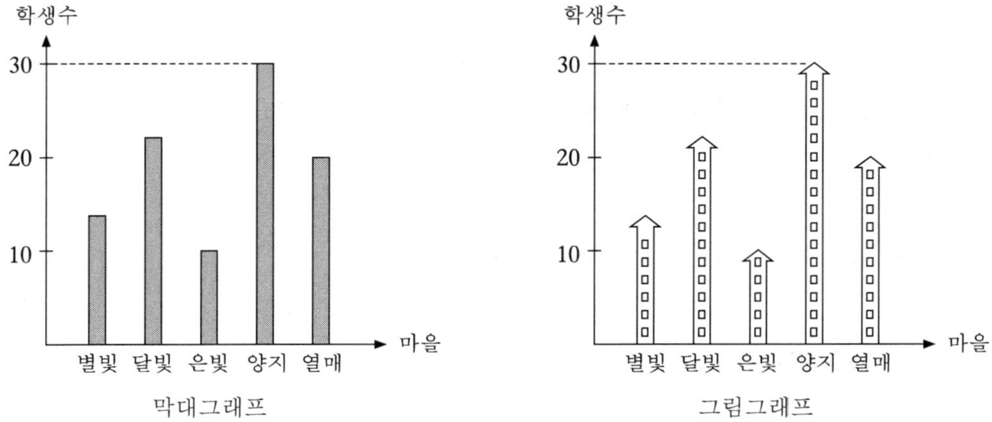

<그림 9.3>

〈참고 9.1〉 자료를 그래프로 나타내면 알아보기가 쉽다. 이러한 이유로 매체나 광고에서는 그림이나 그래프를 통하여 자료를 설명하려는 경향이 강하다. 그러나 그림이나 그래프를 볼 때는 주의를 기울이도록 하여야 한다. 왜냐하면 직관적으로 보이는 그래프는 사실과 달리 과장되어 보이는 경우가 많기 때문이다. 이러한 경우 그래프를 속이지 않고 정확히 나타내도록 하고, 그림 그래프를 속지 않고 정확히 읽을 수 있도록 한다. 예를 들면 주택건설회사가 작년보다 올해에는 주택을 2배나 많이 지으려고 하는 내용을 다음 그림과 같은 그림을 이용하여 설명하려 한다고 하자.

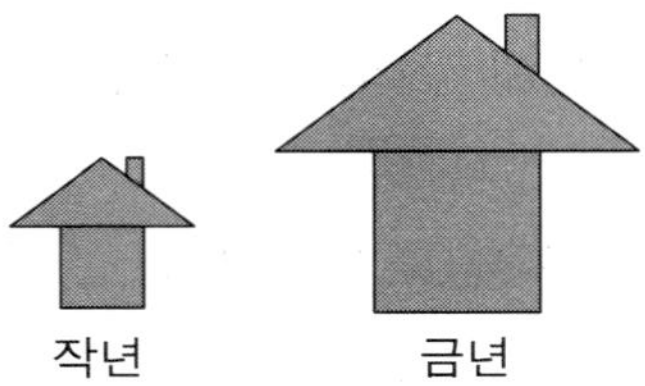

〈그림 9.4〉

위의 오른쪽 그림은 왼쪽 그림의 가로와 세로를 각각 2배씩 늘려 그린 그림이다. 그러나 우리 눈에는 넓이가 4배가 되었으므로, 내용을 자세히 살피지 않으면 주택을 4배나 많이 짓는 것으로 오해할 수가 있다.

9.1.4 4학년

막대그래프는 이산적인 양의 자료를 그래프로 나타내는데 사용되었다. 그런데 온도와 같이 연속적으로 변하는 양도 연속적인 양을 모두 조사할 수가 없으므로 이산적인 자료로 나타낼 수밖에 없다. 이러한 이산적인 자료로는 조사된 자료와 자료 사이의 정보를 얻을 수 없다. 이러한 결함을 극복하기 위한 방법을 생각해 보자.

연속인 양에서 얻어진 이산인 양을 점그래프로 나타내고, 점과 점을 선분으로 이으면 또 다른 그래프를 얻는다. 이와 같은 그래프를 **꺾은선그래프**라고 한다. 예를 들면 어느 날 교실의 온도를 측정한 결과가 다음 표와 같을 때, 이것을 꺾은선그래프로 나타내면 다음과 같다.

시각(시)	10	11	12	1	2
온도(℃)	8	10	13	17	16

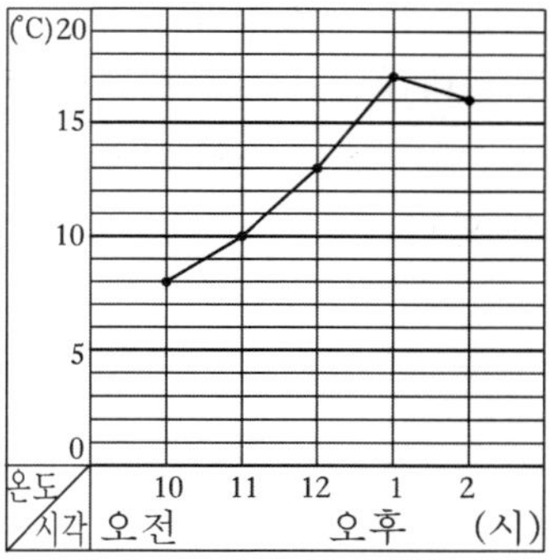

<그림 9.5>

위의 자료에서 온도는 시시각각으로 변하는 연속적인 양이다. 그러나 매 시각마다 온도를 측정할 수는 없다. 따라서 일정한 시간을 두고 온도를 측정하여 이산적인 정보를 얻지만, 때로는 측정한 시각과 시각 사이의 온도를 얻고 싶을 때가 있다. 이러한 경우 위와 같이 측정된 이웃한 자료를 선분으로 이은 꺾은선그래프를 그리고 그래프의 눈금을 읽으면, 원하는 시각의 온도에 관한 정보를 얻을 수 있다. 또 각 구간에서의 선분의 기울기를 통하여 온도의 변화율을 읽을 수 있다.

물론 꺾은선그래프를 통하여 얻은 정보는 정확한 정보는 아니다. 이것은 측정된 시각과 시각 사이의 온도가 선형적으로 변한다는 가정 아래에서 얻어진 정보이다. 예를 들면

10시의 온도가 8℃

11시의 온도가 10℃

이므로, 10시 30분(10.5시)에는

$$8+\frac{10-8}{11-10}\times\frac{1}{2}=8+1=9(℃)$$

가 된다. 또 꺾은선그래프의 선분의 기울기를 비교하여 11시와 12시 사이의 온

도가 다른 때보다 급격히 변한다는 것을 알 수 있다.

〈참고 9.2〉 앞에서 언급한대로 막대그래프는 이산적인 양을, 꺾은선그래프는 연속적인 양을 그래프로 나타내는데 적당하다. 연속적인 양에 대한 자료를 도수분포표로 나타내고 이것을 히스토그램으로 나타내면 막대그래프와 비슷한 모습을 나타낸다. 그러나 히스토그램은 연속적인 양을 나타낸 그래프이므로, 각 구간의 계급값을 선분으로 이어도 꺾은선그래프를 얻을 수 있다.

9.1.5 5학년

(1) 줄기와 잎 그림

마을 사람들의 나이를 조사하였더니 다음과 같았다.

21	36	47	54	25	34
43	72	62	56	29	48
52	39	51	63	69	67
40	53	68	62	78	65

위의 자료를 10대, 20대, 30대 등으로 나타내면 세대 간 인구수를 비교하기가 쉽다. 이러한 목적으로 다음과 같이 나타낸 그림을 **줄기와 잎 그림**(stem-and-leaf)이라고 한다. 이때, 세로선을 **줄기**(stem), 가로선을 **잎**(leaf)이라고 한다.

줄기	잎
2	1 5 9
3	6 4 9
4	7 3 8 0
5	4 6 2 1 3
6	2 3 9 7 8 2 5
7	2 8

마을 사람들의 나이가 대체적으로 얼마인지를 알기 위하여, 나이를 모두 합한 것을 사람 수로 나눈 값을 평균(mean)이라고 한다. 즉 마을 사람들의 평균 나이는

$$\frac{21+36+\cdots+78+65}{24} \simeq 51.4$$

이다. 평균을 위의 줄기 잎 그림을 이용하여 구하면

$$\frac{\{20\times3+30\times3+40\times4+50\times5+60\times7+70\times2+1+5+9+\cdots+2+8\}}{24}$$

와 같이 계산할 수도 있다.

(2) 그림그래프

실생활에서는 그림의 크기를 가지고 자료의 크기를 나타내는 경우가 있다. 예를 들면 소의 크기로 마릿수를 나타내는 단위를 정하고 조사된 자료를 다음과 같이 소를 그려 나타내는 것이다. 이와 같이 자료를 나타내는 것을 **그림그래프**라고 한다.

〈그림 9.6〉

9.1.6 6학년

혈액형을 조사한 통계 자료

혈액형	A	B	O	AB	계
학생 수	420	360	300	120	1200

에서, 각 혈액형을 가진 사람의 수는 알 수 있지만 각 혈액형에 속하는 학생이 전체 중에서 차지하는 비율을 쉽게 알 수는 없다.

이 비율을 쉽게 알기 위하여 각 혈액형에 속하는 학생의 백분율을 구하면 다음과 같다.

혈액형	A	B	O	AB
비율(%)	35	30	25	10

위의 표를 좀더 시각적으로 나타내기 위하여 각 비율을 그래프로 나타내는 것을 **비율그래프**라고 한다. 비율그래프로는 백분율을 다음과 같이 각 부분의 비율을 띠의 모양으로 나타내는 것이 있다. 이 그래프를 **띠그래프**라고 한다.

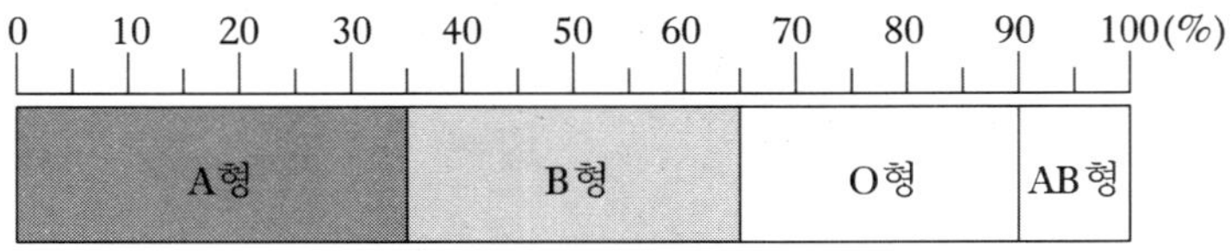

<그림 9.7>

한편 위의 표를 아래 그림과 같이 전체에 대한 각 부분의 비율을 원에 나타낸 그래프를 **원그래프**라고 한다.

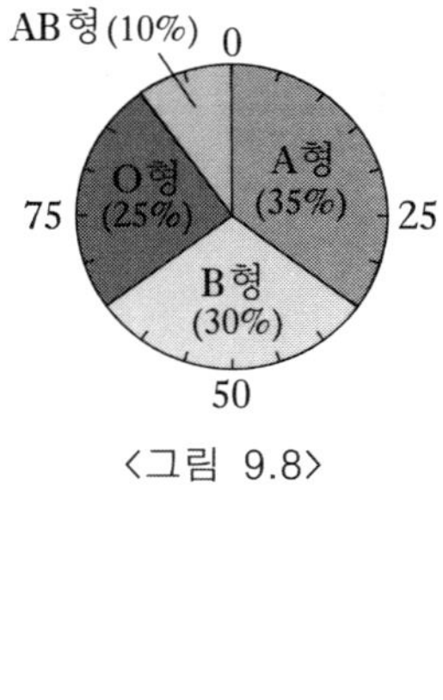

<그림 9.8>

9.2 통계교육

9.2.1 자료의 수집과 표현

요즘 세상에는 많은 자료(정보), 예를 들면 선거에 대한 정보, 연예인의 인기 정보, 상품에 관한 정보, 연구 결과에 대한 정보가 신문이나 방송을 통해 널려 있다. 이러한 정보는 우리가 어떤 일을 결정하는 데 유용하게 사용된다. 필요에 따라서는 의견 조사를 하여 정치적 목적 결정에 사용하기도 하고, 연구실의 실험의 결과로 새로운 물질의 발견이나 치료법을 결정하기도 한다. 그러나 항상 정보가 유용하게 쓰이는 것만은 아니다. 때로는 이러한 정보가 상품의 질이나 효과를 과장하는데 잘못 사용되기도 한다.

따라서 정보가 많다고 해서 항상 정확한 판단을 할 수 있는 것은 아니다. 우리는 주어진 정보를 우리의 목적에 맞도록 잘 분류하여 정확한 판단을 하여야 한다. 분류해야 할 자료는 과일과 같이 눈에 보이는 구체적인 것일 수도 있고, 놀이, 좋아하는 것, 색깔, 모양 등 추상적인 것일 수도 있다. 자료를 모은 것도 중요하지만 모은 자료를 분류하여 읽기 쉽게 나타내는 것도 매우 중요하다. 다시 말하면 우리가 자료를 다루는 과정에는 여러 단계가 있는데, 먼저 우리가 알고자 하는 목적에 맞는 자료를 모으고(collecting), 모아진 자료를 분류하고(organizing), 분류된 자료를 나타내고(representing), 나타난 자료를 해석하는(interpreting) 것이 필요하다. 이러한 것을 체계적으로 다루는 분야가 통계이다.

통계학(statistics)은 라틴어의 국가(status)를 의미하는 말에서 유래되었다는 것을 잘 알고 있다. 이렇듯이 통계학은 국가의 경영과 밀접한 관계를 가지고 있다. 사실 통계학은 거대한 국가뿐만 아니라 조그마한 가게에서도 사람들의 선호도를 조사하고, 그 결과에 맞추어 팔 물건을 갖추어 이익을 극대화 하는데 도움이 된다.

예를 들어 학교 앞에 있는 음식점에서 학생들을 상대로 음식을 준비하여 팔려고 한다고 하자. 먼저 학생들이 어떤 음식을 좋아하는지를 알아보기 위하여 학생에게 질문을 하여 자료를 조사하여야 한다. 이때 조사하는 학생 전체의 집단을 모집단(population)이라고 한다. 그러나 모집단 전체에게 질문을 하는 대신 한 반의 학생들을 조사하여 모집단이 가지는 성질을 조사할 수도 있을 것이다. 아주 정확한 자료는 아니지만 적은 수를 조사하므로 조사비용이나 시간을 줄이는 효과가 있기 때문이다. 이와 같이 전체 모집단에서 임의로 뽑은 모집단의 작은 조사대상을 표본(sample)이라고 한다. 이제 조사한 자료를 바탕으로 어떤 음식을 얼마나 많이 준비하여야 하는지를 결정하게 된다. 또 이러한 결정이 얼마나 믿을만한가도 따져보아야 한다.

이와 같이 통계에서는 전체 모집단을 전부 조사하는 경우와 그 일부분만을 조사하는 경우가 있다. 모집단 전체를 모두 조사하고 자료를 정리하여 자료의 특성을 알아내는 것을 기술통계학(descriptive statistics)이라 하고, 모집단의 표본을 조사하여 모집단의 성질을 규명하는 것을 추측통계학(inferential statistics)이라고 한다. 그런데 기술통계는 추측통계의 기본 자료로 이용되며, 일반적으로 통계학이라 함은 추측통계학을 말한다. 그러나 학교수학에서의 통계는 대부분 기술통계를 다룬다.

통계를 시작하는 처음 단계로 “얼마나 많이?”, “어떤 종류가 있을까?”와 같은 물음으로부터 자료에 대한 생각을 접하게 된다. 이러한 질문에 답하기 위하여, 학생들은 간단한 상황에서 자료를 모으고 분류하는 훈련을 받는다. 실제로 학생들은 접시의 개수, 숟가락의 개수, 젓가락의 개수, 국자의 개수 등 부엌에서 사용되는 도구를 분류하고 개수를 세는 분류작업을 한 경험이 있다. 이러한 분류는 학교생활 속에서 다른 학생들은 어떻게 생활하고 있나 하는 호기심과 아울러, 호기심을 채우기 위하여 정보를 입수해야한다는 생각을 가지게 된다. 예를 들어 호기심을 채우기 위해 학생들이 좋아하는 음식을 조사하여, 어떤 특정한 음식을 좋아하는 학생은 몇 명인지, 제일 좋아하는 음식은 무엇인지를 알아본다. 물론 이러한 정보를 얻기 위하여 어떻게 자료를 모아야할지를 터득하게 된다.

학생들은 학년이 올라감에 따라 점점 더 현실적인 문제에 관심을 가지게 되며, 어느 것이 더 좋은가를 결정해야 하는 순간을 맞게 된다. 올바른 결정을 내리기에 앞서 정보의 필요성을 인식하고, 유용한 정보를 어떻게 수집할 것인가에 관심을 갖게 된다. 학생들은 스스로 또는 교사의 도움을 받아 자료를 수집한 다음에는, 해석하기 쉽게 나타내기 위하여 자료를 재구성하는 여러 가지 방법과 자료를 그림이나 표 또는 그래프로 나타내는 방법을 익힌다.

예를 들어 조사한 자료를 조사하려는 목적에 맞게 자료의 수를 부표, 사물의 그림, 동그라미, 쌓기 나무, 막대 등으로 시각적으로 나타내는 방법을 익히며, 자료를 잘 정리하고 이것을 그림이나 그래프로 나타내는 것이 유용함을 깨닫게 한다. 특히 자료를 그래프로 나타내는 경우 눈금을 정확하게 읽어야 한다는 것을 안다. 또 이러한 과정을 통하여 복잡한 자료를 체계적으로 정리하고, 그래프로 나타내며 정확한 판단을 할 수 있는 자료로 가공하는 기술을 습득한다.

자료를 그래프로 나타내는 방법은 그림 그래프, 줄기와 잎 그림, 원그래프, 막대그래프, 꺾은선그래프 등 여러 가지가 있으며, 이들은 자료를 해석하고자 하는 목적에 따라 달리 사용된다는 것을 알게 한다. 특별히 막대그래프를 그릴 때 가로축과 세로축은 어떤 양을 나타낼 것인가 또 눈금을 어떻게 표시해야하는가를 알게 한다.

지금까지 가로축에 이산적인 값을 나타냈으나 자료를 묶어 꺾은선그래프와 같이 연속적인 것으로 나타내는 이유를 알고, 자료에 나타나지 않은 값도 그래프의 연속성을 이용하여 읽을 수 있도록 한다. 또 좌표축의 원점을 어느 값으로 하는 것이 그래프를 그리기에 편리한지 검토할 수 있도록 한다. 이것은 나중에 좌표평면 위에서의 함수의 그래프와도 연결된다.

9.2.2 자료의 해석

학생들은 여러 가지의 자료를 모으고 분류하는 과정 중에 자료의 특성을 발견한다. 이러한 과정 중에 중앙값, 최빈값, 산포도, 분포의 모양 등의 개념을 비형식적이나마 알게 된다. 이들은 중앙값이나 평균이 전체 자료의 특성을 나타내는 하나의 도구가 된다는 것도 알게 된다.

수집한 자료를 정리하고 그래프로 나타내면, 어떤 음식을 제일 좋아하는지 또 싫어하는지를 알 수가 있다. 이러한 것을 교사가 일러주기보다는 학생들 스스로 또는 집단 토의 과정을 통하여 발견하도록 한다. 이러한 활동은 신문이나 텔레비전에서 주어지는 도표를 해석할 수 있는 능력을 길러줄 것이다.

개개의 자료의 의미를 떠나 자료를 집단적으로 해석할 수 있는 능력을 기른다. 연속적인 상황이 이산적으로 나타난 자료를 꺾은선그래프로 나타내면, 조사된 자료에 없는 값을 예측할 수 있다는 것을 알게 한다. 또 전체에 대한 비율을 나타내는 비율그래프로서 띠그래프와 원그래프를 사용하는데, 이들 그래프에 나타난 넓이의 비가 가지는 의미를 해석할 수 있도록 한다. 실제로 이것은 나중에 다룰 상대도수의 개념과 같다.

한편, 같은 성질에 대한 두 개 이상의 자료를 비교하기 위하여 줄기와 잎 그림을 사용하는 경우가 많이 있다. 이렇게 줄기와 잎 그림으로 나타난 자료를 보고, 두 집단의 성질을 비교할 수 있는 능력을 기른다.

9.3 통계

9.3.1 자료의 정리

통계는 자료를 모으고, 기술하고, 분석하는 학문이다. 학교수학에서도 자료를 모으고, 정리하여 그림이나 표를 만들어 편리하게 만들고 분석하여 결론을 이끌어 내는 교육을 한다.

예를 들어 30명이 치른 50점 만점의 시험 성적이

22 23 14 45 39 11 9 46 22 25 6 28 33 36 16
39 49 17 22 32 34 22 18 21 27 34 26 41 28 25

라고 하자. 위와 같이 수집한 자료를 가지고는 어느 점수가 낮고 높은지는 알기 쉽지 않다. 따라서 우리는 이러한 자료를 다음과 같이 낮은 것부터 높은 것으로 차례로 적는다. 아래 표로부터 제일 낮은 점수는 6점이고 가장 높은 점수는 49라는 것을 알 수 있다. 이와 같이 얻어진 자료를 필요에 따라 해석하기 편리하게 정리하는 것이 중요하다.

6 9 11 14 16 17 18 21 22 22 22 22 23 25 25
26 27 28 28 32 33 34 34 36 39 39 41 45 46 49

이 표를 다음과 같이 **점 그림**(dot diagram)으로 나타내면 자료의 분포를 더욱

알기 쉽다. 여기서 각 점수에 해당하는 점의 수는 그 점수가 얼마나 자주 나타나는가를 나타내는 **도수**(frequency)이다.

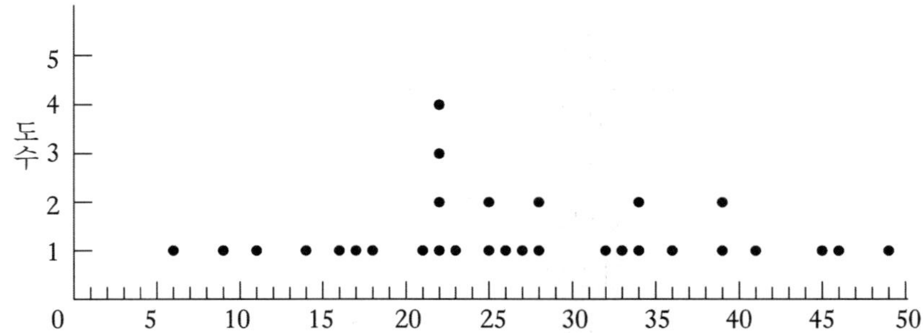

〈그림 9.9〉

막대그래프(bar graph)도 또한 자료를 비교하기 쉽게 나타내는 그래프이다. 예를 들면, 어느 날 교실의 온도를 측정한 결과가 다음 표와 같을 때, 이것을 시간에 따른 온도를 막대그래프로 나타내면 다음과 같다.

시각(시)	10	11	12	1	2
온도(℃)	8	10	13	17	16

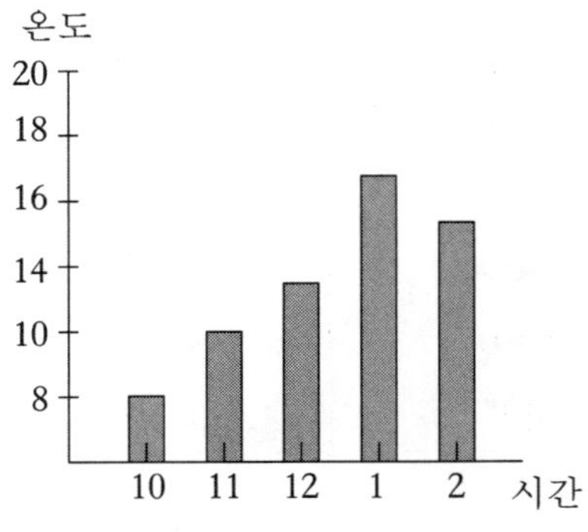

〈그림 9.10〉

위의 막대그래프를 보면, 각 계급에 얼마만한 도수가 분포되어 있는지 비교하기가 쉽다. 그러나 각 계급이 전체 중에서 차지하는 비중을 알아보기에는 어려움이 있다. 이러한 비중을 쉽게 알아볼 목적으로 각 계급에 속한 도수가 전체에서 차지하는 비율을 나타내면 편리하다.

예를 들어 20명의 학생을 대상으로 점심으로 좋아하는 식단을 조사하였더니 다음과 같았다.

식단	학생 수
김밥	6
라면	5
햄버거	3
자장면	5
피자	2
합계	20

위의 표에서 각 계급에 속하는 도수를 전체 도수의 합으로 나누면 다시 아래와 같은 표를 얻는다. 이와 같이 (도수)를 (전체 도수의 합)으로 나눈 값을 **상대도수**(relative frequency)라 한다. 즉

$$(\text{상대도수}) = \frac{(\text{각 계급의 도수})}{(\text{도수 전체의 총합})}$$

이다.

계급	비율
김밥	6/20=0.30
라면	5/20=0.25
햄버거	3/20=0.15
자장면	5/20=0.25
피자	2/20=0.10
합계	1

상대도수를 막대그래프와 같은 모양의 그림으로 나타내면 다음과 같다.

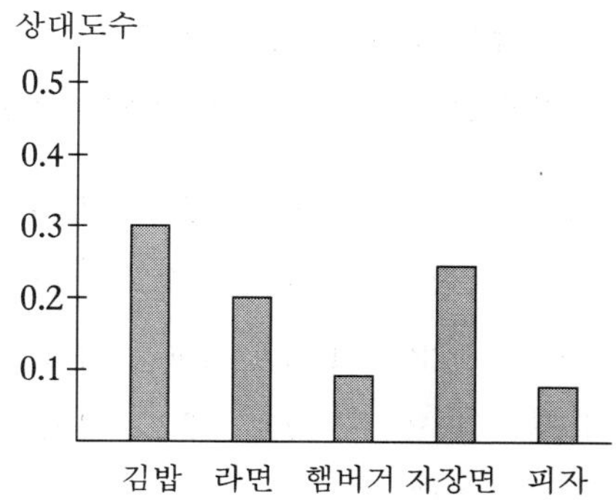

〈그림 9.11〉

위의 상대도수에 대한 그래프를 보고 막대의 눈금을 읽어 각 계급이 전체에서 차지하는 비율을 쉽게 알아볼 수 있다. 이와 같은 비율을 한 원 위에 부채꼴의 넓이로 나타내는 **원그래프**(circle graph) 또는 **파이 그래프**(pie graph)를 이용하여 상대도수를 시각적으로 표현할 수 있다.

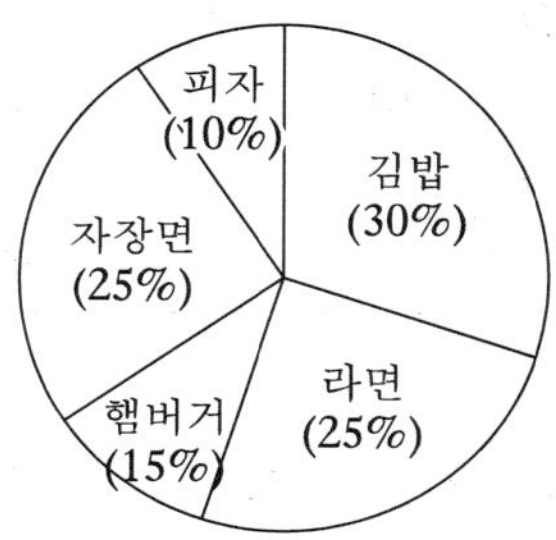

〈그림 9.12〉

〈참고 9.3〉 상대도수의 그래프나 원그래프는 나눗셈을 소수로 나타내는 방법과 원의 중심각과 부채꼴의 넓이에 대한 개념이 없는 학생들에게는 지도하기가 어렵겠지만, 신문 등의 매체를 통해서 자주 접할 수 있는 그래프이므로 직관적으로 다룰 수 있을 것이다.

막대그래프와 비슷한 목적으로 사용되는 그래프로 **히스토그램**(histogram)이 있다. 막대그래프는 자료가 이산적인 성격을 가지고 있는 반면에, 히스토그램은 자료가 연속성을 가지는 경우에 사용된다.

예를 들어 3학년 한 학급 학생들의 키를 조사하였더니 다음과 같았다(단위 : cm). 이와 같이 자료를 수량으로 나타낸 것을 **변량**(variable)이라 한다.

127	123	144	126	139
111	129	144	122	125
120	128	133	136	116
139	139	117	122	132
134	142	128	132	127

위의 자료를 계급의 구간을 5로 하여 도수분포표로 나타내면 다음과 같다.

계급(cm)	도수
110－115	1
115－120	2
120－125	4
125－130	7
130－135	4
135－140	4
140－145	3
계	25

〈참고 9.4〉 도수분포표에서 계급 125－130은 125cm 이상 130cm 미만을 나타낸다. 따라서 키가 125cm인 학생은 계급 125－130의 도수 4명 속에 계산되어 있다.

위의 도수분포표를 이용하여 그래프를 다음과 같은 방법으로 그린다.

(1) 자료의 최소값과 최대값을 찾는다.

(2) 자료의 크기에 따라 적절한 계급의 개수를 결정한다.

(3) 같은 간격을 갖도록 계급의 구간을 정한다.

(4) 세로축에는 도수를 적는다.

(5) 가로축에는 계급의 양 끝 최소값과 최대값을 적는다.

(6) 각 계급의 크기를 가로로, 도수를 세로로 하는 직사각형을 그린다.

이와 같이 그린 다음의 그래프를 히스토그램이라 한다.

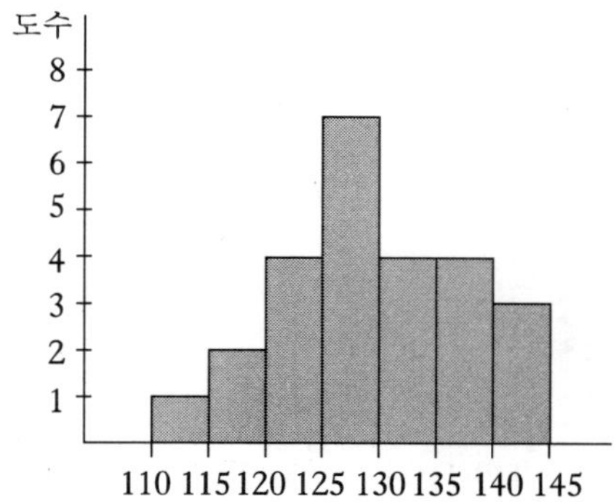

〈그림 9.13〉

좋아하는 음식과는 달리 키는 연속성을 가지고 있다. 이 반 학생들의 키는 물론 110 이상 145에 있는 이산적인 자료로 나타나 있지만, 더 큰 집단을 생각하면 어떤 구간에서 연속적인 값을 갖는 자료를 얻을 수 있다. 이러한 경우에는 변량을 몇 개의 구간으로 나누어 그 도수를 조사한다. 이때 변량을 일정한 간격으로 나눈 구간을 **계급**(class)이라 하고, 구간의 너비를 **계급의 크기**(class interval)라 한다.

계급의 개수가 너무 많으면 자료의 전반적인 분포형태를 알아보기 어렵고, 계급의 개수가 너무 적으면 자료의 분포에 대한 정보를 잃어버리게 된다. 대개 자료를 5 – 15개의 계급으로 나누는데, 50 – 200개의 자료를 $\sqrt{n} \pm 3$ 정도로 나누는 것이 보통이다.

앞에서 말한 것과 같이, 앞의 도수분포표나 히스토그램에서는 변량에 대한 계급값이 연속적으로 나타나 있다. 따라서 각각의 변량을 알아보기는 쉽지 않으나, 전체적인 분포 상태를 알아보기는 편리하다. 예를 들어 계급 120 – 125 사이에 4명이 속해 있으므로, 각 학생의 키에 대한 값을 정확히 알지는 못한다. 그러나 계급 120 – 125의 중앙의 값인 122.5의 값을 갖는 사람이 4명이 있는 것으로 간주하면 대체적인 변량의 분포를 알 수 있다.

히스토그램에서 각 직사각형의 윗변의 중점을 차례로 이으면, 다음 그림과 의 꺾은선그래프를 얻는다.

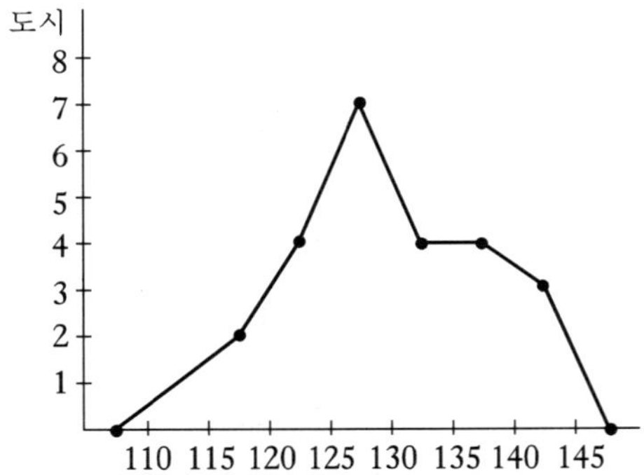

〈그림 9.14〉

이와 같은 그래프를 **도수분포다각형** 또는 **꺾은선그래프**(line graph)라고 부른다. 도수분포다각형은 각 구간이 선분으로 이어져 있으므로, 선분의 기울기를 통하여 자료가 변화하는 속도를 확인하기가 쉽다. 특히 히스토그램을 이용하여서는 두 집단의 자료를 나타내기가 쉽지 않으나, 도수분포다각형은 여러 집단의 자료를 비교하는데 편리하다.

온도는 시시각각으로 변하는 연속적인 양이므로, 매 시각마다 온도를 측정할 수는 없다. 따라서 일정한 시간을 두고 온도를 측정하여 이산적인 정보를 얻지만, 가끔은 측정한 시각과 시각 사이의 온도를 얻고 싶을 때가 있다. 이러한 경우 아래와 같이 측정된 이웃한 자료를 선분으로 이은 도수분포다각형을 그리고 그래프의 눈금을 읽으면 원하는 시각의 온도에 관한 정보를 얻을 수 있다. 또 각 구간에서의 선분의 기울기를 통하여 온도의 변화율을 읽을 수 있다.

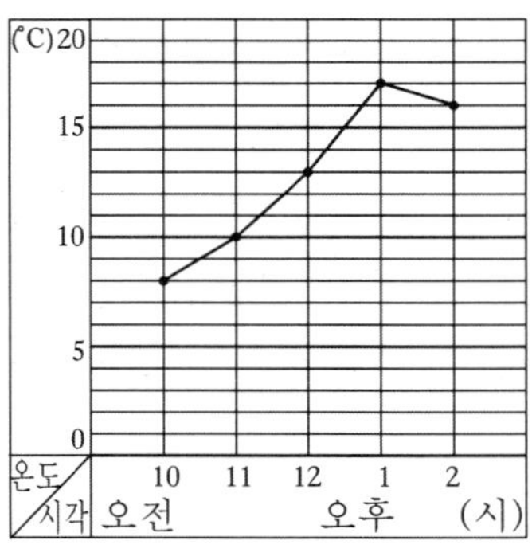

〈그림 9.15〉

한편, 한 반의 점수를 조사하여 다음과 같은 자료를 얻었다고 하자.

9 6 14 11 16 17 18 22 23 22
25 18 22 22 21 27 26 28 25 39
33 36 39 32 34 34 45 46 49 41

이 자료를 다음 표와 같이 10자리의 수를 줄기(stem)에 나타내고 일의 자리의 수를 잎(leaf)에 나타낸 것을 **줄기와 잎 그림(stem and leaf plot)**이라고 한다.

줄기	잎
0	9 6
1	4 1 6 7 8
2	2 3 2 5 8 2 2 1 7 6 8 5
3	9 3 6 9 2 4 4
4	5 6 9 1

물론 위의 줄기와 잎 그림에서 잎의 부분을 다음과 같이 증가하는 순서로 나타내면 더 편리한 경우가 많다.

줄기	잎
0	6 9
1	1 4 6 7 8
2	1 2 2 2 2 3 5 5 6 7 8 8
3	2 3 4 4 6 9 9
4	1 5 6 9

한편 다른 반 학생의 점수가

5 7 12 13 14 22 25 26 27 28
28 29 31 32 33 34 34 35 36 37
38 39 42 43 45 46 47 48 49 49

일 때, 두 반의 성적 분포를 비교하기 위하여 한 곳에 줄기와 잎 그림에 나타내면 다음과 같다.

잎	줄기	잎
7 5	0	6 9
4 3 2	1	1 4 6 7 8
9 8 8 7 6 5 2	2	1 2 2 2 2 3 5 5 6 7 8 8
9 8 7 6 5 4 4 3 2 1	3	2 3 4 4 6 9 9
9 9 8 7 6 5 3 2	4	1 5 6 9

위에서 알 수 있듯이 주어진 자료를 목적에 맞게 잘 정리하고 그림으로 나타내면 자료의 성질을 잘 알 수 있다.

9.3.2 자료의 분석

(1) 대표값

키의 분포

127	123	144	126	139
111	129	144	122	125
120	128	133	136	116
139	139	117	122	132
134	142	128	132	127

만으로는 자료를 조사한 의미가 희박하다. 이제 얻어진 자료가 성질과 의미를 가지는지를 분석하여 나타내는 방법은 여러 가지 요소가 있다. 그 중에서도 자료의 대체적인 중심 경향을 나타내는 값을 **대표값**(representative value)이라고 한다. 자료의 중심 성질을 나타내는 대표값도 여러 가지가 있으나 그 중 최빈값, 중앙값, 평균이 자주 쓰인다.

위의 자료에서 가장 자주 나타나는 수는 139이다. 이와 같이 자료 중에서 가장 자주 나타나는 자료의 크기를 **최빈값**(mode)이라고 한다. 최빈수는 한 개 이상으로 여러 개가 나타날 수 있다. 만약 각 변량이 나타나는 회수가 모두 같으면 최빈값은 없다고 말한다. 그러나 최빈값은 주어진 자료를 하나하나 고려한 것이 아니라 단순히 가장 자주 나타나는 값을 나타내므로, 주어진 자료에 대한 정확한 정보를 주지 못한다.

한편, 자료를 작은 것에서부터 큰 것으로(오름차순) 또는 큰 것에서부터 작은 값의 크기 순서(내림차순)대로 늘어놓을 때, 가운데 오는 값을 **중앙값**(median)이라고 한다. 즉 자료 $x_1, x_2, \cdots, x_n$이 $x_1 \le x_2 \le \cdots \le x_n$의 순서로 나열되어 있을 때, 중앙값은

(1) n이 홀수일 때, $\frac{n+1}{2}$번째 값

(2) n이 짝수일 때, $\frac{n}{2}$번째와 $\frac{n}{2}+1$번째 값의 합의 중간 값

이 된다.

중앙값은 가운데 나타난 값에만 영향을 받기 때문에 자료의 최소값과 최대값에는 영향을 받지 않는다. 예를 들면 키의 분포에서 자료의 개수가 25이므로 중앙값은 13번째인 128이다.

최빈값이나 중앙값은 자료의 분포의 특징을 나타내는 데 잘 사용되지만, 자료의 중심 성질을 나타내는 값으로 가장 널리 사용되는 것은 **평균**(mean)이다. 이러한 이유는 평균이 계산하기 쉽고, 추측통계에서 여러 가지로 활용되기 때문이다.

평균은 모든 변량의 합을 자료의 개수로 나눈 값을 말한다. 즉, 자료 $x_1, x_2, \cdots, x_n$의 평균은

$$\frac{x_1 + x_2 + \cdots + x_n}{n}$$

이다. 평균은 모든 자료를 고려하기 때문에 가장 큰 값과 가장 작은 값에도 물론 영향을 받는다. 따라서 평균은 극단적인 변량에 영향을 많이 받는다는 단점이 있다.

예를 들면 키의 분포에서 평균은

$$\frac{127+123+ \cdots +132+127}{25}$$

이다. 특별히 자료의 분포가 위의 도수분포표로 주어진 경우에는 {(계급의 중간 값)×(도수)의 총합}을 (도수의 총합)으로 나누어 계산한다.

계급		도수
110 – 115	/	1
115 – 120	//	2
120 – 125	////	4
125 – 130	~~////~~ //	7
130 – 135	////	4
135 – 140	////	4
140 – 145	///	3
합계		25

예를 들면 위의 도수분포표에서 평균은

$$\frac{112.5\times 1+117.5\times 2+\ \cdots\ +142.5\times 3}{25}$$

와 같이 구한다.

자료의 중심성향을 나타내는 대표값으로 최빈값, 중앙값, 평균에 대하여 다루었으나, 그 외에도 4분값(quartile) 등도 쓰인다. 그러나 자료의 성질을 더욱 정확히 알아보기 위해서는 자료가 얼마나 많이 흩어져 분포되어 있는가를 알 필요가 있다. 이러한 자료의 분포된 정도를 나타내는 통계를 **산포도**(measuring dispersion)라고 한다.

산포도에서 가장 간단하게 생각할 수 있는 것이 **범위**(range)이다. 범위는 변량의 가장 큰 값과 가장 작은 값과의 차이이다. 예를 들면 키의 분포에서 가장 작은 값은 111이고 가장 큰 값은 144이므로, 이 자료의 범위는

$$144-111=33$$

이다. 여기서 알 수 있듯이 범위는 가장 작은 값과 가장 큰 값의 사이에 있는 변량은 무시하고 특별한 변량에만 관계되므로, 변량의 분포에 대한 한정된 정보만을 얻을 수 있다.

이러한 결점을 보완하기 위하여 사용되는 산포도로서 가장 널리 쓰이는 것은 분산과 표준편차이다. 분산은 각 변량과 평균의 차의 제곱의 평균이다. 즉 변량 x_1, x_2, $\cdots$, x_n의 평균을 m이라 할 때, 분산은

$$\frac{(x_1-m)^2+(x_2-m)^2+\cdots+(x_n-m)^2}{n}$$

이다. 또 표준편차는 분산의 양의 제곱근이다. 따라서 분산이나 표준편차의 값이 작으면 자료가 고르게 분포되어 있다고 할 수 있다.

> [정의 9.1] 각 자료와 평균과의 차의 제곱의 평균을 분산(variance)이라고 한다. 즉 자료 x_1, x_2, $\cdots$, x_n의 평균을 m이라고 할 때,
>
> $$\frac{(x_1-m)^2+(x_2-m)^2+\cdots+(x_n-m)^2}{n}$$
>
> 을 분산이라고 한다.

예를 들면 자료 5, 7, 7, 8, 10, 11의 평균 m은

$$m=\frac{5+7+7+8+10+11}{6}=8$$

이므로, 분산은

$$\frac{(5-8)^2+(7-8)^2+(7-8)^2+(8-8)^2+(10-8)^2+(11-8)^2}{6}=4$$

이다.

〈참고 9.5〉 흩어진 정도를 측정하는데 위와 같은 자료와 평균과의 편차의 제곱을 이용하지 않고, 다른 방법을 이용할 수도 있다. 예를 들어, 자료와 평균과의 편차의 평균을 이용하는 것도 생각해 볼 수 있다. 즉

$$\frac{(x_1-m)+(x_2-m)+\cdots+(x_n-m)}{n}$$

을 산포도의 척도로 이용할 생각을 할 수도 있다. 그러나 이 값은 항상 0이므로, 자료의 산포도를 비교할 수 없다. 한편, 편차의 제곱 대신에 산포도로

$$\frac{(x_1-m)^p+(x_2-m)^p+\cdots+(x_n-m)^p}{n}, \ p>0$$

를 생각할 수 있을 것이다. 그러나 산포도로 편차의 제곱을 이용한 분산을 이용하는 것이 여러 가지 이점을 가진다.

> [정의 9.2] 분산의 음이 아닌 제곱근을 **표준편차**(standard deviation)라고 한다.

일반적으로 표준편차가 큰 집단이 넓게 흩어져 있다. 예를 들어 두 집단이 다음과 같은 성적 분포를 가진다고 할 때, 집단 A의 구성원의 성적이 집단 B보다 더 균등하다고 말할 수 있다.

집단	분산	표준편차
A	0.61	0.78
B	1.65	1.28

한편, 표준편차는 두 집단 간의 산포도를 비교하는 데 사용되기도 하지만, 개인과 집단 간의 자료의 성질을 비교하는데 사용되기도 한다. 예를 들면 학생 A의 성적이 다음과 같은 때, 이 학생은 전체에 비해 중간고사의 성적이 기말고사의 성적보다 낫다고 말할 수 있는가?

	중간고사	기말고사
학생 A의 점수	45	40
평균	30	25
분산	10	15

위의 자료를 보면, 학생 A의 성적은 중간고사와 기말고사 모두 평균보다 15점이 높으므로 평균과의 차이만을 가지고서는 어느 시험을 더 잘 치룬 것이라고 말하기 어렵다. 그러나 표준편차를 가지고 비교하면, 중간고사에서는 평균으로부터 $\frac{15}{10}=1.5$ 만큼 떨어져 있고 기말고사에서는 $\frac{15}{15}=1.0$ 만큼 떨어져 있으므로 중간고사를 더 잘 보았다고 말할 수 있다.

이와 같은 비교를 쉽게 할 수 있도록 자료를 다음과 같이 표준화하면 유용하다.

[정의 9.3] 평균이 m, 표준편차가 s인 집단에서 자료 x에 대하여

$$z=\frac{x-m}{s}$$

를 **표준점수**(z-score)라고 한다.

표준점수는 표준편차가 얼마든지 간에 평균으로부터 얼마나 떨어져 있느냐를 나타내는 척도이다. 표준점수는 물론 평균보다 높은 점수는 양의 값을, 평균보다 낮은 점수는 음의 값을 가진다.

(2) 분포

자료의 크기가 큰 자료는 대개 증가하는 순서대로 나열하는 경우가 많다. 이것을 도수분포표로 나타내고, 각 계급의 도수를 전체에 대한 비율로 나타내면 상대도수를 얻는다. 상대도수를 다음과 같이 그림으로 나타낸 것을 **분포**(distribution)라고 한다.

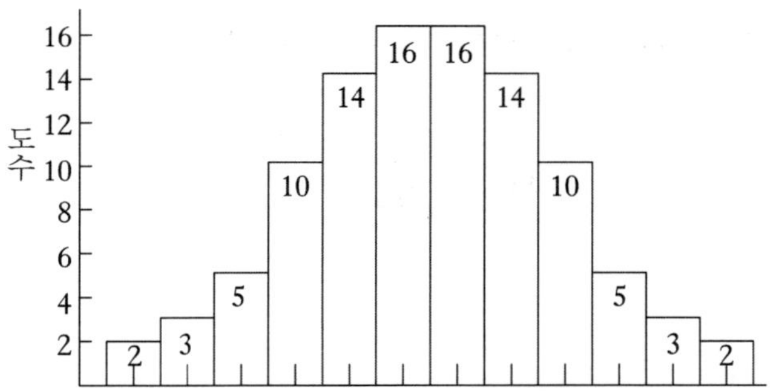

<그림 9.16>

위의 분포에서 계급의 구간을 작게 하고 자료의 개수를 늘리면 아래 그림과 같이 좌우 대칭인 종모양의 연속적인 그래프를 얻는 경우가 자주 있다.

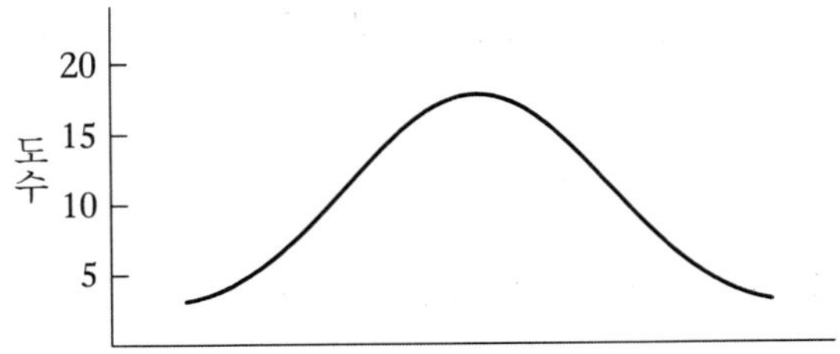

〈그림 9.17〉

대체적으로 분포는 중앙값을 중심으로 위와 같이 좌우가 같은 넓이를 가진다. 그러나 항상 그런 것만은 아니다. 최빈값과 평균을 그래프로 나타내면 아래 그림과 같은 분포도 있다.

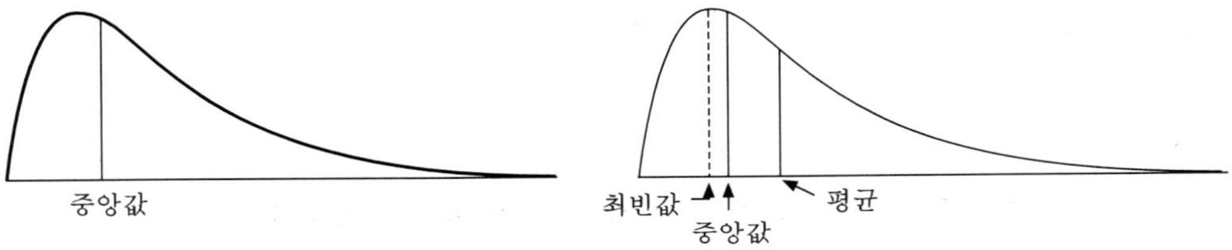

〈그림 9.18〉

특별히 중앙값, 최빈값, 평균이 모두 같은 종모양의 연속적인 분포를 **정규분포**(normal distribution)라고 한다. 실제로 평균이 m이고 분산이 σ^2인 정규분포를 나타내는 곡선을 나타내는 확률밀도함수 $f(x)$는

$$f(x) = \frac{1}{\sqrt{2\pi}\,\sigma} e^{-\frac{(x-m)^2}{2\sigma^2}}$$

이다.

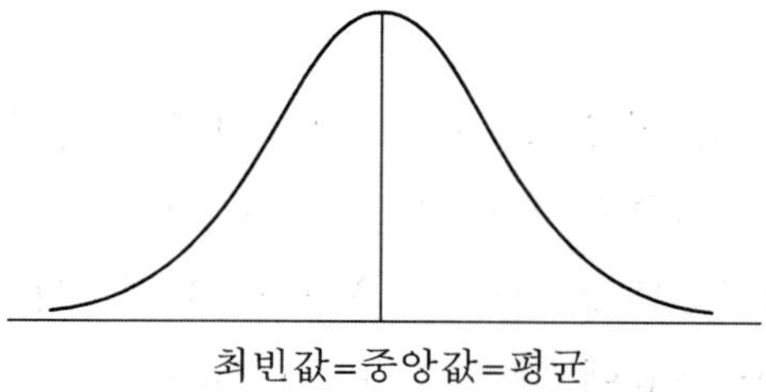

〈그림 9.19〉

정규분포를 나타내는 함수로부터 평균이 같고 분산이 작아지면 함수의 최대값은 커진다는 것을 알 수 있다.

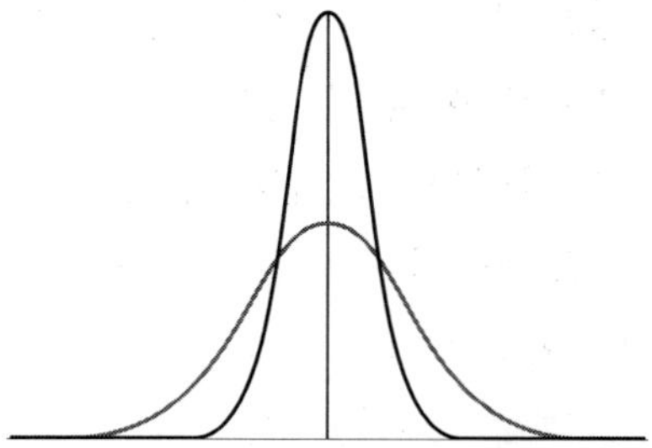

〈그림 9.20〉

한편, 정규분포에서 평균을 중심으로 구간 $(m-s,\ n+s)$에는 자료의 약 68%가 있으며, $(m-2s,\ m+2s)$에는 95%, $(m-3s,\ m+3s)$ 사이에는 99%가 있다는 것이 알려져 있다. 이러한 정규분포를 평균이 0, 분산이 1인 정규분포로 표준화하면 $(-1,\ 1)$ 사이에 자료의 68%, $(-2s,\ 2s)$ 사이에는 95%, $(-3s,\ 3s)$ 사이에는 99%가 존재한다.

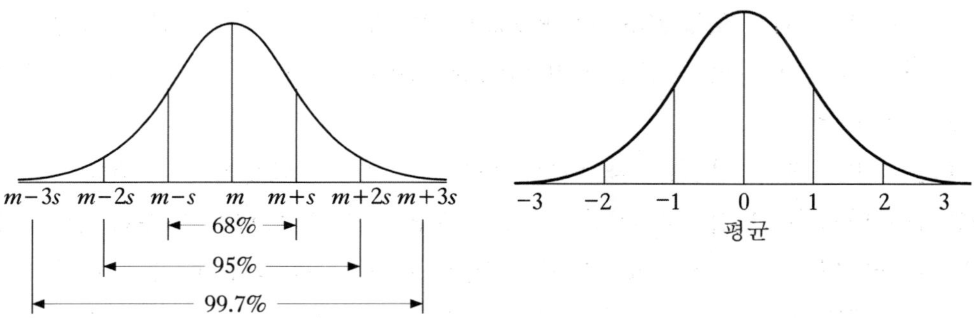

〈그림 9.21〉

(3) 표본분포

자연과학에서는 실험을 자주 한다. 실험의 결과를 통하여 자료를 얻고, 얻어진 자료를 통하여 어떤 결론을 유도해낸다. 이러한 결론은 얻어진 실험 결과뿐만 아니라 일반화를 하는 데 쓰이는 경우가 있다. 즉 어떤 특정한 경험을 통해서 얻은 결론을 비슷한 부류에 대해 모두 성립하는 결론으로 일반화한다. 이러한 사고를 **연역적 추론**(inductive inference)이라고 한다. 이것이 새로운 생각을 만들어가는 방법의 하나이다.

그런데 연역적 추론은 난제이다. 연역적 추론에는 불확실성이 있다는 논리적 정리가 있기 때문이다. 즉 어느 누구도 완벽하게 확실한 일반화를 할 수 없다는 것이다. 그러나 어느 정도의 불확실성을 인정한다면, 어떤 원칙을 가지고 실험한 자료로부터 어떤 결론에 이를 수 있다.

연역적 추론을 어떻게 할 것인가, 연역적 추론의 불확실성의 정도를 어떻게 측정할 것인가를 다루는 것도 통계학의 한 역할이다. 이때 어느 정도의 불확실성을 나타내는 척도는 물론 확률이다.

어떤 회사가 생산하는 전구의 수명을 조사하기 위하여 모든 전구를 수명이 다할 때까지 켜놓고 수명을 잰다면, 모든 전구는 이미 쓸모가 없게 된다. 또 쌀 80kg 들이 한 가마에 쌀이 몇 알이나 들어있는지 알아보기 위하여 모든 쌀알을 하나하나 셀 수는 있다. 그러나 그렇게 하는 것은 시간과 인력이 필요하고 이에 따른 경제적 손실도 따른다. 이와 같은 문제점을 해결하기 위해서는, 예를 들어, 몇 개의 전구를 꺼내 그것의 수명을 조사하고, 조사된 자료로부터 전체 전구의 수명이 얼마라고 추정을 하게 된다.

생산되는 전구 전체나 쌀 80kg 들이 한 가마 속의 쌀알의 개수와 같이, 조사해야할 대상 모두를 **모집단**(target population)이라 한다. 또 모집단의 특성을 알기 위해 추출된 모집단의 일부를 **표본**(sample)이라고 하고, 표본의 개수를 표본의 크기라고 한다.

표본이 모집단의 성질을 잘 나타내도록 추출하기 위해서는 추출의 결과가 우연적인 임의추출법을 사용한다. 이렇게 표본을 서로 독립이 되도록 임의추출하면 확률개념을 이용하여 모집단의 성질을 추정할 수 있다. 따라서 표본을 확률변수로 생각할 수 있으며, 이런 표본을 **확률표본**(random sample)이라고 한다.

일반적으로 확률표본을 다음과 같이 정의한다.

[정의 9.4] 확률변수 X_1, X_2, $\cdots$, X_n의 각 확률밀도함수가 $f(x)$이고 X_1, X_2, $\cdots$, X_n의 결합확률밀도함수가

$$f_{X_1, X_2, \cdots, X_n}(x_1, x_2, \cdots, x_n) = f(x_1)f(x_2)\cdots f(x_n)$$

일 때, X_1, X_2, $\cdots$, X_n을 밀도함수가 $f(x)$인 모집단으로부터의 크기가 n인 확률표본이라고 한다.

[정의 9.5] X_1, X_2, $\cdots$, X_n이 밀도함수가 $f(x)$인 모집단으로부터 추출한 확률표본이라고 할 때, 이 모집단을 **표본모집단**(sampled population)이라고 한다.

[정의 9.6] X_1, X_2, $\cdots$, X_n이 크기가 n인 표본일 때, X_1, X_2, $\cdots$, X_n의 결합분포를 표본 X_1, X_2, $\cdots$, X_n의 **표본분포**(distribution of sample)라고 한다.

통계학에서 중심을 차지하는 문제 중의 하나는 밀도함수 $f(\cdot, \theta)$의 모양은 알고 있으나 미지수 θ를 포함하고 모집단에 대하여 연구하는 것이다. 이 모집단으로부터 크기가 n인 확률표본 X_1, X_2, $\cdots$, X_n을 택하고, 거기서 얻은 결과를 가지고 미지수 θ의 값을 구하거나 추정하는 것이다. 이렇게 θ의 값을 얻으면 밀도함수 $f(\cdot, \theta)$을 완전히 또는 근사하게 알게 되기 때문이다. 따라서 모집단의 성질을 정확히 알기 위해서는 미지의 모수(parameter) θ의 값을 추정하는 것이 필요하다.

[정의 9.7] 미지의 모수를 포함하지 않은 관찰 가능한 확률변수의 함수를 **통계량**(statistic)이라고 한다.

예를 들면, 관찰 가능한 확률변수 $X_1, X_2, \cdots, X_n$이 밀도함수 $f(\cdot, \theta)$으로부터의 확률표본이라고 할 때,

$$\overline{X}=\frac{1}{n}\sum_{i=1}^{n}X_i, \quad S^2=\frac{1}{n-1}\sum_{i=1}^{n}(X_i-\overline{X})^2,$$

$$\frac{1}{n}\left[\min\{X_1, X_2, \cdots, X_n\}+\max\{X_1, X_2, \cdots, X_n\}\right]$$

은 통계량이다. 특히

$$\overline{X}=\frac{1}{n}\sum_{i=1}^{n}X_i$$

을 **표본평균**(sample mean)이라 하고

$$S^2=\frac{1}{n-1}\sum_{i=1}^{n}(X_i-\overline{X})^2$$

을 **표본분산**(sample variance)이라 한다.

〈참고 9.6〉 표본분산에서 $n-1$로 나누는 것은 모집단의 분산을 추정하는 통계량이 불편성(unbiasedness)을 가지도록 한 것이다. 확률표본 $X_1, X_2, \cdots, X_n$이 n개가 있으나 $\overline{X}=\frac{1}{n}\sum_{i=1}^{n}X_i$인 관계가 있으므로, 표본본산 $S^2=\frac{1}{n-1}\sum_{i=1}^{n}(X_i-\overline{X})^2$의 자유도는 $n-1$이다. 그런 이유로 $n-1$로 나눈다. 그러나 n의 값이 큰 경우에는 이론적으로 불편성을 잃기는 하지만 $S^2=\frac{1}{n}\sum_{i=1}^{n}(X_i-\overline{X})^2$을 사용하여도 추정한 값에는 큰 차이가 없다.

[정리 9.1]

평균 μ, 분산 σ^2을 갖는 밀도함수 f로부터 얻어진 확률표본 $X_1, X_2, \cdots, X_n$에 대하여 $\overline{X}=\frac{1}{n}\sum_{i=1}^{n}X_i$이라 하면,

$$E(\overline{X})=\mu_{\overline{X}}=\mu,\ \operatorname{var}(\overline{X})=\sigma_{\overline{X}}^2=\frac{1}{n}\sigma^2$$

이다.

$E(\overline{X})=\mu_{\overline{X}}=\mu$의 의미는 $\overline{X}$의 평균이 추정하려는 μ와 같다. 즉 $\overline{X}$의 분포는 μ를 중심으로 분포되어 있다는 것이다. 또 $\operatorname{var}(\overline{X})=\sigma_{\overline{X}}^2=\frac{1}{n}\sigma^2$은 $\overline{X}$의 값은 흩어진 정도가 표본의 크기 n이 커질수록 작아진다는 것을 의미한다. 따라서 표본의 크기 n이 클수록 평균 μ를 중심으로 몰려 분포되어있다는 것이다. 그렇다면 몇 개의 표본을 가지고 무한개인 확률변수의 평균인 $E(X)$를 믿을 만한 정도로 추정할 수 있을까? 이에 대한 답이 약한 대수의 법칙이다. 이것은 Chebyshev의 부등식을 이용하여 증명할 수 있다.

[정리 9.2 (약한 대수 법칙 Weak law of large numbers)]

평균 μ, 분산 σ^2을 갖는 밀도함수 f로부터 얻은 크기가 n인 표본평균을 $\overline{X}_n$라 하자. 그리고 임의의 $\varepsilon>0$, $0<\delta<1$에 대하여 $n>\frac{\sigma^2}{\varepsilon^2\delta}$이면,

$$P(-\varepsilon<\overline{X}_n-\mu<\varepsilon)\ge 1-\delta$$

이다.

확률과 통계를 통틀어 가장 중요한 정리를 들라면 아마도 중심극한정리일 것이다. 이것은 표본평균이 어떤 분포를 가지는가를 말해준다.

[정리 9.3 (중심극한정리 Central limit theorem)]

평균 μ, 분산 σ^2을 갖는 밀도함수 f로부터 얻은 크기가 n인 표본평균을 $\overline{X}_n$라 하자. 그러면

$$Z_n = \frac{\overline{X}_n - E(\overline{X})}{\sqrt{\mathrm{var}(\overline{X}_n)}} = \frac{\overline{X}_n - \mu}{\sigma/\sqrt{n}}$$

은 n이 충분히 클 때 표준정규분포를 따른다.

중심극한정리는 확률변수 Z_n의 극한이 표준정규분포를 가진다는 것을 의미한다. 즉 표본평균 $\overline{X}_n$은 점근적으로는 거의 평균 μ, 분산 $\frac{\sigma^2}{n}$인 정규분포를 가진다는 것을 의미한다. 더욱이 중심극한정리는 X_i가 정규분포를 가지는 것과 관계없이 어떤 분포를 가지더라도 성립한다는 것이다.

9.4 통계의 역사

통계(statistics)란 용어의 기원 state에서 알 수 있듯이, 통계는 오래 전부터 가축의 수, 곡물의 수확량, 군대의 수 등 한 나라의 국력을 측정하는 도구로 아주 오래 전부터 사용되어 왔다. 즉 자료 수집은 국가의 정책이나 인구조사 등에 적용되었다.

그러나 자료의 분석이나 해석의 시작은 1662년 영국의 John Graunt가 〈Natural and political observations made upon the bills of mortality〉를 발표하고 나서부터이다. 이것은 Graunt가 16세기 중반부터 정부가 런던의 주간과 연간 사망자 수를 발표한 것을 모아 표로 만든 것이다. Graunt는 이 자료의 패턴을 조사하여 남자의 출생률이 여자보다 많고, 여자가 남자보다 더 오래 살며, 연간 사망률은 거의 같다는 사실 등을 관찰하였다. London life table이라 불리는 이 표는 자료에 바

탕을 둔 기대 수명 예측의 효시가 되었다.

Graunt와 William Petty(1623 - 1687)는 정치 산수(political arithmetic) 영역의 초석을 놓았으며, 이것은 자료를 분석하여 한 나라의 인구에 대한 정보를 얻어내는 것이 목적이다. Graunt의 이러한 시도는 천문학자인 Edmund Halley에게 영향을 주었으며, Halley는 1963년 연감에 기초하여 중요한 사망표를 만들게 된다. 이로써 Halley는 사람의 기대수명을 수학적으로 연구하는 보험 계리학의 효시가 된다.

18세기 전반에는 통계학과 확률론이 서로 밀접한 관계를 가지며 발전하게 된다. 통계학과 확률론에 관한 서적은 1713년 발행된 Bernoulli의 〈Ars Conjectandi〉이다. 여기서 그는 "자료로부터 얻은 결론이 믿을만 하려면 도대체 얼마만한 자료가 필요한가?" 하는 수학적 의문을 던진다. 그는 표본이 많으면 많을수록 자료에 의한 판단이 점점 더 확실성을 갖는다는 것을 증명하였다. 이것이 지금의 큰 수의 법칙이다.

18세기에는 자료의 신뢰성에 관한 문제는 자연과학이나 상업분야에서 중요한 이슈가 되었다. 천문학에서는 부정확한 자료를 가지고 위도나 행성의 궤도를 어떻게 결정하느냐 하는 문제를 가지고 있었고, 한편으로는 지구의 모양이 북극과 적도 부근에서는 어떻게 생겼느냐의 문제를 가지고 있었다. 이러한 문제에 대한 답은 현장조사 자료의 정확성과 직결되어 있다.

1733년 당시 영국에 살고 있던 프랑스의 Abraham de Moivre는 이항분포(binomial distribution)의 근사함수로 정규분포(normal distribution)를 생각해내고, 이 생각은 정확한 결론을 얻기 위하여 얼마나 많은 자료가 필요한가에 대한 Bernoulli의 예측을 개선하는데 사용하였다.

1812년 Laplace가 확률론의 수학적 접근을 집대성한 책을 발표하였다. 1795년 미터법의 기준 거리를 결정하는 위원회의 위원이었던 Adrien Marie Legendre는 혜성의 궤도를 결정하는 작은 책자에서 통계학의 중요한 이론인 '최소제곱법(the method of least squares)'을 발표한다. 곧 Gauss와 Laplace가 Legendre의 방법을 입증하기 위해 확률론을 사용한 이래, 통계학은 유럽사회의 여러 분야에 적용되었다.

사회과학에도 통계학이 적용되었는데, 그 중의 중요한 인물은 벨기에의

Quetlet이다. 그는 1835년 인간의 성격 연구에 확률론적 법칙을 적용하려고 시도하였다. 그러나 이러한 시도는 심리학 이외의 분야에서는 별로 환영받지 못하였다.

19세기에 들어서 통계학이 많이 발전하였지만, 수학적 기반을 닦은 확률론의 그늘에 가려 별로 빛을 보지 못하였다. 그러던 중 1860년 대 Charles Darwin의 조카이었던 Sir Francis Galton에 의해 유전학이 시작되었다. 그는 선택적 결혼에 의해 우수한 인종을 만들어낼 수 있다는 희망을 가진 우성인류학(eugenics) 운동의 한 편에 섰던 인물이다. 인간의 유전인자에 미치는 수많은 요소를 제어할 수 없다는 단점을 보완하기 위하여, 그는 회귀분석(regression)과 상관관계(correlation)의 개념을 도입하였다. 1890년대에 들어 Galton의 생각은 Karl Pearson과 그의 학생 Yule에 의해 다듬어졌다. 특히 Yule은 Galton과 Pearson의 생각과 Legendre의 최소제곱법을 변형하여 회귀분석의 효과적인 방법을 개발하였다.

통계이론은 점점 발전되어 여러 곳에 적용되었다. 20세기 들어 공장의 품질관리나 보험회사에서 많은 통계학자를 고용하였으며, 산업분야에 종사하는 사람들도 통계학 이론에 관심을 가지게 되었다. 아일랜드의 양조회사의 통계학자이었던 William S. Gosset는 회사 내규에 따라 자신의 이름으로 논문을 발표하지 못하고 "Student"란 익명으로 통계이론을 발표하였다. 이 논문은 작은 표본으로부터 믿을만한 정보를 얻기 위하여 어떻게 표본을 추출해야하는지에 관한 중요한 이론으로, 오늘날의 student t-분포이다.

20세기의 가장 중요한 통계학자는 아마도 R.A. Fisher(1890-1962)일 것이다. 그는 1925년 과학자들에게 중요한 〈Statistical methods for research workers〉를 저술하였다. 10년 후, 좋은 자료를 얻기 위하여 그런 자료를 제공해주는 실험설계를 해야만 한다는 〈The design of experiments〉를 저술하였다. 20세기에는 통계학이 정치적 의견수렴, 생산 동정에서의 품질관리, 교육의 표준검사 등 우리 일상생활에 널리 적용되고 있으며, 컴퓨터의 발달로 많은 자료를 쉽게 취급할 수 있게 되었다. 특히 순수수학, 응용수학, 계산과학, 통계학에 많은 공헌을 한 John Tukey(1915-2000)는 많은 자료를 취급해야하는 통계학자들이 자료를 취급하는 방법에 대한 Exploratory data analysis를 창시한다(Tukey는 software와 bit란 말을 만들어내기도 하였다.).

제10장

기 하

수학의 역사가 발전되어온 과정을 따라가듯 우리가 학교수학을 공부한 것을 반추하면, 산수는 여러 종류의 수의 연산에 대하여 생각하고, 기하는 측정 뿐만 아니라 도형이 가지고 있는 심미적 성질을 규명하려 하고 있다. 특히 기하는 우리가 관찰하는 대상의 시각화뿐만 아니라, 가정에서부터 시작하여 결론에 이르는 연역적 증명과정을 포함하고 있다. 이와 같이 수학은 어떤 가정 위에서 모순이 없이 질서를 찾아가고, 질서의 종류와 질서들 사이의 관계를 연구하는 과학인 동시에 인문학이다. 이때 질서는 규칙성과 패턴(pattern)을 의미한다. 그런데 패턴은 구체적일 수도 있으며 추상적일 수도 있다. 또 가시적일 수도 있으며 우리의 마음 속에 있는 보이지 않는 것일 수도 있으며, 정적일 수도 있고 동적일 수도 있다. 기하학은 앞에서 말한 것과 같이 형태의 패턴을 연구하는 학문이다.

10.1 학교수학

10.1.1 1학년

(1) 모양 나누기

집합의 원소가 몇 개인가를 세어 보고 그 개수에 따라 0, 1, 2, 3, 4, 5, 6, 7, 8, 9로 분류하는 것에 대하여 알아보았다. 이와 같이 수학은 수나 모양과 같은 수학적 대상을 분류하는 학문이다. 물론 한 집합으로 분류된 것(원소) 하나하나는 다르지만 이들이 가지고 있는 공통적인 특징이 있다. 이러한 특징을 찾아내고 이 특징에 의하여 사물을 분류하는 과정을 통해서, 학생들은 발견과 논리적 사고를 기를 수 있다. 필요한 경우에는 분류된 도형을 더 세분하여 나누고 새로운 이름을 붙이는 작업을 한다. 이렇게 함으로 우리 주위의 도형을 더욱 쉽게 다룰 수 있으며, 이것을 통하여 수학이 유용하다는 것을 느끼게 할 수 있다.

물건의 개수를 세는 것과는 달리, 우리 주위에 있는 물건의 모양을 분류하는 데에는 새로운 용어가 필요하다. 모양(도형)을 분류하는 방법에는 여러 가지가 있으나, 먼저 도형이 평면(이차원적)에 있느냐 또는 공간(삼차원)에 있느냐로 구분할 수 있다. 수학적인 전개의 논리상 평면도형에 대해서 먼저 다루는 것이 합리적일 수 있다. 그러나 초등학교 1학년 학생들이 일상에서 만나는 도형은 평면도형보다는 입체 도형이 더 많으므로 입체도형의 분류 방법에 대해서 먼저 다룬다. 따라서 입체도형을 통하여 평면도형을 정의하여야 하기 때문에 학교수학에서는 평면도형보다는 입체도형을 먼저 다루도록 한다.

주사위, 쌓기 나무, 종이상자, 컵, 드럼, 통조림통, 축구공, 배구공, 농구공, 지구의, 구슬 등 우리 생활 주변에서 흔히 볼 수 있는 공간도형을 모양이 같은 것끼리 분류를 하게 한다. 이와 같이 분류한 것을 구별하기 위하여 이름을 붙여줄 필요가 있다. 이름을 붙이면 도형을 보지 않더라도 그것이 어떤 모양을 뜻하는지를 명확하게 대화할 수 있다.

위에서 제시된 입체도형을 나누면 상자모양, 둥근 기둥 모양, 공 모양으로 구분된다. 여기서 육면체, 원기둥, 구의 용어는 사용하지 않는데, 이것은 초등학교 1학년 학생들에게는 쉽지 않은 용어이기 때문이다.

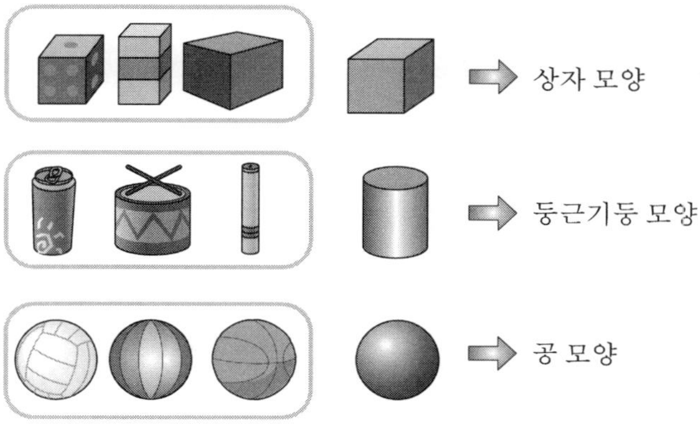

〈그림 10.1〉

그런데 우리는 공간도형을 어떻게 분류하였는가? 공간도형을 위의 세 가지로 분류한 방법을 알아보기 위하여, 학생들로 하여금 어두운 상자 속에서 여러 가지 공간도형을 손으로 만져서 도형을 분류하도록 한다. 이러한 활동을 통해서 공간도형의 분류는 도형의 표면(surface)이 어떻게 생겼느냐에 의해 분류가 됨을 알 수 있다. 즉 표면의 모양에 따라

모든 표면이 평면인 다면체(polyhedra)
통조림통과 같은 원기둥(cylinder)
완전한 공과 같은 구(sphere)

로 나누어진다. 따라서 공간도형을 정확히 분류하기 위해서는 평면도형을 정확히 분류하여야 함을 알게 한다.

지금까지는 움직이지 않는 정적인 물건의 옆면의 모양, 윗면의 모양 등에 따라 입체도형을 분류했다. 다음에는 상자 모양, 둥근 기둥 모양, 공 모양의 입체를 나무판 위에 굴려 봄으로 이들의 차이점을 알게 한다. 이러한 활동을 통해서 이들 모양이 가지는 동적인 성질을 발견할 수 있고, 미끄러져 가는 정도를 통하여 '잘 구르는 물건의 모양'과 '잘 구르지 않는 물건의 모양'으로 입체도형을 분류할 수 있도록 한다. 여기에는 물리적인 마찰력 외에도 수학적으로 두 곡면이 만나는 접평면의 개념이 숨어 있다.

〈참고 10.1〉 초등학교 1학년에서는 공간 도형을 분류할 때 다면체, 원기둥, 구라는

수학적 이름을 붙이지 않고 단순히 상자 모양, 둥근 기둥 모양, 공 모양으로 이름을 붙인다. 공간 도형을 좀더 세분하자면 다면체, 기둥, 구, 반구(hemisphere), 뿔(cone)로 나눌 수 있다.

(2) 규칙 찾기

늘어놓은 입체도형의 모양을 보고, 늘어놓는 규칙을 발견하고 그 규칙에 따라 다음에 늘어놓을 모양을 알게 한다. 이러한 과정을 통하여 입체도형의 분류를 확실히 할 수 있도록 한다.

규칙성 찾기를 벽지나 포장지 위에 그려진 문양으로 확대하여 규칙적으로 배열된 기학학적 모양의 아름다움을 알게 한다. 이것은 일정한 도형이 반복해 있는 아름다움뿐만 아니라 수의 계열을 구성하는 일과도 관계가 있다. 예를 들면 상자모양을 1, 둥근 기둥 모양을 2라 하면

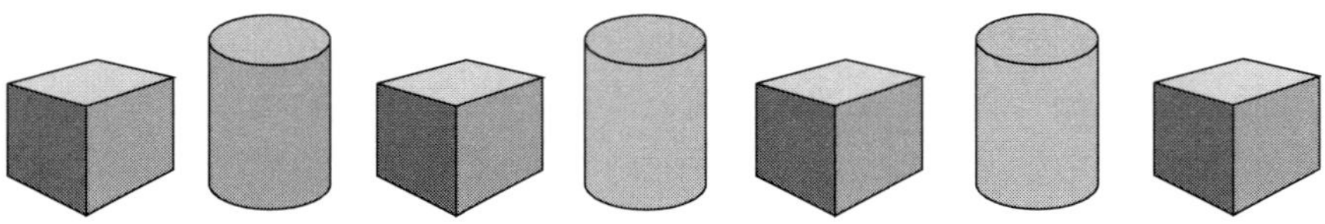

〈그림 10.2〉

은

$$1\ 2\ 1\ 2\ 1\ 2\ 1\ 2\ \cdots$$

으로 나타내어진다.

도형의 배열에서 규칙을 찾는 일은 집합에서 조건을 만드는 일과 같아서 수학 문장을 만드는 기초 활동이라 할 수 있다. 또 입체 모양의 부분 관찰에서는 전체 모양이 규칙적으로 구성되어 있으므로 부분을 보고서도 전체의 모양을 알 수 있다. 이러한 활동을 통해서 전체 모양의 부분적인 특징을 발견하게 한다.

〈참고 10.2〉 입체도형을 표면의 모양에 따라 분류하면 구(sphere), 반구(hemi sphere), 기둥(cylinder), 뿔(cone)로 나눌 수 있다. 특히 표면이 모두 평평한 면으로 되어 있는 입체 도형을 다면체(polyhedron)라고 한다. 다면체를 설명하기 위하여 평평한 표면을

면(face), 두 면이 만나서 생기는 모서리(edge), 모서리가 만나서 생기는 꼭지점(vertex)이 필요하다. 여기서 용어 '면'은 다면체의 표면에 대해서만 사용되는 용어이다. 따라서 '한 면으로 이루어진 것과 같은 모양'의 구의 표면에 대해서는 '면'이라고 하지 않는다.

(3) 여러 가지 모양

입체 도형을 모양에 따라 분류하는 방법에 대하여 알아보았다. 입체도형의 부분을 살펴보면 평면도형으로 이루어져 있다. 평면도형은 크게 사각형, 삼각형, 원의 기본도형으로 나눈다. 그러나 1학년 학생들에게는 이들 용어가 쉽지 않으므로 생활 용어로 책이나 공책 모양의 네모, 삼각자와 같은 모양의 세모, 동전과 같은 동그라미 모양으로 이해하게 한다.

생활 주변에서 만나는 구체물의 모양으로부터 반 구체물의 모형을 그리고 추상화하여 네모, 세모, 동그라미를 이해하도록 한다. 또 생활 주변에서 만나는 평면 도형의 모양을 기준에 맞게 분류하는 활동을 통하여, 공통적인 성질을 발견하게 하고 기하학적 탐구심을 길러준다.

점판을 이용하여 여러 가지 평면 도형을 그려보도록 하여, 평면 도형의 성질을 발견하도록 한다. 실제로 점판에 여러 가지 세모와 네모를 그려보고, 잘라서 겹치도록 접어보고, 변의 길이를 재어보면, 세모와 네모가 있다는 것을 알 수 있을 것이다.

10.1.2 2학년

(1) 평면도형

초등학교는 물론 학교수학에서는 유클리드 기하학을 전제로 기하를 전개한다. 학교수학에서는 기본적으로 3차원 공간 위의 기하학을 다룬다. 여기에는 길이와 폭, 높이를 가지고 있다. 3차원 공간에서 길이와 폭만을 가진 2차원 공간(평면)과 길이만을 가지고 있는 1차원 공간(직선) 위의 기하를 생각할 수 있다. 그러나 여기서는 먼저 기본적인 평면도형이 어떤 특성을 갖는지를 알아보자.

먼저 두 점을 잇는 곧은 선으로서의 선분(line segment)을 정의하고 선분을 양쪽으로 연장한 직선(straight line)을 약속한다. 또 직선위에서 주어진 점의 한쪽 방향에 있는 모든 점을 **반직선**(ray)이라 한다. 여기서는 보일 수는 없지만 평면 위의 두 점을 지나는 직선 또는 선분은 오직 하나만 존재한다는 공리가 들어 있다.

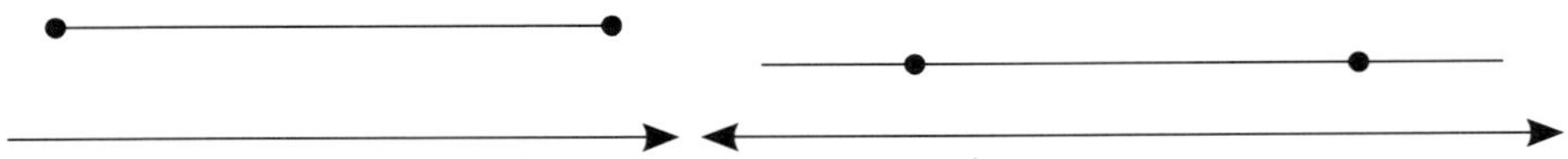

〈그림 10.3〉

우리는 생활 용어로 네모나 세모를 사용하고 있다. 네모를 그리고 네모가 어떻게 생겼는지를 관찰하게 한다. 네모는 네 개의 모서리 즉 선분으로 둘러싸인 도형으로, 이 네 개의 모서리를 변(side)이라 한다. 또 네모는 네 개의 각을 가지고 있으므로 그 이름을 **사각형**(quadrilateral)이라고 부르기로 한다. 또 사각형은 네 개의 **꼭지점**(vertex)을 가지고 있다.

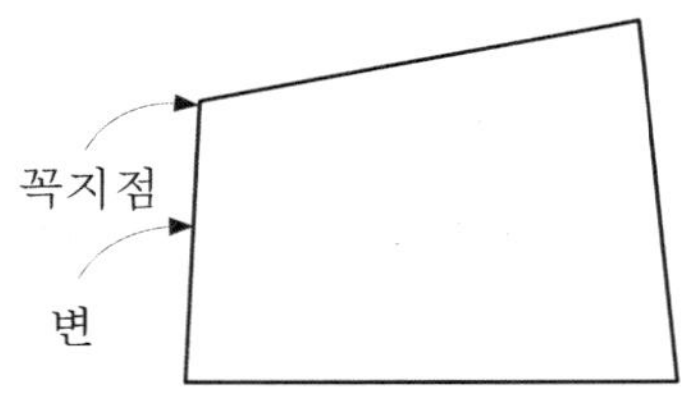

〈그림 10.4〉

학생들에게 사각형을 그리라고 하면 여러 가지 사각형을 그릴 것이다. 이러한 사각형이 어떻게 차이가 나는가를 알아보게 한다.

〈참고 10.3〉 사각형을 분류하면

정사각형 — 직사각형 / 평행사변형 / 마름모
평행사변형 ——— 사다리꼴 ——— 사각형

으로 집합의 크기에 따라 분류할 수 있을 것이다.

앞으로

정사각형 : 네 각이 모두 직각이고 네 변의 길이가 모두 같은 사각형
직사각형 : 네 각이 모두 직각인 사각형
마름모 : 네 변의 길이가 모두 같은 사각형
평행사변형 : 마주보는 두 쌍의 변이 서로 평행인 사각형
사다리꼴 : 마주보는 한 쌍의 변이 평행인 사각형
사각형 : 네 개의 선분으로 둘러싸인 도형

으로 정의할 것이다.

사각형에 비하여 세모는 세 개의 모서리, 즉 세 개의 변과 세 개의 꼭지점을 가지고 있다. 또 세모는 세 개의 각을 가지고 있으므로 **삼각형**(triangle)이라고 부른다.

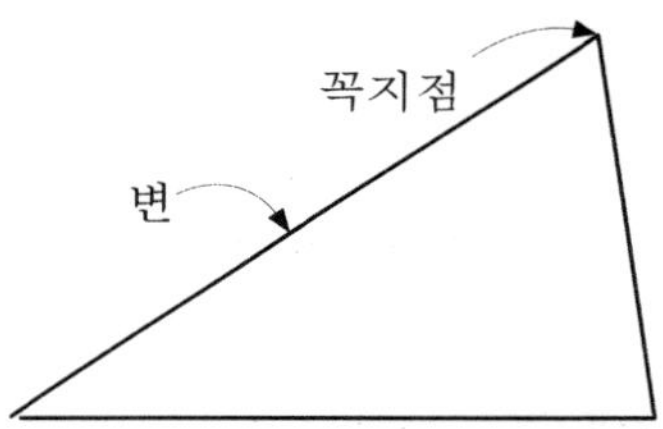

〈그림 10.5〉

〈참고 10.4〉 삼각형, 사각형의 이름을 통하여 앞으로는 변으로 둘러싸인 다각형을 삼각형, 사각형, 오각형, 육각형, … 등으로 분류하게 됨을 알 수 있다. 실제로 이런 이름들은 평면도형이 갖는 각의 개수를 가지고 도형을 분류하고 있다. 여기서 주의할 것은 우리가 생활용어로 자주 사용하고 있는 다각형의 이름은 세모, 네모 등으로 수학을 전개하고 분류하는 데에는 언어의 한계가 있다.

〈참고 10.5〉 다각형은 선분으로 이루어진 단순 폐곡선으로 평면을 그 내부와 외부로 나눈다. 다각형과 다각형의 내부의 합집합을 다각형의 영역(polygonal region)이라 한다. 특히 내부의 임의의 두 점을 잇는 선분이 다시 다각형의 영역에 포함될 때, 그 다각형을 볼록다각형(convex polygon)이라 한다. 이와는 달리 두 점을 잇는 선분이 다각형 영역의 부분 집합이 아니면 이 다각형을 오목다각형(concave polygon)이라 한다. 이

와 같이 다각형을 볼록다각형과 오목다각형으로 나누는 방법도 있다.

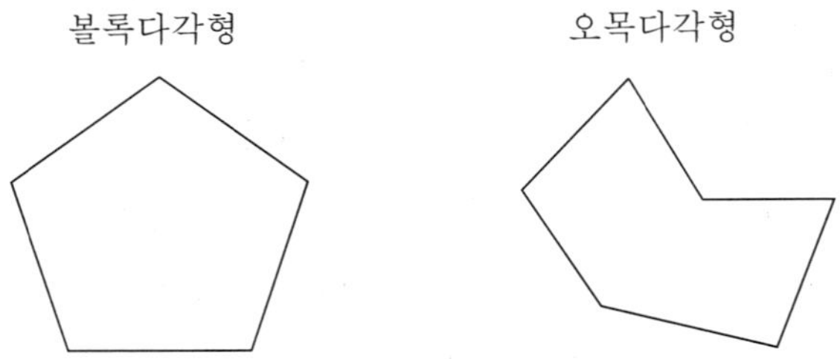

〈그림 10.6〉

생활 속에서 발견되는 동그란 모양(동그라미)을 **원**(circle)이라 한다.

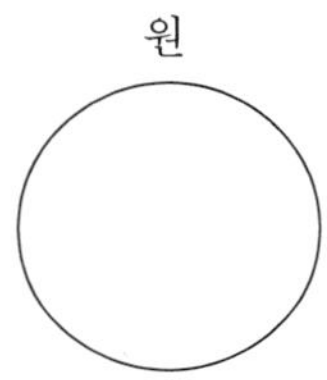

〈그림 10.7〉

〈참고 10.6〉 초등학교 2학년에서는 삼각형이나 사각형과는 달리 원이 정확히 정의되지 않았다. 원은 한 고정점으로부터의 거리가 일정한 점들의 모임인데, 이와 같이 정의하지 않은 이유는 거리(길이) 개념이 확립되지 않았기 때문이다. 원을 그릴 때 고정점을 원의 **중심**(center)이라 하고 원의 중심과 원의 한 점 사이를 **반지름**(radius), 원의 중심을 지나는 직선이 원과 만나는 두 점 사이의 선분을 **지름**(diameter)이라고 한다. 그런데 원은 다각형과 어떻게 다른가? 원은 몇 개의 변을 가지고 있는가? 변이 하나도 없는 것인가? 아니면 무수히 많은 것인가? 평면도형을 분류하는 첫 번째 기준은 모서리가 직선이냐 아니면 원, 반원, 타원과 같이 곡선으로 이루어졌느냐이다. 모서리가 모두 직선으로 이루어진 평면도형을 **다각형**(polygon)이라고 하고, 직선인 모서리를 **변**(side)이라고 한다. 앞으로 변은 다각형의 모서리에 한정해서 사용하는 것이 좋다. 예를 들어 원의 둘레를 변이라고 부르는 것은 적절치 않다.

삼각형과 사각형, 원의 규칙적인 배열을 통해서 평면도형의 구분을 분명히 할 수 있도록 하고, 규칙을 발견하여 함수적 사고를 할 수 있도록 한다. 또 같은 모양과 크기의 삼각형이나 사각형, 원을 분류할 수 있도록 한다.

(2) 공간도형

쌓기 나무 활동은 평면도형에서 공간도형으로의 확장이다. 주어진 공간을 보고 똑같이 만들어 봄으로, 도형을 주어진 공간이 몇 개의 쌓기 나무로 구성되어 있는지에 대한 수 감각을 익힐 수 있는 좋은 소재이다. 더욱이 쌓기 나무의 개수는 공간 도형의 부피에 대한 개념을 심어주는 초기 단계이다.

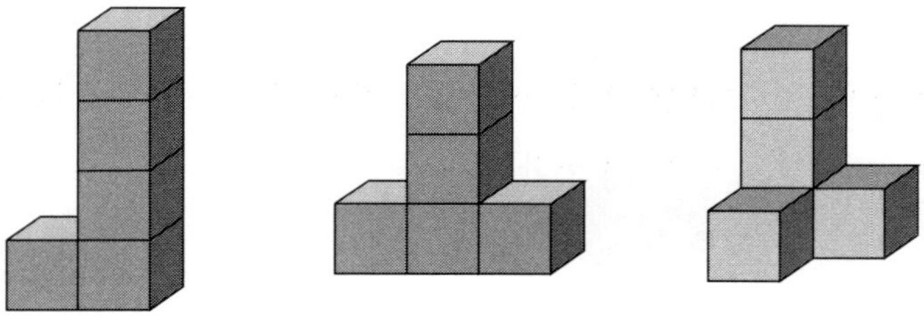

〈그림 10.8〉

또 쌓기 나무로 쌓은 도형의 위, 앞, 옆에서 본 그림을 찾아봄으로, 공간 도형에 대한 정사영의 개념을 심어주며, 생활 속에서 건물의 설계도를 그릴 수 있도록 할 뿐만 아니라 도면을 통하여 공간도형을 상상할 수 있는 능력을 기른다.

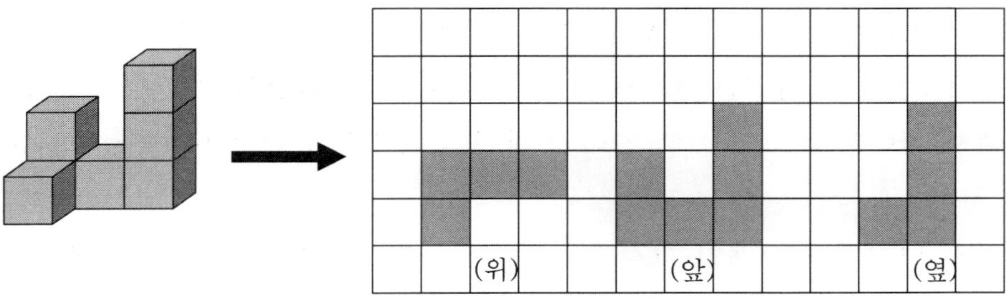

〈그림 10.9〉

10.1.3 3학년

(1) 직각삼각형과 직사각형

공간도형의 부분으로 나타나는 평면도형에 대하여 자세히 알아보기로 한다. 도형의 면이나 모서리가 모가 나있는지 그렇지 않은지에 따라 도형을 구분할 수 있다. 또 모서리에 모가 나있다면 모난 정도를 비교할 수 있을 것이다. 그러기 위해서는 모난 정도를 재는 잣대가 있어야 한다. 이러한 잣대가 각의 크기이다.

한 점 O에서 그은 두 반직선 $\overrightarrow{OX}$와 $\overrightarrow{OY}$가 이루는 도형을 각(angle)이라고 한다. 이 때 점 O를 각의 꼭지점(vertex), 반직선 $\overrightarrow{OX}$와 $\overrightarrow{OY}$를 각의 변(side)이라고 한다. 또 이 각을 각 XOY라 하고

$$\angle XOY$$

로 나타낸다(초등학교 3학년에서는 영어의 알파벳을 배우지 않았으므로 A, B, C, ⋯ 대신 ㄱ, ㄴ, ㄷ, ⋯을 사용한다).

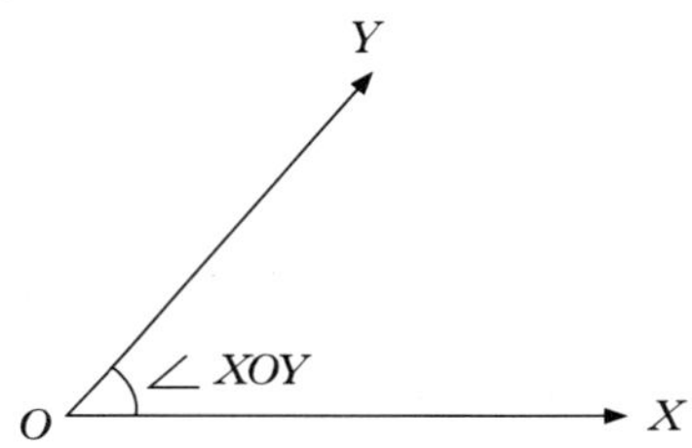

〈그림 10.10〉 각의 그림

반직선 $\overrightarrow{OX}$와 $\overrightarrow{OY}$가 직선 XY를 이룰 때의 각을 **평각**이라 하고, 이때의 각의 크기를 180도로 나타낸다. 평각의 반을 **직각**(right angle)이라고 한다. 직각은 삼각자에서 찾아볼 수 있다. 한 각이 직각인 삼각형을 **직각삼각형**(right triangle)이라고 한다.

삼각형 대신 각이 4개인 다각형을 사각형이라 부른다. 생활 주변에서 사각형을 찾아보고 그 중 직각을 가지고 있는 사각형을 알아보게 한다. 사각형 중에서 4개의 내각이 모두 직각인 사각형을 **직사각형**(rectangle)이라 부른다. 특히 직사각형 중에서 네 변의 길이가 같은 사각형을 **정사각형**(square)이라 부른다.

〈참고 10.7〉 세 내각의 크기가 같으냐를 가지고 삼각형을 정삼각형과 정삼각형이 아닌 것으로 구분할 수 있었던 것과는 달리, 네 내각의 크기가 같은 것만으로 직사각형과 정사각형을 구분할 수는 없다. 따라서 다각형이 정다각형이냐 아니냐를 구분하려면, 내각의 크기가 모두 같으냐를 가지고 판단하는 것이 아니라 각 변의 길이가 같으

냐를 가지고 판단하여야 한다는 것을 알 수 있다. 즉 변의 길이가 모두 같은 다각형을 변(또는 각)의 개수에 따라 정삼각형, 정사각형, 정오각형… 으로 부른다. 물론 정다각형은 같은 크기의 내각을 갖는다.

(2) 원

평면 위의 한 고정점 O로부터 거리가 일정한 점 P의 모임을 **원**(circle)이라 한다. 이때 점 O를 원의 **중심**(center)이라 하고, 중심 O와 원 위의 한 점을 이은 선분 OP를 원의 **반지름**(radius)이라 한다.

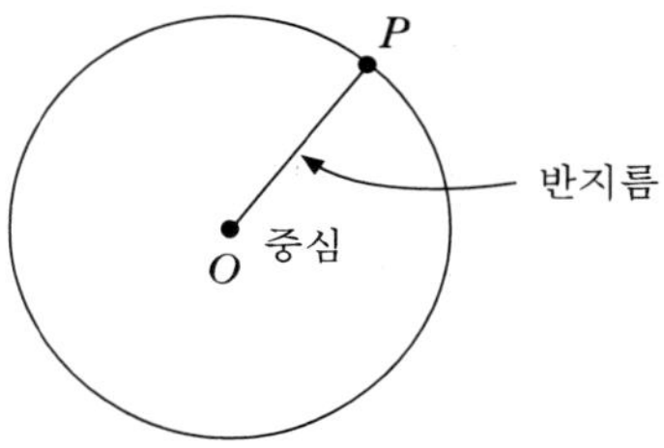

〈그림 10.11〉

반지름을 따라 원을 접고 접힌 부분을 따라 선분을 그으면, 그 선분은 항상 원의 중심을 지난다. 이때 선분 PQ를 원의 **지름**(diameter)이라고 한다. 원의 지름은 항상 일정하며 반지름의 길이의 두 배임을 알 수 있다.

〈참고 10.8〉 원 위의 점에서 원의 중심까지의 거리는 모두 같다. 따라서 이 거리를 원의 반지름의 길이로 정의할 수 있다. 원의 중심이 $O(x_0,\ y_0)$이고 반지름의 길이가 r인 원은

$$\{P(x,\ y) \mid \overline{OP} = r\}$$

이므로, 평면 위에서 두 점 O, P 사이의 거리를

$$\overline{OP} = \left\{(x-x_0)^2 + (y-y_0)^2\right\}^{1/2}$$

로 정의하면 중심이 $(x_0,\ y_0)$, 반지름의 길이가 r인 원은

$$\{(x,\ y) \mid (x-x_0)^2 + (y-y_0)^2 = r^2\}$$

이다.

자와 컴퍼스를 가지고 여러 개의 원을 그려본다. 이러한 활동을 통하여 아름다운 무늬를 만들어 보고, 기하학적 아름다움은 옷감의 디자인이나 건축물 등에 잘 적용될 수 있다는 사실을 알게 한다. 또 여러 개의 원을 그려 봄으로 원과 원 사이의 관계를 알 수 있다. 즉 두 원이 서로 다른 두 점에서 만나는 경우, 두 원이 한 점에서만 만나는 경우, 두 원이 한 점에서도 만나지 않는 경우가 있음을 분류할 수 있다. 이러한 분류 활동을 통해 수학이 무엇인지를 느끼게 한다.

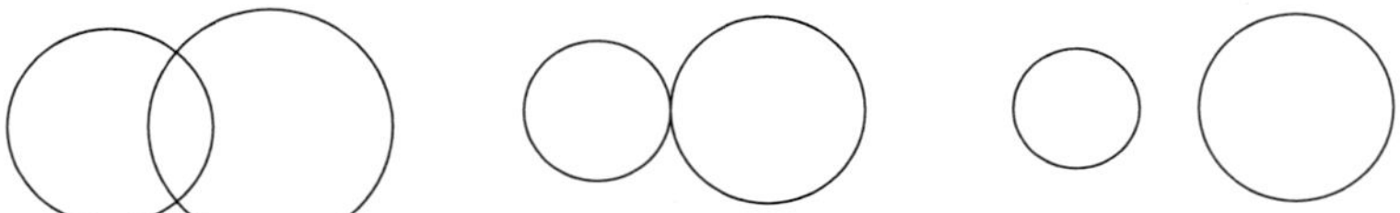

두 점에서 만난다 한 점에서 만난다 만나지 않는다.

〈그림 10.12〉

(3) 다각형

이제 각의 개수에 따라 도형을 분류할 수 있다. 삼각자와 같이 각이 세 개 있는 도형을 삼각형이라고 한다. 그러나 각이 세 개가 있는 도형이라고 해서 모두 삼각형은 아니다. 실제로 삼각형은 세 개의 선분(이 선분을 변이라 부른다)으로 이루어진 닫힌 도형이다. 2학년에서는 다각형을 모서리의 개수에 따라 세모, 네모 등으로 불렀으나, 이와 같이 각을 가지고 평면 도형을 분류하면, n개의 선분으로 이루어진 닫힌 도형을 n각형이라고 한다. 실제로 n각형은 n개의 각을 갖는 도형이다.

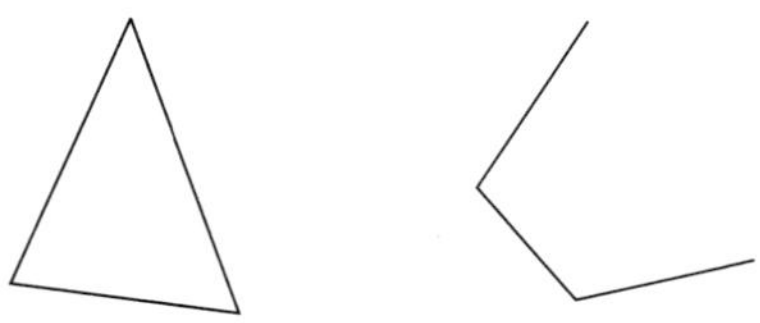

삼각형 삼각형이 아닌 도형

〈그림 10.13〉

다각형은 폐곡선이므로 평면을 **내부**(interior)와 **외부**(exterior)로 나눈다. 다각형의 각 중에서 내부에 있는 각을 내각이라 하고, 내각의 보각을 외각이라고 한다. 실제로 언어적으로 내각의 의미에 비추어, 외각은 다각형의 외부에 있는 각을 말하는 의미가 있으나, 내각에 대한 보각의 크기가 결정되면 외각의 크기가 자동적으로 결정되므로 외각을 내각에 대한 보각으로 정의한다. 이렇게 외각을 정의하면 외각의 크기를 0도에서 180도 사이에 있게 되는 편리함이 있다.

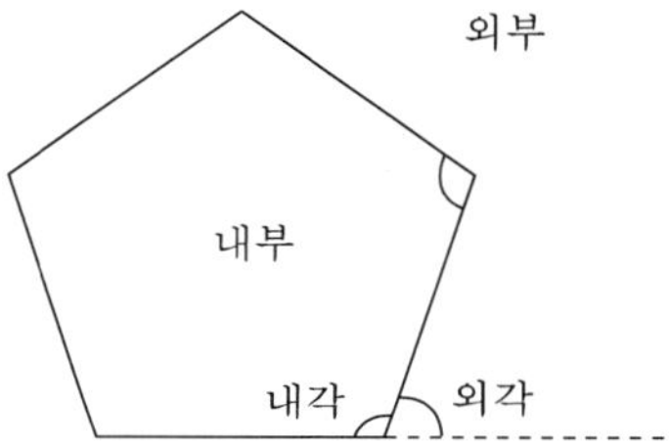

<그림 10.14>

10.1.4 4학년

(1) 각도와 삼각형

종이접기로 부채 모양을 만들어 보고, 부채를 펼지는 정도(중심각의 크기)에 따라 부채 모양의 크기나 넓이가 어떻게 변해가는지를 살피도록 한다. 먼저 여러 가지 각을 작도하여 겹쳐봄으로 두 각의 크기를 비교하도록 한다. 이때 각의 크기는 그려진 변의 길이와 관계없이 두 변이 벌어진 정도에 따라 다르다는 것을 알게 한다. 여기서는 두 각의 크기를 서로 겹쳐봄으로 두 각의 크기를 비교할 수 있었으나, 이것은 실제로 각을 그려보지 않고는 비교할 수 없는 단점을 가지고 있다.

이러한 단점을 극복하기 위하여 각의 크기를 정할 필요가 있다. 앞에서 다룬 대로 먼저 수직선이 이루는 각을 **평각**이라 하고, 평각을 이등분한 각을 1 **직각**, 1 직각을 다시 90등분한 각의 크기를 1**도**(degree)라고 하며, 1°라고 표기한다. 이제 각도기를 이용하여 여러 가지 크기의 각을 그려본다. 이러한 활동을 통하여 90도보다 작은 각과 큰 각의 모양을 눈에 익히도록 한다.

또 여러 가지 삼각형을 그리고, 세 내각의 크기를 재어 그 합이 180도가 됨을 경험적으로 확인하도록 한다. 또 다른 방법으로는 세 각을 잘라 수직선 위에 맞추어 봄으로 세 내각의 합이 180도가 됨을 알도록 한다. 여기서 주의할 것은 이러한 활동이 삼각형의 내각의 합이 180도가 된다는 것을 증명하는 것은 아니라는 것이다.

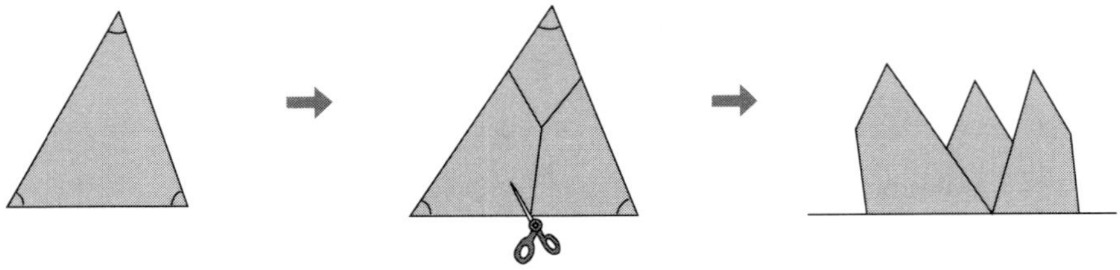

〈그림 10.15〉

다시 여러 가지 사각형을 만들어 보고 내각의 크기의 합을 계산해 보면, 사각형의 모양에 관계없이 내각의 합이 모두 360도가 됨을 알 수 있다. 이러한 사실은 각의 크기를 재어서도 알 수 있지만, 사각형의 네 각을 잘라 한 점에서 맞추어 보면 한 바퀴 도는 것과 같다. 이렇게 사각형의 내각의 합이 360도인 것을 아는 것도 삼각형의 경우와 마찬가지로 엄밀한 증명은 아니다.

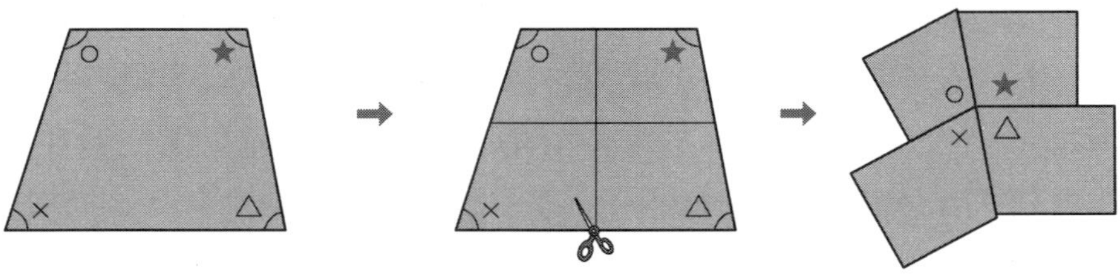

〈그림 10.16〉

사각형을 두 개의 삼각형으로 나눌 수 있다. 그런데 삼각형의 내각의 합이 180도이므로, 사각형의 내각의 합이 다시 360도인 것을 알 수 있다. 사실 삼각형의 내각의 합이 180도인 것을 이용하면 다각형을 여러 개의 삼각형으로 나누어 다각형의 내각의 합을 쉽게 구할 수 있다.

삼각형은 내각이 세 개이기도 하지만, 변이 세 개이기도 하다. 이제 변의 길이 사이의 관계를 가지고 삼각형을 분류하여 보자. 먼저 삼각형의 세 변 중 두 개가 같은 삼각형을 **이등변 삼각형**(isosceles triangle)이라고 한다. 이때 이등변 삼각형의 내각의 크기를 재어보면 두 개의 각이 같은 크기를 가짐을 알 수 있다. 또, 삼각형의 세 변의 길이가 모두 같은 삼각형을 **정삼각형**(equilateral triangle)이라고 한다. 정삼각형의 내각의 크기를 재어보면 세 각의 크기는 모두 같다. 더욱이 정삼각형은 세 변의 길이가 같으므로 당연히 두 변의 길이도 같다. 그러므로 정삼각형은 이등변삼각형이다. 즉 이등변삼각형의 집합은 정삼각형의 집합을 포함한다.

〈참고 10.9〉 삼각형을 변의 길이에 의해 나누면 등변삼각형(equilateral), 이등변삼각형(isosceles), 부등변삼각형(scalene)으로 나눌 수 있다. 등변삼각형은 세 변의 길이가 모두 같은 것을 말하므로, 등변삼각형은 정삼각형이다. 그러나 정삼각형과 이등변삼각형은 그 이름에서 알 수 있듯이, 각의 크기에 따른 분류라기보다는 세 변 사이의 길이의 관계에 따른 분류이다. 또 등변삼각형의 내각은 모두 60도이다. 이등변삼각형은 세 변 중 두 변의 길이가 같은 것을 말한다. 이등변삼각형을 길이가 같은 변이 포개지도록 접으면 두 각의 크기가 같음을 알 수 있다. 마지막으로 부등변삼각형은 삼각형의 어느 세 변도 길이가 같지 않은 것을 말한다.

앞에서는 변의 길이를 가지고 삼각형을 분류하였다. 이제 변 대신 각의 크기를 가지고 삼각형을 분류해 보자. 보통 삼각자는 직각을 하나 가지고 있는 삼각형이다. 이때 다른 각의 크기는 직각보다 작다. 이와 같이 직각보다 작은 각을 **예각**(acute angle)이라고 한다. 한편 직각보다 크고 180도보다 작은 각을 **둔각**(obtuse angle)이라고 한다.

삼각형 중에서 세 각의 크기가 모두 예각인 삼각형을 **예각삼각형**(acute triangle)이라고 하고, 한 각이 둔각인 삼각형을 **둔각삼각형**(obtuse triangle)이라고 한다. 특별히 직각을 하나 가지고 있는 삼각형을 **직각삼각형**(right triangle)이라고 한다. 따라서 삼각형을 각의 크기를 가지고 분류하면, 예각삼각형, 직각삼각형, 둔각삼각형으로 분류할 수 있다.

〈참고 10.10〉 삼각형의 내각의 합은 180도이기 때문에 예각삼각형, 직각삼각형, 둔각삼각형 이외의 삼각형은 존재하지 않는다.

이등변삼각형을 반으로 접어 완전히 겹치도록 포갤 수 있다. 이렇게 접으면 접힌 부분과 밑변은 서로 수직이 되어, 합동인 두 개의 직각삼각형이 만들어진다.

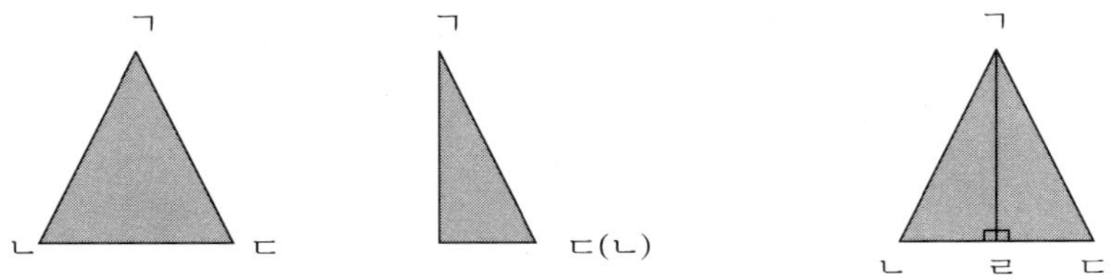

색종이로 이등변삼각형을 만든다. 　 점 ㄴ과 점 ㄷ이 겹치도록 반으로 접는다. 　 펼친다.

〈그림 10.17〉

여러 가지 삼각형을 그려보면 삼각형을 두 가지 방법에 의하여 분류함을 알 수 있다. 하나의 분류 방법은 변의 길이에 의하여 분류하는 방법이고 다른 하나는 각의 크기에 의하여 분류하는 방법이다.

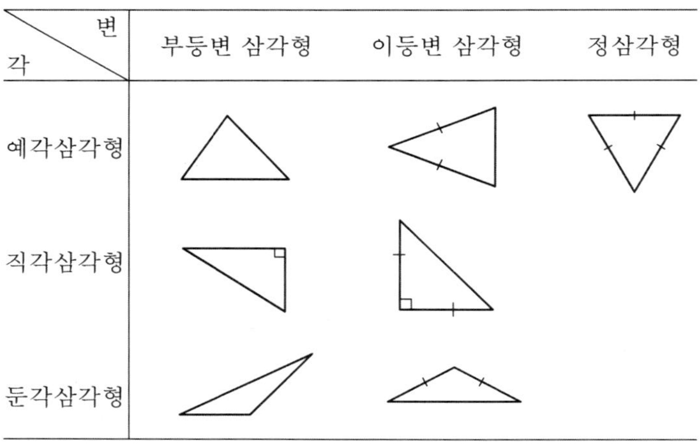

〈그림 10.18〉

(2) 수직과 평행

각의 크기를 재는 방법을 알고 있으므로, 두 직선이 만날 때 두 직선이 이루는 각의 크기를 재어보도록 한다. 특별히 두 직선이 이루는 각이 직선일 때, 두 직선은 서로 **수직**(perpendicular)이라고 한다. 또 두 직선이 수직일 때, 한 직선을 다른 직선에 대한 **수선**(perpendicular line)이라고 한다.

모눈종이나 직각삼각자를 이용하여 수선을 그리는 방법을 알아본다. 또 각도기를 이용하여 주어진 직선에 수직인 수선을 그리는 방법을 알아보자. 각도기를 가지고 수선을 그리는 과정을 통해서 수직선 위의 모든 점은 교점에서 같은 거리에 있는 두 점으로부터 같은 거리에 있다는 것을 알게 한다.

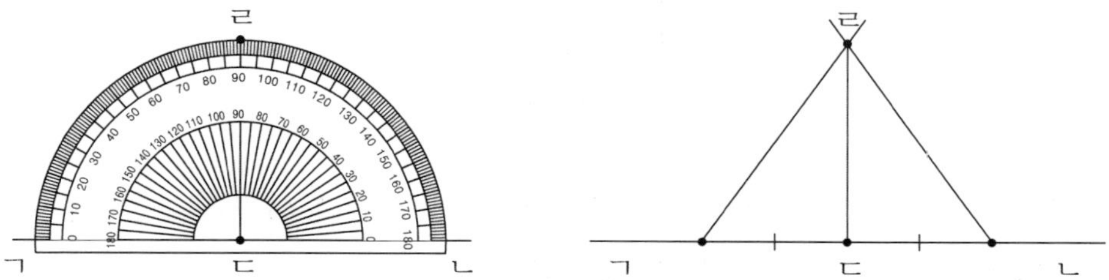

<그림 10.19>

한 직선에 두 개의 수선을 그으면 서로 만나지 않는다는 것을 직관적으로 알 수 있다. 이와 같이 서로 만나지 않는 두 직선을 서로 **평행**(parallel)하다고 한다. 이때 평행인 두 직선을 **평행선**(parallel line)이라고 한다.

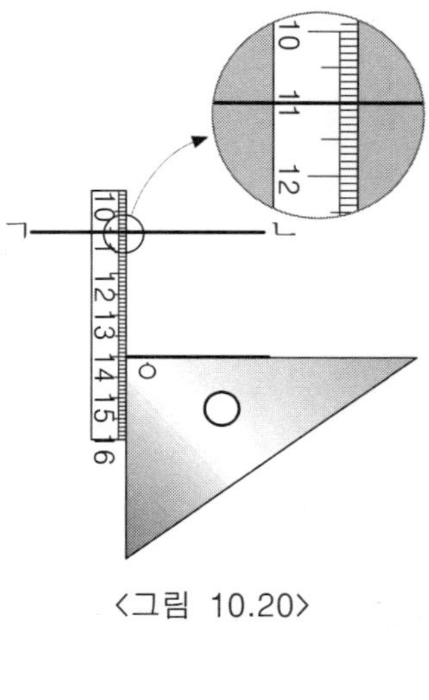

<그림 10.20>

이제 직선 밖의 한 점에서 주어진 직선에 수직인 평행한 직선을 그어 보게 한다. 이러한 활동을 통해서 주어진 직선 밖의 한 점에서 주어진 직선에 수직

인 직선은 하나 밖에 없음을 직관적으로 알게 한다. 또 평행선 위의 한 점에서 마주보는 평행선 사이에 여러 개의 선분을 긋고 그 길이를 비교하면, 그 길이가 가장 짧은 경우는 평행선 사이의 수직인 선분임을 알 수 있다. 그런데 평행선 위의 한 점에서 다른 평행선에 그은 수선은 하나 밖에 없으므로 이 길이는 유일하다. 이때 그 선분의 길이를 평행선 사이의 거리(distance)라고 한다.

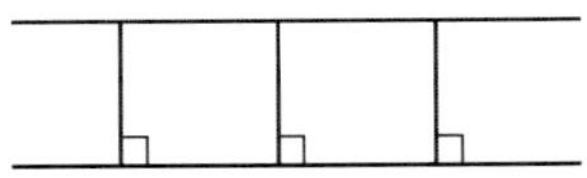

〈그림 10.21〉

평행선과 한 직선이 만날 때 생기는 같은 쪽의 각(동위각)의 크기를 각도기로 재어보면 서로 같다는 것을 알 수 있다. 또 반대쪽(엇각)의 각의 크기도 서로 같다는 것을 알 수 있다. 이러한 사실은 학생들이 실제로 자로 재어보고 경험으로 동위각과 엇각은 각각 서로 같다는 것을 알 수 있다. 이것은 엄밀한 증명은 아니다. 그러나 이러한 활동을 통해서 평행선의 성질에 대한 정리를 예측하는데 도움이 된다. 물론 이 사실을 엄밀히 증명하기 위해서는 평행선 공리를 이용하여야 한다.

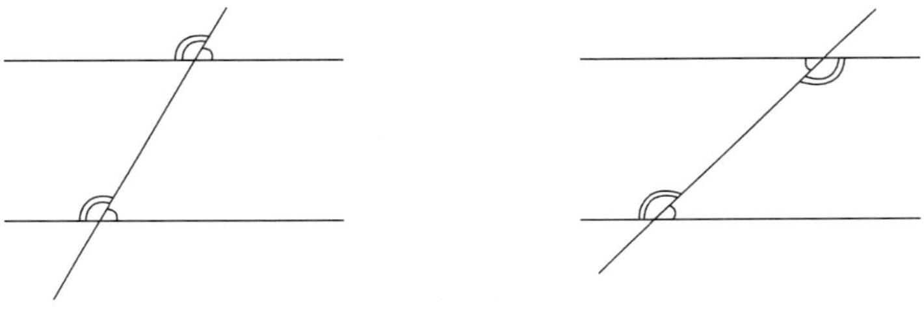

〈그림 10.22〉

아래 그림과 같이 평면에서 만나는 두 직선은 네 각

$$\angle AOC,\ \angle COB,\ \angle BOD,\ \angle DOA$$

을 만든다.

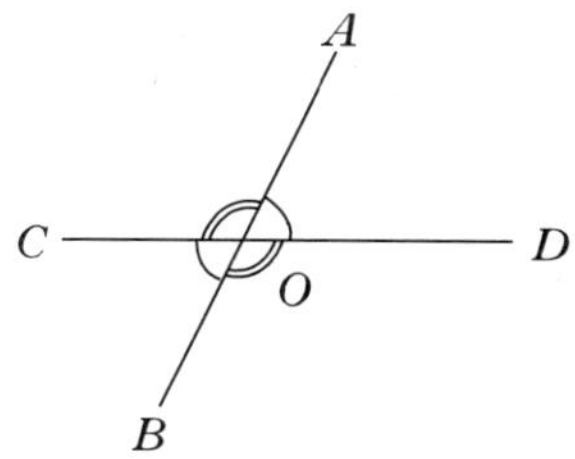

<그림 10.23>

이 때 $\angle AOC$와 $\angle BOD$와 같이 꼭지점 O에서 서로 마주보고 만나는 각을 **맞꼭지각**(vertical angle)이라고 한다. 또 $\angle AOC$와 $\angle COB$ 같이 두 각의 크기의 합이 180도인 두 각을 **보각**(supplementary angle)이라고 한다. 한편, 두 각의 합이 90도인 각을 **여각**(complementary angle)이라고 한다.

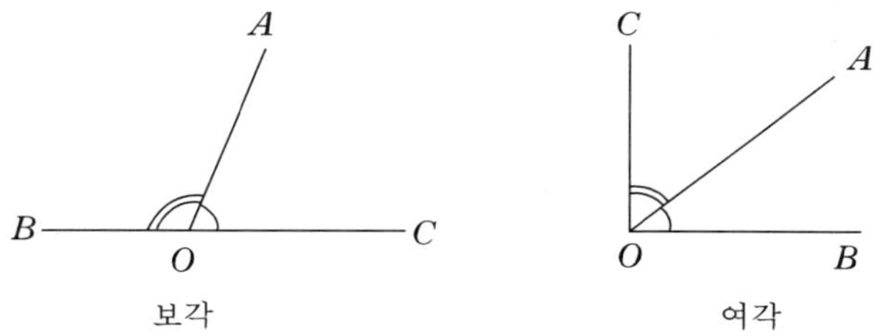

<그림 10.24>

(3) 사각형의 분류

우리 생활 주변에는 여러 가지 모양의 사각형이 있으며 평면 위에 여러 가지 사각형을 그려볼 수 있다. 그런데 많은 사각형을 분류할 수 있는 방법으로 무엇이 있을까? 사각형에는 네 개의 변이 있으므로, 사각형을 분류하는 하나의 방법은 사각형의 마주보는 한 쌍의 변이 서로 어떤 관계를 갖느냐 하는 것을 가지고 분류하는 것이다.

먼저 사각형을 마주보는 한 쌍의 변이 서로 평행한지 아닌지를 통해서 분류한다. 즉 마주보는 한 쌍의 변이 서로 평행인 사각형을 **사다리꼴**(trapezoid)이라 하고, 사각형을 사다리꼴과 그렇지 않은 사각형으로 분류한다.

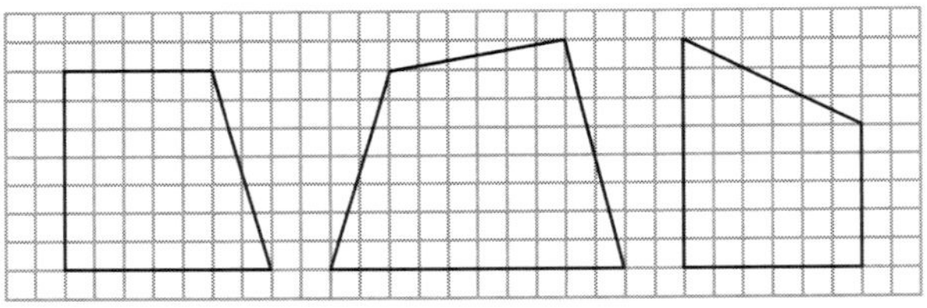

〈그림 10.25〉

그 다음으로 여러 가지의 사다리꼴 중에서 마주보는 두 쌍의 변이 서로 평행한 것이 있다. 이것을 **평행사변형**(parallelogram)이라고 하면, 사다리꼴은 평행사변형과 그렇지 않은 사다리꼴로 나누어진다.

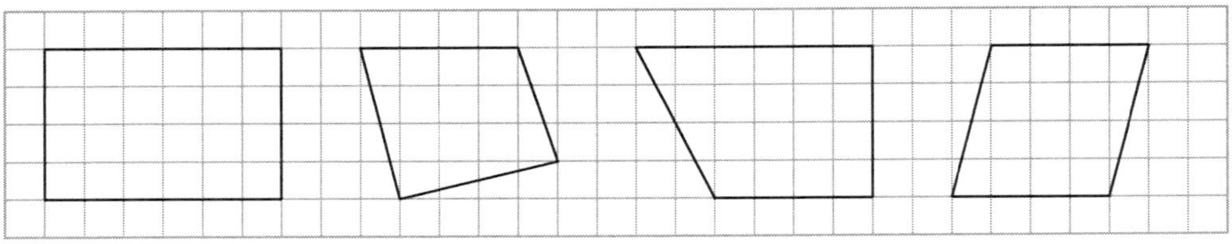

〈그림 10.26〉

평행사변형의 특성을 알아보기 위해 변의 길이와 각을 재어보면, 마주보는 변의 길이와 각이 서로 같음을 알 수 있다. 물론 이것은 경험적으로 평행사변형의 서로 마주보는 변의 길이가 같고, 마주보는 각의 크기도 같다는 사실을 알게 하는 것이다. 논리적으로는 유클리드 기하의 평행선 공리를 이용하여 증명하여야 한다. 실제로 같은 평행사변형을 두 개 만들어 하나를 180도 돌리면 겹쳐진다는 것을 알 수 있다. 즉 평행사변에서 서로 마주보는 변과 각은 같음을 알 수 있다. 따라서 평행사변형은 각의 크기와 변의 길이를 가지고 분류할 수 있다.

평행사변형은 서로 마주보는 변의 길이와 각의 크기가 서로 같다. 그런데 평행사변형 중에서도 네 변의 길이가 모두 같은 것이 있다. 이들을 **마름모**(rhombus)라 부른다. 또 네 변의 길이가 모두 같은 평행사변형인 마름모 중에서 네 각의 크기도 모두 같은 사각형이 있음을 기억해 두자.

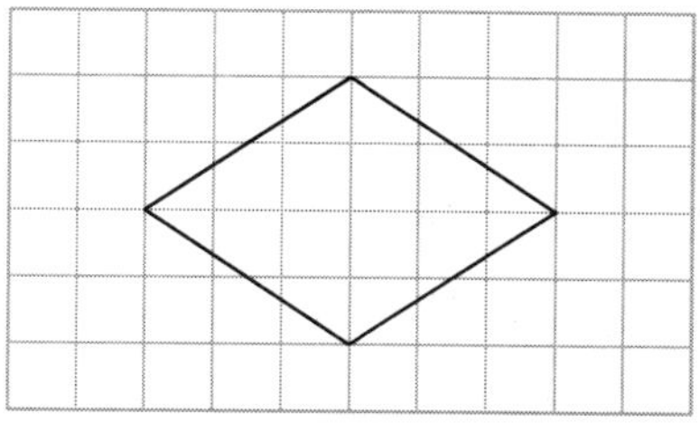

<그림 10.27>

평행사변형은 서로 마주보는 두 변의 길이와 각의 크기가 같다. 평행사변형을 변의 길이를 가지고 마름모와 그렇지 않은 것으로 분류하였다. 이제 변의 길이 대신 각의 크기를 가지고 분류하면, 네 각의 크기가 모두 같은 것과 그렇지 않은 것으로 분류할 수 있다. 이 때 네 각의 크기가 모두 같은 평행사변형은 직사각형이 된다. 특별히 네 변의 길이가 같은 직사각형 또는 네 각의 크기가 모두 같은 마름모는 정사각형이 된다. 평행사변형 중에서 한 각이 직각이냐 아니냐를 가지고 분류할 때, 직각인 것은 직사각형이다. 평행사변형에서 한 각이 직각이면, 마주보는 각은 같으므로 마주보는 각은 같다. 그러므로 나머지 두 각도 같게 되어 이 평행사변형의 네 각은 모두 직각이다.

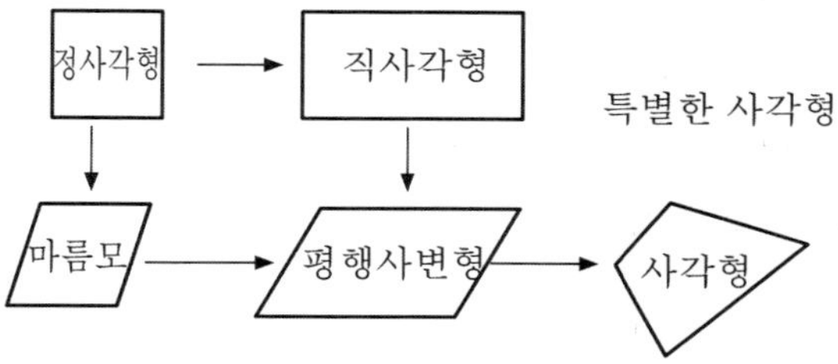

<그림 10.28>

지금까지 우리는 사각형을 마주보는 변의 평행, 변의 길이, 각의 크기를 통하여 분류하여 보았다. 이것을 정리하면 다음과 같다.

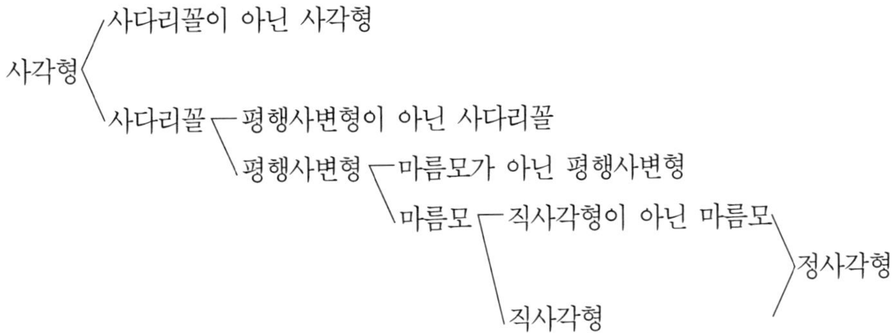

(4) 다각형

우리는 지금까지 삼각형과 사각형에 대하여 알아보았다. 삼각형은 세 개의 선분으로만 둘러싸인 도형이고, 사각형은 네 개의 선분으로만 둘러싸인 도형이다. 이러한 사실을 일반화하여 선분으로만 둘러싸인 도형을 다각형이라고 하고, 선분의 개수에 따라 삼각형, 사각형, 오각형, 육각형 등으로 부른다. 사실 다각형의 이름을 변의 개수에 따라 삼변형, 사변형, 오변형, 육변형 등으로 부르지 않고, 삼각형, 사각형, 오각형, 육각형 등으로 부르는 이유는 다각형의 변의 개수와 각의 개수가 같기 때문이다.

모든 변의 길이가 같은 삼각형과 사각형을 각각 정삼각형, 정사각형으로 불렀다. 이와 마찬가지로 모든 변의 길이가 같은 다각형을 정다각형이라 부른다. 다시 말하면 모든 변의 길이가 같은 삼각형, 사각형, 오각형, 육각형 등을 각각 정삼각형, 정사각형, 정오각형, 정육각형 등으로 부른다. 물론 정다각형의 내각의 크기는 모두 같다.

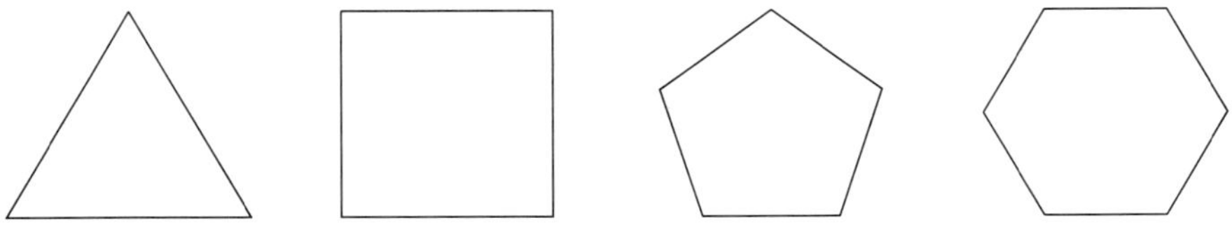

〈그림 10.29〉

다각형에는 볼록인 다각형과 오목인 다각형이 있다. 그러나 학교수학에서는 주로 볼록인 다각형의 성질에 대하여 공부한다.

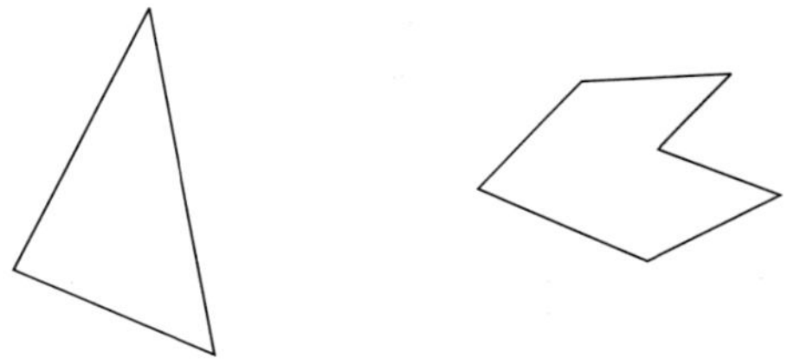

〈그림 10.30〉

다각형을 이루는 중요한 요소는 변과 각뿐만 아니라 변과 변이 만나는 꼭지점도 있다. 이제 다각형에서 서로 이웃하지 않은 두 꼭지점을 이은 선분에 대하여 알아보자. 다각형에서 서로 이웃하지 않은 두 꼭지점을 잇는 선분을 **대각선**(diagonal line)이라고 한다. 그러면 삼각형의 대각선은 하나도 없으며, 사각형의 대각선의 수는 2개, 오각형의 대각선의 수는 5개가 된다. 그렇다면 일반적으로 n각형의 대각선의 수는 몇 개나 될까?

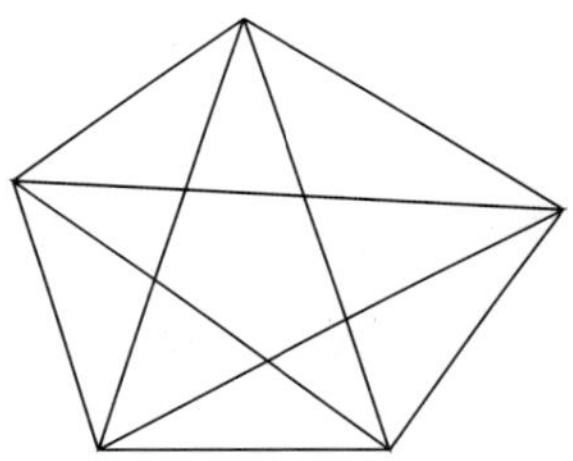

〈그림 10.31〉

n각형은 n개의 꼭지점을 가지고 있고, 각 꼭지점에서는 이웃하는 두 꼭지점과 자기 자신을 제외한 꼭지점에 대각선을 그을 수 있다. 다시 말하면 각 꼭지점에서 그을 수 있는 꼭지점의 수는 $n-3$이다. 따라서 각 꼭지점에서 그을 수 있는 대각선의 수의 합은

$$n(n-3)$$

이다. 그런데 대각선의 수는 두 번씩 중복하여 계산되었으므로, 구하는 대각선의 수는

$$\frac{n(n-3)}{2}$$

이다.

사각형의 대각선의 수는 두 개이다. 그런데 이들 대각선의 길이를 비교하면 같을까? 일반적으로 사각형의 두 대각선의 길이는 같지 않다. 그러나 두 대각선의 길이가 같은 사각형은 없을까? 여러 가지 사각형을 그리고 대각선의 길이를 재어봄으로 어떤 사각형이 같은 길이의 대각선을 가질 수 있는지 알아보자.

일반적인 사다리꼴의 대각선의 길이는 같지 않다. 그러나 평행하지 않은 두 변의 길이가 같은 등변사다리꼴의 경우에는 대각선의 길이가 같다.

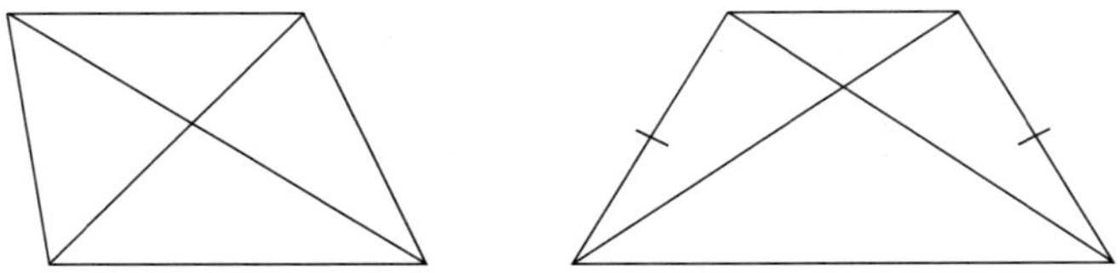

〈그림 10.32〉

일반적인 평행사변형이나 마름모의 경우에도 두 대각선의 길이는 같지 않다. 그러나 네 각의 크기가 같은 평행사변형 즉 직사각형이나 정사각형의 경우에는 두 대각선의 길이가 같다.

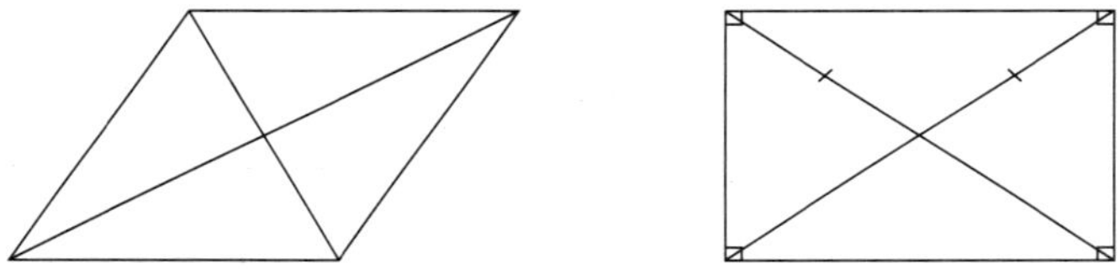

〈그림 10.33〉

앞에서는 사각형의 두 대각선의 길이를 비교하였다. 이제 두 대각선이 이루는 각의 크기에 대하여 알아보자. 두 대각선을 그어보면 수직으로 만나는 경우와 그렇지 않은 경우가 있다. 이때 두 대각선이 수직으로 만나는 경우는 마름모와 이웃하는 두 변의 길이가 같은 경우이다.

선분으로만 둘러싸인 도형을 다각형이라고 하였다. 다각형을 좀더 세분해서 나누면 변의 개수에 따라 삼각형(triangle), 사각형(quadrilateral), 오각형(pentagon), 육각형(hexagon), 칠각형(heptagon), 팔각형(octagon), 구각형(nonagon), 십각형(decagon) 등으로 나눈다. 또한 다각형은 정다각형과 그렇지 않은 것으로 나누기도 하는데, 변의 길이가 모두 같은 것을 **정다각형**(regular polygon)이라고 부른다.

정다각형은 변의 길이가 같을 뿐만 아니라 내각의 크기도 같다. 다각형의 내각의 합은 n개의 삼각형의 내각의 합에서 중심각 360도를 뺀 $(2n-4)\times 90$도이므로, 정다각형의 한 내각의 크기를 쉽게 알 수 있다. 예를 들면 정8각형의 내각의 합은 $(2\times 8-4)=12$ 직각 즉 1080도이므로, 한 내각의 크기는 $\frac{1080}{8}=135$도이다.

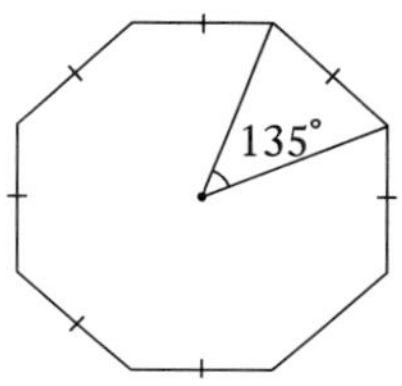

〈그림 10.34〉

〈참고 10.11〉 직사각형을 배열하면 타일을 붙이듯이 평면을 모두 덮을 수 있음을 알게 한다. 이와 같은 방법으로 평면도형을 분류하는 방법이 있다. 즉 평면을 모두 덮는 테셀레이션(tessellation)과 그렇지 않은 것으로 나눈다. 테셀레이션은 실용적인 측면에서 부엌이나 마루를 타이로 붙일 수 있느냐 없느냐를 판가름해 준다. 가장 간단한 테셀레이션은 정사각형이나 직사각형이다. 또 그림에서 알 수 있듯이 임의의 삼각형도 테셀레이션이 가능한데 그 이유는 세 각의 합이 180도가 되기 때문이다. 더욱이 사각형 네 각의 합이 360도이므로 임의의 사각형도 테셀레이션이 가능하다.

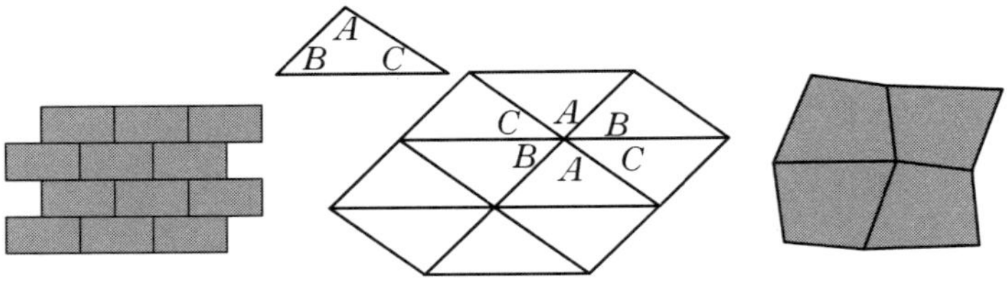

(a) (b) (c)

<그림 10.35>

10.1.5 5학년

우리 주변에서 자주 볼 수 있는 상자는 직사각형 6개로 둘러싸인 도형이다. 이와 같이 6개의 직사각형으로 둘러싸인 도형을 **직육면체**(rectangular prism)라고 한다. 이때 직육면체를 둘러싸고 있는 직사각형을 직육면체의 면(face)이라 하고, 면과 면이 만나는 선분을 모서리(edge), 직육면체의 세 모서리가 만나는 점을 꼭지점(vertex)이라고 한다. 즉 직육면체는 6개의 면, 12개의 모서리, 8개의 꼭지점으로 이루어져 있다.

직육면체에는 길이가 같은 모서리가 2쌍이 있다. 특별히 이들 모서리가 모두 같으면 직사각형은 정사각형으로 둘러싸인 도형이 된다. 이와 같이 직육면체 중에서 특별히 크기가 같은 정사각형 6개로 둘러싸인 도형을 **정육면체**(cube)라고 한다. 정육면체도 직육면체와 마찬가지로 6개의 면, 12개의 모서리, 8개의 꼭지점으로 이루어져 있으며, 정육면체는 직육면체의 특별한 경우이다.

직육면체의 면을 살펴보면 서로 마주보는 면은 서로 만나지 않는다. 이러한 두 면을 평행이라고 하며, 이 두 면을 모두 **밑면**(base)이라고 한다. 위에 있는 면을 윗면이라고 할 수도 있겠으나 위아래를 뒤집으면 윗면과 밑면이 서로 바뀐다. 따라서 수학에서는 밑면과 윗면을 구분하지 않고 모두 밑면이라 부르기로 한다.

또 직육면체의 밑면과 만나는 다른 면을 보면 모서리가 수직으로 만난다. 이와 같이 수직으로 만나는 두 면을 서로 수직이라고 하고, 직육면체에서 밑면과 수직인 면을 **옆면**(lateral surface)이라고 한다. 직육면체의 옆면은 모두 네 개가 있으며 마주보는 옆면은 서로 평행하다.

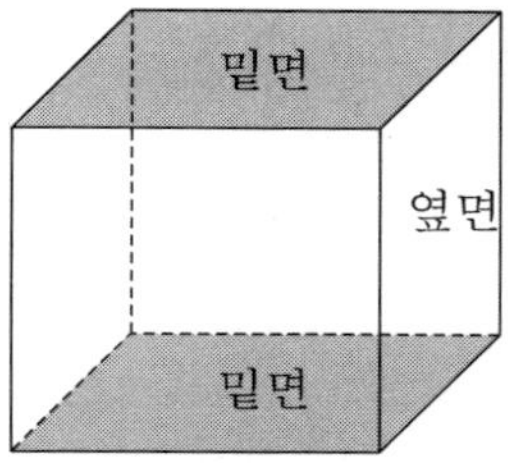

〈그림 10.36〉

직육면체를 위, 앞, 옆에서 보면 모두 직사각형으로 보인다. 따라서 직육면체를 위, 앞, 옆에서 본 모습을 그린다면 직육면체인지 직사각형인지를 구분할 수가 없다. 따라서 직육면체의 모양을 잘 알 수 있도록 보이는 부분은 실선으로, 보이지 않는 부분을 점선으로 그린 그림을 **겨냥도**라고 한다.

평면에 직육면체를 펼쳐서 그린 그림을 직육면체의 **전개도**라고 한다. 거꾸로 전개도를 가지고 직육면체를 만들 수 있으며, 전개도를 그리는 훈련은 상품을 포장하는 종이 상자를 어떻게 만들 수 있는지를 알게 해 준다.

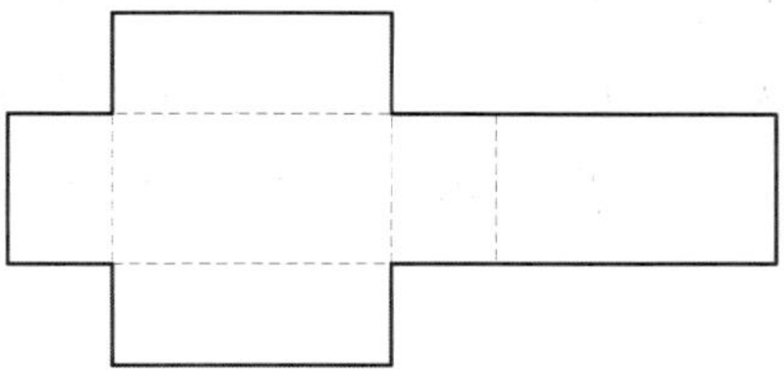

〈그림 10.37〉

〈참고 10.12〉 면으로 둘러싸인 도형을 다면체라 한다. 다면체 중에서 면이 모두 같은 것을 정다면체라 한다. 정다면체의 모서리의 길이가 같고 모서리와 모서리가 이루는 각도 모두 같다. 정다면체에는 정확히 다섯 개 밖에 존재하지 않는다. 이들을 면의 개수에 따라 정사면체(tetrahedron), 정육면체(cube), 정팔면체(octahedron), 정십이면체(dodecahedron), 정이십면체(icosahedron)라 부른다.

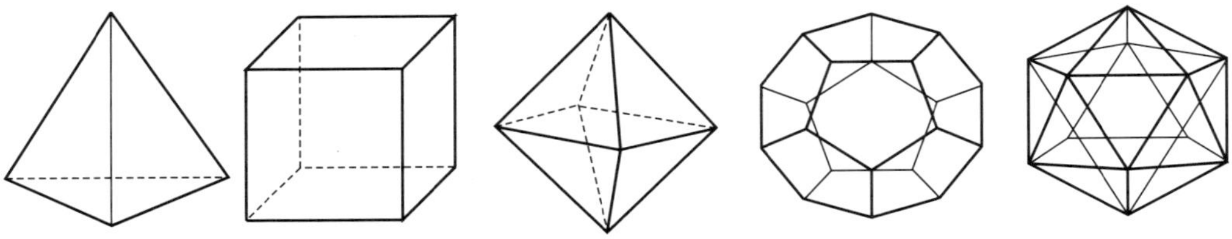

(a) 정사면체 (b) 정육면체 (c) 정팔면체 (d) 정십이면체 (e) 정이십면체

〈그림 10.38〉

10.1.6 6학년

(1) 각기둥과 각뿔

도형을 평면도형과 입체도형으로 구분하기 위하여, 평면도형이 아닌 도형을 **입체도형**(three-dimensional shape)이라고 한다. 입체도형 중에서도 위와 아래에 있는 면이 서로 평행이고 합동인 다각형으로 이루어진 도형을 **각기둥**(prism)이라고 한다. 예를 들면 직육면체나 정육면체는 각기둥이다.

각기둥은 위와 아래에 있는 면이 서로 평행하고 합동이므로, 이 두 면을 모두 밑면이라고 부른다. 또 밑면과 수직인 면을 옆면이라고 한다. 각기둥에서 면과 면이 만나는 선을 **모서리**(edge)라 하고, 모서리와 모서리가 만나는 점을 **꼭지점**(vertex)이라고 하며, 두 밑면 사이의 거리를 **높이**(height)라고 한다.

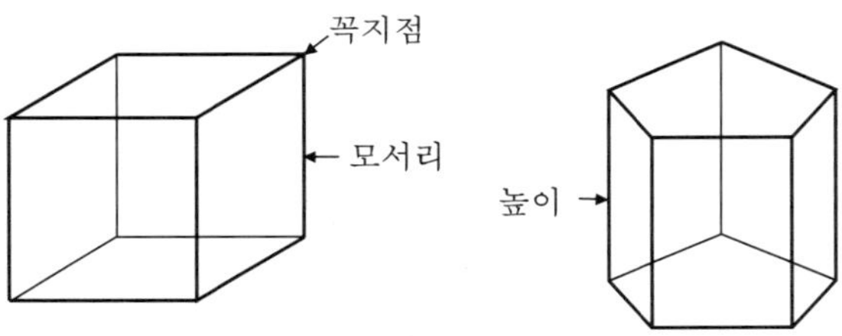

〈그림 10.39〉

각기둥을 밑면의 모양을 보고 분류할 수 있다. 밑면이 삼각형, 사각형, 오각형, …에 따라 각각 **삼각기둥**, **사각기둥**, **오각기둥**, … 등으로 부른다.

각기둥의 밑면이 모두 합동인 다각형이므로 옆면이 모두 직사각형인 것과는 달리, 밑면이 다각형이며 옆면이 삼각형인 입체도형을 **각뿔**(pyramid)이라고 한다. 각뿔에서도 면과 면이 만나는 선을 **모서리**(edge)라 하고, 모서리와 모서리가 만나는 점을 **꼭지점**(vertex)이라고 하며, 옆면을 이루는 모든 삼각형의 공통인 꼭지점을 각뿔의 꼭지점이라고 한다. 또 꼭지점에서 밑면에 수직인 선분의 길이를 **높이**(height)라고 한다.

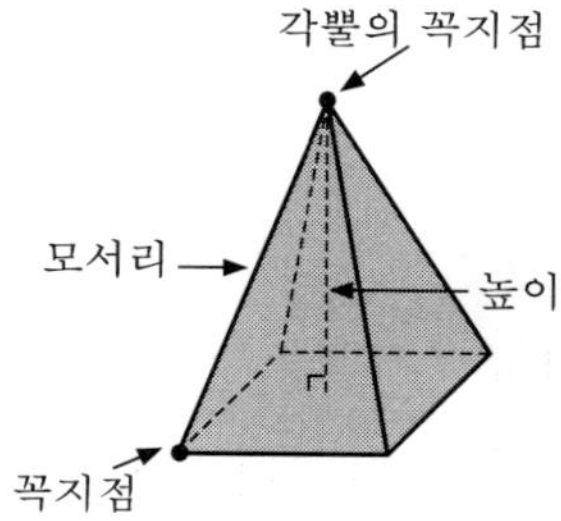

〈그림 10.40〉

각기둥에서와 마찬가지로 각뿔을 밑면의 모양을 보고 분류할 수 있다. 밑면이 삼각형, 사각형, 오각형, ...에 따라 각각 **삼각뿔, 사각뿔, 오각뿔**, … 등으로 부른다.

각기둥이나 각뿔을 만들려면 평면 위에 각기둥이나 각뿔을 펼친 그림이 필요하다. 이때 각기둥이나 각뿔의 모서리를 잘라 펼쳐 놓은 그림을 전개도라고 한다.

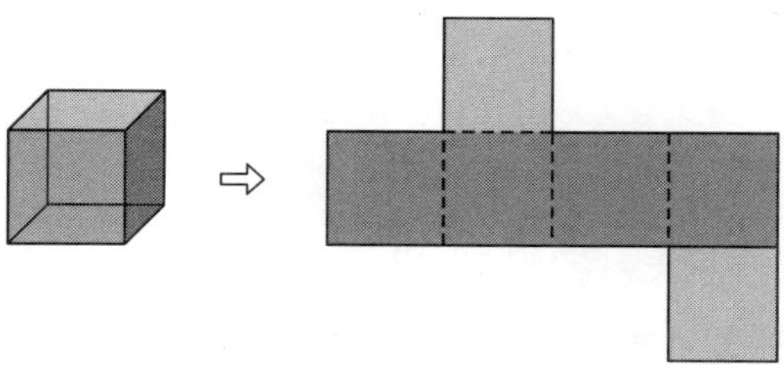

〈그림 10.41〉

각기둥이나 각뿔의 면의 수 f, 모서리의 수 e, 꼭지점의 수 v를 세어 보면

$$v+e-2=f$$

인 관계를 얻을 수 있다.

	면	모서리	꼭지점
삼각기둥	5	9	6
사각기둥	6	12	8
삼각뿔	4	6	4
오각뿔	6	10	6

(2) 원기둥과 원뿔

입체도형 중에서도 위와 아래에 있는 면이 서로 평행이고 합동인 다각형으로 이루어진 도형을 각기둥이라고 하였다. 이와는 달리 밑면이 서로 평행하고 합동인 원으로 되어 있는 입체도형을 **원기둥**(cylinder)이라고 한다. 각기둥과 마찬가지로 원기둥도 위와 아래에 있는 면이 서로 평행하고 합동이므로, 이 두 면을 모두 밑면이라고 부른다. 옆으로 둘러싸인 곡면을 옆면이라고 한다. 또 두 밑면 사이의 거리를 높이(height)라고 한다.

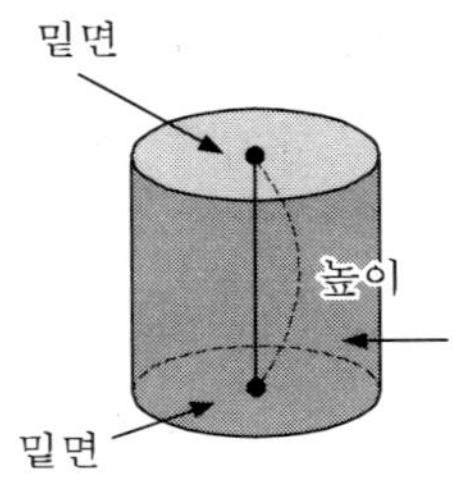

<그림 10.42>

원기둥을 만들려면 원기둥을 평면 위에 펼쳐 놓은 그림이 필요하다. 원기둥을 펼쳐 놓은 그림을 원기둥의 전개도라고 한다.

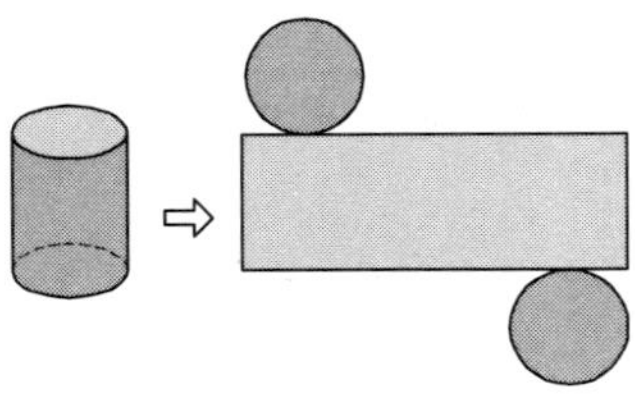

<그림 10.43>

그림과 같이 밑면이 원이고 옆면이 곡면인 뿔 모양의 입체도형을 원뿔이라고 한다. 원뿔의 뾰족한 점을 원뿔의 꼭지점이라 하고, 원뿔의 꼭지점과 밑면의 원둘레의 한 점을 이은 선분을 모선이라고 한다.

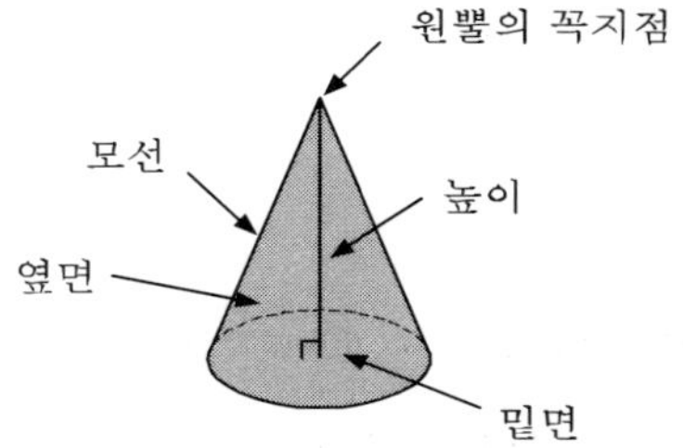

<그림 10.44>

입체도형 중에는 평면도형을 한 고정된 직선을 축으로 1회전해서 얻어지는 도형이 있다. 이와 같은 도형을 회전체라 하고, 축으로 사용한 직선을 **회전축**(rotational axis)이라고 한다. 예를 들어 원기둥이나 원뿔은 회전체이다.

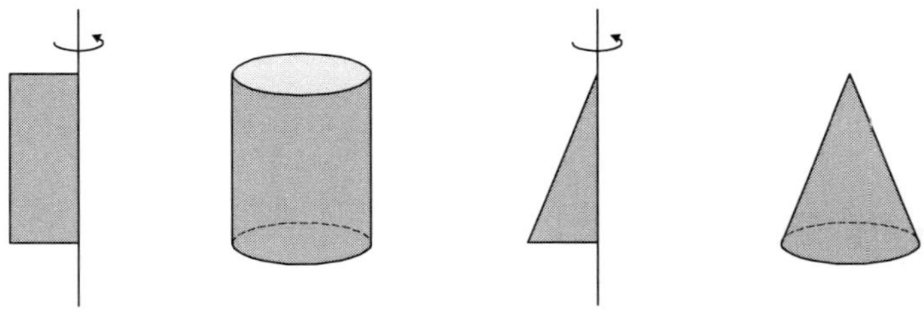

<그림 10.45>

회전체 중에서 특히 반원의 지름을 회전축으로 하여 생긴 도형을 **구**(sphere)라고 한다. 이때 반원의 중심은 구의 중심, 반원의 반지름은 구의 반지름이 된다.

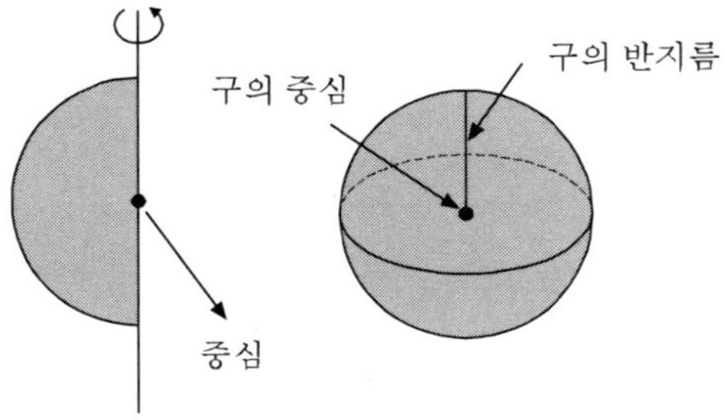

<그림 10.46>

입체도형을 평면으로 잘랐을 때 생기는 도형의 면을 단면이라고 한다. 예를 들면 회전체인 원기둥, 원뿔, 구를 다음과 같은 평면으로 잘랐을 때 생기는 단면은 다음과 같다.

	원기둥	원뿔	구
회전축을 품는 평면	직사각형	삼각형	원
회전축에 수직인 평면	원	원	원
회전축에 수직이 아닌 평면	타원	타원	원

10.2 기하교육

10.2.1 모양 나누기의 중요성과 수학

17세기 중반 Newton과 Leibniz가 미적분학을 발견하기 전까지는 수학은 수의 계산이나 기하학적 형태의 연구와 같은 정적인 문제들에 국한되었다. 그러나 운동과 변화에 대한 미적분학의 발견으로 인하여 수학자들은 행성의 운동, 자유낙하 운동, 유체의 운동, 전자기 운동, 동식물의 증가, 전염병의 확산과 같은 연구를 할 수 있게 되어, 수학은 자연스럽게 수, 형태, 운동, 변화, 공간에 대한 학문으로 발전하게 되었다.

18세기와 19세기의 수학자들은 미적분학의 배경에 무엇이 있는지를 규명하기 위하여 수학의 응용뿐만 아니라 수학 그 자체에 관심을 집중하여, 수, 형태, 운동, 변화, 공간에 대한 학문뿐만 아니라 이를 위한 수학적 도구에 대한 연구로 확장하였다. 이것이 현대수학의 출발점이다.

20세기 들어서는 수학의 분야가 폭발적으로 증가하여 논리학, 기하학, 미적분학, 대수학, 위상수학, 확률론 등 수십 갈래로 나뉘어졌다. 그러나 이들이 가지고 있는 공통적인 기본적 요소는 논리와 직관, 분석과 구성, 일반성과 특이성이다.

그렇다면 여러 분야를 다루는 수학은 과연 무엇인가? 이 질문에 대한 답은 쉽지 않다. 사전적으로 정의한다면 수학은 수와 공간을 다루는 과학이다. 다시 말하면 수학은 수와 공간에 관련된 기호를 다루는 학문이다. 그러나 앞에서 말했듯이 수학은 이들 분야뿐만 아니라 여러 분야를 포함하고 있다. 따라서 '수학은 이것이다.'라고 한마디로 정의하는 것은 수학의 변죽만 설명하는 것일 것이다. 수학이 발전되어 온 과정과 수학의 각 분야가 갖는 특성의 공통점을 찾아본다면 수학이 무엇인가에 대한 답을 얻을 수 있을 것이다.

Hilbert의 말처럼 수학은 나눌 수 없는 전체로서 각 부분의 연결에 따라 그 생명형태가 결정되는 유기체와 같은 것으로 자생력이 있는 소우주와 같으며, 수학은 아마도 모든 과학과 인간의 사유 과정을 모델화하며 반추해 주는 거울과 같은 작용을 하고 있다. 지금까지도 그래왔지만 앞으로도 계속해서 수학은 수학 내적인 분야에서 뿐 아니라 수학 외의 분야에도 더 많은 영향력을 행사할 것이다. 극단적으로 말한다면 수학은 인간이 자연을 정복하고 이해하며 사유의 형태를 가다듬어 인류의 발전을 꾀하는데 필수적인 학문이라고 말할 수 있을 것이다. 사실 수학의 발전 과정을 되돌아 볼 때 인간의 호기심과 이해에 대한 끊임없는 추구로 인하여, 수학은 계속적으로 발전되고 관심을 가지고 사랑받으며 여러 세대를 통하여 전수되어 왔다. 이러한 결과로써 수학은 인간의 이성적 사유에 대한 가장 정확한 표현 수단으로 여겨지고 있다.

수학의 역사가 발전되어온 과정을 따라가듯 우리가 학교수학을 공부한 것을 반추하면, 산수는 여러 종류의 수의 연산에 대하여 생각하고, 기하는 측정 뿐만 아니라 기하가 가지고 있는 심미적 성질을 규명하려 하고 있다. 특히 기하는 우리가 관찰하는 대상의 시각화뿐만 아니라, 가정에서부터 시작하여 결론에 이르는 연역적 증명과정을 포함하고 있다. 이와 같이 수학은 어떤 가정 위에서 모순이 없이 질서를 찾아가고, 질서의 종류와 질서들 사이의 관계를 연구하는 과학인 동시에 인문학이다. 이때 질서는 규칙성과 패턴(pattern)을 의미한다. 그런데 패턴은 구체적일 수도 있으며 추상적일 수도 있다. 또 가시적일 수도 있으며 우리의 마음속에 있는 보이지 않는 것일 수도 있으며, 정적일 수도 있고 동적일 수도 있다.

이렇게 수학을 본다면, 수학의 한 분야인 논리학은 생각(사유)의 패턴을, 정수론은 수의 성질과 계산의 패턴을 연구하고, 기하학은 앞에서 말한 것과 같이 형태의 패턴을 연구하고, 미적분학은 여러 가지 운동에 관한 패턴을, 위상수학은 닫힘과 열림의 패턴을, 위상기하학은 위치의 패턴을, 확률론은 어떤 사건이 일어날 가능성의 패턴을 연구한다고 볼 수 있다.

10.2.2 학교기하와 도형의 분류

기하와 공간 지각 능력의 함양은 학교수학의 기본적인 요소이다. 이것은 우리의 실제 생활 환경에서 나타나는 것을 추상화를 통해서 해석하는 것으로, 자연과학의 다른 분야의 연구에 사용되는 도구이며 수학적 창의력을 키워주는 도구이다.

기하학적 사고는 생활 속에서의 경험을 통하여 기하 그 자체뿐만 아니라 넓이와 분수, 히스토그램과 산포도를 통한 자료 해석, 평면좌표와 그래프를 통한 함수의 이해를 돕는다. 또 공간 지각 능력은 지도의 해석, 미술과 건축, 길 찾기 등의 그래프 이론, 대칭 등의 개념을 이해할 수 있도록 해준다.

초등학교수학에서의 기하는 대개 구체물의 조작, 그리기 등의 활동을 통하여 학습한다. 이러한 활동을 통하여 기하학적 구조를 추론할 수 있게 되고 추론을 차근차근 증명해 나가는 훈련을 한다. 궁극적으로 학교기하를 통하여 기하학적 도형을 체계적으로 분류하고, 이들을 통하여 형식적 논리적 사고와 증명을 실생활에 적용할 수 있도록 하는 것이다.

초등학교 교과서에 기술된 내용과 같이, 초등학교 저학년에서는 생활 주변에서 만나는 사물의 모양을 분류하는 것으로 기하교육을 시작한다. 이러한 것이 학년이 올라갈수록 도형을 이루고 있는 모양을 분류하게 되고, 그들 모양이 갖는 특성을 분석하게 된다. 예를 들면, 각, 삼각형, 사각형, 합동과 변환 등의 개념을 학습하면서 연역적 사고훈련을 하게 된다.

초등학교 학생들은 기하의 도형을 처음에는 구체적 사물에 빗대어 분류한다. 예를 들면 공모양, 상자모양, 창문모양, 네모, 세모 등 자기들의 일상용어를 통하여 도형을 분류한다. 또 점판이나 쌓기 나무를 이용하여 새로운 모양을 만들거나 모양을 똑같이 만드는 활동을 좋아한다. 이렇게 함으로 사물의 성질을 이해하게 되며 같은 것을 찾아내는 능력을 기른다.

학교기하의 첫 단계는 아무래도 도형의 모양에 이름을 붙이는 것일 것이다. 이러한 이름 붙이기는 네모, 세모, 동그라미에서 삼각형, 사각형, 원으로, 상자, 공에서 직육면체, 구로 이름을 달리 붙인다. 이러한 과정을 거치면서 이들 기하학적 도형의 차이점을 발견하게 되며, 그들의 특징을 말할 수 있게 된다. 자연스레 이것은 크기나 합동 등 다른 도형과 비교하게 되며, 이를 통하여 기학학적 패턴을 발견한다.

종이접기나 칠교놀이 등은 학생들로 하여금 기하에 흥미를 느끼게 하며, 이러한 게임 활동을 통하여 기하학적 도형의 패턴, 함수, 대수적 개념을 가지도록 도와준다. 더욱이 이러한 활동은 도형의 구조에 대한 직관 능력을 길러준다.

구체적인 물건을 통한 도형의 분류와 도형의 이름 짓기를 지나, 이제는 도형의 성질에 대한 기본적인 정의를 생각하고 이에 따라 도형을 좀더 세밀하게 분류한다. 이러한 개념을 얻기 위하여 학생들은 종이나 점판 위에 여러 가지 모양의 도형을 그리고 이들이 갖는 특징을 발견하도록 한다. 예를 들어 삼각형을 정의하고 여러 가지 삼각형을 그려 이들의 공통점과 차이점을 발견한다. 이러한 활동을 통하여 삼각형을 부등변 삼각형, 이등변 삼각형, 정삼각형 등으로 분류할 수 있고, 각을 통하여 삼각형을 예각삼각형, 직각삼각형, 둔각삼각형으로 분류할 수 있도록 한다. 또 사각형의 네 변 사이의 위치관계를 통하여 사각형, 사다리꼴, 평행사변형으로 분류하고, 변의 길이와 각을 기준으로 등변사다리꼴, 평행사변형, 직사각형, 마름모, 정사각형으로 분류한다.

또 두 개의 같은 삼각형을 붙이거나 평행사변형을 합동인 두 개의 삼각형이 되도록 잘라 두 개를 겹쳐봄으로 대응하는 각의 크기와 변이 같음을 알게 한다. 이를 통하여 합동의 개념과 동위각, 엇각의 크기에 대한 유클리드 기하학적 생각을 가지도록 한다.

평면도형의 분류와 함께 입체도형을 자세히 분류할 수 있도록 한다. 먼저 이름 짓기를 위하여 평행, 수직, 면, 모서리, 각에 대한 용어를 익히고, 이들의 구성에 따라 사면체, 직육면체, 정육면체, 원기둥, 원뿔, 각뿔 등으로 입체도형을 분류하도록 한다.

지금까지는 거의 활동을 통하여 경험적으로 기하를 이해해 왔다. 학년이 올라갈수록 경험적 사고에서 연역적 사고로의 전환이 이루어지고 있는데, 지금까지 발견한 도형의 분류와 성질을 정당화하는 과정을 가진다. 예를 들면 평행이동, 회전이나 반사에 의하여 도형의 이동이 왜 불변인지, 삼각형의 합동, 평행사변형의 성질 등을 유클리드 기하의 관점에서 연역적으로 그러나 직관적으로 증명하는 과정을 경험한다.

학교수학에서 다루는 유클리드 기하는 그 튼튼한 구조로 인하여, 논점의 논리나 정리의 의미에 대한 이해가 없이 단순히 증명 과정을 암기하여 증명을 학습하는 도구로 자주 사용되고 있다. 이러한 결과로 많은 학생들은 학교수학에서의 기하는 재미없고 고통스러운, 실생활과 연관이 없는 과목으로 전락하게 되었다.

이러한 문제점을 극복하고자 학교수학에 점점 더 비형식적 기하나 측정과 같은 여러 가지 접근 방법이 도입되었다. 그러나 이러한 두 마리 토끼잡이 식의 교육은 기하의 학습목표를 정당화하지도 못하거니와 목표를 흐리게 하는 결과를 초래하였다. 많은 기하 과목은 점점 더 비형식화 되고 학생들에게 집단학습이나 토론을 통하여 기하학적 생각을 발견하는 쪽으로 강조하였다. 이것이 유클리드의 논리적 구조를 뒤로 미루고, 교사들에게도 가능하면 기하교육은 기피하는 것으로 나타나게 되었다.

학교수학에서 유클리드의 논리적 구조를 경시하는 것은 매우 불행한 일이다. 요즘 공리적 체계 속에서 상황을 인식하는 능력과 논리 구조를 다루는 것은 수학에서 뿐만 아니라 실생활에서도 중요하게 되었다. 예를 들면, 산업 현장에서의 협상 능력, 우리의 일상 생활에 중요한 컴퓨터 소프트웨어, 출산 문제, 평등 문제와 같은 사회의 뜨거운 쟁점을 지혜롭게 다루는 일과 깊은 연관을 가지고 있다. 그러나 완벽한 논리적 사고를 초등학교 또는 중학교 교육에서 강조하는 것은 무리일 것이다. 학생의 수준에 맞는 기학교육의 접근 방법이 필요한 것은 물론이다. 그렇더라도 논리적 증명이 아닌 것을 논리적 증명인 것처럼 교육하는 것은 더 큰 문제이다.

10.2.3 반 힐의 기하교육

1950년대 네덜란드의 van Hiele 부부(Pierre van Hiele and Dina van Hiele-Geldof)는 교육과 연구 경험으로부터 기하교육에 대한 이론을 전개하였다. 그들은 기하를 공부하는 학생들은 개략적(wholistic) 생각에서부터 해석적인 생각까지 또 분명한 추상적 연역적 생각까지로 5단계의 수준을 거치는 것으로 보고하고 있다.

(1) 0 수준(시각화 인지 ; Visualization)

0 수준의 학생들은 모양을 구성하고 있는 요소에 주의를 기울이지 않고 대략적으로 이해하고 있다. 예를 들면 사각형을 네 선분과 네 각으로 이루어진 도형으로 인식하지 않고 단지 '창문과 같은' 모양으로 인식하는 것이다.

(2) 1 수준(분석적 기술 : Description)

1 수준의 학생들은 도형을 이루고 있는 요소, 예를 들면 선분과 각에 대하여 인식을 하고 있다. 도형의 요소를 이용하여 도형을 묘사할 수 있으나, 그 관계는 분명하지 않다. 예를 들면, 정사각형을 4개의 같은 선분과 4개의 직각으로 이루어진 도형이고, 회전하더라도 정삭각형의 성질을 잃지 않는 것으로 이해한다.

(3) 2 수준(관계와 관련성 : Relationship)

2단계의 학생은 일반적인 도형 속에서 추상적 관계를 이해하는 수준이다. 예를 들어 마름모는 네 개의 같은 변으로 이루어진 도형이므로, 2 수준의 학생은 정사각형은 마름모이면서 직사각형이라는 것을 인식한다.

(4) 3 수준(연역 ; Deduction)

이 수준의 학생은 기하도 형식적인 수학 체계의 일종이라고 인식하는 것이다. 3 수준의 학생은 수학에서의 가설과 증명을 이해하고 형식적 증명과정을 기술할 수 있다.

(5) 4 수준(공리화 : Axiomatics)

4 수준의 학생은 상당히 추상화되어 있어 구체적 그림 설명이 필요 없는 단계의 학생이다. 이 수준에서는 가설이나 가정 자체도 엄밀성을 따져보도록 요구되는 대상이다. 이 수준은 초등학교나 학교수학에서는 다루지 않는 수준이다.

10.2.4 기하 도형의 시각화

초등학교에서는 여러 가지 기하학적 도형을 인식하고 분류하는 학습을 한다. 삼각형, 정사각형, 사각형, 원 등의 모양의 분류는 초등학교 교과과정 중에 자주 나타난다. 학생들은 특정한 경우만을 인식하고 도형이 가지고 있는 일반적인 특징에 대한 완벽한 지식을 가지고 있지 않은 경우가 있다. 즉 반 힐의 이론에 따르면 대략적인 개념은 가지고 있으나 분석적인 완벽한 개념은 가지고 있지 않다. 대략적 사고는 기하학적 도형을 이해하는 첫 발걸음으로, 기하학적 성질을 가지고 도형을 분류하는 초석이다. 학생들의 이러한 능력은 시각화 활동에 의하여 개발되어질 수 있다.

예를 들면 다음과 같은 사각형에서 굵은 선을 가지고 만들 수 있는 모든 사각형을 찾는 '숨은 그림 찾기'나, 간단한 3차원 공간도형의 겨냥도를 그리는 것은 학생들의 사고 능력을 길러준다.

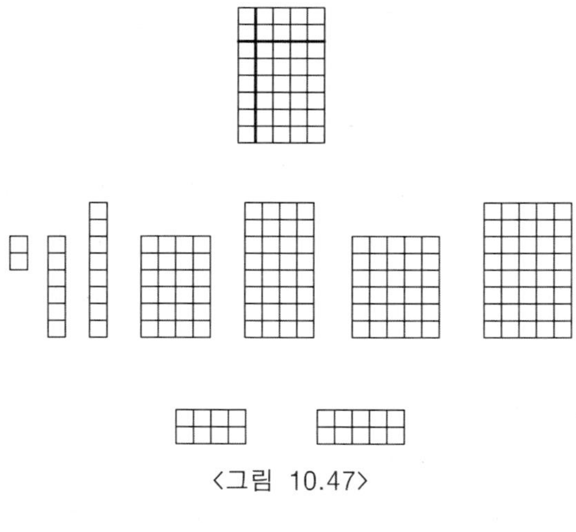

<그림 10.47>

정사각 격자점이 찍혀 있는 기하판(geoboard)과 같은 도구는 기하 도형을 분석하는데 좋은 환경을 제공해 준다. 격자점을 이어 선분과 여러 가지 도형을 만들고, 거리나 각을 가지고 만들어진 도형의 성질을 분석하고 비교할 수 있다.

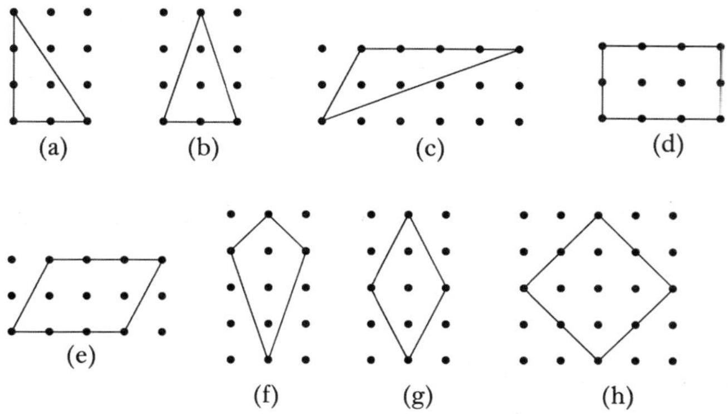

〈그림 10.48〉

10.3 기하

10.3.1 유클리드 기하

우리의 경험으로 보아 수학 시간에 학생들을 괴롭히는 것들이 있다. 예를 들어 평면은 직선으로 이루어져 있고, 직선은 점으로 이루어져 있다는 것이다. 또 평면은 넓이를 가지고 있고, 선분은 길이를 가지고 있다. 그런데 점은 길이를 가지고 있지 않다는 것이다. 그렇다면 아무것도 없는 점이 모여 어떤 길이를 가지고 있는 선분을 이룬다는 것은 무엇인가 설명되지 않는 부분이 있는 것 같다는 생각을 하게 된다. 이것이 학생들을 괴롭히는 하나의 문제일 것이다.

위와 같이 수학적으로 용어를 정의하려고 할 때, 평면을 정의하기 위해서는 직선을 정의하여야 하고 직선을 정의하려면 점에 대한 정의가 필요하게 된다. 또 점은 어떻게 정의하여야 하는가? 점을 정의하기 위해서는 길이를 정의하여야 하고... . 이렇게 하다 보면 용어를 엄밀히 정의하는 것 자체가 어려워진다. 그렇더라도 우리가 서로 대화를 할 때는 용어나 기호를 사용하여 의사를 분명히 전달하여야 한다. 그러나 분명하지 않은 용어를 사용하면 혼란이 오므로 이러한 용어는 뜻을 분명히 정의하는 것이 좋다.

그런데 앞에서 예를 든 것처럼 우리가 사용하는 용어를 모두 정의할 수는 없다. 이러한 용어는 그냥 받아들이기로 하고, 이를 **무정의 용어**(undefined term)라 한다. 이러한 것 중에는

점(point), 직선(line), —에 있다(lie on), 사이(between), 합동(congruent)

이 있다. 사실 유클리드는

(1) 점은 부분이 없는 것이다.
(2) 선은 폭이 없는 것이다.

등과 같이 점, 선 등을 정의하고,

(3) 면은 길이와 폭만을 갖는 것이다.
(4) 평면은 그 위에 직선이 나란히 놓여있는 면이다.

와 같이 정의하였으나, 정의는 별로 쓸모가 없는 것이었다. 공간기하에서는

평면(plane), 점이나 직선이 평면 위에 있다(⋯ lie on a plane)

등의 용어가 무정의 용어로 사용된다.

위와 같은 무정의 용어는 Hilbert(1862-1943)에 의하여 제기되었으며, Hilbert는 유클리드의 용어 정의를 다듬었을 뿐만 아니라 유클리드의 증명의 빈틈을 메우기도 하였다. 예를 들면 Hilbert는 유클리드의 삼각형의 SAS 합동조건에 대한 증명이 정의되지 않은 가정을 하고 있는 것을 발견하고 이것을 공리로 취급하였다. 즉 선분 AB를 밑변으로 하는 정삼각형을 작도하는 문제에서, 점 A, B를 중심으로 선분 AB를 반지름으로 하는 두 원을 그리고 두 원이 점 C에서 만나면 삼각형 ABC가 바로 구하는 정삼각형이라고 원론에서 밝히고 있다. 그런데 두 원이 만나는지를 어떻게 알 수 있는가 하는 문제가 발생한다.

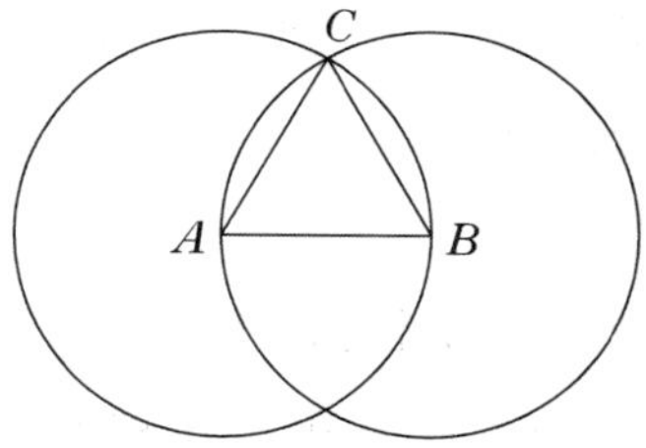

〈그림 10.49〉

또 삼각형의 합동을 이야기할 때, 합동이란 두 삼각형을 포개었을 때 포개지면 그 두 삼각형이 일치한다는 것을 의미한다. 그런데 한 삼각형을 이동하여 다른 삼각형에 포개려고 할 때 그 크기와 모양이 변하지 않는다는 것을 어떻게 보장할 것인가? 즉 포갠다는 말은 무엇을 의미하는가 하는 둔제가 발생한다. 유클리드는 이것을 분명히 밝히지 않고 있다.

삼각형의 합동문제와 같이 어떤 명제 S_1이 순수한 사유에 의하여 참이라고 증명할 때, 정의나 우리가 이미 참이라고 받아들인 명제 S_2로부터 논리적으로 증명하려고 한다. 이때 명제 S_2가 참이라는 것은 또 다른 참인 명제 S_3로부터 얻어진다. 이와 같은 과정을 되풀이 할 때, 무정의 용어와 같이 궁극적으로 참이라고 증명할 필요가 없는 명제가 필요하게 된다. 이때 이 명제를 공리(axiom) 또는 공준(postulate)이라고 한다.

공리적 방법이란 이런 공리로부터 시작하여 명제가 참인 것을 밝히는 증명 방법이다. 유클리드의 기하학이 아름다운 이유 중의 하나는 아주 적은 공리를 가지고 많은 정리를 증명하였기 때문이다. 유클리드의 기하학은 다음의 공리(공준)에 기반을 두고 있다.

유클리드 공리 1 서로 다른 두 점을 지나는 직선은 오직 하나만 존재한다.

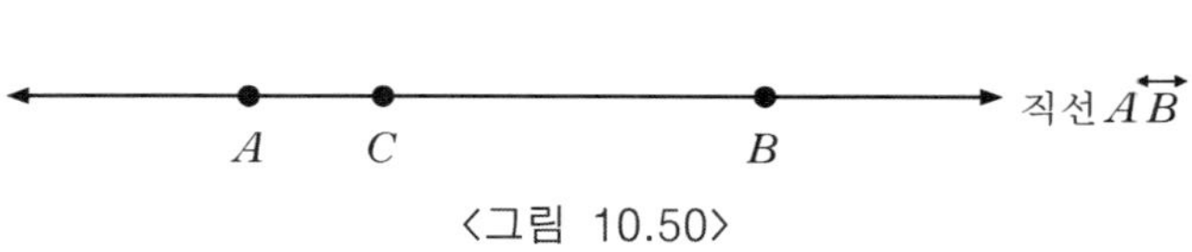

〈그림 10.50〉

공리 1은 "두 점은 유일한 직선을 결정한다."는 뜻과 같다. 선분 *AB*를 점 *A*와 *B* 사이에 있는 점들의 집합으로 정의하면, 다음과 같은 공리 2를 얻는다.

유클리드 공리 2 임의의 선분 *AB*와 *CD*에 대하여, 점 *B*가 점 *A*와 점 *E* 사이에 있으며 *CD*와 *BE*가 합동이 되도록 하는 유일한 점 *E*가 존재한다.

공리 2는 임의 선분 *AB*는 주어진 선분 *CD*와 합동이 되도록 선분 *BE*에 의해 확장되어질 수 있음을 뜻한다.

세 번째 공리를 말하기 전에 원을 다음과 같이 정의하자. 주어진 점 *O*, *A*에 대하여 선분 *OA*와 합동이 되는 선분 *OP*의 끝점 *P*의 집합을 *O*를 **중심**(center)으로 하는 **원**(circle)이라고 한다. 이 때 선분 *OP*를 원 *O*의 **반지름**(radius)이라고 한다.

유클리드 공리 3 임의의 점 *O*와 *O*와 다른 점 *A*에 대하여 원 *O*를 중심으로 하고 반지름이 *OA*인 원이 존재한다.

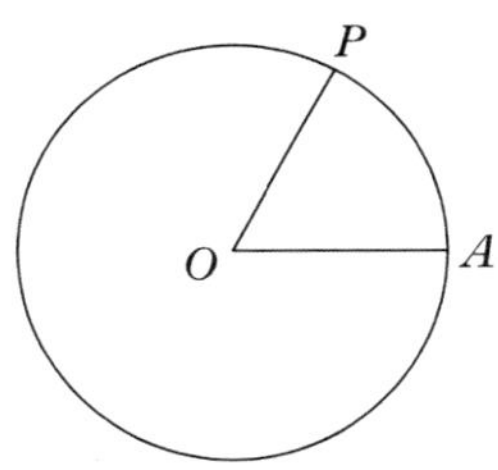

〈그림 10.51〉

우리는 선분 *AB*를 연장하여 **반직선**(ray) *AB*를 정의하고, 반직선의 *AB*의 반대 방향(opposite)을 정의할 수 있다. 두 반직선 *AB*, *AC* 사이의 **각**(angle)과 **여각**(supplement)을 정의한다. 그리고 합동인 여각을 **직각**(right angle)이라고 정의한다.

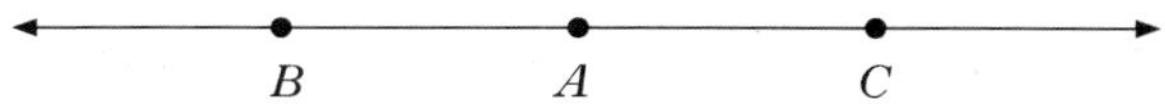

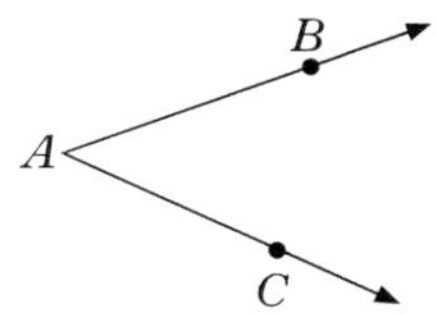

〈그림 10.52〉

유클리드 공리 4 모든 직각은 서로 합동이다.

유클리드 공리 1, 2, 3, 4는 수학자들에게 쉽게 받아들여져 왔다. 그러나 유클리드의 평행선 공리라 불리는 다섯 번째 공리는 19세기까지 많은 논란을 불러왔다. 사실 이것으로부터 비유클리드 기하학이 탄생하게 되는 계기가 된다. 여기서는 유클리드의 원론에 있는 대로 평행선 공리를 진술하지 않고 좀 더 명확한 표현으로 진술하려고 한다.

먼저 두 직선이 서로 만나지 않을 때, 이 두 직선은 **평행**하다(parallel)고 정의하자. 그러면 평행선 공리는 다음과 같다.

〈참고 10.13〉 평행선의 정의에서 두 직선 사이의 거리가 같다는 이야기는 하지 않고 있음에 유의하여야 한다.

유클리드 공리 5(평행선 공리) 임의의 직선 l과 그 위에 있지 않은 점 P에 대하여, 직선 l에 평행하고 점 P를 지나는 직선은 유일하게 존재한다.

공리 1, 2, 3, 4가 우리의 경험을 추상화한 것에 비하여, 평행선 공리는 그렇지 않다. 우리는 두 직선을 그릴 때 직선을 그리는 것이 아니라 선분만을 그리게 된다. 선분을 확장할 수는 있지만 이렇게 확장한다고 해서 두 직선이 궁극적으로 만나지 않는지를 알 수가 없다. 그렇다면 두 직선이 평행하다는 것을 어떻게 알 수가 있을까?

유클리드는 두 직선과 만나는 또 다른 직선을 그어 이들이 이루는 내각을 각각 α, β라 할 때, $\alpha+\beta$가 180도보다 작으면 이 두 직선은 만난다고 하였다. 사실 이것이 유클리드의 다섯 번째 공리의 내용이다.

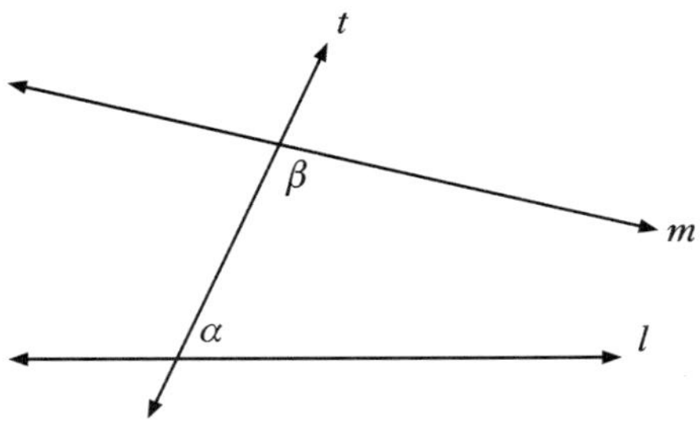

〈그림 10.53〉

유클리드의 평행선 공리는 위의 그림에서

$\alpha+\beta<180^\circ$(2 직각)이면 두 직선 l, m은 α, β 쪽에서 만난다

는 것을 의미한다. 이것은 명제

두 직선이 평행이면 그 엇각과 동위각은 같다

와 동치이다. 이와 같이 평행선 공리와 동치인 명제가 여러 개 있으나, 그 중 중요한 것으로는

삼각형의 내각의 합은 180°이다.
직선 밖의 한 점을 지나고 이 직선과 평행한 직선은 오직 하나만 존재한다.

등이 있다.

학교수학은 위와 같은 유클리드의 공리를 가지고 구성되어진다. 이것을 통하여, 작도와 합동, 각의 크기, 삼각형, 사각형의 성질 등을 다루고 있다.

10.3.2 새로운 기하

명제 "두 직선이 평행이면 그 엇각과 동위각은 같다."의 역 "엇각이 같으면 두 직선은 평행선이다."와 "동위각이 같으면 두 직선은 평행선이다."는 평행선 공리를 사용하지 않고 공리 1-4만을 가지고서도 증명할 수 있다. 이와 같은 경험으로 미루어 평행선 공리를 증명할 수 있지 않을까 생각하게 되었다.

그런 시도를 한 사람 중의 하나로 이탈리아의 신부 Saccheri(1667 - 1733)를 들 수 있다. 그는 귀류법을 이용하여 평행선 공리를 증명하려 했으나 결국에는 실패를 하였다. 그러나 이 과정에서 그는 나중에 비유클리드 기하의 기초를 이루는 명제를 얻는데 성공하였다. 이들 중 몇 가지는 다음과 같다.

(1) (Saccheri의 사각형)

선분 AB의 양 끝에서 길이가 같은 수선 AC, BD를 세우고 C, D를 잇는다. 그러면 사각형 $ABDC$에서 $\angle C = \angle D$이다.

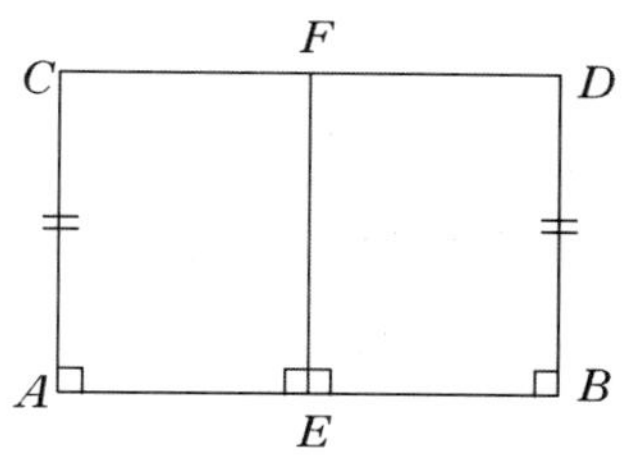

〈그림 10.54〉

(2) Saccheri의 사각형에서

(i) $\angle C = \angle D = \angle R$이면(직각 가정), $\overline{AB} = \overline{CD}$이다.

(ii) $\angle C = \angle D > \angle R$이면(둔각 가정), $\overline{AB} > \overline{CD}$이다.

(iii) $\angle C = \angle C < \angle R$이면(예각 가정), $\overline{AB} < \overline{CD}$이다.

(3) Saccheri의 사각형에서

(i) 직각 가정이 성립하면 직각삼각형의 내각의 합은 $2\angle R$이다.

(ii) 둔각 가정이 성립하면 직각삼각형의 내각의 합은 $2\angle R$보다 크다.

(iii) 예각 가정이 성립하면 직각삼각형의 내각의 합은 $2\angle R$보다 작다.

러시아의 Lobachevskii(1793 - 1856)도 귀류법을 이용하여 평행선 공리를 증명하려고 하였다. 그는 공리의 부정 “직선 밖의 한 점을 지나고 이 직선에 평행한 직선은 두 개 이상 존재한다."를 공리 1-4에 첨가하여 모순을 유도하려고 하였다. 그러나 그도 모순을 증명하지는 못하였다. 그러나 그는 새로운 공리계를 이용하여

(1) 삼각형의 내각의 합은 2∠R보다 작다.

(2) 넓이가 큰 삼각형의 내각의 합은 넓이가 작은 삼각형의 내각의 합보다 작고, 넓이가 같은 삼각형은 합동이다.

(3) 대응하는 세 각이 같은 삼각형은 서로 합동이다.

를 증명하였다. 이와 같은 성질은 우리가 알고 있는 유클리드 기하에서의 성질과 판이하게 다르다.

이와 같이 처음에는 유클리드 공리계의 모순성을 증명하려고 시작하였으나, 유클리드 공리계를 바탕으로 유클리드 기하가 모순이 없음을 인정할 수밖에 없었다. 그러나 유클리드 공리계와는 다른 공리계를 가지고도 모순이 없는, 유클리드 기하와는 다른 기하 체계를 발견하게 되었다. 즉 유클리드 기하와는 다른 새로운 기하 곧 비유클리드 기하를 생각하게 되었다.

또 Riemann(1826 - 1866)은 직선의 길이가 유한이고 평행선이 하나도 존재하지 않는 기하를 발견하였다. 후에 Klein(1849 - 1935)은 유클리드, 로바체프스키, 리이만의 기하를 각각 포물선기하학, 쌍곡선기하학, 타원기하학이라고 이름붙였다. 이들의 특징을 간단히 비교하면 다음과 같다.

	평행선의 수	직선의 길이	삼각형의 내각의 합	Saccheri의 사각형
유클리드(포물선)	1	무한	$2\angle R$	직각 가정
로바체프스키(쌍곡선)	무한개	무한	$2\angle R$보다 작다	예각 가정
리이만(타원)	0	유한	$2\angle R$보다 크다	둔각 가정

10.3.3 타일 깔기

다각형의 영역이란 다각형과 그 내부를 말한다. 다각형 영역을 가지고 오직 다각형의 변만이 겹치도록 하여 전체 평면을 덮는 것을 **타일 깔기**(tessellation)라고 한다. 예를 들면 다음 그림은 정삼각형, 정사각형, 정육각형을 가지고 타일 깔기를 한 것이다.

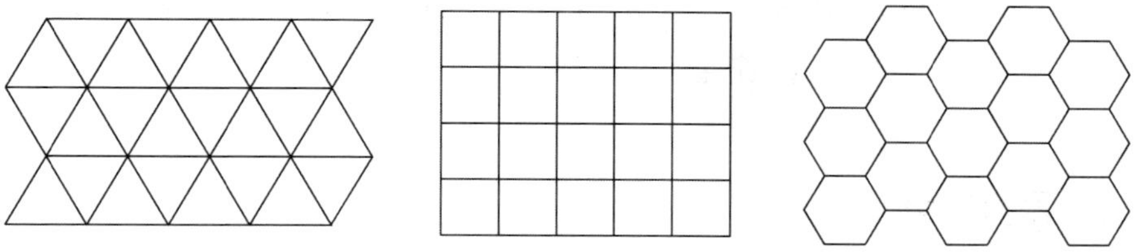

(a) (b) (c)

〈그림 10.55〉

위의 그림에서 (a)는 6개의 정삼각형이 한 꼭지점에서 만나고 (b)는 4개의 정사각형이 한 꼭지점에서 만나며 (c)는 3개의 정육각형이 한 개의 꼭지점에서 만난다.

위의 정다각형의 경우와는 달리 여러 가지 도형을 가지고 타일 깔기를 할 수 있다. 그런데 정다각형을 가지고 타일 깔기를 할 수 있는 경우는 위의 세 가지 뿐인가?

정다각형을 가지고 타일 깔기를 하는 경우, 한 꼭지점에 모이는 각의 합이 360도이어야 하므로, 한 꼭지각이 360의 약수이어야 한다. 그런데 정다각형의

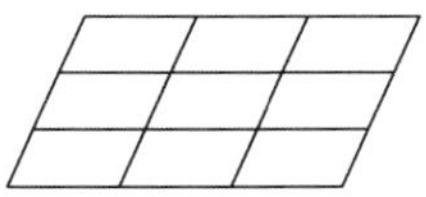

(a)

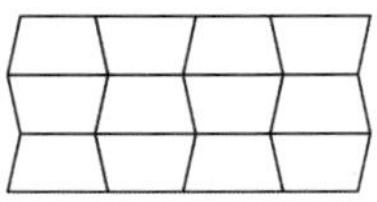

(b)

(c)

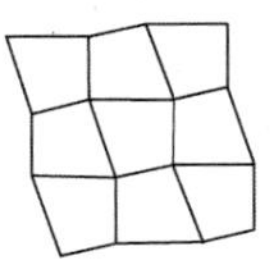

(d)

n	측정치
3	60°
4	90°
5	108°
6	120°
7	128°
8	135°
9	140°
10	144°
11	147°
12	150°

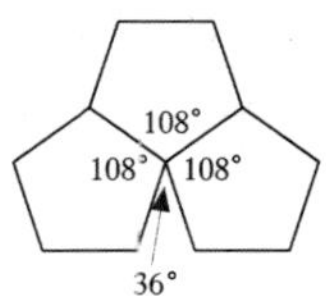

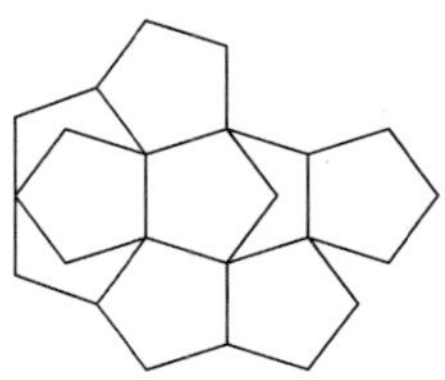

〈그림 10.56〉

꼭지각의 크기는 다음과 같으므로, 정삼각형, 정사각형, 정육각형 외에는 타일 깔기를 할 수 있는 경우가 없다.

10.3.4 공간도형

길이와 너비, 높이를 가지고 있는 3차원 공간도형에 대하여 알아보자. 3차원 공간도형에는 무수히 많은 도형이 있으며, 공간 위에서 두 평면은 서로 평행하거나, 만나거나, 겹치는 경우의 세 가지 위치 관계가 있다. 특히 두 평면이 만나는 경우에는 두 평면 사이의 각을 평면에서의 각을 이용하여 정의할 수 있다.

두 평면이 만나는 경우에는 두 평면이 만나며 그리는 선이 생긴다. 이 선을 교선이라 한다.

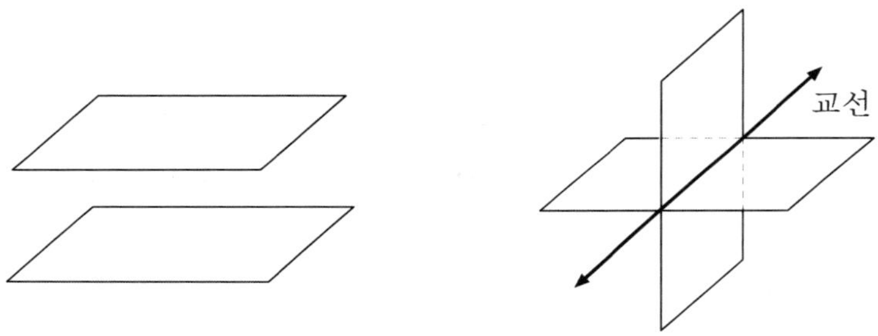

(a) 만나지 않는다 (b) 만난다

〈그림 10.57〉

이제 각 평면 위의 교선에 수직한 직선을 긋고 이 중 직선이 이루는 각을 두 평면이 이루는 각으로 정의한다. 물론 이 각의 크기는 유일하게 결정된다.

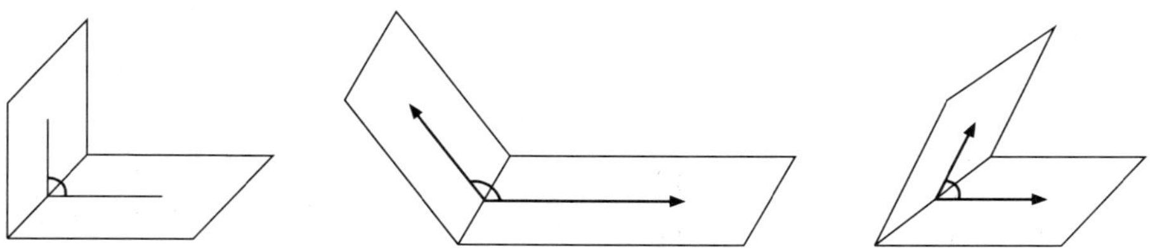

〈그림 10.58〉

공간 위에서의 두 평면의 위치관계는 마치 평면 위의 두 직선의 위치관계와 같다. 그러나 공간 위에서 두 직선의 위치관계는 좀 다른 양상을 보이는데, 공간 위에서 두 직선의 위치관계는 서로 평행이 아닌 경우 두 직선이 만나지 않는 경우가 있다. 이러한 경우 우리는 두 직선이 엇갈린 위치(skew lines)에 있다고 한다. 따라서 공간 위의 두 직선은

(a) 평행인 경우, (b) 겹치는 경우, (c) 엇갈린 경우

의 세 가지가 있다.

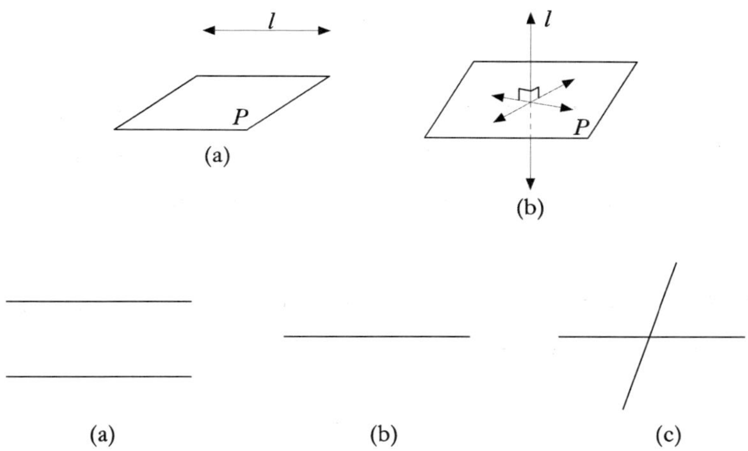

〈그림 10.59〉

다면체는 다각형의 3차원 공간으로의 확장과 같다. **다면체(polyhedra)**는 변만 겹치는 유한 개의 다각형 영역으로 구성되어 있으며, 구멍이 없는 입체도형을 말한다. 다면체 위의 임의의 두 점을 연결한 선분이 다면체의 내부 또는 면 위에 있을 때, 그 다면체는 **볼록(convex)**하다고 한다.

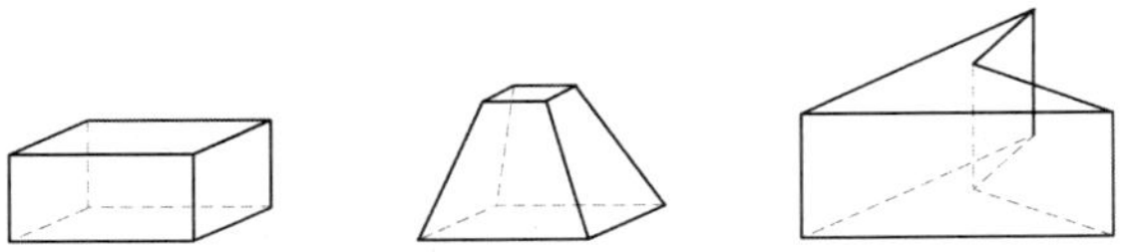

(a) 다면체

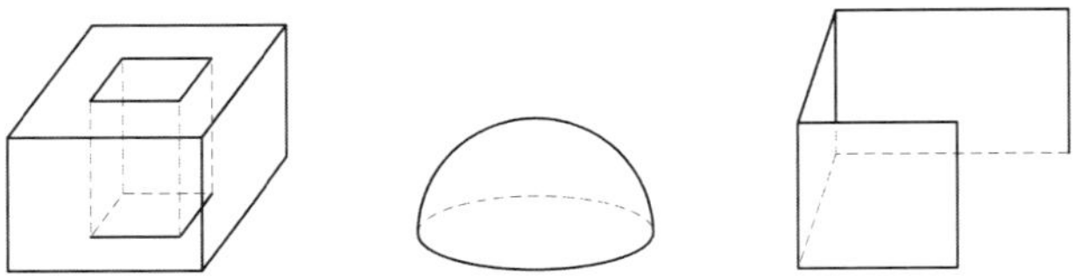

(1) (2) (3)

(b) 다면체가 아님

〈그림 10.60〉

또 다면체의 모든 면이 같은 모양으로 이루어진 입체도형을 **정다면체**(regular polyhedron)라 한다. 이러한 다면체는 플라톤의 입체도형(Platonic solids)이라고 하며, 여기에는 정사면체, 정육면체, 정팔면체, 정십이면체, 정이십면체의 다섯 가지 뿐이다.

볼록한 다면체의 면(F), 모서리(E), 꼭지점(V)의 수를 조사해보면 일정한 규칙을 발견할 수 있는데, 여기에는

$$F+V-2=E$$

인 관계가 성립한다. 이것을 **오일러 공식**(Euler's formula)이라고 한다.

	F	V	E
사면체	4	4	6
육면체	6	8	12
팔면체	8	6	12
십이면체	12	20	30
이십면체	20	12	30

10.4 기하학의 역사

10.4.1 그리스의 기하

학교 기하학은 유클리드 기하학에 기반을 두고 있다. 여기서 유클리드 기하학의 간단한 역사와 내용을 살펴보기로 한다.

기하(geometry)란 말은 원래 그리스의 geometrein(땅을 뜻하는 geo와 측정하다의 뜻을 가진 metrein)에서 온 것으로 땅을 측정하는 과학이다. 그러나 고대의 기하학은 실험이나 관찰, 직관에 의한 경험에 의거한 과정의 집합체라고 할 수 있다. 다시 말하면 그 당시의 기하학은 필요에 의한 목적을 충족할 수 있는 정도의 경험적 주제이었다. 예를 들면 바빌로니아인들에게 있어 원주율은 지름의 3배이면 족했다. 한편, 이집트인들은 피라미드의 부피를 정확히 계산한 반면 직사각형의 넓이를 구하는 공식을 일반적인 사각형에 적용하기도 하였다. 이런 의미에서 이집트의 기하학은 그리스의 의미로 본다면 과학이 아니라 아무 동기나 정당성이 없는 계산의 잡동사니 모음과 같은 것이다.

바빌로니아의 기하는 이집트의 것보다 계산이 앞서있었으며, 이것은 그리스의 기하학에 영향을 주었다. 밀레의 Thales를 시작으로 그리스의 기하는 기하적 명제가 시행착오가 아니라 연역적 사고에 의하여 체계를 쌓아야 한다고 주장하였다. Thales는 이집트와 바빌로니아의 수학 중 어느 것이 옳고 그름을 판별하기 위하여 처음으로 논증기하를 도입하였다. 이렇게 증명(proof)에 의해 정리를 질서정연하게 얻는 것이 그리스 수학의 특징이며 새로운 양식이었다.

Thales에 의하여 체계화된 수학은 200년 동안 계속되다 피타고라스에 의해 성숙되었으며, 유클리드의 원론 7권은 피타고라스학파에서 가르쳐졌던 수론에 관한 교재이다. 우리가 잘 알듯이 피타고라스학파는 $\sqrt{2}$를 발견하였으나 대수적 수로 인정하지 않고 단지 수직선 위에 기하적 형태로 나타내었다. 피타고라스학파에 조성된 평면기하의 기초체계는 B.C. 400년경 수학자 Hippocrates(의사 히포크라테스가 아님)의 원론에 결집되어 있었으나 이것은 유실되었다. 다행히도 이 내용은 유클리드의 원론 1-4권에 나타나 있다. 피타고라스학파는 무리수의 비에 대한 이론을 전개하지 못하였으나, 그 후 이 비에 대한 이론은 Eudoxus

에 의해 완성되었으며 이 내용은 유클리드의 원론 5권에 나타나 있다.

기원전 4세기 경의 Plato는 천의 눈으로 볼 수 있는 것보다 더 가치가 있는 사고체계를 수학이 발전시킨다고 보았다. 감각의 오류는 집중적 사고에 의해 교정되어져야 한다고 보았으며, 이러한 집중적 사고는 수학에 의하여 습득되어진다고 하였다. Socrates의 대화법(산파술)은 궁극적으로 간접증명법이며, Plato는 $\sqrt{2}$가 무리수임을 증명하는 것은 간접증명법의 전형적 보기라고 하였다. 다시 말하면 무리수 $\sqrt{2}$는 절대로 물리적 측정에 의하여 얻어지는 것이 아니라는 것이다.

Plato 학파의 제자이었던 유클리드는 기원전 300년경 그리스의 기하와 수론에 대한 분명한 입장을 그의 원론 13권에 담았다. 기하에 대한 그의 접근 방법은 2000년 동안 수학계를 지배하였으며, 유클리드의 공리적 방법(axiomatic method)은 우리가 말하는 소위 순수수학(pure mathematics)의 전형적 모델이 되었다. 이때 순수란 말은 어떤 명제가 참인지 아닌지를 판별하는데 전혀 실험이 필요 없는, 전적으로 사유에 의해 판별하는 것을 의미한다. 기하를 배워 무엇에 쓸까 하고 묻는 제자에게 동전 한 닢 주어 보내라고 했던 유클리드의 일화는, 요즘도 수학을 위한 수학, 수학의 본연의 아름다움과 우아함을 위해 연구하는 많은 순수수학자 사이에 고집스럽게 지켜오는 태도이다.

그러나 요즘은 놀랍게도 응용을 전혀 꿈꾸지 않던 순수수학자의 발견이 궁극적으로는 사회의 여러 곳에 적용되는 경우가 많이 있다. 심지어는 전혀 적용되지 않았던 수학이 음악이나 미술 분야에까지도 적용되어 인간의 의식과 이해를 확장하는데 도움이 되기도 한다.

그런데 학교수학에서 다루는 유클리드 기하는 그 튼튼한 구조로 인하여, 논점의 논리나 정리의 의미에 대한 이해가 없이 단순히 증명 과정을 암기하여 증명을 학습하는 도구로 자주 사용되고 있다. 이러한 결과로 많은 학생들은 학교수학에서의 기하를 재미없고, 고통스러운 실생활과 연관이 없는 과목으로 여기게 되었다.

이러한 문제점을 극복하고자 학교수학에 점점 더 비형식적 기하나 측정과 같은 여러 가지 접근 방법이 도입되었다. 그러나 이러한 두 마리 토끼잡이 식의 교육은 기하의 학습목표를 정당화하지도 못하거니와 목표를 흐리게 하는 결과를 초래하였다. 많은 기하 과목은 점점 더 비형식화 되고 학생들에게 집단 학습이나 토론을 통하여 기하학적 생각을 발견하는 쪽으로 강조하였다. 이것이 유클리드의 논리적 구조를 뒤로 미루고, 교사들에게도 가능하면 기피하는 것으로 나타나게 되었다.

학교수학에서 유클리드의 논리적 구조를 경시하는 것은 매우 불행한 일이다. 요즘 공리적 체계 속에서 상황을 인식하는 능력과 논리 구조를 다루는 것은 수학에서 뿐만 아니라 실생활에서도 중요하게 되었다. 예를 들면, 산업 현장에서의 협상 능력, 우리의 일상생활에 중요한 컴퓨터 소프트웨어, 출산 문제, 평등 문제와 같은 사회의 뜨거운 쟁점을 지혜롭게 다루는 일과 깊은 연관을 가지고 있다.

10.4.2 유클리드 기하

2300여 년 전 알렉산드리아의 Euclid는 공리적 체계에 의한 기하에 대한 책 〈원론(Elements)〉을 저술하였다. 이 책은 그리스와 로마에서 1000년 동안 학습되었고, 800년경 아랍어로 번역되어 아랍의 학자들에 의하여 연구되었다. 이 책은 중세 유럽의 논리적 사고의 전형이 되었다.

유클리드는 그리스의 수학자들이 공부했던 수학의 많은 부분을 정돈하고 확장하였다. 아마도 그는 그리스의 수학을 통일된 논리체계로 확립하려고 했던 것 같다. 그의 원론은 13권의 책으로 구성되어 있는데,

(1) 1, 2, 3, 4, 6권은 평면기하에 대하여,
(2) 11, 12, 13권은 입체기하에 대하여,
(3) 5권과 10권은 양과 비에 대하여,
(4) 7, 8, 9권은 자연수에 대하여

다루고 있다.

원론은 465개의 정리와 이의 증명을 포함하고 있으며, 증명 끝에 "증명되었다."라는 말로 끝나고 있다. 이 말의 라틴어 번역은 "quod erat demonstrandum" 으로 우리가 증명 끝에 자주 쓰는 Q.E.D.는 이것의 약자이다.

유클리드는 특별히 기하에 중점을 두고 있으며, 아리스토텔레스의 영향을 받

아 기본 가정, 정의, 정리, 증명의 순으로 전개하고 있다. 원론의 1권은 10개의 기본 가정

(1) 정해진 것과 같은 것은 서로 같다.
(2) 같은 것에 같은 양을 더하면 그 결과는 같다.
(3) 같은 것에서 같은 양을 빼면 그 결과는 같다.
(4) 어느 하나와 같은 것은 서로 같다.
(5) 전체는 부분보다 크다.
(6) 서로 다른 두 점을 잇는 직선을 하나 그을 수 있다.
(7) 유한 선분은 직선으로 연장할 수 있다.
(8) 원은 한 점과 직선으로 이루어진다.
(9) 모든 직각은 같다.
(10) 한 직선이 두 직선과 만날 때 생기는 두 내각의 합이 2 직각보다 작으면, 두 직선은 두 내각의 합이 2 직각보다 작은 쪽의 한 점에서 만난다.

로 시작하고 있다.

위의 10개의 가정은 요즘의 표현을 빌리자면 공리(axiom)이다. 처음 다섯 개는 유클리드가 당연히 참이라고 믿었던 양에 관한 것이고, 다음 다섯 가지는 기하에 관한 것이다. 유클리드의 관점에서 본다면 이들은 직관적으로 참이다.

한편 용어를 분명히 하기 위해 유클리드는 기하에서 점, 선 등 23개의 용어를 정의하고, 이들을 사용하여 평면기하의 전체 이론을 재구성하였다. 그 이후 유클리드 평면기하는 대학에서 뿐만 아니라 학교수학에서도 빼놓을 수 없는 분야가 되었다.

유클리드의 원론은 단지 모양이나 수에 관한 책이 아니라 어떻게 생각하느냐에 관한 책이다. 원론은 서양의 정치, 문학, 철학에 지대한 영향을 끼친 책이다. 예를 들면, 17세기 프랑스의 Descartes는 〈방법서설〉에서 유클리드의 영향을 받아 간단한 원리로부터 복잡한 결론을 유도하였으며, 영국의 Newton과 네덜란드의 Spinoza도 원론의 형태를 빌어 그들의 이론을 설명하였다. 1776년 미국의 독립선언서는 간단한 서문 뒤에 자명한 공리를 내세우고 미국이 영국으로부터 독립해야하는 기본정리를 증명하는 형식으로 꾸며져 있다. 19세기 미국

의 Lincoln은 더 좋은 변호사가 되기 위하여 원론을 빌려 촛불 밑에서 읽었다고 한다.

10.4.3 유클리드 기하와 정다면체

유클리드의 전 작업은 Plato의 철학과 연결되어있는데, 원론의 마지막 책에서 정다면체는 Plato의 정다면체(Platonic solids) 즉, 정사면체, 정육면체, 정팔면체, 정십이면체, 정이십면체의 5개 밖에 없다는 것을 증명하고 있다. 유클리드는 이 사실을 정다면체의 한 꼭지점에 세 개 이상의 면이 모여야 하며, 한 꼭지점에 모이는 면의 각의 합이 360도보다 작아야 한다 — 360도가 되면 평면을 이룬다 — 는 것을 이용하여 증명하였다.

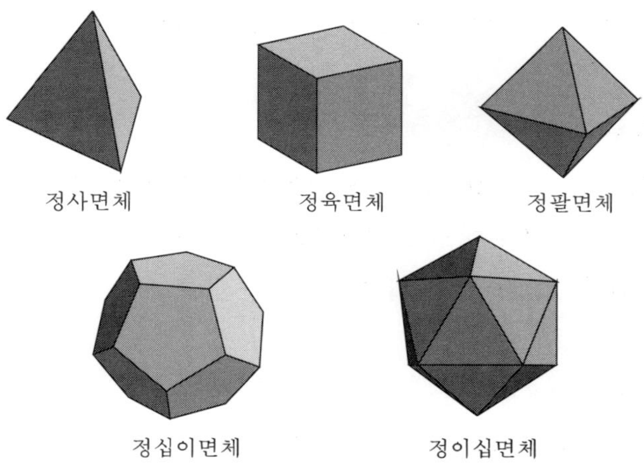

〈그림 10.61〉

(1) 정삼각형인 경우

한 꼭지점에 모이는 정삼각형의 각의 합이 360도보다 작은 경우는 180도, 240도, 270도의 세 가지 뿐이다. 이들을 가지고 만들 수 있는 정다면체는 정사면체, 정팔면체, 정이십면체이다.

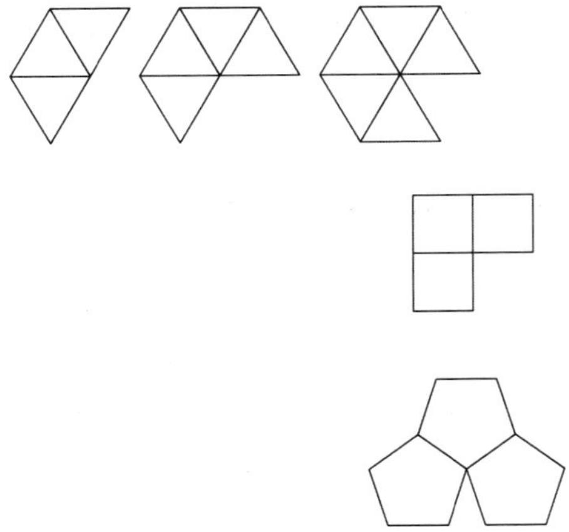

<그림 10.62>

(2) 정사각형인 경우

한 꼭지점에 모이는 정사각형의 각의 합이 360도보다 작은 경우는 270도인 경우뿐이다. 이렇게 만들어진 정다면체는 정육면체이다.

(3) 정오각형인 경우

한 꼭지점에 모이는 정오각형의 각의 합이 360도보다 작은 경우는, 정오각형의 한 내각의 크기가 108도이므로 정오각형 3개가 모인 324도 뿐이다. 이렇게 만들어진 정다면체가 정십이면체이다.

(4) 정육각형인 경우

한 꼭지점에 모이는 정육각형의 각의 합이 360도보다 작은 경우는 120도이나, 이것은 두 면이 모인 경우이므로 꼭지점을 이루지 못한다. 정육각형 3개가 모이면 360도가 되나, 이것은 평면을 이룬다. 따라서 정육각형으로 이루어진 정다면체는 존재하지 않는다.

(5) 다른 정다각형인 경우

다른 정다각형의 내각의 크기는 모두 120도보다 크므로, 세 개 이상이 모여 360도보다 작은 경우는 생기지 않는다. 따라서 위 이외의 정다각형으로 이루어진 정다면체는 존재하지 않는다.

〈참고 10.14〉 Plato의 정다면체는 구에 내접하는데, 이것은 그리스의 피타고라스학파에게는 매우 중요한 것이었다. 왜냐하면 그들은 구를 3차원 도형 중에서 가장 완벽한 도형으로 생각하였기 때문이다. 이 중에서 정사면체, 정육면체, 정팔면체, 정이십면체는 각각 세상의 4원소 불, 지구, 공기, 물을 나타내는 것으로 여겼다. 후에 피타고라스학파는 정십이면체를 발견하였는데, 이는 우주의 근본 요소를 나타내는 제5원소로 여겨졌다. Plato가 이 정다면체에 관심을 가졌기 때문에 이들을 Plato의 정다면체라고 부른다.

〈참고 10.15〉 다면체의 조건을 정다면체로 하지 않고 합동인 정다각형들로 이루어진 입체도형으로 조건을 약화시키면 몇 개의 도형이 만들어질까? 그리스의 수학자 Pappus는 Archimedes가 이런 도형이 13개밖에 없다는 것을 발견하였다고 말하고 있다. 이러한 이유에서 이들을 Archimedes 도형(Archimedean solids)이라고 부른다. 이러한 하나의 예가 정이십면체의 꼭지점을 매 다섯 개 마다 12개의 꼭지점에서 자르면 20개의 정육각형과 12개의 정오각형으로 이루어진 입체도형을 얻는다. 이것이 축구공을 만드는 패턴이다.

10.4.4 비유클리드 기하

유클리드의 평면기하는 매우 체계적이어서 2000년 동안 아무런 문제없이 이어져 왔다. 그러나 여기에 의문을 제기하게 되는 동기는 제5공준인 "한 직선이 두 직선과 만날 때 생기는 두 내각의 합이 2 직각보다 작으면, 두 직선은 두 내각의 합이 2 직각보다 작은 쪽의 한 점에서 만난다."

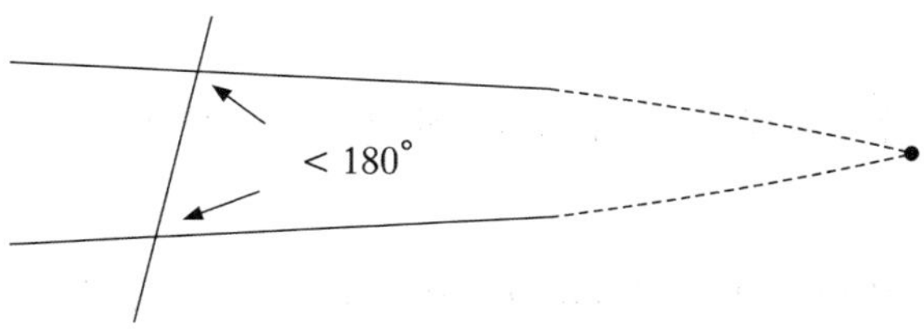

〈그림 10.63〉

때문이다. 이 공준은 평행선 공리로 평행선이 존재한다는 것을 명백하게 기술하고 있지는 않다. 그런데도 이 공리는 평행선에 관한 성질을 증명하는데 매우 결정적 역할을 하고 있다. 이러한 의미에서 이를 평행선 공준이라고도 부른다.

유클리드는 평행선을 같은 평면 위에서 양쪽으로 연장해도 연장선이 만나지 않는 직선으로 정의하고 있다. 그러나 유클리드는 평행선의 존재성에 대해서는 한참 후까지 언급을 하지 않고 있다. 유클리드는 평행선 공준이 나타나기 전까지 28개의 정리를 증명하고 있으며, 평행선 공준이 나타난 이후로는 이것을 강력하게 사용하고 있다. 실제로 원론의 1권의 나머지 20개의 정리는 평행사변형, 정사각형, 두 평행선 사이의 거리 등 평행선의 기본적인 성질을 확립하려 하고 있다. 그는 또 피타고라스의 정리, 삼각형의 내각의 합이 180도라는 것을 증명하는데 평행선 공리를 사용하고 있다.

평행선 공리는 공리라기보다는 정리로 인식되어 왔다. 그러나 이것은 다른 네 개의 공리와는 달리 간단하지도 자명하지도 않다. 그럼에도 불구하고 이것은 그리스의 기하 체계에서는 사실이므로 이에 대한 아무런 의심을 품지 않았다. 단지 증명과 체계를 세우는데 탁월한 유클리드가 왜 이 증명을 빼먹었을까 하고 생각하고, 이를 증명하려고 많은 사람들이 달려들었다. 물론 이들 증명은 틀린 것들이었다.

평행선 공리를 증명하려고 노력하는 중에, 이와 동치인 명제들이 나타나게 되었다. 이 중에서 아마 가장 유명한 것은 18세기 스코틀랜드의 과학자 John Playfair가 제안한 Playfair의 공준일 것이다. 이것은

직선 밖의 한 점을 지나고 주어진 직선에
평행한 직선은 오직 하나만 존재한다.

이다. Playfair의 공준은 너무 유명해서 학교수학에서는 이것을 평행선 공리로 사용하고 있다.

18세기 초 이탈리아의 교사인 Girolamo Saccheri는 평행선 공리에 대한 의문점을

유클리드의 공리는 모순이 없다는 것을 알고 있다. 평행선 공리는 유클리

> 드의 다른 공리를 이용하여 증명할 수 있으나, 아무도 증명한 사람은 없다. 만약에 증명이 가능하다고 가정하면, 평행선 공리를 이의 부정명제로 대체하면 모순에 도달해야 한다. 따라서 평행선 공리의 부정을 새로운 공리로 도입하고 새로운 체계에서 모순을 얻는다면, 평행선 공리는 다른 공리로부터 증명할 수 있을 것이다.

라고 생각하였다. 그런데 Playfair의 공준의 부정은 두 가지 즉, (1) 주어진 직선에 평행한 직선이 없거나 (2) 주어진 직선에 평행한 직선이 두 개 이상 존재한다는 것이다. 따라서 Saccheri는 각 경우에 대하여 조사하였다. 첫 번째 경우는 이미 유클리드가 평행선은 존재한다고 증명하였다. 두 번째 경우를 증명하려고 Saccehri는 여러 방면으로 노력하였으나 모순에 도달하지 못하였다.

Saccheri의 이러한 발상은 사람들로 하여금 "주어진 직선에 평행한 직선이 두 개 이상 존재하는 새로운 기하체계가 있을까?" 하는 물음을 갖게 하였다. 1810년경 Karl Friedrich Gauss는 이러한 가능성을 인지한 것 같으나 발표는 하지 않았다. 이러한 새로운 기하체계에 대한 연구는 1829년 러시아의 Nicolai Lobachevsky에 의해 발표되었고, 헝가리의 장교이었던 Janos Bolyai도 1832년 같은 생각을 하였다. 이들은 모두 "유클리드의 공리에서 평행선 공리를 두 개의 부정명제로 바꾼 새로운 기하체계에도 모순이 없다."는 결론에 이르렀다. 이들의 결론은 평행선 공리가 다른 네 개의 공리로부터 증명될 수 없다는 것을 의미한다. 더욱이, 이것은 새로운 평면기하인 구면기하를 탄생시켰는데, 실제로 이러한 가정을 만족하는 기하체계가 존재한다는 것이다.

19세기 Bernard Riemann은 평행선 공리의 첫 번째 부정을 통하여 "직선 밖의 한 점을 지나며 주어진 직선에 평행선이 존재하지 않는 평면기하체계가 존재할 수 있을까?"하는 물음을 던졌다. 물론 Saccheri는 이것에 대한 모순을 얻었으나, 이는 직선이 무한하다는 가정아래 이루어진 것이다. Riemann은 무한히 연장되지만 길이가 무한하다는 가정은 필요가 없다는 것을 발견하였다. 이러한 예가 구면 위의 원은 무한히 연장되지만 그 길이는 유한하다는 것이다. 이로써 유클리드의 처음 4개의 공준과 평행선 공리의 처음 부정 명제를 가지고, Riemann은 1854년 Riemann 기하를 발견하게 된다.

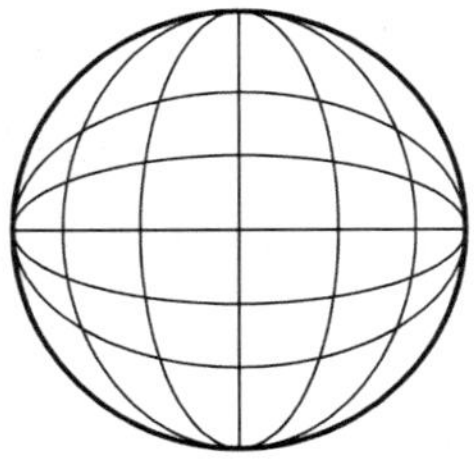

〈그림 10.64〉

이렇게 함으로 19세기 중반에 이르러 기하의 세 부류가 나타나게 된다. 이들은 평행선 공리가 무엇이냐에 따라 달라지고, 유클리드 기하에 대하여 Lobachevsky와 Riemann의 기하를 비유클리드 기하라고 부른다. 이들 셋은 무두 일관성이 있는 기하체계이나, 평행선의 성질에 따라 확연히 다르다. 예를 들면 삼각형의 내각의 합이

(1) 유클리드 기하에서는 180도이고,
(2) Lobachevsky 기하에서는 180도보다 작으며,
(3) Riemann 기하에서는 180도보다 크다.

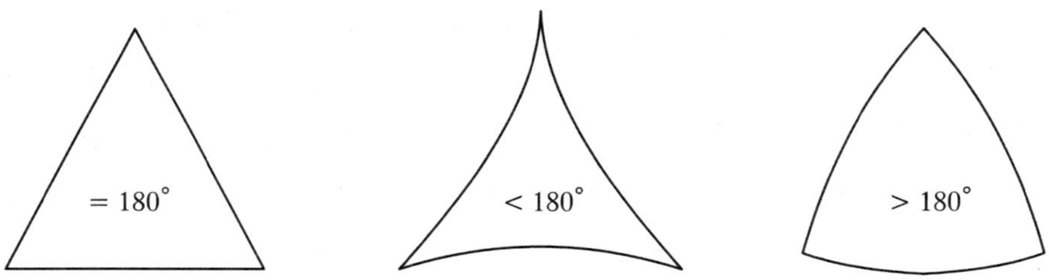

〈그림 10.65〉

평행선이나 직선과는 관련이 없어 보이나, 원주율도 세 기하체계에서 다르게 나타난다. 즉, 원주율이

(1) 유클리드 기하에서는 π이고,
(2) Lobachevsky 기하에서는 π보다 크며,
(3) Riemann 기하에서는 π보다 작다.

제11장

작도와 변환

변환은 기하학적 사고의 중요한 요소이다. 학생들은 이미 도형의 모양이나 도형의 이동에 대한 직관적인 생각을 가지고 있다. 유리창 위에서 도형을 밀기, 뒤집기, 돌리기 등을 통하여 도형의 평행이동, 반사, 회전 등에 대한 개념을 경험함으로 수학적 사고를 경험하게 된다

그리스 사람들은 순수한 논리성을 중요시 하였다. 그럼에도 물리적 세계에 대해서는 많은 것을 직관에 의존하였다. 이러한 이유로 초등 기하에서는 자와 컴퍼스를 가지고 구체적으로 도형을 그리는 작도 문제에 관심을 가지고 있었던 것 같다. 피타고라스의 정리 이후 제곱근을 작도할 수 있게 되었으므로, 세제곱근도 작도할 수 있지 않을까 생각했을 것이다. 이것은 자와 컴퍼스만을 가지고 정육면체의 부피를 2배가 되도록 늘리는 방법을 찾는 문제이다. 이와 같은 문제로 임의의 각을 3등분하는 문제와 주어진 원의 넓이와 같은 정사각형을 작도하는 문제가 있다.

작도는 자와 컴퍼스를 가지고 도형을 그리는 활동을 통해 직관적으로 도형의 성질을 이해하고, 다시 논리적으로 사고하게 한다. 이것은 작도 그 자체도 중요하지만 새로운 수학의 세계를 여는데 기여한다.

11.1 학교수학

11.1.1 1학년

점판(geoboard)을 이용하여 여러 가지 네모와 세모를 그려보게 한다. 점과 점 사이의 칸 수에 따라 네모와 세모의 모양과 크기가 달라진다는 것을 알게 한다. 또 같은 모양과 크기(합동)를 가지는 도형을 그림으로 합동의 개념과 평행이동에 의해 크기가 불변임을 직관적으로 이해하게 한다.

〈그림 11.1〉

11.1.2 2학년

(1) 물체의 이동

사각형 모양의 유리창이나 책상 위에서 삼각형을 이리저리 움직여 보고 그 모양이 변하는지를 알아보도록 한다. 이러한 활동을 통하여 평면 위에서의 도형의 평행이동(translation)이 어떤 성질을 갖는지를 알게 한다.

직선을 따라 한 방향으로 특정한 거리만큼 이동하는 평행이동에 의하여 생긴 도형은 길이와 각의 크기가 그대로 보전되어, 처음의 도형과 움직인 도형이 합동이 된다. 따라서 평행이동은 도형 자신과 이동된 도형 사이의 일대일 대응인 변환(transformation)으로, 모양과 크기를 보존하는 등장변환(isometry)이다. 또 고정점을 중심으로 어떤 방향으로 도형을 돌리는 회전(rotation)에 의해서 그 모양이 변하지 않음을 직관적으로 알 수 있다. 즉 회전도 등장변환의 일종이다.

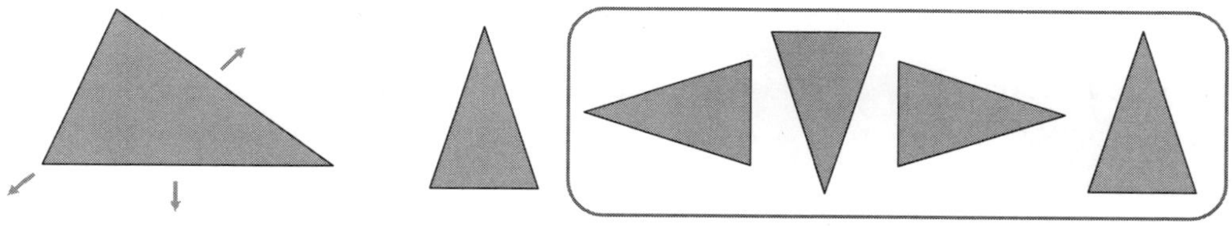

<그림 11.2>

평면인 거울을 보면 거울을 기준으로 나와 거울 속의 내가 같은 모습, 같은 크기이다. 거울 속의 나는 내가 거울에 반사된 모습이다. 따라서 반사(reflection)도 등장변환의 일종임을 알 수 있다. 이때 평면 위에서 거울 면과 같은 역할을 하는 것을 대칭축이라고 한다. 즉 평면도형은 대칭축을 중심으로 같은 거리에 있도록 반사된다.

<그림 11.3>

평면 위에서의 평행이동, 회전, 반사는 모두 등장변환임을 알아보았다. 또 이러한 변환의 합성도 등장변환이다. 등장변환을 3차원 공간으로 확장하면, 공간상에서 어떤 물건이나 글자의 앞뒤로 뒤집기, 아래위로 뒤집기, 돌리기 등의 변환 활동을 할 수 있다. 이러한 변환은 평면도형에서의 등장변환과 같이 공간 위에서의 등장변환의 합성으로 나타나므로, 그 결과는 처음의 도형과 합동으로 그 모양이 변하지 않는다(invariant rigid motion)는 것을 알 수 있다.

11.1.3 3학년

(1) 회전이동

도형을 움직이는 변환으로 직선을 따라 일정한 방향으로 특별한 거리만큼 움직이는 평행이동이 있고, 고정된 점에 대하여 일정한 방향으로 회전함으로 평면을 결정하는 회전이동이 있다. 평행이동과 회전이동은 등장이동이다. 회전이동에서 360도 회전은 자기 자신으로의 변환이며, 180도 회전이동을 반회전이동(half rotation)이라고 한다. 실제로 반회전이동은 점대칭이다.

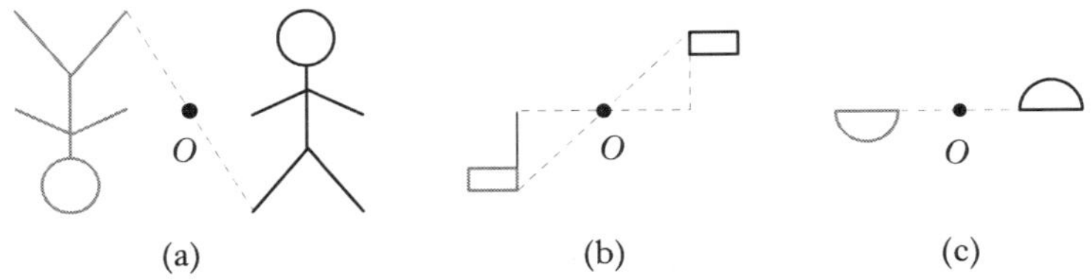

〈그림 11.4〉

(2) 반사

또 다른 등장변환으로 반사(reflection)가 있다. 반사는 마치 우리 얼굴을 거울에 비추었을 때 실제 얼굴과 거울 속의 얼굴이 거울면에 대하여 대칭이듯이 선대칭이다.

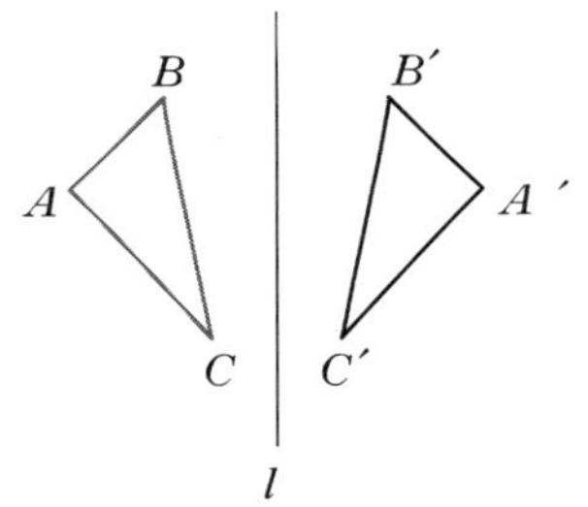

〈그림 11.5〉

등장변환의 합성은 등장함수이다. 따라서 평행이동한 후 반사를 시키거나, 회전한 후 반사를 시키는 것은 모두 등장변환이다.

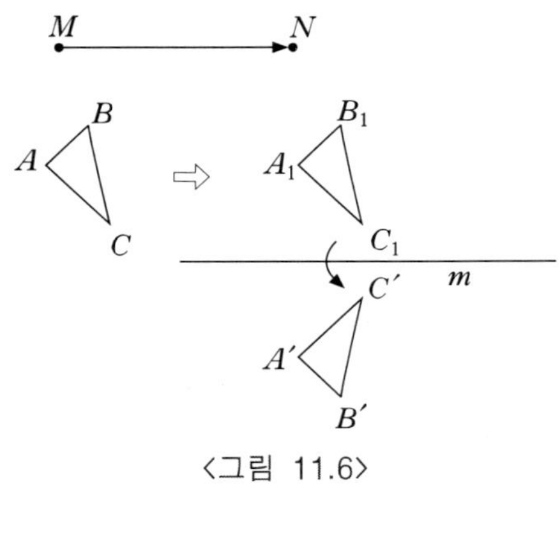

〈그림 11.6〉

11.1.4 4학년

자와 컴퍼스를 가지고 작도하는 것보다는 측정의 의미에서 먼저 각도기를 이용하여 주어진 크기의 각을 작도하는 것을 다룬다.

합동인 두 개의 원을 이용하여 정삼각형을 작도하는 방법을 익히고, 주어진 선분을 한 변으로 하는 정삼각형을 작도하도록 한다. 또 주어진 두 변을 가지고 예각과 둔각을 작도하고, 이들을 이용하여 예각삼각형과 둔각삼각형을 작도하도록 한다. 특히 점판 위에 예각삼각형과 둔각삼각형을 그리고, 세 변 사이의 관계를 이해하도록 한다. 한편 이등변삼각형을 반으로 접으면 접힌 선분은 꼭지점에서 밑변에 내린 수선이 된다는 것을 알게 한다. 이를 통하여 주어진 직선에 수선을 긋는 방법을 발견하도록 한다.

생활 속에서 직각을 찾아보고, 두 직선이 이루는 각이 90도일 때 두 직선은 서로 수직이다라고 한다. 먼저 모눈종이를 이용하여 수직인 직선을 그리도록 하고, 그 다음으로 직각삼각자를 이용하여 직선에 대한 수선을 그리도록 한다.

이와 같이 수선을 여러 개 그리면 한 직선에 수직인 직선들은 서로 평행하다는 것을 알게 한다. 직각삼각자나 각도기를 이용하여 직선 밖의 한 점을 지나며 주어진 직선에 평행인 직선을 그을 수 있도록 한다. 또 두 평행한 직선과 만나는 직선을 그리고 동위각, 엇각을 이용하여 크기가 같은 각, 여각을 작도할 수 있도록 한다.

11.1.5 5학년

(1) 선대칭

종이 오리기에서 종이를 반으로 접은 다음 오리면, 접은 선을 중심으로 양쪽이 같은 모양일 뿐만 아니라 완전히 겹친다. 이와 같이 어떤 직선으로 접어서 완전히 겹치는 도형을 선대칭도형이라고 하고, 이 직선을 대칭축이라고 한다. 선대칭도형은 대칭축을 중심으로 완전히 겹치므로, 대응변의 길이와 대응각의 크기는 서로 각각 같다.

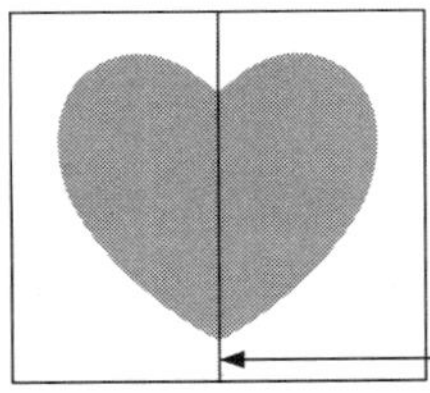

<그림 11.7>

한편 선대칭 도형에서 대응점을 이은 선분은 대칭축과 수직이며, 각 대응점에서 대칭축까지의 거리는 같다. 즉 대칭축은 대응점을 이은 선분을 수직 이등분한다. 수직이등분의 성질을 이용하면 주어진 도형과 선대칭인 도형을 작도할 수 있다.

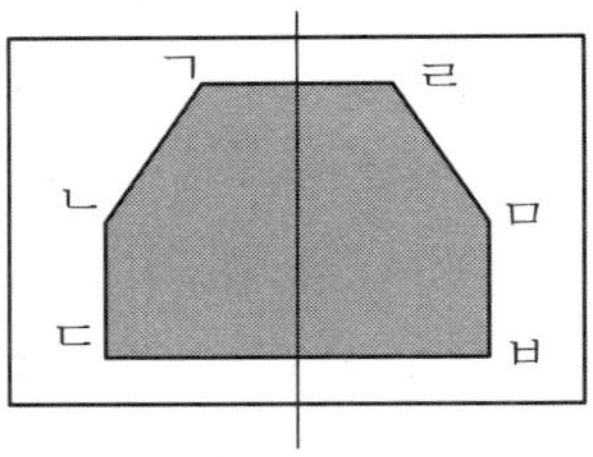

<그림 11.8>

종이접기에 의한 선대칭 도형을 일반화하면, 두 도형이 어떤 직선을 따라 접었을 때 완전히 포개어지는 도형을 직선에 대하여 선대칭의 위치에 있다고 하고, 두 도형을 선대칭의 위치에 있는 도형이라고 한다. 이때 직선을 대칭축이라고 한다. 대칭축은 선대칭의 위치에 있는 도형의 대응점을 수직이등분 한다.

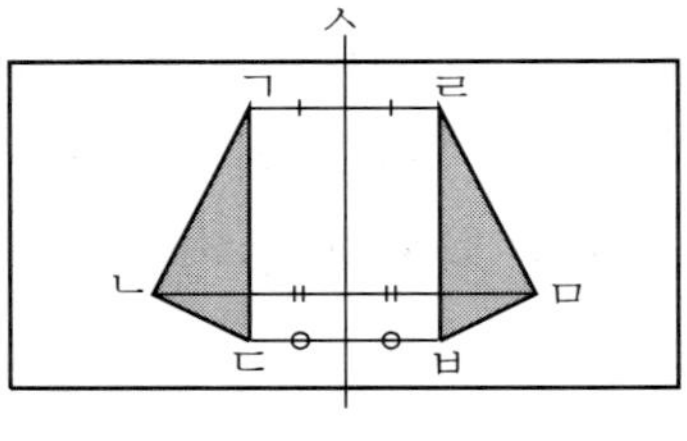

<그림 11.9>

(2) 점대칭

태극기의 태극 문양을 원의 중심을 중심으로 180도 회전하면 파란색과 빨강색이 겹친다. 이와 같이 한 점을 중심으로 180도 회전하였을 때, 처음 도형과 완전히 겹쳐지는 도형을 점대칭도형이라 하고, 그 점을 대칭의 중심이라고 한다.

〈그림 11.10〉

점대칭도형에서 대응변의 길이와 대응각의 크기는 같다. 더욱이 대응점을 이은 선분의 중점이 대칭의 중심이 된다. 그러므로 주어진 도형과 점대칭이 되는 도형을 그리려면, 대칭점을 이은 선분의 중점이 대응의 중심이 되도록 그리면 된다. 이때 두 도형은 점대칭의 위치에 있다고 하고, 두 도형을 점대칭위치에 있는 도형이라고 한다. 또 점 O를 대칭의 중심이라고 한다.

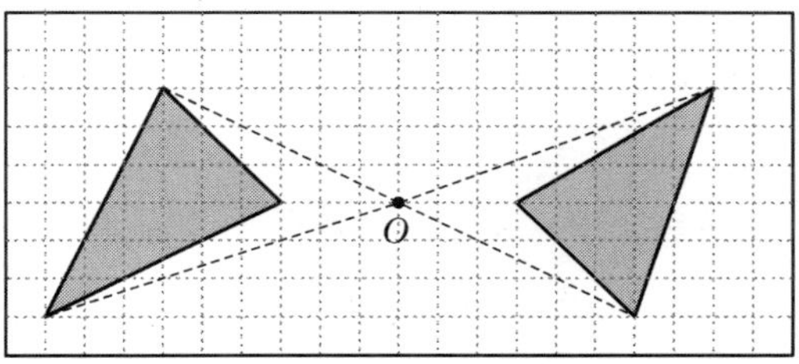

〈그림 11.11〉

11.2 작도와 변환의 교육

11.2.1 변환

변환은 기하학적 사고의 중요한 요소이다. 학생들은 이미 도형의 모양이나 도형의 이동에 대한 직관적인 생각을 가지고 있다. 유리창 위에서 도형을 밀기, 뒤집기, 돌리기 등을 통하여 도형의 평행이동, 반사, 회전 등에 대한 개념을 경험함으로 수학적 사고 경험을 하게 된다.

학생들은 칠교놀이를 하는 동안 도형을 밀기, 뒤집기, 돌리기 등을 사용한다. 이러한 활동을 통하여 도형의 변환을 하게 되며, 거울의 반사를 통하여 대칭도 학습하게 된다. 이러한 과정 중에 도형의 위치와 처음 도형과의 비교를 통하여 도형의 중요한 성질을 파악하게 된다. 특히 밀기, 뒤집기, 돌리기, 반사는 도형의 크기나 모양을 변화시키지 않는 등장변환임을 경험적으로 알게 한다.

평행이동, 회전변환, 반사는 도형의 모양이나 크기를 변화시키지 않는다는 것을 확인하였다. 이러한 생각은 두 도형을 물리적으로 이동하여 겹쳐봄으로 알 수 있고, 이것은 도형의 합동으로 이어진다. 그러나 확대나 축소와 같은 닮음의 개념은 합동의 개념 이전에 형성되기는 어려울 것이다. 한편, 거울에의 반사나 점에 대한 이동을 통하여 선대칭과 점대칭을 이해하고, 대칭을 통한 도형 만들기는 문양의 디자인에서도 자주 볼 수 있는 기하의 멋진 활용이라는 것을 깨닫도록 한다.

또 변환을 통하여 학생들은 두 도형의 합동과 닮음을 이해하고, 이들 사이의 닮음비 등을 구할 수 있도록 한다. 이러한 활동을 도형의 확대나 축소에 활용할 수 있도록 한다.

11.2.2 작도

초등학교 수준에서의 작도는 도형을 그리고, 도형의 변과 각의 수, 오목과 볼록 등을 직관적으로 이해하는 수준으로 교육되어진다. 더욱이 수학에서의 작도가 눈금이 없는 자와 컴퍼스만을 가지고 그리는 것에 비해, 초등학교수학에서의 작도는 눈금이 있는 자와 컴퍼스, 각도기를 가지고 그리는 교육을 한다.

이는 일상생활에서 필요한 측정량의 크기를 알게 하는 데 그 목적이 있다고 본다.

어쨌든 이러한 활동을 통하여 평면 도형을 삼각형(정삼각형, 이등변 삼각형, 직각삼각형, 일반적인 삼각형), 사각형(정사각형, 직사각형, 평행사변형, 마름모, 사다리꼴), 다각형, 원 등으로 분류할 수 있는 기준을 발견할 수 있도록 한다. 또 각도기나 길이가 있는 자를 이용하여 삼각형과 사각형의 성질, 원과 부채꼴의 성질, 평면도형의 합동과 닮음에 대한 조건들을 직관적으로 알아보게 한다. 더욱이 작도와 측정을 통하여 길이와 수직선의 관계, 평면과 공간 위에서의 거리, 피타고라스의 정리를 통한 기하와 대수의 관계 등을 어렴풋이나마 이해하도록 한다.

현재의 작도의 개념은 유클리드 기하를 공리적 바탕 위에 눈금 없는 자와 컴퍼스를 가지고 구체적으로 구현하는 것이다. 실제로 유클리드 기하의 기본적인 5개의 공리 중 처음 네 개는 작도와 직접적으로 관련이 있는 것이다. 즉 공리

유클리드 공리 1 서로 다른 두 점을 지나는 직선은 오직 하나만 존재한다.

유클리드 공리 2 임의의 선분 $\overline{AB}$와 $\overline{CD}$에 대하여, 점 B가 점 A와 점 E 사이에 있으며 $\overline{CD}$와 $\overline{BE}$가 합동이 되도록 하는 유일한 점 E가 존재한다.

유클리드 공리 3 임의의 점 O와 O와 다른 점 A에 대하여 원 O를 중심으로 하고 반지름이 $\overline{OA}$인 원이 존재한다.

유클리드 공리 4 모든 직각은 서로 합동이다.

은 직선, 선분, 원, 각의 존재성과 유일성을 말하여 준다. 이를 바탕으로 모든 작도 문제를 시작한다.

앞에서 언급한대로 작도문제는 기하문제를 시각화하는데 도움이 되는 것 이상으로, 대수학의 발전에도 큰 영향을 준다. 예를 들면 각의 삼등분 문제, 주어진 정육면체의 2배의 부피를 갖는 정육면체의 작도, 원의 넓이와 같은 정사각형의 작도 문제는 그 불가능성이 대수적으로 증명된다. 또 정칠각형은 작도가 불가능하나 정십칠각형은 작도가 가능하다는 것도 Fermat 소수에 의해 밝혀진다.

이와 같이 작도는 시각화의 측면 이외에도 학생들이 논리적으로 사고하는 훈련을 하기에 적합한 분야이다. 그러나 지나치게 엄밀한 공리적 방법의 도입으로 학생들의 학습의욕을 감퇴시키는 것을 주의해야 한다.

11.3 작도와 변환행렬

11.3.1 작도

작도란 눈금이 없는 자와 컴퍼스와 필기구만을 가지고 합동인 도형을 그리는 것을 말한다. 그 이유는 오래전에는 자에 눈금을 그리는 것을 생각하지 못하였기 때문에 눈금이 없는 자를 가지고 작도를 하였기 때문이다.

두 도형이 겹칠 때, 두 도형이 합동이라고 말한다. 실제로 합동이란 말은 정의되지 않는 용어이다. 그러나 두 도형이 합동인 경우를 구체적으로 예를 들어 말하여 보자. 먼저 두 선분 $\overline{AB}$와 $\overline{CD}$의 길이가 같을 때, 두 선분은 합동이라고 한다. 즉 선분의 합동은 선분의 방향과는 관계없이 그 길이에만 관련된다. 마찬가지로 두 각 $\angle PQR$과 $\angle STU$의 크기가 같을 때, 두 각은 합동이라고 한다.

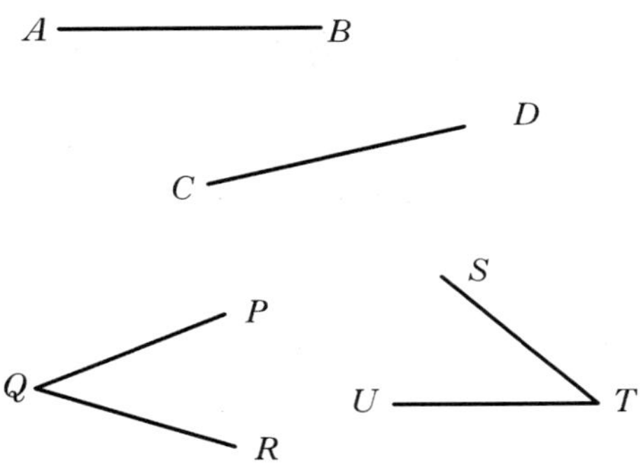

<그림 11.12>

(1) 같은 선분의 작도

주어진 선 AB와 직선 l과 l 위의 점 P가 주어져 있을 때, 직선 l 위에 $\overline{PQ}=\overline{AB}$가 되는 점 Q를 작도한다.

① $\overline{AB}$ 길이만큼 컴퍼스를 벌린다.

② 점 P를 중심으로 반지름의 길이가 $\overline{AB}$인 곡선과 직선 l과의 교점을 찾는다.

③ 교점을 Q라 하면 $\overline{PQ}=\overline{AB}$이다.

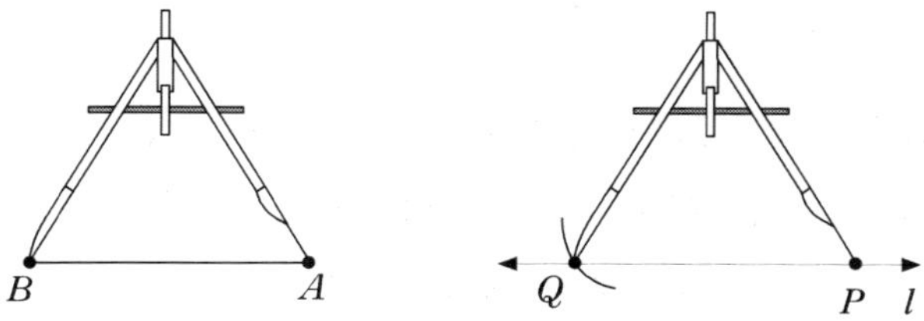

〈그림 11.13〉

(2) 주어진 각과 크기가 같은 각의 작도

각의 크기가 같을 때 두 각은 포개어진다. 특히, 각의 꼭지점으로부터 같은 거리에 있는 두 점을 양 끝점으로 하는 삼각형은 이등변삼각형이 되는데, 이 삼각형 또한 포개어진다는 성질을 이용하여 작도한다.

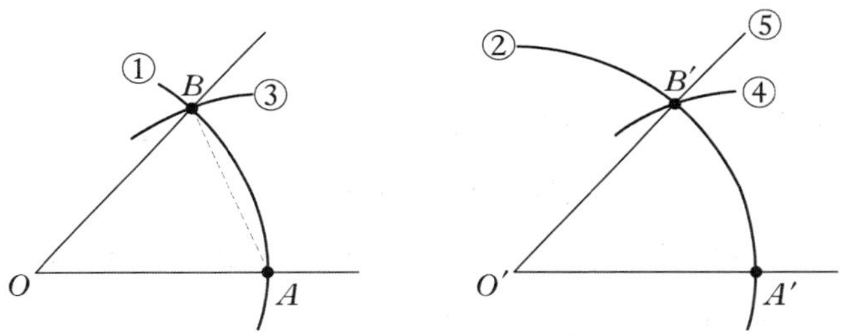

〈그림 11.14〉

① 점 O로부터 같은 거리에 있는 두 점 A와 B를 작도한다.

② 점 O'으로부터 $\overline{OA}$와 같은 거리의 점 A'을 얻기 위해 ①과 같은 지름의 원을 그린다. 이때, 점 O'으로부터 $\overline{OB}$와 같은 거리의 점 B'도 이 원 위에 존재한다.

③ 컴퍼스를 사용하여 $\overline{AB}$의 길이를 측정한다.

④ 점 B'을 찾기 위하여, A'을 중심으로 하여 반지름의 길이가 $\overline{AB}$인 원을 그린다.

⑤ 점 O'과 B'을 잇는다.

(3) 각의 이등분선의 작도

$\angle AOB$가 주어졌을 때, $\angle AOP = \angle BOP$를 만족시키는 $\overline{OP}$를 $\angle AOB$의 이등분선이라고 한다. 이때, 주어진 각의 이등분선은 각의 꼭지점으로부터 같은 거리에 있는 두 점 A, B로부터 같은 거리에 있다는 성질을 이용하여 작도한다.

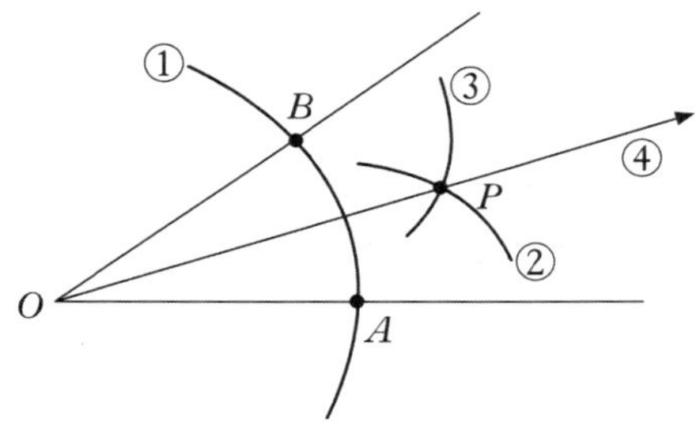

<그림 11.15>

① 각의 꼭지점 O로부터 같은 거리에 있는 두 점 A와 B를 작도한다.
② 점 A를 중심으로 하는 원을 작도한다.
③ 점 A와 B로부터 같은 거리에 있는 점을 구하기 위하여, 점 B를 중심으로 ②와 같은 반지름의 원을 그린다.
④ 점 O와 P를 잇는다.

(4) 선분의 수직이등분선의 작도

주어진 선분 $\overline{AB}$에 대하여 직선 $\overline{PQ}$가 존재해서 $\overline{AB}$와 수직인 $\overline{PQ}$와 $\overline{AB}$의 교점이 선분 $\overline{AB}$를 이등분할 때, 직선 $\overline{PQ}$를 선분 $\overline{AB}$의 수직이등분선이라고 한다.

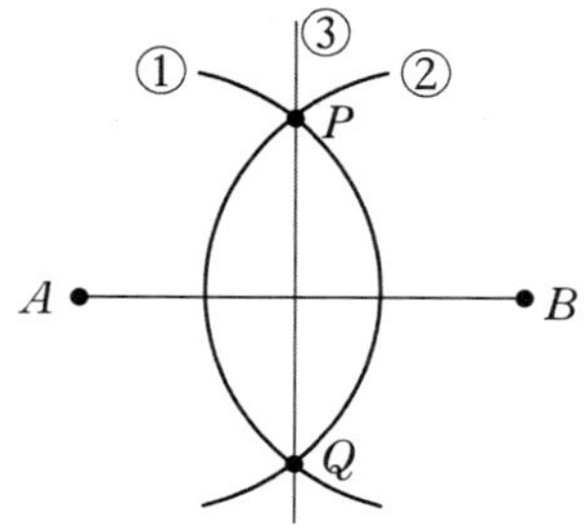

<그림 11.16>

주어진 선분의 수직이등분선은 수직이등분선 위의 임의의 점에서 선분의 양 끝점에 이르는 거리가 같다는 성질을 이용하여 작도한다.

① 점 A를 중심으로 반지름의 길이가 $\overline{AB}$의 $\frac{1}{2}$보다 큰 원을 그린다.

② 두 점 A와 B로부터 같은 거리에 있는 두 점을 얻기 위하여, 점 B를 중심으로 ①과 같은 반지름의 원을 그린다.

③ 두 원의 교점 P와 Q를 잇는다.

(5) 주어진 직선에 평행한 직선

두 직선이 평행하기 위한 조건은 동위각이 같다는 것이다. 따라서 주어진 점을 지나 주어진 직선과 한 점에서 만나는 직선을 그린 뒤, 주어진 각과 같은 크기의 각의 작도를 이용하면 평행선을 작도할 수 있게 된다.

① 점 P를 지나며 직선 XY와 만나는 직선을 긋고, 두 직선이 만나는 점을 O라 하자. O를 중심으로 원을 그린다.

② 점 P를 중심으로 ①과 같은 반지름을 갖는 원을 그린다.

③ 선분 AB의 길이를 측정한다.

④ 점 A'을 중심으로 반지름의 길이가 AB인 원을 그린다.

⑤ 점 P와 점 B'을 잇는다.

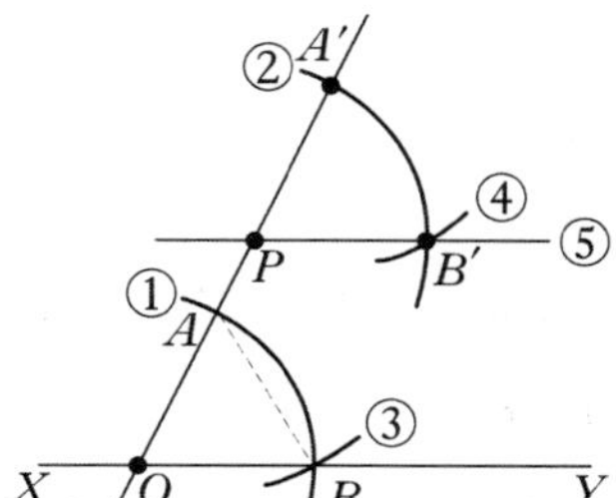

〈그림 11.17〉

(6) 삼각형의 결정조건

한 직선 위에 있지 않은 세 점 A, B, C와 이들을 연결한 세 선분 AB, BC, CA로 이루어진 도형을 삼각형이라 하고, 이것을 기호로 $\triangle ABC$와 같이 나타낸다. 이때, 삼각형을 이루는 세 점을 삼각형의 꼭지점이라 하고, 선분을 삼각형의 변이라고 한다. 삼각형의 한 꼭지점과 이 꼭지점을 한 끝으로 하는 두 선분으로 이루어진 각을 삼각형의 내각이라고 한다. 삼각형의 한 내각과 마주 보는 삼각형의 변을 이 각에 대한 대변이라고 한다. 예를 들어, 내각 A와 마주 보는 변 $\overline{BC}$가 이 각에 대한 대변이 되며 a로 표시하기도 한다.

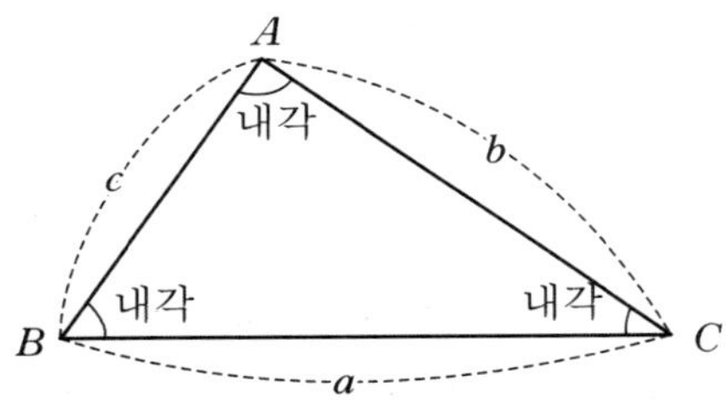

〈그림 11.18〉

세 선분이 주어져 있을 때, 이 선분을 이용해 삼각형을 만들 수 있으려면 두 선분의 길이의 합이 다른 선분의 길이보다 길어야 한다. 즉, 세 선분의 길이를 각각 a, b, c라 할 때,

$$a+b>c,\ b+c>a,\ a+c>b$$

를 만족하면, 이 세 선분을 이용하여 삼각형을 만들 수 있다.

삼각형의 결정조건 다음의 경우에 삼각형의 모양과 크기가 각각 하나로 결정된다. (1) 세 변의 길이가 주어질 때 (2) 두 변의 길이와 그 끼인각의 크기가 주어질 때 (3) 한 변의 길이와 그 양 끝각의 크기가 주어질 때

(7) 삼각형의 합동

두 삼각형 $\triangle ABC$와 $\triangle DEF$에서 꼭지점 A, B, C와 D, E, F가 각각 대응하면, 변 AB와 DE, BC와 EF, AC와 DF는 서로 대응한다. 마찬가지로 $\angle ABC$,

$\angle BAC$, $\angle ACB$는 각각 $\angle DEF$, $\angle EDF$, $\angle DEF$와 서로 대응한다. 특히 대응하는 변과 각이 합동일 때, 두 삼각형 $\triangle ABC$와 $\triangle DEF$는 서로 합동(congruent)이라고 하며,

$$\triangle ABC \equiv \triangle DEF$$

와 같이 나타낸다.

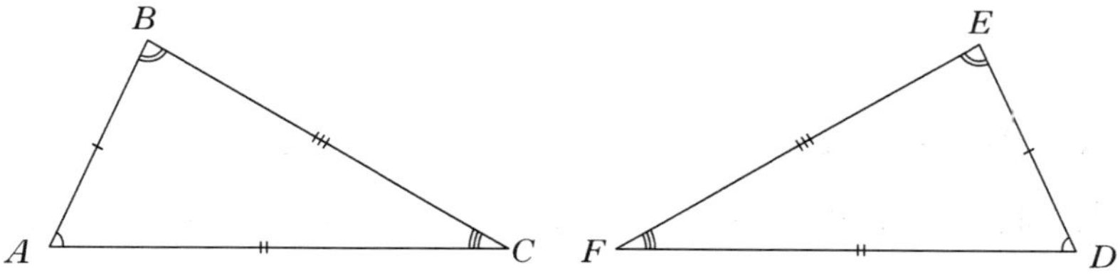

〈그림 11.19〉

〈주의〉 $\triangle ABC \equiv \triangle DEF$와 $\triangle ABC \equiv \triangle DFE$는 의미가 같다. 그러나 많은 경우에 $\triangle ABC \equiv \triangle DEF$는 꼭지점 A, B, C가 각각 꼭지점 D, E, F에 대응하지만, $\triangle ABC \equiv \triangle DFE$에서는 꼭지점 A, B, C가 각각 꼭지점 D, F, E에 대응한다는 것을 의미한다. 따라서, 합동을 기호로 표현할 때는 대응관계에 유의하여 나타나도록 한다.

합동인 두 삼각형은 같은 크기와 같은 모양을 가진다. 물론 그 위치는 다를 수 있다. 두 삼각형에서 대응하는 세 변과 세 각이 합동이면, 두 삼각형은 합동이다. 그러나 두 변과 한 각, 한 변과 두 각이 합동인 경우에도 합동인 경우가 있다. 대응하는 두 변과 그 사이각이 각각 합동이면, 두 삼각형은 합동이다. 이것을 SAS(side－angle－side) 합동 성질이라 한다. SAS 합동 성질은 두 변과 그 사이각이 합동이면, 두 삼각형이 합동일 충분조건이라는 말이다.

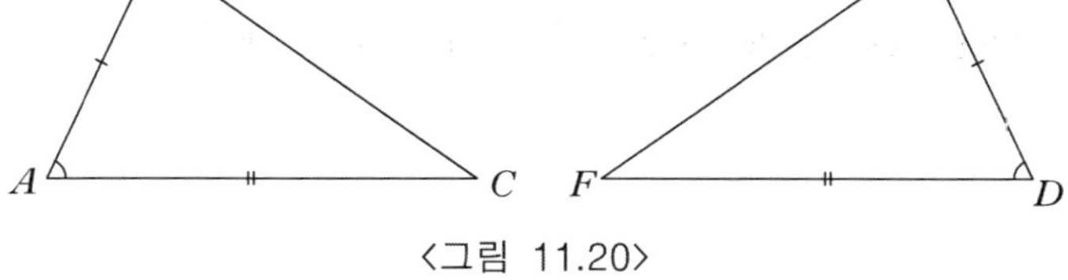

〈그림 11.20〉

또 대응하는 공통인 변과 양 끝각이 각각 합동이면, 두 삼각형은 합동이다. 이것을 ASA(angle - side - angle) 합동 성질이라 한다.

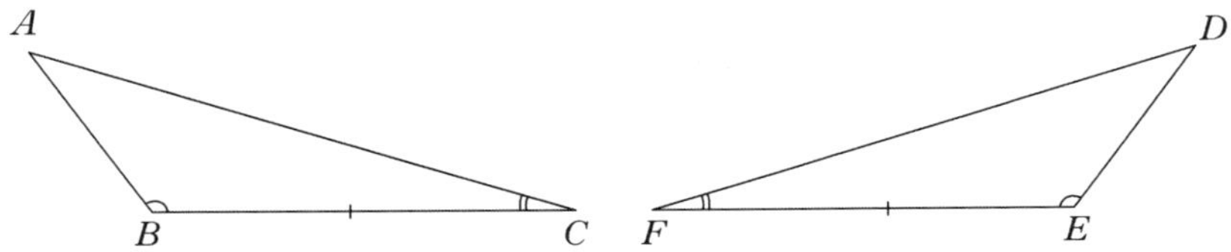

〈그림 11.21〉

주어진 세 변이 삼각형을 이루면, 그 삼각형은 오로지 하나 뿐이라는 것을 알 수 있다. 예를 들어 변의 길이가 4, 5, 6인 삼각형은 다음과 같이 작도한다.

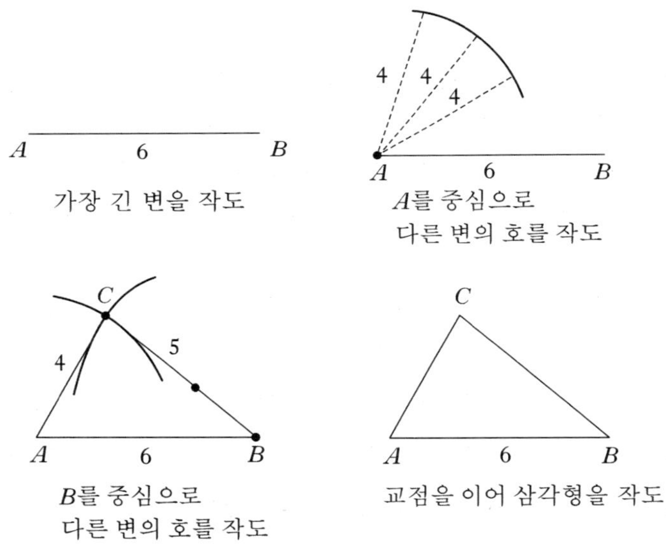

〈그림 11.22〉

이러한 사실로부터, 대응하는 세 변이 각각 합동이면 두 삼각형은 합동이다. 이러한 성질을 SSS(side – side – side) 합동성질이라 한다.

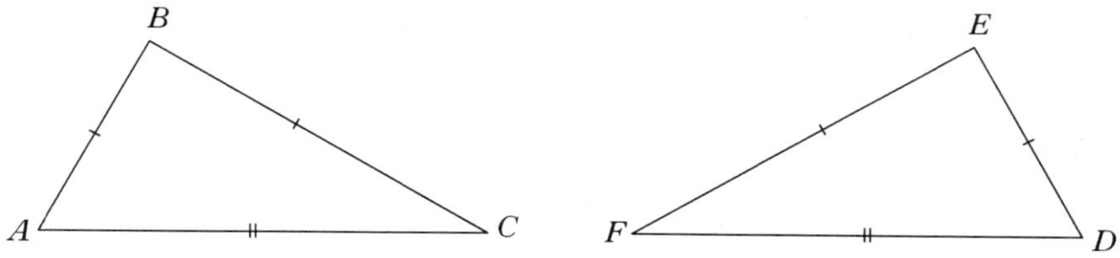

〈그림 11.23〉

삼각형의 결정조건에서 각각의 조건을 만족하는 삼각형은 하나만 존재한다. 따라서 같은 조건을 만족하는 두 삼각형은 모양과 크기가 같을 수밖에 없다. 즉, 합동이 된다. 그러므로 다음과 같은 합동조건을 생각할 수 있다.

삼각형의 합동조건

(1) 대응하는 세 변의 길이가 각각 같을 때(SSS 합동)

(2) 대응하는 두 변의 길이가 각각 같고, 그 끼인 각의 크기가 같을 때 (SAS 합동)

(3) 대응하는 한 변의 길이가 같고, 그 양 끝각의 크기가 각각 같을 때 (ASA 합동)

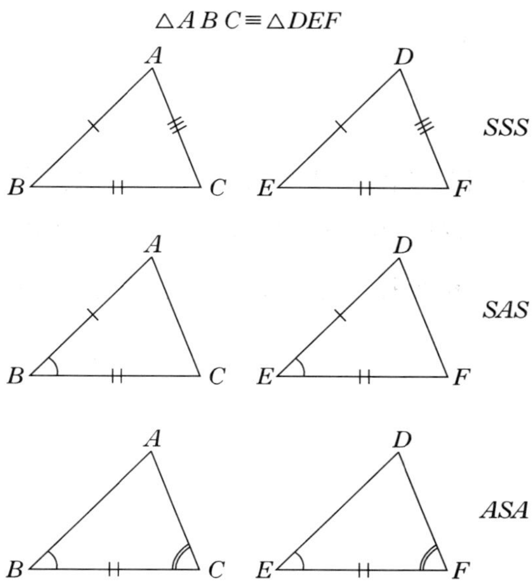

〈그림 11.24〉

〈참고〉 A는 각(Angle)의 첫 머리글자이고, S는 변(Side)의 첫 머리글자이다.

(7) 정다각형의 작도

자연수 n은 무수히 많고, 자와 컴퍼스만을 가지고 정n각형을 그릴 수 있다. 그러나 모든 정n다각형을 그릴 수 있는 것은 아니다. 그렇다면 어떤 n의 값에 대하여 정다각형을 그릴 수 있을까?

먼저 임의의 두 점 A, B가 주어지면, 선분 AB의 길이를 갖는 정삼각형을 그릴 수 있다. 이 정삼각형의 꼭지점을 잇는 외접원을 그리고, 삼각형의 꼭지점이 이루는 중심각을 반으로 나누어 정6각형을 작도할 수 있다. 이와 같은 과정을 반복하면 정12각형, 정24각형, …을 작도할 수 있다. 즉 $n=3$일 때, 6, 12, 24, 48, …, $3 \cdot 2^k$, …인 정다각형을 작도할 수 있다.

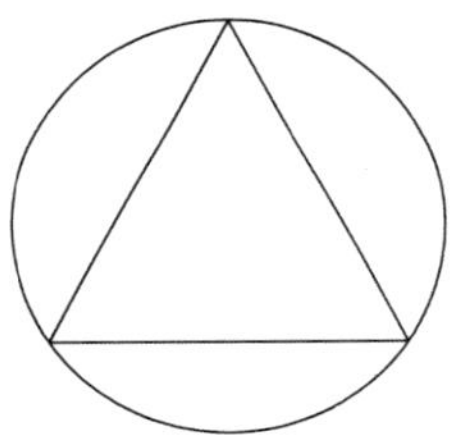
(a)

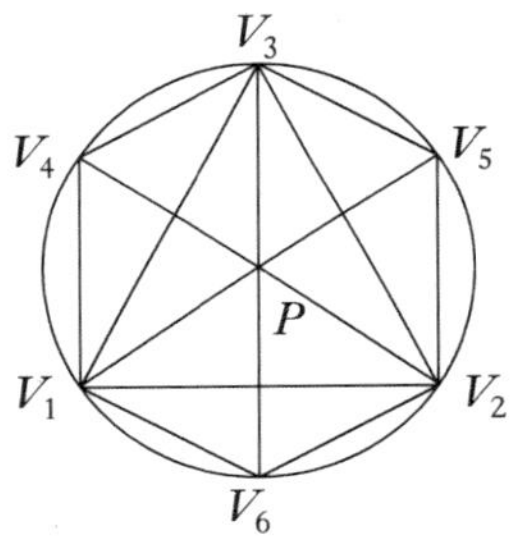

(b)

〈그림 11.25〉

한편 우리는 직각을 작도하는 방법을 알고 있으므로, 이것을 이용하여 정4각형을 작도할 수 있다. 다시 정사각형의 외접원을 그리고, 꼭지점의 중심각을 이등분하여 정8각형, 정16각형, …을 작도한다. 즉 $n=2^k$인 정n각형을 작도할 수 있다.

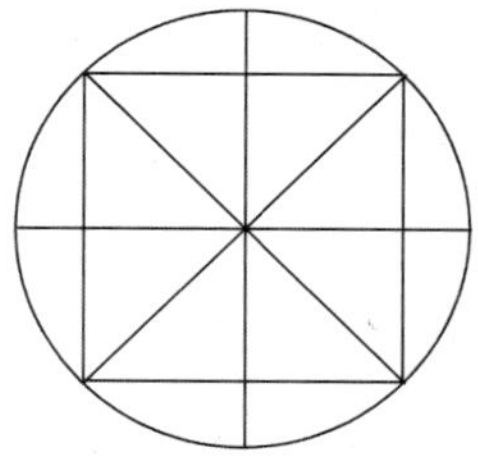

<그림 11.26>

일반적으로 정n각형을 작도하면 중심각을 이등분함으로 정$n\cdot 2^k$각형을 작도할 수 있다. 따라서 우리의 문제는 어떤 n에 대하여 정n각형을 작도할 수 있느냐 하는 것이다.

결론을 말하기 전에 우선 페르마 소수에 대하여 알아보자. $2^{(2^k)}+1(k\geq 0)$인 꼴의 소수를 페르마 소수(Fermat's prime)라고 한다. 물론 $2^{(2^k)}+1(k\geq 0)$인 꼴의 자연수가 모두 소수인 것은 아니다. 예를 들면

$k=0$인 경우 $2^{(2^k)}+1=3$으로 소수

$k=1$인 경우 $2^{(2^k)}+1=5$로 소수

$k=2$인 경우 $2^{(2^k)}+1=17$로 소수

$k=3$인 경우 $2^{(2^k)}+1=257$로 소수

$k=4$인 경우 $2^{(2^k)}+1=65,537$로 소수

$k=5$인 경우 $2^{(2^k)}+1=641\times 6,700,417$로 소수가 아니다.

더욱이 모든 소수가 페르마 소수인 것도 아니다. 왜냐하면 7은 소수이지만 페르마 소수는 아니다.

정다각형의 작도에 대하여 다음과 같은 사실이 알려져 있다.

[정리 11.1 (정다각형의 작도에 대한 가우스 정리)]

자와 컴퍼스만을 가지고 정n각형을 작도할 수 있는 필요충분조건은 n의 소인수분해에서 유일한 홀수인 소인수는 서로 다른 페르마 소수이어야 한다.

가우스의 정리에서, n의 소인수분해에서 유일한 홀수인 소인수는 페르마 소수이어야 하며, 그 페르마 소수는 중복되어서는 안 된다는 것이다. 예를 들면

(1) $n=40=2^3\cdot5$이므로, 유일한 홀수 소인수는 5이며 5는 페르마 소수이다. 따라서 정40각형을 작도할 수 있다.

(2) $n=45=3^2\cdot5$이므로, 페르마 소수 3은 중복된다. 따라서 정45각형을 작도할 수 없다.

(3) $n=60=2^2\cdot3\cdot5$이고, 60의 홀수인 소인수는 3과 5이며, 이들은 서로 다른 페르마 소수이므로 정60각형을 작도할 수 있다.

(4) $n=64=2^6$이고 홀수인 소수가 존재하지 않으므로 정64각형을 작도할 수 있다.

(5) $n=21=3\cdot7$이고 7은 페르마 소수가 아니므로 정21각형을 작도할 수 없다.

(8) 삼각형의 닮음

두 삼각형 $\triangle ABC$와 $\triangle DEF$에서 꼭지점 A, B, C와 D, E, F가 각각 대응하며, $\angle ABC$, $\angle BAC$, $\angle ACB$는 각각 $\angle DEF$, $\angle EDF$, $\angle DFE$와 서로 대응하며 합동이다. 또 변 AB와 DE, BC와 EF, AC와 DF는 서로 대응하며 그 길이의 비가 같을 때, 두 삼각형 $\triangle ABC$와 $\triangle DEF$은 서로 **닮았다**(similar)라고 한다.

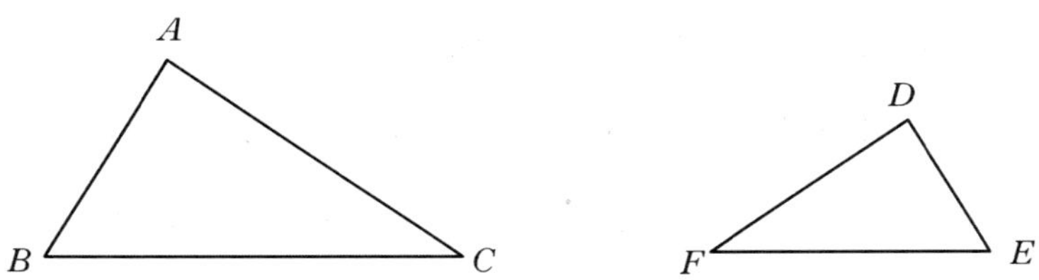

<그림 11.27>

합동인 삼각형은 닮은 삼각형이지만, 닮은 삼각형이라고 해서 모두 합동일 필요는 없다. 또 대응하는 변의 길이의 비가 같다는 것은

$$\frac{\overline{AB}}{\overline{DE}}=\frac{\overline{BC}}{\overline{EF}}=\frac{\overline{AC}}{\overline{DF}}$$

임을 의미한다.

두 삼각형이 닮을 경우는 삼각형의 합동과 비슷하고, 그 조건은 다음과 같다.

(1) 두 대응변의 길이의 비가 같고, 낀 각의 크기가 같을 때

(2) 한 대응변의 길이의 비가 같고, 양 끝 각의 크기가 같을 때

(3) 세 대응변의 길이의 비가 같을 때

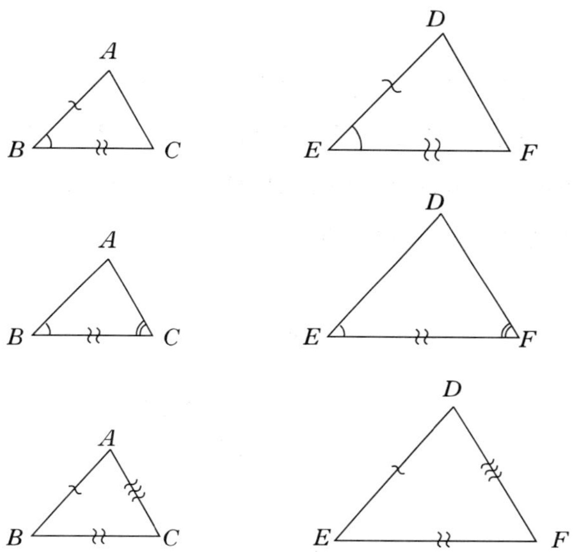

〈그림 11.28〉

11.3.2 변환

기하학적 도형 중에 이동, 회전, 반사 등에 의하여 대칭이 되는 경우를 보았다. 합동인 경우는 모양과 크기가 같은 경우이고, 닮음인 경우는 모양은 같으나 크기가 다른 경우이다. 우리는 이러한 두 도형 사이의 관계를 함수에 의하여 좀더 명확하게 설명해 보자.

평면 위의 점을 또 다른 평면 위의 각 점 P에 유일하게 대응하는 점 P'으로 일대일 대응시켜 주는 함수를 **변환**(transformation)이라고 한다. 예를 들면 다음 그림과 같이 $\triangle ABC$ 위에 정의된 변환을 생각하면, 이 변환은 A를 A'으로, B를 B'으로, C를 C'으로 대응시킴으로 결과적으로는 $\triangle ABC$를 $\triangle A'B'C'$로 대응시킨다.

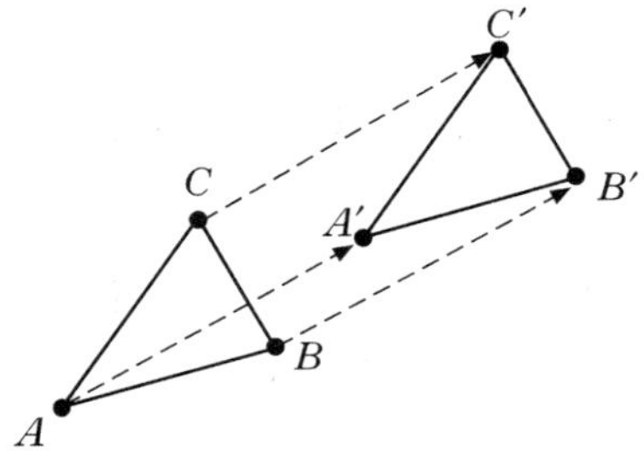

〈그림 11.29〉

변환을 자세히 논하기 위하여 먼저 미는 변환(이동)을 생각해보자. 먼저 방향을 가진 선분(유향선분) AB와 같은 길이를 갖고 평행한 유향선분을 AB와 동치(equivalent)인 유향선분이라고 하자. 그러면 이동(translation)은 유향선분 AB를 동치인 PP'으로 변환하는 것을 말한다.

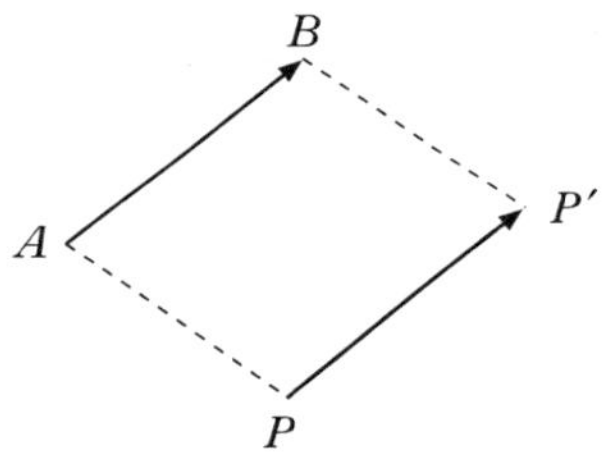

〈그림 11.30〉

회전변환을 이야기하기 위하여 먼저 $\angle ABC$의 방향을 정의하자. 반직선 BA가 반시계 방향으로 그림과 같이 회전되었을 때 이루는 각의 크기를 양의 각 $\angle ABC$라 하면, 시계 반대 방향으로 같은 각 만큼 회전한 크기를 음의 각 $-\angle ABC$로 나타낸다. 이때 반직선 BA를 시초선(initial side)이라고 하고, 반직선 BC를 종선(terminal side)이라고 한다.

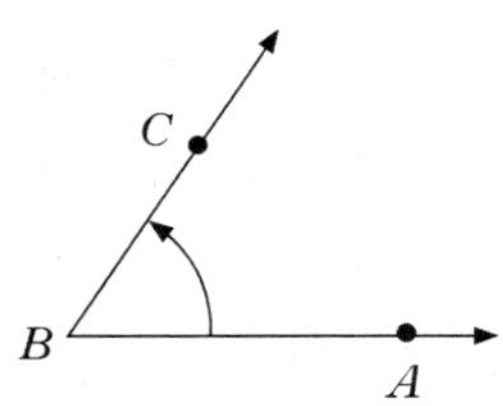

〈그림 11.31〉

평면 위의 점 O와 $\angle ABC$의 크기가 α라고 하자. 이때 점 O를 중심으로 모든 점 P를 점 P'으로 다음과 같이 대응시키는 변환을 **회전**(rotation)이라고 한다.

(1) $\angle POP' = \angle ABC = \alpha$

(2) $OP = OP'$

(3) O는 자기 자신과 대응한다.

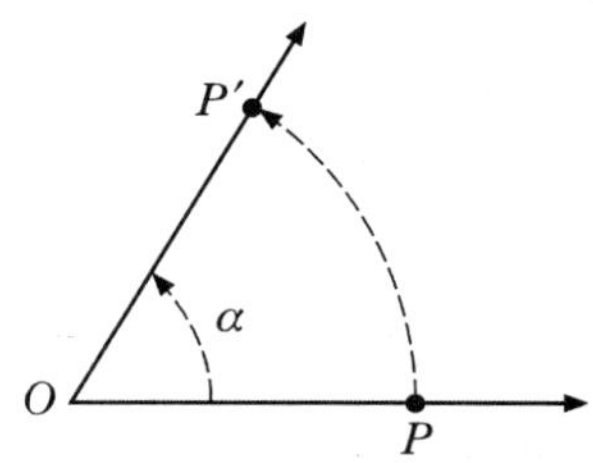

〈그림 11.32〉

한편, 평면 위에 주어진 직선 l에 대하여, 직선 위에 있지 않은 점 P에 대하여 직선 l이 선분 PP'의 수직이등분선이 되도록 P'에 대응시키는 변환을 반사(reflection)라고 한다.

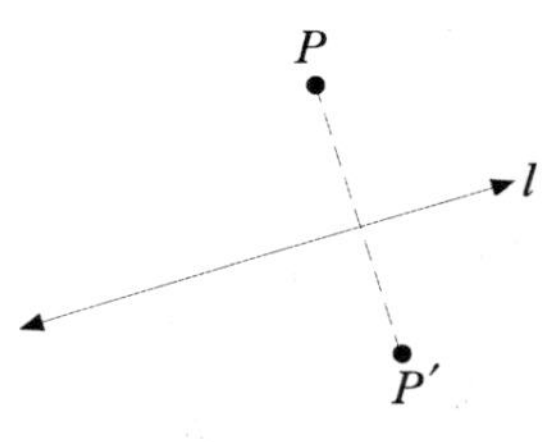

앞에서 알아본 것과 같이, 이동, 회전, 반사는 삼각형을 합동인 삼각형으로 대응시킨다. 일반적으로 이동, 회전, 반사는 다각형을 합동인 다각형으로 대응시킨다.

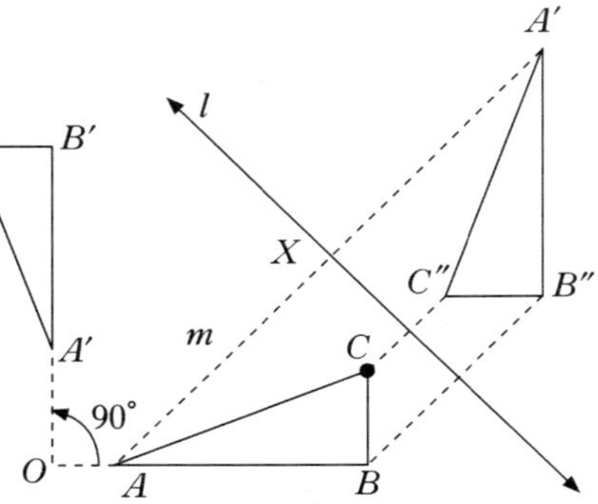

〈그림 11.33〉

한편, 이동, 회전, 반사는 모양이나 크기를 바꾸지 않는 변환이다. 이와 같이 거리를 보존하는 변환을 등장변환(isometry)이라고 한다. 다시 말하면 등장변환은 다음과 같은 성질을 가진다.

(1) 등장변환은 직선은 직선으로, 선분을 선분으로, 반직선을 반직선으로, 각을 각으로, 다각형을 다각형으로 사영한다.

(2) 등장변환은 각의 크기를 보존한다.

(3) 등장변환은 삼각형을 합동인 삼각형으로 사영한다.

(4) 등장변환은 평행을 보존한다.

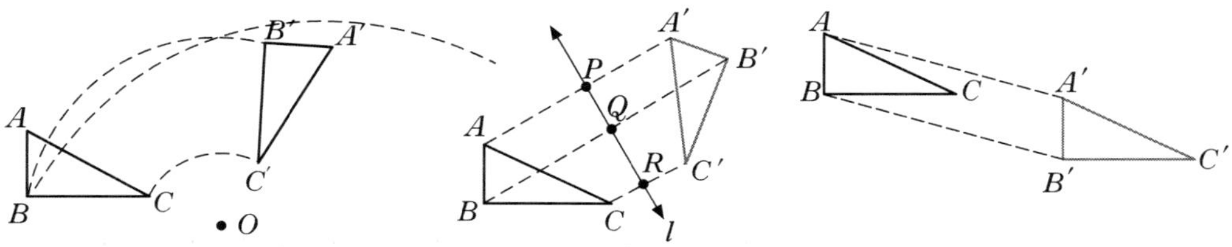

〈그림 11.34〉

크기와 모양을 보존하는 등장변환 외에도 크기는 달라도 모양은 같도록 변환시키는 변환이 있다. **확대(magnification)**는 평면 위에서 확장이나 축소에 대응하는 변환이다. 예를 들어 양수 k에 대하여 $\overline{OP}$를 $\overline{OP'}$으로 옮기는 다음과 같은 변환을 확대라 한다.

(1) P'은 반직선 $\overline{OP}$ 위에 있다.

(2) $\overline{OP'} = k\overline{OP}$이다.

(i) $k > 1$

(ii) $k < 1$

(iii) $k = 1$인 경우는 자기 자신을 자기 자신으로 옮기는 변환이다.

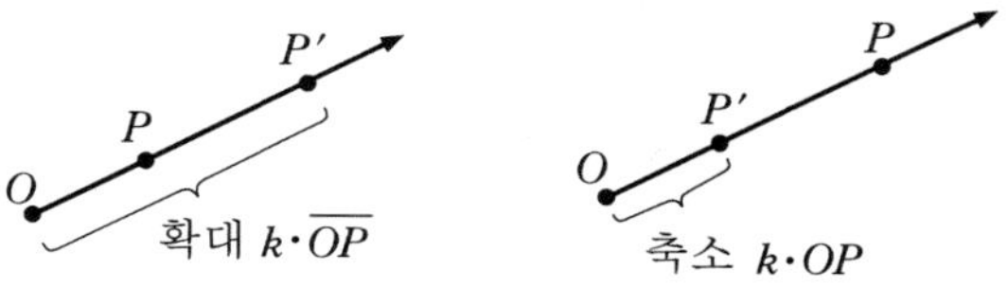

〈그림 11.35〉

더욱이 확대는 주어진 다각형을 닮음인 다각형으로 옮기는 변환이다. 즉 각 꼭지점이 대응하도록 하며, 각 변의 길이의 비가 일정하도록 옮기는 닮음변환이다. 즉 확대는 다음과 같은 성질을 가진다.

(1) 확대는 선분 PQ를 선분 $P'Q'$으로 옮기며, $\overline{PQ} // \overline{P'Q'}$, $\overline{P'Q'} = k\,\overline{PQ}$가 되도록 사영하는 함수이다.

(2) 확대는 거리의 비를 보존한다.

(3) 확대는 평행을 보존한다.

(4) 확대는 각의 크기를 보존한다.

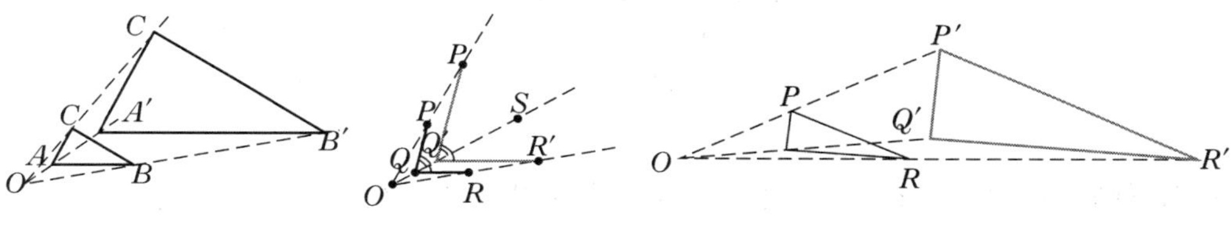

〈그림 11.36〉

11.3.3 등장변환과 행렬

고등학교 수학 2에서 힘과 속도 등과 같이 크기와 방향을 함께 갖는 양을 벡터(vector)라고 정의하였다. 평면 위의 점이나 3차원 공간 위의 점은 기하학적으로 점 그 자체로 볼 수도 있으나, 원점을 시점으로 하고 그 점을 종점으로 하는 벡터를 나타내는 벡터로 볼 수 있다. 이때 이 벡터의 방향은 시점에서 종점으로의 방향이고 크기는 시점에서 종점까지의 거리가 된다.

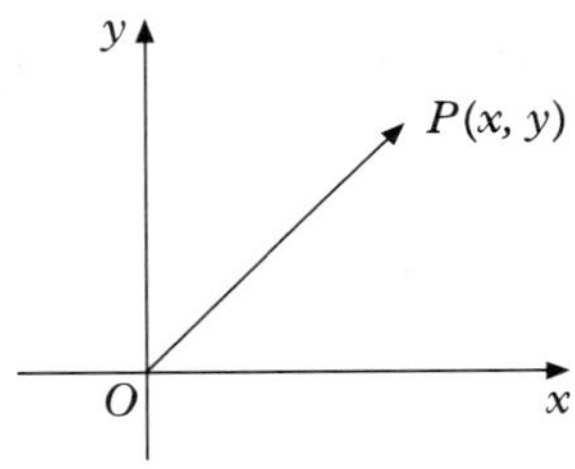

〈그림 11.37〉

평면 위의 벡터 **a**, **b**에 대하여, 시점과 종점이 다르더라도 두 벡터의 크기와 방향만 같으면

$$\mathbf{a}=\mathbf{b}$$

라 한다. 또 두 벡터의 합과 차는 물리에서의 힘의 합성과 같이 평행사변형을 이용하여 다음과 같이 더할 수 있다.

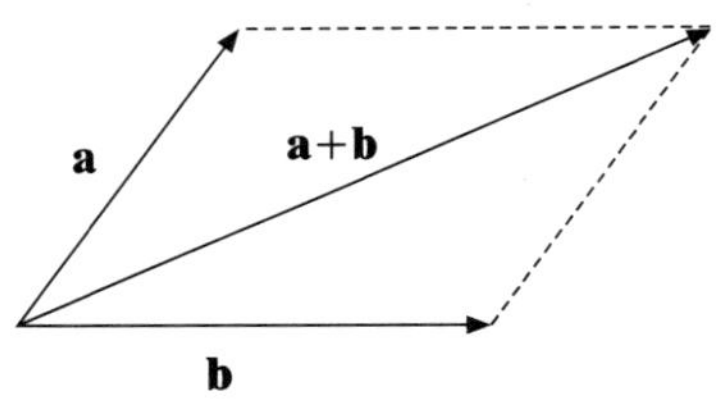

〈그림 11.38〉

또 벡터에 실수를 곱하면 크기만 다른 같은 방향으로의 벡터를 얻는다.

위의 사실로부터 실수 k, l에 대하여

$$k\mathbf{a}+l\mathbf{b}$$

도 평면 위의 벡터가 된다는 것을 알 수 있다.

이제 벡터 **a**, **b**를 각각 원점을 시점으로 하고 평면 위의 두 점 (a_1, a_2)와 (b_1, b_2)를 종점으로 하는 벡터라 하면, 위의 벡터의 합성과 상수배로부터

$$\mathbf{a}+\mathbf{b}=(a_1+b_1,\ a_2+b_2)$$
$$k\mathbf{a}=(ka_1,\ ka_2)$$

이 성립함을 알 수 있다. 또 벡터 **a**의 크기는

$$|\mathbf{a}|=(a_1^2+a_2^2)^{1/2}$$

이 된다.

이와 같은 생각을 추상화 하여 보자. 어떤 집합 V에 대하여 임의의 $\mathbf{u},\ \mathbf{v}\in V$와 임의의 상수 $k,\ l$에 대하여

$$k\mathbf{u}+l\mathbf{v}\in V$$

일 때, 집합 V를 **벡터공간**(vector space)이라 하고 V의 원소를 벡터라 한다. 다시 말하면, 벡터공간은 단순히 벡터들을 모아 놓은 집합이 아니라, 임의의 두 벡터의 합이 다시 그 집합의 원소일 뿐만 아니라 상수배를 한 것도 그 집합의 원소라는 것이다. 즉 벡터 공간은 두 연산 덧셈과 상수배에 대하여 닫혀있는 집합이다.

예를 들면

$$R^3=\{(x,\ y,\ z)|x,\ y,\ z\in R\}$$

라 하자. 임의의 $(x_1,\ y_1,\ z_1),\ (x_2,\ y_2,\ z_2)\in R^3$와 $k\in R$에 대하여

$$(x_1,\ y_1,\ z_1)+(x_2,\ y_2,\ z_2)=(x_1+x_2,\ y_1+y_2,\ z_1+z_2)$$
$$k(x,\ y,\ z)=(kx,\ ky,\ kz)$$

로 정의하면, R^3은 벡터공간이 된다. 특히 임의의 벡터 $(x,\ y,\ z)$에 대하여

$$(x,\ y,\ z)=x(1,\ 0,\ 0)+y(0,\ 1,\ 0)+z(0,\ 0,\ 1)$$

이다. 즉 임의의 벡터는 세 벡터 (1, 0, 0), (0, 1, 0), (0, 0, 1)의 일차결합으로 만들어지며(생성되며, generated),

$$x(1,\ 0,\ 0)+y(0,\ 1,\ 0)+z(0,\ 0,\ 1)=(0,\ 0,\ 0)$$

일 필요충분조건은

$$x=y=z=0$$

이다. 이때 $\{(1,\ 0,\ 0),\ (0,\ 1,\ 0),\ (0,\ 0,\ 1)\}$을 벡터공간 R^3의 **기저(basis)**라고 하며, 기저의 개수를 **차원(dimension)**이라고 한다.

이러한 의미에서 우리가 입체공간을 삼차원 공간, 평면을 이차원 공간, 직선을 일차원 공간이라고 부르는 이유는 기저가 각각 3, 2, 1개이기 때문이다. 물론 차원은 일정하지만 기저는 여러 가지가 있을 수 있다. 예를 들면

$$\{(1,\ 0),\ (0,\ 1\},\ \{(1,\ 1),\ (2,\ 3)\}$$

은 모두 R^2의 기저이다.

학교수학에서 벡터는 평면벡터 또는 공간벡터로만 나타난다. 따라서 많은 사람들은 이러한 것만이 벡터라고 생각한다. 그러나 벡터공간과 벡터의 정의에 의하면 평면벡터나 공간벡터 외에도 여러 가지 형태의 벡터가 있을 수 있다. 예를 들면 실수 전체의 집합도 벡터공간이고, 연속함수의 집합

$$V=\{f \mid f : [0,\ 1] \to R : \text{연속함수}\}$$

도 벡터공간이다. 왜냐하면 임의의 연속함수 f, g와 실수 k, l에 대하여 $kf+lg$도 $[0,\ 1]$ 로의 연속함수이기 때문이다. 즉

$$kf+lg \in V$$

이다. 따라서 연속함수 $f : [0,\ 1] \to R$는 모두 벡터이다.

그런데 학교수학에서 벡터는 크기와 방향을 가지는 양이라고 하였는데 벡터 f의 크기를 어떻게 정하여야 할까? 벡터 f의 크기 $\|f\|$를 정하는 여러 가지 방법이 있으나 그 중 가장 널리 쓰이는 것은

$$\|f\|=\left(\int_0^1 f^2 dx\right)^{\frac{1}{2}}$$

또는

$$\|f\| = \max\{f(x) | x \in [0,\ 1]\}$$

이다. 이 때

$$\{1,\ x,\ x^2,\ x^3,\ x^4,\ \cdots\}$$

은 벡터공간 V의 기저가 되므로, V는 무한차원 벡터공간이다.

고등학교 수학 1에서, 미지수가 2개인 일차연립방정식

$$\begin{cases} 2x+3y=4 \\ x+6y=7 \end{cases}$$

을 계수의 행렬

$$\begin{pmatrix} 2 & 3 \\ 5 & 6 \end{pmatrix}$$

을 이용하여

$$\begin{pmatrix} 2 & 3 \\ 5 & 6 \end{pmatrix}\begin{pmatrix} x \\ y \end{pmatrix} = \begin{pmatrix} 4 \\ 7 \end{pmatrix}$$

로 나타내었다. 이것을

$$x\begin{pmatrix} 2 \\ 5 \end{pmatrix} + y\begin{pmatrix} 3 \\ 6 \end{pmatrix} = \begin{pmatrix} 4 \\ 7 \end{pmatrix}$$

와 같이 나타낼 수 있다. 이 때 이 식을 만족하는 상수 x, y의 값이 이 연립방정식의 해이다. 즉 열벡터 (4, 7)이 두 열벡터 (2, 5), (3, 6)의 일차결합으로 나타나면 이 연립방정식의 해가 존재한다.

임의의 실수 a, b, c, d에 대하여

$$\begin{pmatrix} a & b \\ c & d \end{pmatrix}\begin{pmatrix} x \\ y \end{pmatrix} = \begin{pmatrix} ax+by \\ cx+dy \end{pmatrix}$$

이므로, 2×2행렬 $\begin{pmatrix} a & b \\ c & d \end{pmatrix}$는 R^2에서 R^2로의 함수가 된다. 다음과 같은 행렬을 생각해 보자.

(1) 단위행렬(identity matrix)

단위행렬 $I=\begin{pmatrix}1 & 0\\0 & 1\end{pmatrix}$은 자기 자신을 자기 자신으로 보내는 함수이다. 즉

$$\begin{pmatrix}1 & 0\\0 & 1\end{pmatrix}\begin{pmatrix}x\\y\end{pmatrix}=\begin{pmatrix}x\\y\end{pmatrix}$$

이다.

(2) 단위행렬의 상수배

행렬 $A=cI=\begin{pmatrix}c & 0\\0 & c\end{pmatrix}$에 대하여

$$Ax=\begin{pmatrix}c & 0\\0 & c\end{pmatrix}\begin{pmatrix}x\\y\end{pmatrix}=\begin{pmatrix}cx\\cy\end{pmatrix}$$

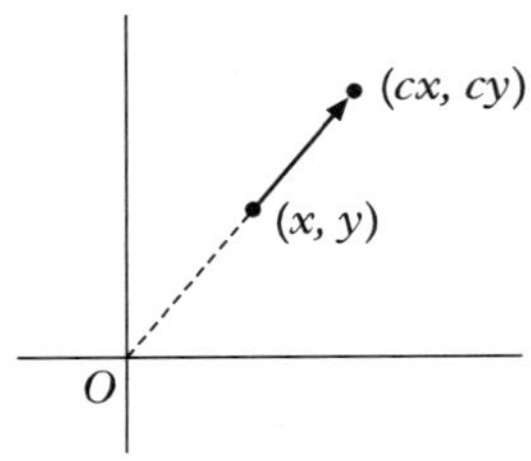

<그림 11.39>

이므로, 벡터 (x, y)를 (cx, cy)로 보내는 확장함수(stretching matrix)이다.

(3) 회전행렬

행렬 $A=\begin{pmatrix}0 & -1\\1 & 0\end{pmatrix}$에 대하여

$$\begin{pmatrix}0 & -1\\1 & 0\end{pmatrix}\begin{pmatrix}1\\0\end{pmatrix}=\begin{pmatrix}0\\1\end{pmatrix}$$

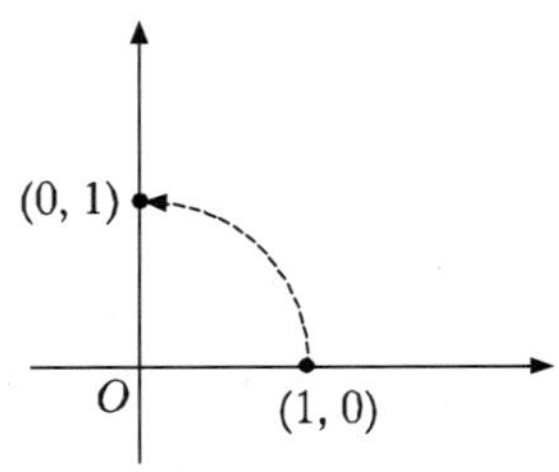

<그림 11.40>

으로, 행렬 A는 벡터 (1, 0)을 (0, 1)로 보내는 함수이다. 즉 행렬 A는 90도 회전행렬(rotation matrix)이다.

(4) 반사행렬

행렬 $A=\begin{pmatrix}0 & 1\\1 & 0\end{pmatrix}$에 대하여

$$\begin{pmatrix}0 & 1\\1 & 0\end{pmatrix}\begin{pmatrix}4\\0\end{pmatrix}=\begin{pmatrix}0\\4\end{pmatrix}$$

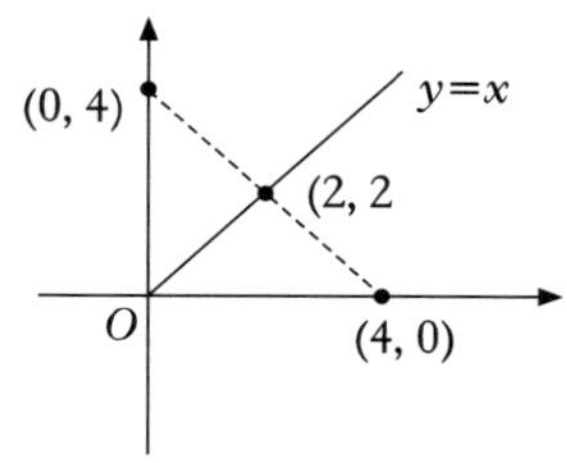

〈그림 11.41〉

이므로, 행렬 A는 벡터 (4, 0)을 벡터 (0, 4)로 보내는 함수이다. 이 경우는 마치 90도 회전행렬처럼 보이나, 이것을 달리 표현하면

$$A\begin{pmatrix}4\\0\end{pmatrix}=A\begin{pmatrix}2 & +2\\2 & -2\end{pmatrix}=\begin{pmatrix}2\\2\end{pmatrix}+\begin{pmatrix}-2\\2\end{pmatrix}=\begin{pmatrix}4\\0\end{pmatrix}$$

이다. 이 때 벡터 (2, 2)는 변함이 없고 (2, −2)는 부호를 바꾸어 (−2, 2)로 변환된다. 따라서 벡터 (0, 4)는 직선 $y=x$에 대하여 대칭인 벡터 (4, 0)으로 보내어 진다. 즉 행렬 A는 반사행렬(reflection matrix)이다.

(5) x축에 대한 사영행렬

행렬 $A=\begin{pmatrix}1 & 0\\0 & 0\end{pmatrix}$에 대하여

$$\begin{pmatrix}1 & 0\\0 & 0\end{pmatrix}\begin{pmatrix}x\\y\end{pmatrix}=\begin{pmatrix}x\\0\end{pmatrix}$$

이므로, 임의의 벡터 (x, y)를 $(x, 0)$로 보낸다. 즉 행렬 A는 벡터 (x, y)를 x축 위의 가장 가까운 점으로 보내는 사영행렬(projection matrix)이다.

위의 행렬에 의한 변환을 조금 더 일반화해 보자.

(6) 회전행렬

먼저 90도 회전 대신 일반적으로 θ만큼 회전하는 행렬에 대하여 알아보자. 벡터 (1, 0)을 θ만큼 회전하면 $(\cos\theta,\ \sin\theta)$가 되고, (0, 1)을 θ만큼 회전하면 $(-\sin\theta,\ \cos\theta)$가 되므로, θ만큼 회전하는 회전행렬 Q_θ은

$$\begin{pmatrix} \cos\theta & -\sin\theta \\ \sin\theta & \cos\theta \end{pmatrix}$$

이다.

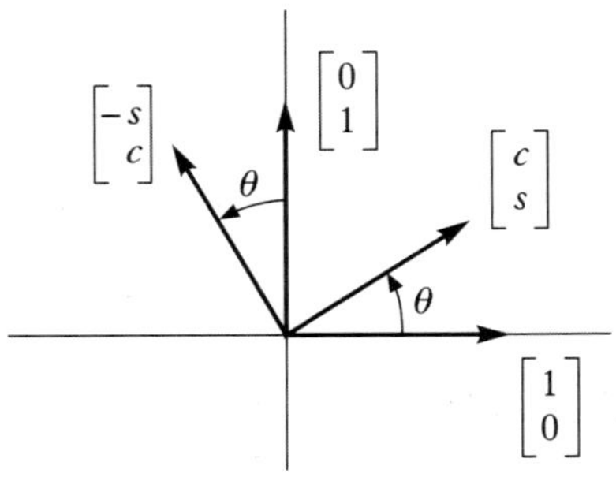

〈그림 11.42〉

또 2θ만큼 회전하는 회전행렬은 θ만큼 회전한 다음 다시 θ만큼 회전하는 것과 같으므로

$$\begin{aligned} Q_{2\theta} = Q_\theta Q_\theta = Q_\theta^2 &= \begin{pmatrix} \cos\theta & -\sin\theta \\ \sin\theta & \cos\theta \end{pmatrix}\begin{pmatrix} \cos\theta & -\sin\theta \\ \sin\theta & \cos\theta \end{pmatrix} \\ &= \begin{pmatrix} \cos^2\theta - \sin^2\theta & -2\cos\theta\sin\theta \\ 2\cos\theta\sin\theta & \cos^2\theta - \sin^2\theta \end{pmatrix} \\ &= \begin{pmatrix} \cos 2\theta & -\sin 2\theta \\ \sin 2\theta & \cos 2\theta \end{pmatrix} \end{aligned}$$

이다. 좀더 일반적으로 θ만큼 회전하고 다시 ϕ만큼 회전하는 회전행렬은

$$\begin{aligned} Q_\phi Q_\theta &= \begin{pmatrix} \cos\theta\cos\phi - \sin\theta\sin\phi & -(\sin\theta\cos\phi + \sin\phi\cos\theta) \\ \sin\theta\cos\phi + \sin\phi\cos\theta & \cos\theta\cos\phi - \sin\theta\sin\phi \end{pmatrix} \\ &= Q_{\theta+\phi} \end{aligned}$$

가 된다.

이것은 마치 복소수 z를 θ만큼 회전하는 것은

$$e^{i\theta}z$$

이고, 다시 ϕ만큼 회전하는 것은

$$e^{i\phi}(e^{i\theta}z)=e^{i(\theta+\phi)}z$$

인 것과 같다.

(7) 직선에 대한 사영행렬

벡터 (1, 0)을 원점을 지나며 기울기가 θ인 직선에 대하여 사영시키면 벡터의 크기가 $\cos\theta$이므로 벡터

$$\cos\theta(\cos\theta,\ \sin\theta)=(\cos^2\theta, \cos\theta\sin\theta)$$

가 되고, 벡터 (0, 1)을 사영시키면 크기가 $\sin\theta$가 되므로

$$\sin\theta(\cos\theta,\ \sin\theta)=(\cos\theta\sin\theta,\ \sin^2\theta)$$

가 된다. 따라서 기울기가 θ인 직선에 사영시키는 사영행렬 P는

$$\begin{pmatrix}\cos^2\theta & -\cos\theta\sin\theta\\ \cos\theta\sin\theta & \sin^2\theta\end{pmatrix}$$

이다.

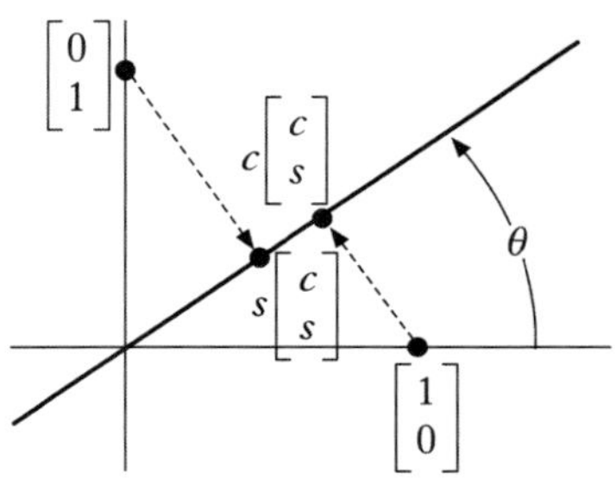

〈그림 11.43〉

사영행렬 P에 대하여

$$P^2=P$$

가 성립함을 쉽게 알 수 있다.

(8) 벡터 (x, y)를 원점을 지나며 기울기가 θ인 직선에 대하여 거울에 반사하듯이 반사시키면 회전하였을 때와 마찬가지로 벡터의 크기는 원래의 벡터의 크기와 같아진다. 특히 (1, 0)을 반사시키면

$$2\cos\theta(\cos\theta,\ \sin\theta)-(1,\ 0)=(2\cos^2\theta-1,\ 2\cos\theta\sin\theta)$$

가 되고, (0, 1)을 반사시키면

$$2\sin\theta(\cos\theta,\ \sin\theta)-(0,\ 1)=(2\cos\theta\sin\theta,\ 2\sin^2\theta-1)$$

이 된다. 따라서 원점을 지나며 기울기가 θ인 직선에 반사시키는 반사행렬 H는

$$\begin{pmatrix} 2\cos^2\theta-1 & 2\cos\theta\sin\theta \\ 2\cos\theta\sin\theta & 2\sin^2\theta-1 \end{pmatrix}$$

이 된다. 여기서 $H^2=I$임을 쉽게 알 수 있으므로 $H=H^{-1}$임을 알 수 있다. 이것은 $H=2P-I$이고 $P^2=P$임을 이용하여

$$H^2=(2P-I)^2=4P^2-4P+I=I$$

임을 확인할 수 있다.

11.4 작도의 역사

11.4.1 작도(자와 컴퍼스)

앞 장에서 보았지만 그리스 사람들은 순수한 논리성을 중요시하였다. 그럼에도 물리적 세계에 대해서는 많은 것을 직관에 의존하였다. 이러한 이유로 초등기하에서는 자와 컴퍼스를 가지고 구체적으로 도형을 그리는 작도 문제에 관

심을 가지고 있었던 것 같다.

피타고라스의 정리 이후 제곱근을 작도할 수 있게 되었으므로, 세제곱근을 작도할 수 있지 않을까 생각했을 것이다. 이것은 자와 컴퍼스만을 가지고 정육면체의 부피를 2배가 되도록 늘리는 방법을 찾는 문제이다. 이와 같은 문제로 임의 각을 3등분하는 문제와 주어진 원의 넓이와 같은 정사각형을 작도하는 문제가 있다. 실제로 주어진 원의 넓이와 같은 정사각형을 작도하는 문제는 π의 길이를 작도하는 문제와 같다.

정육면체의 부피를 2배가 되도록 늘리는 문제와 임의의 각을 3등분하는 문제를 자와 컴퍼스만을 가지고는 해결할 수 없다는 것은 Wantzel(1837)에 의하여 풀렸으나, Galois의 이론에 묻혀 빛을 보지 못하였다. 주어진 원의 넓이와 같은 정사각형을 작도하는 문제는 Lindemann(1882)이 π가 초월수(transcendental number : 유리수 계수를 갖는 다항방정식의 근이 아닌 수)라는 것을 밝힘으로써, 작도가 불가능하다는 것이 밝혀졌다. 이것은 그전 Hermite(1873)가 e가 초월수라는 것을 밝힌 것에서 영향을 받았을 것으로 생각된다.

Gauss는 1796년 정 17각형을 작도하는 방법을 보였으며, 더욱 나아가 정 n각형을 작도할 필요충분조건은 $n=2^m p_1 p_2 \cdots p_k$, $p_i=2^{2^h}+1$이 소수라는 것을 보였다. 사실 1837년 Wantzel은 필요조건을 증명하였다. 그러나 이러한 소수가 구체적으로 무엇인지 또 얼마나 있는지는 밝혀지지 않았다.

11.4.2 기하에서의 기호

17세기 중반 영국의 Richard Rawlinson은 삼각형의 변을 대문자 A, B, C로 맞꼭지각을 소문자 a, b, c로 나타내었다. 실제로 그는 삼각형의 가장 긴 변과 작은 변을 각각 A, C로 나타내었다. 이러한 표현은 Euler나 Simpson에게 이어졌다. 한편 1866년 Karl Theodore Reye(1838 - 1919)는 점은 영어 알파벳 대문자로, 선은 소문자로, 면은 그리스어의 소문자로 나타낼 것을 제창하였다.

150년경 Heron은 원의 중심에 점을 찍어 원을 나타내었다. 그 후 4세기에 Pappus는 중심에 점을 찍지 않고도 원을 나타내었다. 삼각형을 나타내는 작은 삼각형은 150년경 Heron이 사용한 것으로 나타나 있다. Gottfried Wilhelm

Leibniz(1646 - 1716)는 합동의 기호로 1679년 ≃을 사용하였으며, 1777년 Johann Friedrich Haseler(1732 - 1797)는 ≌를 사용하였다. 1824년 Carl Brandan Mollweide(1774 - 1825)는 요즈음의 ≅를 사용하기 시작하였다. 이것은 후에 ≡으로 바뀐다.

Pierre Herigone(1580 - 1643)은 1634년 각을 ∠와 <로 나타내었다. 각의 크기를 나타내는 도는 Ptolemy의 〈Almagest〉에 나타나 있으나, 지금의 기호와는 너무 다른 것이었다. 지금의 도(°)는 1569년 Gemm Frisius(1508 - 1555)의 책에 나타나 있다. 그러나 분(′)나 초(″)는 1571년 Erasmus Reinhold(1511 - 1553)의 책에 처음 나타난다. 그런데 직각을 나타내는 기호 *L*은 Pappus에 의해 사용되었다.

선분을 나타내기 위해 AB 위에 bar를 그어 $\overline{AB}$와 같이 나타내는 것은 1647년 Bonaventurs Cavalieri(1598 - 1647)의 책에 나타나 있다. 평행을 나타내기 위해 =이 150년 경 Heron과 Pappus에 의하여 사용되었으며, ||은 1677년 William Oughtred(1574 - 1660)에 의해 처음으로 사용되었다. 수직을 나타내는 기호 ⊥은 1634년에서 1637년 사이 Pierre Herigone(1580 - 1643)에 의해 처음 사용되었다.

닮음을 나타내는 기호 ~은 1679년 Wihelm Leibniz(1646 - 1716)에 의해 소개되었다. 이 기호는 S(similis)를 눕혀서 쓴 것이다. 한편 삼각형의 합동조건에서 나타나는 S.S.S., S.W.S. 와 W.S.W.는 베를린의 교수이었던 Julius Worpitzky가 개발하였으며, 이것은 1938년 〈The Mathematics Teachers〉 3월호에 s.s.s., a.s.a., s.a.a. 로 나타난다. 이것은 1948년 4월호에는 SSS, SAS, ASA로 나타난다.

부 록

교육과정

1. 수 학

가. 성 격

수학과는 수학적 개념, 원리, 법칙을 이해하고 논리적으로 사고하며 여러 가지 현상을 수학적으로 관찰하고 해석하는 능력을 기르고, 여러 가지 문제를 수학적인 방법을 사용하여 합리적으로 해결하는 능력과 태도를 기르는 교과이다.

수학적 개념의 깊이 있는 이해와 활용, 합리적인 문제해결 능력과 태도는 모든 교과를 성공적으로 학습하는 데 필수적일 뿐만 아니라 개인의 전문적인 능력을 향상시키고 민주 시민으로서 합리적 의사결정 방법을 습득하는 데에도 필요하다. 또한 수학적 지식과 사고 방법은 오랜 역사를 통해 인간 문명 발전의 지적인 동력의 역할을 해왔으며, 미래의 지식 기반 정보화 사회를 살아가는 데 필수적이다.

초등학교 수학과 교육 내용은 '수와 연산', '도형', '측정', '확률과 통계', '규칙성과 문제해결'의 5개 영역으로 구성된다. '수와 연산' 영역에서는 자연수,

분수, 소수의 개념과 사칙계산을, '도형' 영역에서는 평면도형과 입체도형의 개념과 성질을, '측정' 영역에서는 길이, 시간, 들이, 무게, 각도, 넓이, 부피의 개념과 활용을, '확률과 통계' 영역에서는 자료의 정리와 해석, 경우의 수, 확률의 의미를, '규칙성과 문제해결' 영역에서는 규칙 찾기, 비와 비례, 문자의 사용, 간단한 방정식, 정비례와 반비례, 여러 가지 문제해결 방법을 다룬다.

나. 목 표

수학적 지식과 기능을 습득하고 수학적으로 사고하고 의사소통하는 능력을 길러, 여러 가지 현상과 문제를 수학적으로 고찰하고 합리적으로 해결하는 능력을 기르며, 수학에 대한 긍정적 태도를 기른다.

1) 초등학교

기초적인 수학적 지식과 기능을 습득하고 수학적으로 사고하고 의사소통하는 능력을 길러, 생활 주변에서 일어나는 현상과 문제를 합리적으로 해결하는 능력을 기르며, 수학에 대한 긍정적 태도를 기른다.

가. 생활 주변에서 일어나는 현상을 수학적으로 관찰하고 조직하는 경험을 통하여 수학의 기초적인 개념, 원리, 법칙을 이해하는 능력을 기른다.

나. 수학적으로 사고하고 의사소통하는 능력을 길러, 생활 주변에서 일어나는 문제를 합리적으로 해결하는 능력을 기른다.

다. 수학에 대한 관심과 흥미를 가지고, 수학의 가치를 이해하며, 수학에 대한 긍정적 태도를 기른다.

1) 내용 체계

학교급	초등학교		
영역 \ 학년	1학년	2학년	3학년
수와 연산	· 100까지의 수 · 간단한 수의 덧셈과 뺄셈 · 두 자릿수의 덧셈과 뺄셈	· 1000까지의 수 · 두 자릿수의 덧셈과 뺄셈 · 세 자릿수의 덧셈과 뺄셈 · 곱셈	· 10000까지의 수 · 네 자릿수의 덧셈과 뺄셈 · 곱셈 · 나눗셈

		· 분수의 이해	· 분수 · 소수의 이해
도형	· 입체도형의 모양 · 평면도형의 모양	· 기본적인 평면도형 · 입체도형의 구성	· 각과 평면도형 · 평면도형의 이동 · 원의 구성요소
측정	· 양의 비교 · 시각 읽기	· 시각과 시간 · 길이 · 측정값 나타내기	· 시간 · 길이 · 들이 · 무게
확률과 통계	· 한 가지 기준으로 사물 분류하기	· 표와 그래프 만들기	· 자료의 정리, 자료의 특성(막대그래프, 간단한 그림그래프)
규칙성과 문제해결	· 규칙적인 배열에서 규칙 찾기 · 자신이 정한 규칙에 따라 배열하기 · 100까지의 수 배열표에서 규칙 찾고 말하기 · □를 사용한 식 · 실제로 해보기, 그림 그리기, 식 만들기 등으로 문제를 해결하기	· 다양한 변화의 규칙 찾기 · 수 배열에서 규칙 찾고, 규칙에 따라 수 배열하기 · 곱셈표에서 여러 가지 규칙 찾기 · 미지수 구하기 · 식 만들기 · 규칙 찾기, 거꾸로 풀기 등으로 문제를 해결하기	· 규칙에 따라 여러 가지 무늬 꾸미기 · 표 만들기, 예상과 확인 등으로 문제를 해결하기

학교급 / 학년 / 영역	초등학교		
	4학년	5학년	6학년
수와 연산	· 다섯 자리 이상의 수 · 자연수의 사칙계산 · 여러 가지 분수 · 분모가 같은 분수의 덧셈과 뺄셈 · 소수 · 소수의 덧셈과 뺄셈	· 약수와 배수 · 약분과 통분 · 소수와 분수 · 분모가 다른 분수의 덧셈과 뺄셈 · 분수의 곱셈과 나눗셈 · 소수의 곱셈과 나눗셈	· 분수의 나눗셈 · 소수의 나눗셈 · 분수와 소수의 혼합 계산

도형	· 각과 여러 가지 삼각형 · 다각형의 이해	· 직육면체와 정육면체의 성질 · 합동 · 대칭	· 각기둥과 각뿔의 성질 · 원기둥과 원뿔의 성질 · 여러 가지 입체도형
측정	· 각도 · 평면도형의 둘레 · 직사각형과 정사각형의 넓이 · 어림하기(반올림, 올림, 버림) · 수의 범위(이상, 이하, 초과, 미만)	· 평면도형의 넓이 · 무게와 넓이의 여러 가지 단위	· 원주율과 원의 넓이 · 겉넓이와 부피 · 원기둥의 겉넓이와 부피
확률과 통계	· 꺾은선그래프 · 자료를 목적에 맞는 그래프로 나타내기	· 줄기와 잎 그림, 그림그래프 · 평균	· 비율그래프(띠그래프, 원그래프) · 경우의 수와 확률
규칙성과 문제해결	· 다양한 변화 규칙을 수로 나타내고 설명하기 · 규칙을 추측하고 말이나 글로 표현하기 · 규칙적인 무늬 만들기 · 규칙과 대응 · 단순화하기, 논리적 추론 등으로 문제를 해결하기 · 문제해결 과정 설명하기	· 비와 비율 · 하나의 문제를 여러 가지 방법으로 해결하기 · 주어진 문제에서 필요 없는 정보, 부족한 정보 찾기 · 문제해결의 타당성 검토하기	· 방정식 · 비례식 · 연비와 비례배분 · 정비례와 반비례 · 문제해결 방법 비교하기 · 문제의 조건을 바꾸어 새로운 문제 만들기 · 문제해결 과정의 타당성 검토하기

학교급 / 학년 / 영역	중학교			고등학교
	1학년	2학년	3학년	1학년
수와 연산	· 집합 · 소인수분해 · 최대공약수, 최소공배수 · 십진법과 이진법 · 정수의 개념과 대소 관계, 사칙계산 · 유리수의 개념과 대소 관계, 사칙계산	· 순환소수의 의미 · 유리수와 순환소수의 관계 · 근사값과 오차, 참값의 범위 · 근사값의 표현 방법	· 제곱근의 뜻과 성질 · 무리수의 개념 · 수직선에서 실수의 대소 관계 · 근호를 포함한 식의 사칙계산	· 집합의 연산법칙 · 명제와 조건 · 명제의 역, 이, 대우 · 필요조건과 충분조건 · 실수의 연산 성질, 대소 관계 · 복소수의 뜻과 기본 성질 · 복소수의 사칙계산

문자와 식	· 문자의 사용 · 식의 값 · 일차식의 덧셈과 뺄셈 · 일차방정식 · 등식의 성질	· 이차식의 덧셈과 뺄셈 · 지수법칙 · 다항식의 곱셈, 곱셈 공식 · 다항식의 나눗셈 · 등식의 변형 · 미지수가 2개인 일차방정식 · 연립일차방정식 · 부등식의 해, 기본 성질 · 일차부등식 · 연립일차부등식	· 간단한 다항식의 인수분해 · 이차방정식과 그 해 · 이차방정식의 활용	· 다항식의 연산 · 항등식 · 나머지정리 · 다항식의 인수분해, 약수와 배수 · 유리식, 무리식의 계산 · 이차방정식의 판별식, 근과 계수의 관계 · 간단한 삼차방정식과 사차방정식 · 연립방정식 · 부등식의 성질과 활용 · 절대값을 포함한 일차부등식 · 이차부등식과 연립이차부등식 · 절대부등식
함수	· 함수의 개념 · 순서쌍과 좌표 · 함수를 표, 식, 그래프로 나타내기 · 함수의 활용	· 일차함수의 뜻과 그래프 · 일차함수와 미지수가 2개인 일차방정식의 관계 · 일차함수의 활용	· 이차함수의 뜻 · 이차함수의 그래프의 성질	· 함수의 뜻과 그래프 · 합성함수, 역함수 · 이차함수의 활용 · 유리함수, 무리함수 · 일반각과 호도법 · 삼각함수의 그래프의 성질 · 삼각함수의 성질 · 삼각방정식과 삼각부등식 · 사인법칙과 코사인법칙 · 삼각함수를 활용한 삼각형의 넓이
확률과 통계	· 도수분포표, 히스토그램, 도수분포다각형 · 도수분포표에서의 평균	· 경우의 수 · 확률의 뜻과 기본 성질 · 간단한 확률의 계산	· 중앙값, 최빈값, 평균 · 분산, 표준편차	· 합의 법칙, 곱의 법칙 · 순열 · 조합

	·상대도수의 분포와 누적도수의 분포			
기하	·점, 선, 면, 각 ·점, 직선, 평면의 위치관계 ·평행선의 성질 ·간단한 작도 ·삼각형의 결정조건과 합동조건 ·다각형의 성질, 내각과 외각의 크기 ·부채꼴의 중심각과 호의 관계 ·부채꼴의 넓이와 호의 길이 ·원과 직선, 두 원의 위치관계 ·다면체, 회전체의 성질 ·입체도형의 겉넓이와 부피	·명제의 뜻과 증명의 의미 ·삼각형과 사각형의 성질 증명 ·도형의 닮음 ·닮은 도형의 성질 ·삼각형의 닮음조건 ·평행선 사이에 있는 선분의 길이의 비 ·삼각형의 중점연결정리 ·닮은 도형의 넓이와 부피	·피타고라스의 정리 ·삼각비 ·원에서 현, 접선에 대한 성질 ·원주각의 성질 ·원에 내접하는 사각형의 성질 ·원과 비례에 관한 성질	·두 점 사이의 거리 ·선분의 내분, 외분 ·직선의 방정식 ·두 직선의 평행, 수직 조건 ·점과 직선 사이의 거리 ·원의 방정식 ·좌표평면에서의 원과 직선의 위치관계 ·평행이동과 대칭이동 ·부등식의 영역

2) 학년별 내용

(1) 초등학교

〈1학년〉

(가) 수와 연산

1 100까지의 수

① 0과 100까지의 수 개념을 이해하여 수를 세고, 읽고, 쓸 수 있다.

② 100까지의 수 범위에서 수 계열을 이해하고, 수의 크기를 비교할 수 있다.

③ 100까지의 수에 대한 위치적 기수법의 기초 개념을 이해한다.

④ 10 이하의 수 범위에서 두 수로 분해하고, 두 수를 하나의 수로 합성할 수 있다.

⑤ 수 세기가 필요한 상황에서 묶어 세기, 뛰어 세기를 할 수 있다.

[2] 간단한 수의 덧셈과 뺄셈

① 덧셈과 뺄셈이 이루어지는 상황을 알고, 덧셈과 뺄셈의 의미를 이해한다.

② 한 자릿수끼리의 덧셈과 뺄셈을 할 수 있다.

③ 합이 10이 되는 덧셈식과 '10－(한 자릿수)'인 뺄셈식을 통하여 10에 대한 보수를 찾을 수 있다.

④ '(두 자릿수)－(한 자릿수)'의 계산을 할 수 있다.

⑤ 덧셈과 뺄셈의 관계를 이해한다.

⑥ 한 자릿수인 세 수의 덧셈과 뺄셈을 할 수 있다.

[3] 두 자릿수의 덧셈과 뺄셈

① 두 자릿수의 범위에서 받아올림이 없는 덧셈을 할 수 있다.

② 두 자릿수의 범위에서 받아내림이 없는 뺄셈을 할 수 있다.

③ 덧셈과 뺄셈을 활용하여 실생활 문제를 해결할 수 있다.

＜용어와 기호＞ 덧셈, 뺄셈, ～보다 크다, ～보다 작다, ＋, －, ＝, ＞, ＜

＜교수·학습 상의 유의점＞

① '더한다', '합한다', '～보다 ～큰 수', '뺀다', '덜어 낸다', '차', '～보다 ～ 작은 수' 등의 일상적 용어를 사용하여 덧셈과 뺄셈의 개념에 친숙하게 한다.

② 받아올림이나 받아내림이 없는 두 자릿수끼리의 덧셈, 뺄셈을 여러 가지 방법으로 알아보고, 암산으로 해결할 수 있다.

(나) 도형

[1] 입체도형의 모양

① 여러 가지 물건을 관찰하여 직육면체, 원기둥, 구의 모양을 찾을 수 있다.

② 여러 가지 모양을 만드는 활동을 통하여 기본적인 입체도형에 대한 감각

을 익힌다.

2 평면도형의 모양

① 여러 가지 물건을 관찰하여 사각형, 삼각형, 원의 모양을 찾을 수 있다.

② 구체물을 이용하여 기본적인 평면도형을 만들고, 여러 가지 모양을 꾸밀 수 있다.

<교수 · 학습 상의 유의점>

① '상자 모양', '둥근 기둥 모양', '공 모양' 등의 일상적인 용어를 사용하여 기본적인 입체도형에 친숙하게 한다.

② '네모', '세모', '동그라미' 등의 일상적인 용어를 사용하여 기본적인 평면도형에 친숙하게 한다.

(다) 측정

1 양의 비교

① 구체물의 길이, 들이, 무게, 넓이를 비교하여 각각 '길다, 짧다', '많다, 적다', '무겁다, 가볍다', '넓다, 좁다' 등의 말로 나타내고 구별할 수 있다.

2 시각 읽기

① 시계를 보고 '몇 시', '몇 시 30분'까지의 시각을 읽을 수 있다.

<용어와 기호> 시, 분

<교수 · 학습 상의 유의점>

① 실생활에서 직관적인 비교 활동을 통하여 양감을 느낄 수 있게 한다.

② 시각 읽기는 학생의 경험을 소재로 한다.

(라) 확률과 통계

1 분류하기

① 사물이나 사람을 미리 정한 한 가지 기준에 따라 분류하여 각각의 개수를 셀 수 있다.

<교수 · 학습 상의 유의점>

① 분류의 기준이 되는 특징은 분명하고 간단한 것으로 한다.

(마) 규칙성과 문제해결

1 규칙 찾기

① 여러 가지 물체, 무늬, 수의 배열에서 규칙을 찾고, 그 규칙에 따라 배열할 수 있다.

② 자신이 정한 규칙에 따라 물체, 무늬, 수 등을 배열할 수 있다.

③ 100까지의 수 배열표에서 수의 규칙을 찾고 말할 수 있다.

2 □를 사용한 식

① □가 사용된 덧셈식이나 뺄셈식에서 □의 의미를 이해한다.

3 문제해결 방법

① 실제로 해보기, 그림 그리기, 식 만들기 등 여러 가지 방법으로 문제를 해결할 수 있다.

<용어와 기호> 식

<교수 · 학습 상의 유의점>

① 규칙 찾기에서는 물체의 크기, 위치, 방향, 색깔 등 단순한 소재를 이용한다.

② □ 대신에 △, ○, ( ) 등의 다른 기호를 사용할 수 있다.

③ 문제해결에 관한 기초 경험 단계이므로 문제해결에 대한 자신감과 흥미를 가지게 한다.

〈2학년〉

(가) 수와 연산

1 1000까지의 수

① 일, 십, 백의 자릿값의 의미와 위치적 기수법을 이해하고, 1000까지의 수를 읽고 쓸 수 있다.

② 세 자릿수의 계열을 이해하고, 크기를 비교할 수 있다.

2 두 자릿수의 덧셈과 뺄셈

① 두 자릿수의 범위에서 받아올림이 있는 덧셈과 받아내림이 있는 뺄셈을 할 수 있다.

② 두 자릿수의 범위에서 세 수의 덧셈과 뺄셈을 할 수 있다.

③ 덧셈과 뺄셈의 관계를 이해한다.

3 세 자릿수의 덧셈과 뺄셈

① 세 자릿수의 범위에서 덧셈과 뺄셈을 할 수 있다.

② 세 자릿수의 범위에서 세 수의 덧셈과 뺄셈을 할 수 있다.

③ 덧셈과 뺄셈을 활용하여 실생활 문제를 해결할 수 있다.

4 곱셈

① 곱셈이 이루어지는 상황을 알고, 곱셈의 의미를 이해한다.

② 곱셈구구를 이해하고, 한 자릿수의 곱셈을 할 수 있다.

5 분수의 이해

① 연속량의 등분할을 통하여 분수를 이해하고, 읽고 쓸 수 있다.

<용어와 기호> 곱, 곱셈, 곱셈구구, 분수, ×

<교수·학습 상의 유의점>

① 세 자릿수의 덧셈은 합이 1000 미만인 범위에서 한다.

② 덧셈과 뺄셈을 하기 전에 답을 어림해 보게 한다.
③ 곱셈의 의미는 같은 수 더하기와 배의 개념을 통하여 다루고, 1의 단 곱셈구구와 0의 곱은 실제 생활과 관련지어 다룬다.
④ 연속량의 등분할에서는 도형을 모양과 크기가 같게 분할하는 경우만 다룬다.

(나) 도형

[1] 기본적인 평면도형
① 선분, 직선, 삼각형, 사각형, 원을 이해하고, 그 모양을 그리거나 만들 수 있다.
② 기본적인 평면도형의 구성요소를 알고 찾을 수 있다.

[2] 입체도형의 구성
① 쌓기나무로 만들어진 입체도형을 보고 똑같이 만들 수 있다.
② 주어진 쌓기나무로 여러 가지 입체도형을 만들 수 있다.

<용어와 기호> 선분, 직선, 삼각형, 사각형, 원, 꼭지점, 변

<교수 · 학습 상의 유의점>
① 여러 가지 삼각형과 사각형을 그리고, 꼭지점과 변의 개수를 세는 활동을 통하여 공통점을 발견한다.
② 제시되는 입체도형은 간단한 것으로 한다.
③ 여러 가지 입체도형을 만드는 활동은 쌓기나무 5~6개 정도로 한다.

(다) 측정

[1] 시각과 시간
① 시각을 '몇 시 몇 분'까지 읽을 수 있다.
② 1시간은 60분임을 알고, 시간을 '시간', '분'으로 말할 수 있다.
③ 1시간, 1일, 1주일, 1개월, 1년 사이의 관계를 이해한다.

2 길이

① 1cm, 1m의 단위를 알고, 길이를 잴 수 있다.

② 1m가 100cm임을 알고, 길이를 단명수와 복명수로 말할 수 있다.

③ 여러 가지 물건의 길이를 어림하고 재어봄으로써 양감을 기른다.

④ 길이의 덧셈과 뺄셈을 할 수 있다.

3 측정값 나타내기

① 길이 재기에서 자의 눈금과 일치하지 않는 길이의 측정값을 '조금 더 된다', '조금 못 된다'로 판단하여 이를 '약'으로 표현할 수 있다.

<용어와 기호> 시간, 일, 주일, 개월, 년, 약, cm, m

<교수·학습 상의 유의점>

① 실생활의 예를 통하여 시간과 시각을 구분할 수 있게 한다.

② 여러 가지 단위 길이로 구체물의 길이를 재어봄으로써 표준 단위의 필요성을 느끼게 한다.

③ 복명수로 된 길이의 덧셈과 뺄셈은 실생활 문제 상황을 통하여 이해하게 한다.

(라) 확률과 통계

1 표 만들기

① 실생활에서 찾을 수 있는 구체적인 자료의 크기를 조사하여 표로 나타낼 수 있다.

② 조사된 자료를 간단한 그림을 이용하여 그래프로 나타내고, 자료의 크기를 비교할 수 있다.

<용어와 기호> 표, 그래프

<교수·학습 상의 유의점>

① 실생활에서 학생들과 관계가 있는 소재를 활용한다.

② 표나 그래프가 자료의 크기를 나타내고 비교하는 데 편리함을 알게 한다.

(마) 규칙성과 문제해결

1 규칙 찾기

① 물체나 무늬의 다양한 변화 규칙을 찾아 설명할 수 있다.

② 수 배열이나 수 배열표에서 규칙을 찾고, 그 규칙에 따라 수를 배열할 수 있다.

③ 곱셈표에서 여러 가지 규칙을 찾고 설명할 수 있다.

2 미지수 구하기

① 어떤 수를 □로 나타내고, 이를 포함하는 간단한 덧셈, 뺄셈, 곱셈의 등식에서 어떤 수의 값을 구할 수 있다.

3 식 만들기

① 문장으로 된 문제를 식으로 나타낼 수 있다.

② 식에 알맞은 문제를 만들 수 있다.

4 문제해결 방법

① 규칙 찾기, 거꾸로 풀기 등의 여러 가지 방법으로 문제를 해결할 수 있다.

<교수·학습 상의 유의점>

① 수 배열표에서 규칙을 찾는 다양한 활동이 곱셈구구의 기초 경험이 되게 한다.

② □ 대신에 △, ○, ( ) 등의 다른 기호를 사용할 수 있다.

③ 여러 가지 방법으로 미지수를 구한다.

〈3학년〉

(가) 수와 연산

1 10000까지의 수

① 일, 십, 백, 천의 자릿값의 의미와 위치적 기수법을 이해하고, 10000까지의 수를 읽고 쓸 수 있다.

② 네 자릿수의 계열을 이해하고, 크기를 비교할 수 있다.

2 네 자릿수의 덧셈과 뺄셈

① 세 자릿수의 덧셈과 뺄셈을 할 수 있다.

② 네 자릿수의 범위에서 덧셈과 뺄셈을 할 수 있다.

③ 네 자릿수의 범위에서 세 수의 덧셈과 뺄셈을 할 수 있다.

④ 덧셈과 뺄셈을 활용하여 실생활 문제를 해결할 수 있다.

3 곱셈

① '(두 자릿수)×(한 자릿수)', '(세 자릿수)×(한 자릿수)', '(두 자릿수)×(두 자릿수)'의 계산을 할 수 있다.

② 곱셈을 활용하여 실생활 문제를 해결할 수 있다.

4 나눗셈

① 나눗셈이 이루어지는 상황을 알고, 나눗셈의 의미를 이해한다.

② 곱셈과 나눗셈 사이의 관계를 이해한다.

③ '(두 자릿수)÷(한 자릿수)'의 계산을 할 수 있고, 나눗셈에서 몫과 나머지의 의미를 이해한다.

④ 나눗셈을 활용하여 실생활 문제를 해결할 수 있다.

5 분수

① 이산량의 등분할을 통하여 분수를 이해한다.

② 단위분수와 진분수의 의미를 알고, 그 관계를 이해한다.

③ 분모가 같은 진분수와 간단한 단위분수의 크기를 비교할 수 있다.

6 소수의 이해

① 분모가 10인 진분수를 통하여 소수를 이해한다.

② 소수를 읽고 쓸 수 있으며, 크기를 비교할 수 있다.

<용어와 기호> 나눗셈, 몫, 나머지, 나누어 떨어진다, 소수, ÷, 소수점(.)

<교수·학습 상의 유의점>

① 실생활에서 분수나 소수가 쓰이는 경우를 찾아보게 한다.

② 덧셈, 뺄셈, 곱셈, 나눗셈을 하기 전에 답을 어림해 보게 한다.

③ 문제 상황을 통하여 분수와 소수의 편리한 점을 인식하게 한다.

(나) 도형

1 각과 평면도형

① 각과 직각을 이해한다.

② 직각삼각형, 직사각형, 정사각형을 이해한다.

2 평면도형의 이동

① 간단한 평면도형의 밀기, 뒤집기, 돌리기 활동을 통하여 그 변화를 이해한다.

3 원의 구성요소

① 원의 중심, 반지름, 지름을 알고, 그들 사이의 관계를 이해한다.

② 컴퍼스를 이용하여 여러 가지 모양을 그릴 수 있다.

<용어와 기호> 각, (각의) 꼭지점, (각의) 변, 직각, 직각삼각형, 직사각형, 정사각형, 중심, 반지름, 지름

<교수·학습 상의 유의점>

① 밀기, 뒤집기, 돌리기는 구체물이나 그림, 모눈종이에 그려진 평면도형을

조작하는 활동을 통하여 간단히 다룬다.

(다) 측정

[1] 시간

① 시각과 시간의 의미를 이해한다.

② 1분은 60초임을 알고, 초 단위까지 시각을 읽을 수 있다.

③ 초 단위까지 시간의 덧셈과 뺄셈을 할 수 있다.

[2] 길이

① 1mm, 1km의 단위를 안다.

② 1cm와 1mm, 1km와 1m의 관계를 이해하고, 길이를 단명수와 복명수로 말할 수 있다.

③ 길이의 덧셈과 뺄셈을 할 수 있다.

[3] 들이

① 1L, 1mL의 단위를 알고, 그 관계를 이해한다.

② 들이를 측정하여 L와 mL로 말할 수 있다.

③ 들이의 덧셈과 뺄셈을 할 수 있다.

④ 여러 가지 그릇의 들이를 어림하고 재어봄으로써 양감을 기른다.

[4] 무게

① 1g, 1kg 단위를 알고, 그 관계를 이해한다.

② 여러 가지 물체의 무게를 측정하여 g과 kg으로 말할 수 있다.

③ 무게의 덧셈과 뺄셈을 할 수 있다.

④ 여러 가지 무게를 어림하고 재어봄으로써 양감을 기른다.

<용어와 기호> 시각, 초, mm, km L, mL, g, kg

<교수·학습 상의 유의점>

① 실생활의 예를 들어 단위의 필요성과 편리함을 알게 한다.

② 실제 측정 활동을 중심으로 무게와 들이를 다룬다.

③ 시간, 길이, 들이, 무게의 계산은 간단한 경우만 다룬다.

(라) 확률과 통계

1 자료의 정리

① 여러 가지 자료를 수집, 분류, 정리하여 표, 막대그래프, 간단한 그림그래프로 나타낼 수 있다.

② 표나 그래프에서 자료의 특성을 찾아보고, 이를 설명할 수 있다.

<용어와 기호> 막대그래프, 그림그래프

(마) 규칙성과 문제해결

1 규칙 찾기

① 규칙을 정하여 한 가지 도형으로 여러 가지 무늬를 꾸밀 수 있다.

2 문제해결 방법

① 표 만들기, 예상과 확인 등의 여러 가지 방법으로 문제를 해결할 수 있다.

<교수·학습 상의 유의점>

① 무늬 꾸미기에서 사용하는 도형은 배열 방법에 따라 다양한 무늬가 나타날 수 있는 것으로 한다.

<4학년>

(가) 수와 연산

1 다섯 자리 이상의 수

① 10000 이상의 큰 수에 대하여 자릿값과 위치적 기수법을 이해하고, 수를 읽고 쓸 수 있다.

② 수 계열을 이해하고 크기를 비교할 수 있다.

2 자연수의 사칙계산

① 곱하는 수가 두 자릿수인 곱셈을 할 수 있다.

② 나누는 수가 두 자릿수인 나눗셈을 할 수 있다.

③ 덧셈, 뺄셈, 곱셈, 나눗셈이 섞여 있는 계산 문제를 해결할 수 있다.

3 여러 가지 분수

① 진분수, 가분수, 대분수를 이해하고, 그 상호 관계를 알 수 있다.

② 분모가 같은 분수의 크기를 비교할 수 있다.

4 분모가 같은 분수의 덧셈과 뺄셈

① 분모가 같은 분수의 덧셈과 뺄셈을 할 수 있다.

5 소수

① 자리잡기의 원리를 바탕으로 소수 두 자릿수와 소수 세 자릿수를 이해한다.

② 소수를 읽고, 쓰고, 크기를 비교할 수 있다.

6 소수의 덧셈과 뺄셈

① 소수의 덧셈과 뺄셈을 할 수 있다.

＜용어와 기호＞ 진분수, 가분수, 자연수, 대분수

＜교수·학습 상의 유의점＞

① 자연수의 사칙계산은 4학년에서 완성되도록 계산 방법을 일반화한다.

② 지나치게 복잡한 자연수 혼합 계산은 다루지 않는다.

③ 자연수, 분수, 소수의 계산에서 계산하기 전에 답을 어림해 보게 할 수 있다.

④ 계산하거나 어림한 값을 계산기를 사용하여 확인해 볼 수 있다.
⑤ 혼소수는 분수와 관련지어 다룬다.

(나) 도형

1 각과 여러 가지 삼각형
① 이등변삼각형과 정삼각형을 이해한다.
② 예각과 둔각의 뜻을 알고, 예각삼각형과 둔각삼각형을 이해한다.

2 다각형의 이해
① 수직과 평행의 관계를 이해한다.
② 사다리꼴, 평행사변형, 마름모, 직사각형, 정사각형의 개념을 알고, 그 성질을 이해한다.
③ 간단한 다각형과 정다각형을 이해한다.
④ 주어진 도형으로 여러 가지 모양을 만들 수 있다.
⑤ 주어진 도형을 여러 가지 모양으로 덮을 수 있다.

<용어와 기호> 이등변삼각형, 정삼각형, 예각, 둔각, 예각삼각형, 둔각삼각형, 수직, 수선, 평행, 평행선, 사다리꼴, 평행사변형, 마름모, 대각선, 다각형, 정다각형

<교수·학습 상의 유의점>
① 구체적인 조작 활동을 통하여 도형의 성질을 파악할 수 있게 한다.
② 여러 가지 사각형의 관계를 이해하게 한다.

(다) 측정

1 각도
① 각의 크기의 단위인 1도(°)를 알고, 각도기를 이용하여 각의 크기를 측정할 수 있다.
② 주어진 각도와 크기가 같은 각을 그릴 수 있다.

③ 삼각형과 사각형의 내각의 크기의 합을 구할 수 있다.

2 평면도형의 둘레

① 간단한 평면도형의 둘레의 길이를 구할 수 있다.

3 직사각형과 정사각형의 넓이

① 넓이를 이해하고, $1cm^2$의 단위를 안다.

② 직사각형과 정사각형의 넓이 구하는 방법을 이해하고, 그 넓이를 구할 수 있다.

4 어림하기

① 이상, 이하, 초과, 미만의 뜻을 알고, 수의 범위를 나타낼 수 있다.

② 반올림, 올림, 버림의 의미를 알고, 이를 생활에 활용할 수 있다.

<용어와 기호> 이상, 이하, 초과, 미만, 반올림, 올림, 버림, 도(°), cm^2

<교수·학습 상의 유의점>

① 반올림, 올림, 버림은 실제로 사용되는 예를 통하여 그 필요성을 인식한다.

(라) 확률과 통계

1 꺾은선그래프

① 연속적인 변량에 대한 자료를 수집하여 꺾은선그래프로 나타낼 수 있다.

② 막대그래프와 꺾은선그래프를 비교하여 각각의 특성과 용도를 안다.

③ 실생활에서 찾을 수 있는 자료를 목적에 맞는 그래프로 나타내고 해석할 수 있다.

<용어와 기호> 꺾은선그래프

<교수·학습 상의 유의점>

① 자료의 특성을 잘 나타낼 수 있는 그래프를 선택할 수 있게 한다.

(마) 규칙성과 문제해결

[1] 규칙 찾기

① 다양한 변화 규칙을 수로 나타내고 설명할 수 있다.

② 규칙 찾기 놀이를 통하여 규칙을 추측하고 말이나 글로 표현할 수 있다.

[2] 규칙적인 무늬 만들기

① 밀기, 뒤집기, 돌리기 등의 방법을 이용하여 한 가지 무늬로 새로운 무늬를 만들 수 있다.

[3] 규칙과 대응

① 두 양 사이의 대응 관계를 나타낸 표에서 규칙을 찾고, □, △를 사용하여 식으로 나타낼 수 있다.

[4] 문제해결 방법

① 단순화하기, 논리적 추론 등의 여러 가지 방법으로 문제를 해결할 수 있다.

② 문제해결 과정을 설명할 수 있다.

<교수·학습 상의 유의점>

① 규칙 찾기 놀이는 간단한 계산이 적용되는 경우로 한다.

② 두 양 사이의 대응 관계는 한 양이 변할 때 다른 양이 그에 종속하여 변하는 관계를 통해 다룬다.

<5학년>

(가) 수와 연산

[1] 약수와 배수

① 약수, 공약수, 최대공약수의 의미를 알고, 이를 구할 수 있다.

② 배수, 공배수, 최소공배수의 의미를 알고, 이를 구할 수 있다.

③ 약수와 배수 사이의 관계를 이해하고, 이를 문제해결에 활용할 수 있다.

[2] 약분과 통분

① 분수의 성질을 이용하여 크기가 같은 분수를 만들 수 있다.

② 분수를 약분, 통분할 수 있다.

③ 분모가 다른 분수의 크기를 비교할 수 있다.

[3] 소수와 분수

① 소수와 분수의 관계를 이해하고, 분수를 소수로, 소수를 분수로 나타낼 수 있다.

② 소수와 분수의 크기를 비교할 수 있다.

[4] 분모가 다른 분수의 덧셈과 뺄셈

① 분모가 다른 분수의 덧셈과 뺄셈을 할 수 있다.

[5] 분수의 곱셈과 나눗셈

① 자연수와 분수의 곱셈, 분수끼리의 곱셈의 의미와 계산 원리를 이해하고, 그 계산을 할 수 있다.

② '(자연수)÷(자연수)'를 분수로 나타낼 수 있다.

③ '(분수)÷(자연수)'의 계산 원리를 이해하고, 그 계산을 할 수 있다.

[6] 소수의 곱셈과 나눗셈

① 소수와 자연수, 소수끼리의 곱셈을 할 수 있다.

② 소수 나눗셈의 계산 원리를 이해하고, '(자연수)÷(자연수)', '(소수)÷(자

연수)'의 계산을 할 수 있다.

<용어와 기호> 배수, 짝수, 홀수, 약수, 공약수, 최대공약수, 공배수, 최소공배수, 약분, 통분, 기약분수

<교수·학습 상의 유의점>

① 약수와 배수는 자연수의 범위에서만 다룬다.

② 최대공약수와 최소공배수는 두 수에 대해서만 구한다.

③ 소수의 계산은 계산 원리를 이해할 수 있는 수준에서 간단히 다룬다.

(나) 도형

[1] 직육면체와 정육면체의 성질

① 직육면체와 정육면체의 구성 요소를 알고, 여러 가지 성질을 찾을 수 있다.

② 직육면체와 정육면체의 전개도와 겨냥도를 그릴 수 있다.

[2] 합동

① 도형의 합동의 의미를 알고, 합동인 도형을 식별할 수 있다.

② 자, 컴퍼스, 각도기를 이용하여 조건에 맞는 삼각형을 그릴 수 있다.

[3] 대칭

① 선대칭도형과 점대칭도형의 의미를 알고 그릴 수 있다.

② 선대칭 위치에 있는 도형과 점대칭 위치에 있는 도형을 그릴 수 있다.

<용어와 기호> 직육면체, 면, 모서리, 밑면, 옆면, 정육면체, 겨냥도, 전개도, 합동, 대응점, 대응변, 대응각, 대칭, 선대칭도형, 점대칭도형, 대칭축, 대칭의 중심

<교수·학습 상의 유의점>

① 직육면체의 전개도를 다양하게 그려보게 한다.

② 구체적인 조작 활동을 통하여 선대칭도형이나 점대칭도형의 의미를 알게 한다.
③ 선대칭도형을 지도할 때 거울의 상을 이용할 수 있다.

(다) 측정

1 평면도형의 넓이
① 평행사변형, 삼각형, 사다리꼴, 마름모의 넓이 구하는 방법을 이해하고, 그 넓이를 구할 수 있다.

2 여러 가지 단위
① 무게의 새로운 단위를 알고, 무게 단위 사이의 관계를 이해한다.
② 넓이의 새로운 단위를 알고, 넓이 단위 사이의 관계를 이해한다.

<용어와 기호> 밑변, 높이, t, m^2, km^2, a, ha

<교수·학습 상의 유의점>
① 삼각형의 넓이는 높이가 삼각형의 내부, 외부에 있는 것을 모두 다룬다.
② $1cm^2$와 $1m^2$의 관계는 활동을 통하여 이해하게 한다.
③ 실생활에서 새로운 단위의 필요성을 느낄 수 있게 한다.
④ 복잡한 단위 환산은 다루지 않는다.

(라) 확률과 통계

1 자료의 표현과 해석
① 자료를 정리하여 줄기와 잎 그림이나 그림그래프로 나타내고, 자료의 특성을 파악할 수 있다.
② 평균의 의미를 알고, 주어진 자료의 평균을 구할 수 있다.
③ 목적에 맞게 자료를 수집하고 정리하여 적절한 그래프로 나타내고, 자료의 특성을 설명할 수 있다.

<용어와 기호> 줄기와 잎 그림, 평균

<교수·학습 상의 유의점>

① 목적에 맞게 자료를 정리하고 해석하는 것이 중요함을 알게 한다.

(마) 규칙성과 문제해결

[1] 비와 비율

① 두 양의 크기를 비교하여 분수로 나타낼 수 있다.

② 두 양 사이의 비와 비율의 의미를 이해한다.

③ 비율을 여러 가지 방법으로 나타낼 수 있다.

[2] 문제해결 방법

① 하나의 문제를 여러 가지 방법으로 해결하고, 그 방법을 비교할 수 있다.

② 주어진 문제를 해결하는 데 필요 없거나 부족한 정보를 찾을 수 있다.

③ 문제해결 과정의 타당성을 검토할 수 있다.

<용어와 기호> 비, 기준량, 비교하는 양, 비율, 백분율, 할, 푼, 리, :, %

<교수·학습 상의 유의점>

① 두 양의 크기를 비교할 때에는 부분과 전체, 부분과 부분 사이의 관계를 다양하게 다룬다.

② 속력, 인구밀도 등과 같이 타 교과 및 실생활에서 비율이 사용되는 예를 찾아보고, 관련된 문제를 해결해 보게 한다.

〈6학년〉

(가) 수와 연산

[1] 분수의 나눗셈

① 나누는 수가 분수인 나눗셈의 의미와 계산 원리를 이해하고, 그 계산을 할 수 있다.

2 소수의 나눗셈

① 나누는 수가 소수인 나눗셈의 의미와 계산 원리를 이해하고, 그 계산을 할 수 있다.

3 분수와 소수의 혼합 계산

① 간단한 분수와 소수의 혼합 계산을 할 수 있다.

(나) 도형

1 각기둥과 각뿔의 성질

① 각기둥과 각뿔을 이해하고, 구성 요소와 성질을 안다.

② 각기둥의 전개도를 그릴 수 있다.

2 원기둥과 원뿔의 성질

① 원기둥과 원뿔을 이해하고, 구성 요소와 성질을 안다.

② 원기둥의 전개도를 이해한다.

③ 회전체를 이해한다.

3 여러 가지 입체도형

① 쌓기나무로 만든 입체도형을 보고 사용된 쌓기나무의 개수를 구할 수 있다.

② 쌓기나무로 여러 가지 모양을 만들고 규칙을 찾을 수 있다.

③ 쌓기나무로 만든 입체도형의 위, 앞, 옆에서 본 모양을 표현할 수 있다.

④ 여러 가지 물체의 위, 앞, 옆에서 본 모양을 표현할 수 있다.

＜용어와 기호＞ 각기둥, 각뿔, 원기둥, 원뿔, 모선, 회전체, 회전축, 구, 단면

＜교수·학습 상의 유의점＞

① 각기둥의 전개도에서는 간단한 형태만 다룬다.

② 여러 가지 물체를 다룰 때에는 실생활과 밀접한 소재를 활용한다.

(다) 측정

1 원주율과 원의 넓이

① 원주율을 이해한다.

② 원주와 원의 넓이 구하는 방법을 이해하고, 이를 구할 수 있다.

2 겉넓이와 부피

① 직육면체와 정육면체의 겉넓이 구하는 방법을 이해하고, 이를 구할 수 있다.

② 부피를 이해하고, $1cm^3$, $1m^3$의 단위를 알며, 단위 사이의 관계를 이해한다.

③ 직육면체와 정육면체의 부피 구하는 방법을 이해하고, 이를 구할 수 있다.

④ 부피와 들이 사이의 관계를 안다.

3 원기둥의 겉넓이와 부피

① 원기둥의 겉넓이와 부피 구하는 방법을 이해하고, 이를 구할 수 있다.

<용어와 기호> 겉넓이, 부피, 원주, 원주율, cm^3, m^3

<교수·학습 상의 유의점>

① 원주율은 원의 지름과 원주를 측정하는 활동을 통해 이해하게 한다.

② 원의 넓이는 구체적인 조작 활동을 통하여 여러 가지 방법으로 구한다.

(라) 확률과 통계

1 비율그래프

① 띠그래프와 원그래프의 의미를 알고, 이를 활용할 수 있다.

② 비율그래프에서 자료의 특성을 찾아보고, 이를 설명할 수 있다.

2 경우의 수와 확률

① 경우의 수의 뜻을 알고, 이를 구할 수 있다.

② 경우의 수를 바탕으로 확률의 의미를 이해한다.

<용어와 기호> 띠그래프, 원그래프, 경우의 수, 확률

<교수·학습 상의 유의점>

① 원그래프를 지도할 때에는 눈금이 표시된 원을 사용한다.

② 비율그래프를 지도할 때에는 신문, 인터넷 등에 있는 표나 그래프를 소재로 활용할 수 있다.

③ 경우의 수는 간단한 경우만 다룬다.

④ 실생활의 예를 이용하여 확률의 의미를 다룬다.

(마) 규칙성과 문제해결

[1] 방정식

① 미지수를 x로 나타낼 수 있다.

② 등식의 성질을 이해하고, 이를 이용하여 간단한 방정식을 풀 수 있다.

[2] 비례식

① 비례식을 이해하고, 이를 활용할 수 있다.

② 비례식의 성질을 이용하여 간단한 비례식을 풀 수 있다.

[3] 연비와 비례배분

① 연비의 뜻을 알고, 세 양 사이의 관계를 연비로 나타낼 수 있다.

② 비례배분의 뜻을 알고, 주어진 양을 비례배분 할 수 있다.

[4] 정비례와 반비례

① 두 수 사이의 대응 관계를 x와 y를 사용하여 식으로 나타낼 수 있다.

② 정비례와 반비례 관계를 이해하고, 그 관계를 표나 식으로 나타낼 수 있다.

③ 정비례와 반비례 관계를 활용하여 실생활 문제를 해결할 수 있다.

[5] 문제해결 방법

① 여러 가지 문제해결 방법을 비교하여 문제 상황에 적절한 방법을 선택할

수 있다.

② 주어진 문제에서 조건을 바꾸어 새로운 문제를 만들고, 그 문제를 해결할 수 있다.

③ 문제해결 과정의 타당성을 설명할 수 있다.

<용어와 기호> 등식, 방정식, 비례식, 연비, 비례배분, 정비례, 반비례, 관계식, 비례상수, x

<교수·학습 상의 유의점>

① 미지수는 x 이외의 다른 문자도 사용할 수 있다.

② 등식의 성질은 구체물을 이용하여 다룬다.

③ 비례식, 연비, 비례배분은 간단한 경우만 다룬다.

④ 대응 관계, 정비례, 반비례는 실생활의 예를 통하여 다룬다.

⑤ 두 수 사이의 대응 관계를 도입할 때에는 $y=x+a$와 $y=a\times x$인 경우만 다룬다.

참고문헌

강완 외 18인 역, 초등수학 학습지도의 이해, 양서원(2004)

고정화, 학령 초의 활동주의적 수 개념 구성에 관한 연구, 서울대학교 박사학위논문(2005)

교육인적자원부, 수학과 교육과정, 대한교과서(1997)

교육인적자원부, 수학 1－가, 대한교과서(2000)

교육인적자원부, 수학 1－나, 대한교과서(2000)

교육인적자원부, 수학 1－가, 초등학교 교사용 지도서, 천재교육(2005)

교육인적자원부, 수학 1－나, 초등학교 교사용 지도서, 천재교육(2005)

교육인적자원부, 수학 2－가, 대한교과서(2000)

교육인적자원부, 수학 2－나, 대한교과서(2000)

교육인적자원부, 수학 2－가, 초등학교 교사용 지도서, 천재교육(2005)

교육인적자원부, 수학 2－나, 초등학교 교사용 지도서, 천재교육(2005)

교육인적자원부, 수학 3－가, 대한교과서(2000)

교육인적자원부, 수학 3－나, 대한교과서(2000)

교육인적자원부, 수학 3－가, 초등학교 교사용 지도서, 천재교육(2005)

교육인적자원부, 수학 3－나, 초등학교 교사용 지도서, 천재교육(2005)

교육인적자원부, 수학 4－가, 대한교과서(2000)

교육인적자원부, 수학 4－나, 대한교과서(2000)

교육인적자원부, 수학 4－가, 초등학교 교사용 지도서, 천재교육(2005)

교육인적자원부, 수학 4－나, 초등학교 교사용 지도서, 천재교육(2005)

교육인적자원부, 수학 5－가, 대한교과서(2000)

교육인적자원부, 수학 5－나, 대한교과서(2000)

교육인적자원부, 수학 5－가, 초등학교 교사용 지도서, 천재교육(2005)

교육인적자원부, 수학 5－나, 초등학교 교사용 지도서, 천재교육(2005)

교육인적자원부, 수학 6－가, 대한교과서(2000)

교육인적자원부, 수학 6－나, 대한교과서(2000)

교육인적자원부, 수학 6-가, 초등학교 교사용 지도서, 천재교육(2005)

교육인적자원부, 수학 6-나, 초등학교 교사용 지도서, 천재교육(2005)

김응태, 박승안, 정수론, 4판, 경문사(1997)

김응태, 박승안, 현대대수학, 3판, 경문사(1991)

김우철, 김재주, 박병욱, 박성현, 송문섭, 이상열, 이영조, 전종우, 조신섭, 현대통계학, 4판, 영지문화사(2001)

배종수, 초등수학교육 내용지도법, 경문사(2005)

이용률, 성현경, 정동권, 박영배, 정은실, 박교식, 강문봉, 백석윤, 유현주, 초등수학교육론, 경문사(2000)

정상권, 교사를 위한 해석학, 교우사(2004)

홍승표, 유클리드 기하 개론, 2판, 경문사(2001)

W.P. Berlinghoff and F.Q. Gouvea, Math through the ages, Oxford and MAA(2004)

R. Courant and H. Robbins, What is mathematics?, 2nd edition, revised by I. Stewart, Oxford University Press(1996)

P.J. Davis, R. Hersh and E.A. Marchisotto, The mathematical experience, Study edition, Birkhauser(1995)

C.L. Dym, Principles of Mathematical Modeling, Elsevier(2004)

NSF, Mathematics in Context, Digging Numbers, Britanica(1998)

NSF, Mathematics in Context, Number Tools, Vol 1 & 2, Britanica(1998)

M.J. Greenberg, Euclidean and Non-Euclidean Geometries, Freeman and Company(1974)

D. Haylock, Mathematics explained for primary teachers, P.C.P.(2001)

S. Lang, Algebraic structures, Addison-Wesley(1967)

A.M. Mood, F.A. Graybill and D.C. Boes, Introduction to the theoery of statistics, 3rd ed. McGraw-Hill(1974)

NCTM, Principles and standards for school mathematics: discussion draft(1998)

C.C. Pinter, Set Theorey, Addison-Wesley(1971)

J. Stillwell, Mathematics and its history, Springer(2002)

G. Strang, Linear algebra and its applications, 3rd ed. Brooks/Cole(1988)

D. Weaver and A.D. Smith, The history of mathematical symbols,

http://members.aol.com/jeff570/mathsym.html

http://www.roma.unisa.edu

찾아보기

정상권

서울대학교 수학교육과, B.S.
서강대학교 대학원 수학과, M.S.
공군사관학교 교수부 수학과, 교관
University of Texas-Arlington, Ph.D.
University of Texas-Dallas, 방문조교수
Australian National University, 방문교수
현재 : 서울대학교 수학교육과 교수

초등학교 수학을 따라가는 수학

2008년 4월 15일 초판 인쇄
2008년 4월 25일 초판 발행

저　자 / 정상권
발행자 / 오판근
발행처 / 교우사

주　소 / 서울 동대문구 제기2동 148-19
전　화 / 925-2861(대), 편집부 / 925-2825
팩　스 / 925-2860
E-mail / kw2861 @ chollian. net
http: // www. kyowoo. co. kr
등록 / 1994. 3. 24 제6-0256호

ISBN 978-89-8172-739-0 (93410)

값 **28,000**원

이 책은 서울대학교 사범대학 교육연구재단의 지원에 의한 저서임.